ETICA PRATICA E BIOETICA

*Collana diretta da*
Eugenio Lecaldano

*con la collaborazione di*
Maurizio Mori e Demetrio Neri
10

Maurizio Mori

# Manuale di bioetica

## Verso una civiltà biomedica secolarizzata

Nuova edizione ampliata

Le Lettere

ISBN 978 88 6087 381 1
www.lelettere.it

# Indice

# Prefazione alla nuova edizione

Uscito alla fine del 2010, questo volume non ha (ahimè!) attirato l'attenzione dei media, ma è circolato tra gli studiosi di bioetica al punto che ora giunge alla seconda edizione. L'occasione è gradita perché consente non solo di togliere alcuni fastidiosi refusi, ma anche e soprattutto perché permette di aggiornare la trattazione su alcuni temi trattati. L'impianto e la tesi di fondo, però, restano quelli del testo iniziale, impegnato a presentare in modo sistematico e organico le posizioni del paradigma laico in bioetica. Colgo l'opportunità di questa Prefazione per riflettere a posteriori sul lavoro svolto e dare alcuni elementi atti a collocarlo nell'ambito della bioetica contemporanea e italiana in particolare.

Già nei primi anni '80, quando forte e generalizzata era la tensione al dialogo tra le diverse posizioni e la ricerca della convergenza, sostenevo e rilevavo la contrapposizione tra la bioetica laica e quella cattolica su alcuni temi specifici come la contraccezione, l'aborto e la fecondazione assistita. Col passare del tempo il contrasto si è esteso anche a temi che parevano essere condivisi e al di là di possibili divisioni (cfr. il capitolo sul consenso informato). Forse anche per questo la contrapposizione tra bioetica laica e cattolica è diventata oggetto di analisi storiche e storiografiche tese a ricostruire il dibattito svoltosi negli anni. In questo volume quella tesi teorica trova conferma nell'analisi sistematica delle principali questioni dibattute in bioetica, analisi che si addice a un *Manuale* il cui compito è quello di fornire una visione complessiva della disciplina trattata.

Nel caso specifico, data la natura della materia in esame (la bioetica), l'obiettivo finale è quello di presentare un modello coerente e organico del modo di vedere le questioni bioetiche da un punto di vista laico – ossia di chi ragione *etsi deus non daretur* e prescinde dall'idea che ci sia una qualche divinità che governa il mondo. Come cerco di argomentare nel testo, una simile prospettiva è radicalmente nuova nella storia umana (in quanto frutto della "secolarizzazione secondaria") e si contrappone inevitabilmente con il paradigma tradizionale di ascendenza "ippocratica", che ha trovato sistematica esplicitazione nella prospettiva cattolico-romana. In questo senso il testo è permeato da grande rispetto per il cattolicesimo romano, visto come interprete privilegiato di un "modello del mondo tradizionale" – al contrario di quanto sostenuto da alcuni critici che presentano il mio lavoro come aprioristicamente anti-cattolico o anti-clericale. Il punto archimedeo della tradizione di ascendenza ippocratica sta nell'assunto sancito dal Concilio Vaticano I e ripreso esplicitamente all'inizio del Catechismo promulgato da Giovanni Paolo II: «Dio, principio e fine di tutte le cose, può essere conosciuto con certezza con il lume naturale della ragione umana partendo dalle cose create» (CHIESA CATTOLICA, *Catechismo della Chiesa Cattolica*, Città del Vaticano, 1992, n. 36). Quest'idea può apparire sensata e forse anche normale in un mondo permeato dalla religiosità naturale, ma diventa problematica o incomprensibile in una realtà caratterizzata dalla "secolarizzazione secondaria" in cui il disincanto del mondo coinvolge anche il livello biomedico.

È perché ha abbandonato questa tesi che l'etica laica (come atteggiamento morale che prescinde da Dio) rifiuta la legge morale naturale che sta alla base della bioetica cattolica e ancora largamente diffusa nel senso comune ricevuto dalla tradizione.

Sempre per questo i due opposti paradigmi pretendono di essere entrambi "razionali": si tratta di due "razionalità" diverse, perché per gli uni la ragione giunge con certezza alla conoscenza di Dio, mentre per gli altri questa è una pia illusione. Questa differenza si traduce oggi in diversi criteri di riferimento per stabilire ciò che ha valore nel mondo. Per i laici il valore sta nella "vita biografica" e solo in essa, in quanto hanno valore gli stati psicologici che arricchiscono l'esistenza (sia umana che animale). Per chi si muove nella tradizione il valore di «ogni vita umana, anche quella più disprezzata, emarginata, e rifiutata, ha un valore infinito, perché è il termine dell'immenso amore di Dio» (Giovanni Paolo II, 16 aprile 1989). Per questo, si può coerentemente dire che anche la mera "vita biologica" *umana* ha un valore immenso.

È importante cercare di sviluppare una visione etica complessiva dell'etica laica per varie ragioni. Innanzitutto perché un po' di attenzione alla sistematicità porta a distinguere meglio i due paradigmi contrapposti (laico e cattolico-romano) dalla posizione di chi pretende di individuare una "terza via" conciliatorista. Quest'ultima prospettiva è molto diffusa nel nostro paese e raccoglie consensi a fronte di una singola e radicata opinione ricevuta, ma si rivela debole se sottoposta ad analisi sistematica. Questa, infatti, rivela come i punti su cui sociologicamente si riscontra consenso dipendano per lo più da sopravvivenze culturali non esplicitate. Inoltre, l'impegno alla sistematicità mostra che la bioetica laica segna l'alba di una "nuova etica" per la società biomedica secolarizzata. Il paradigma tradizionale ha esaurito la propria forza propositiva e deve cedere il passo al nuovo: un processo grandioso che apre una fase storica.

In questa congiuntura diventa urgente cominciare a elaborare proposte organiche che mostrino la capacità del nuovo paradigma di dare risposta agli innumerevoli problemi che si prospettano (incluso quello del "senso della vita", oggetto dell'ultimo capitolo). Pur non essendo molte, nel nostro paese non mancano autorevoli proposte in questa direzione (Lecaldano, Neri): a prescindere da eventuali divergenze su alcuni punti, quella avanzata in questo *Manuale* si differenzia da quelle per una maggiore accentuazione dello scopo conoscitivo che informa l'analisi fatta in questo libro. Sono interessato più a "conoscere" che a "edificare" o a "proporre soluzioni pratiche", come dovrebbe fare un bioeticista. In questo senso, l'insegnamento della bioetica è limitato all'analisi logica delle questioni con l'individuazione delle diverse opzioni di valore tra cui scegliere. La scelta, poi, va lasciata al lettore, il quale ha il compito di trovare la propria strada nell'intricata selva del pluralismo etico. Forse questa passione per la conoscenza suppone l'idea che sia sufficiente capire il perché di una posizione per ottenere anche quel mutamento di atteggiamento emotivo e sentimentale che dovrebbe consentire di superare le sopravvivenze culturali trasmesse dalle opinioni ricevute. Col passare degli anni non so più quanto quest'assunto sia plausibile, ma esso sembra ancora sotteso alle analisi sviluppate nel libro. È bene che il lettore lo sappia e ne tenga conto nella lettura.

Carrara, 11 maggio 2013

# Prefazione

La Rivoluzione biomedica in corso da ormai mezzo secolo sta consentendo un sempre maggiore controllo umano dei finalismi vitali: l'ampliamento della capacità di controllare l'ingresso e l'uscita dalla vita comporta un cambiamento delle coordinate di fondo che hanno regolato il modo di vivere tradizionale e della civiltà stessa. Un effetto di questo cambiamento è la incalzante erosione della religiosità naturale che, dagli inizi della storia, ha caratterizzato la vita culturale per dare origine ad una nuova fase della secolarizzazione. Non a caso negli ultimi anni è diventata centrale la questione della "laicità", termine che cerco di evitare perché carico di connotazioni polemiche. Un altro effetto è che il processo storico in corso ha dato origine ad una nuova etica generale che può ormai essere sistematizzata in modo abbastanza organico e preciso. In questo *Manuale* ho cercato di delineare alcuni capisaldi di questa nuova etica per quanto riguarda i principali temi della bioetica in modo da spalancare prospettive che ci permettano di vedere e di vivere meglio il presente, nonché di cogliere più serenamente le opportunità che esso ci offre. Lungi dal pensare che sui temi bioetici si assista ad un'epoca cupa e oscura, come pretendono i molti nostalgici del passato impegnati a profetizzare solo sventure, il *Manuale* cerca di mostrare che siamo all'alba di una nuova civiltà caratterizzata da nuovi criteri etici. Come oggi facciamo fatica a capire come agli inizi del XIX secolo si potesse chiamare "delirio" la libertà di stampa, così tra qualche decennio i nostri figli faranno fatica a capire molte delle discussioni che oggi animano la bioetica.

Il libro avrebbe dovuto essere una nuova edizione aggiornata di un precedente breve volume in cui avevo cercato di dare i primi rudimenti della bioetica. Ho poi cominciato a ritoccare il testo alla luce delle riflessioni fatte negli ultimi dieci anni, e il risultato è stata una revisione profonda di quasi tutti i capitoli alcuni dei quali sono stati interamente riscritti ex novo. È quindi un libro nuovo che del precedente mantiene la struttura, le tematiche e soprattutto l'idea di fondo che l'ha ispirato.

Anche questo *Manuale*, infatti, come il precedente, non intende fornire né un prontuario né tantomeno un catechismo in cui il lettore può trovare un elenco preconfezionato di soluzioni morali sui vari temi affrontati. Al contrario, esso cerca di presentare in modo spassionato argomenti affinché il lettore possa apprendere un metodo di analisi per poi ragionare da solo. Per questo la regola fondamentale è quella di precisare il significato delle parole usate, perché senza tale attenzione al linguaggio non si riesce a pensare correttamente e il discorso viene facilmente sviato.

Un manuale, infatti, ha due compiti fondamentali. Il primo è fornire le informazioni essenziali e generali sui vari problemi della disciplina considerata per consentire ad uno studente o una persona colta di avere una panoramica abbastanza completa delle tematiche e delle prospettive presenti nel campo d'indagine considerato. Per questo i manuali escono quando una disciplina ha superato lo stato nascente e le diverse posizioni e prospettive hanno conseguito una precisa fisionomia e una certa stabilità. Il secondo compito di un manuale è di fare in modo che la fotografia dello stato dell'arte scattata sia non solo ampia e capace di dare uno sguardo complessivo sulla disciplina, ma anche, e soprattutto, sia la più imparziale e neutrale possibile. Quest'ultimo compito è particolarmente difficile in bioetica, dal momento che essa riguarda una riflessione tipicamente valutativa e quindi immersa nella posizione valoriale propria dell'autore.

C'è chi osserva che un autore sarebbe così avviluppato nella propria prospettiva valutativa da non riuscire né a vedere né a capire le posizioni concorrenti. Sarebbe quindi impossibile ogni pretesa di imparzialità o di equidistanza: siamo fatalmente condannati ad essere dei propagandisti della prospettiva prescelta. È solo un'illusione l'idea o la pretesa di riuscire ad elevarsi al di sopra della mischia per assumere un punto di vista in qualche modo "neutrale" o almeno tendente ad una sorta di "neutralità". Se così fosse, non solo qualsiasi manuale o testo sarebbe inevitabilmente fazioso, ma lo sarebbe anche qualsiasi tipo di insegnamento della bioetica. Anche l'insegnante che affronta temi di bioetica sarebbe comunque inesorabilmente condannato a fare solo propaganda per una qualche prospettiva e gli sarebbe impossibile assumere una posizione che sia in qualche modo "imparziale" e "neutrale", ossia tale da riuscire sia ad avere rispetto delle diverse posizioni proprie degli alunni sia a sollecitare le loro capacità riflessive.

Riconosco che una neutralità assoluta non è raggiungibile, ma questo non esclude si possa conseguire un buon livello di imparzialità almeno per quanto riguarda le posizioni in campo. Il risultato può essere conseguito dichiarando esplicitamente i propri valori in modo da riuscire sia a vedere ciò che dipende da essi sia a metterli come tra parentesi per guardarli poi come da un nuovo e "superiore" punto di vista. È come se si guardasse i diversi valori in gioco mettendosi al piano di sopra per osservare le mosse compiute. Per fare questo bisogna prendere molto sul serio tutte le diverse posizioni in campo e analizzarle cercando di assumere il punto di vista interno che le informa, senza aver paura di eventuali conseguenze strane o contro-intuitive. Se si riesce a far questo, si può pensare di riuscire a guadagnare quel punto di vista neutrale, spassionato ed imparziale che si cerca di conseguire. Si potrebbe anche dire che ciò consente di affrontare i problemi in modo "scientifico".

Non so quanto il tentativo fatto sia riuscito, ma sottesa a questo *Manuale* sta l'idea di applicare il metodo scientifico ai temi della bioetica. La trattazione non ha scopi edificanti né cerca di rendere più buono o di redimere il lettore, né tantomeno di convincerlo. L'obiettivo è quello di esaminare in modo imparziale gli argomenti e le ragioni addotte a sostegno delle varie tesi esaminate, lasciandosi guidare dalla logica e dalla razionalità. L'auspicio è che l'analisi fatta solleciti ulteriori discussioni.

* * *

Il libro è cresciuto nei corsi tenuti negli ultimi anni all'Università di Torino, sia alla Facoltà di Lettere e Filosofia sia nei vari corsi di laurea in Biologia e in Biotecnologie: i primi da ringraziare sono gli studenti che hanno criticamente interagito nell'approfondimento delle varie tematiche. Negli ultimi anni, qualche parte è stata presentata al Master in Bioetica ed Etica Applicata promosso dalla Facoltà di Lettere e Filosofia dell'Università di Torino in collaborazione con le altre Facoltà: ringrazio i colleghi Mario Dogliani, Aldo Fasolo, Secondo Fassino, Sergio Lanteri, Ferdinando Rossi, Franco Cavallo, Adalberto Merighi, e Andrea Poma per le discussioni avute su numerosi temi "fondativi" di cui troverà traccia nel testo. Con Franco Remotti, Sergio Scamuzzi, Luca Bertolino e Ilaria Bertone abbiamo avuto numerose discussioni su temi specifici. Un ringraziamento del tutto particolare va a Maurizio Balistreri, amico e prezioso collaboratore. Altri aiuti importanti ho ricevuto da Alberto Giubilini, Elena Nave, Elisa Santini, Sara Patuzzo, Maria Teresa Busca e soprattutto Claudio Rabbia.

Altro punto di riferimento costantemente sotteso alla riflessione qui raccolta è costituito da due Associazioni culturali: il Centro Studi Politeia di Milano diretto dall'amico Emilio D'Orazio, e la Consulta di Bioetica Onlus che è ormai sparsa in tutt'Italia ed i cui molti soci mi hanno sollecitato a proporre una sintesi della bioetica. Tra le persone che più di altri hanno sollecitato la riflessioni ringrazio Carlo Flamigni, Marina Mengarelli, Carlo Alberto Defanti, Mario Riccio, Beppino Englaro, Sergio Bartolommei, Piergiorgio Donatelli, Giovanni Fornero, Roberto Lala, Sergio Livigni, Serenella Pignotti, Norma Trezzi, Nadia Bettazzoli, Paola Lecaldano, Paolo Briziobello. Antonino Forabosco e Maurizio Negri hanno letto alcune parti del libro e mi hanno dato suggerimenti per evitare alcuni errori: la responsabilità dei rimanenti è solo mia.

Il libro è stato voluto dai colleghi Eugenio Lecaldano e Demetrio Neri, che mi hanno sollecitato a completarlo in tempi rapidi. Il debito intellettuale nei loro confronti traspare ad ogni riga anche ove ci fosse dissenso su punti specifici. Sono riuscito a scrivere il testo grazie alla collaborazione di tutti i miei familiari. Mia figlia Beatrice si è organizzata in modo tale da non solo lasciarmi spazio per completare il lavoro ma anche da favorirlo con gli interrogativi propri di un'adolescente. Genni e Luigi lo hanno facilitato con varie discussioni generali sulla natura della moralità. Dedico il libro a Mariella che non solo ha condiviso con me la riflessione su tutti i temi esaminati ed ha creato quel clima di serenità che ha consentito e reso entusiasmante l'elaborazione delle idee contenute in questo libro.

# I

# PER ORIENTARSI IN ETICA. *CHE COS'È LA MORALITÀ: L'ETICA DELLA SACRALITÀ E DELLA QUALITÀ DELLA VITA*

## 1. *Il nuovo ruolo dell'etica nella società contemporanea*

Da qualche tempo nelle società occidentali l'interesse per l'etica è notevolmente cresciuto. Fino a non molti anni fa l'etica era tema marginale, trattato dopo il *diritto* e la *politica*, mentre ora ha acquisito una posizione di grande visibilità. Non sono ancora completamente chiari i risvolti profondi di tale cambiamento ma, in via preliminare, sembra importante cominciare a chiarire la nozione stessa di "etica". Dopo averla precisata, potremo esaminare con maggiore consapevolezza alcuni dei problemi morali oggi più dibattuti. Alcuni obiettano che tale compito preliminare sia inutile: è superfluo – dicono – impegnarsi a studiare che cos'è l'etica perché le persone buone e rette sanno trovare le soluzioni giuste senza pensarci troppo e anche senza le conoscenze specifiche circa la moralità, proprio come le persone intelligenti sanno ragionare bene e correttamente anche senza aver studiato logica. Eppure, come una qualche nozione di logica a volte può aiutare a evitare certi errori intellettuali, così una qualche conoscenza dei rudimenti dell'etica può favorire l'individuazione delle soluzioni moralmente giuste – o almeno può aiutarci a capire qual è la fonte dei contrasti e dei disaccordi che stanno alla base delle diverse posizioni morali sui diversi temi.

## 2. *Il compito e lo scopo della presente analisi*

Questo testo non offre un prontuario di soluzioni preconfezionate ai vari problemi morali affrontati, né tantomeno cerca di rendere il lettore più buono o più virtuoso. Lungi dall'avere scopi edificanti, l'obiettivo delle pagine seguenti è di carattere descrittivo o scientifico: cerco di mostrare come è possibile impostare e affrontare alcuni seri problemi morali che sono oggi oggetto di dibattito pubblico e che a volte ci coinvolgono. Intendo cioè mostrare com'è possibile argomentare in etica, ossia come si fa a impostare e sviluppare un ragionamento morale. Così facendo mi auguro che il lettore acquisisca *un metodo d'indagine* con cui potrà, poi e in altre occasioni, esaminare altri eventuali problemi che gli si presenteranno nella vita e su cui dovrà prendere decisioni. Usando una metafora, potrei dire che, in questo libro vorrei fare qualcosa di analogo a quando si mostra a qualcuno come si fa ad andare in bicicletta in modo che impari e possa poi andare da solo dove crede. Il mio l'auspicio è che il lettore possa imparare il *metodo* con cui affrontare i problemi, per poi essere in grado di pensare in proprio.

Per conseguire l'obiettivo una sola raccomandazione tra le molte possibili: per pensare e comunicare gli uomini necessitano del linguaggio, che è uno strumento meraviglioso, potentissimo e straordinario. Ma proprio per questo va maneggiato con grande cautela e attenzione: se non usato con cura, il linguaggio può trarci in inganno o farci cadere in tranelli che ci portano fuori rotta. È quindi indispensabile prestare grande attenzione prima di tutto alle parole che si usano, chiarendo sempre il loro esatto significato. Spesso noi siamo portati a credere di sapere quale sia il significato di una parola, ma quando cerchiamo di specificarlo ci troviamo in difficoltà e non siamo capaci di articolarlo. Se ricorriamo a un dizionario troviamo le definizioni *lessicali* ossia i significati che il termine ha nell'uso comune. A volte questo basta a chiarire il problema, mentre in altre occasioni è necessario procedere a una definizione *stipulativa* o *riformatrice* che individui l'esatto significato richiesto. Ad ogni buon conto, l'attenzione alle parole usate è *la condizione preliminare di ogni seria disciplina intellettuale e di ogni scienza* e quindi anche dell'etica. Alle pagine seguenti è sottintesa una regola semplice ed efficace: «Ricorda che devi essere sempre capace di rendere conto di tutti i termini che usi, perché ogni parola che dici potrebbe essere usata contro di te!».

## 3. *Che cos'è l'etica? Una prima caratterizzazione*

Che cosa si intende con "etica"? Senza pretendere di individuare qui una definizione completa ed esaustiva, comincio col precisare che in questo libro "etica" e "morale" sono usati come sinonimi: "etica" deriva dal greco *ethos*, mentre "morale" dal latino *mos, moris*, che è la traduzione latina del termine greco. In alcune specifiche prospettive teoriche tali termini possono assumere significati diversi (ad esempio nella filosofia hegeliana o in quella kantiana), ma per le nostre analisi tale distinzione è un'inutile complicazione. Più importante è chiarire quali sono le caratteristiche specifiche dell'etica o della moralità.

Durante un dibattito una studentessa ha detto: «l'etica è quella cosa che ti impedisce di fare molte delle cose che ti piacerebbe fare!». Questa risposta coglie due aspetti importanti: *in primo luogo*, l'etica è una sorta di "cosa", magari impalpabile, come l'aria, ma che *c'è*, ed è capace di influenzare e condizionare in qualche modo la condotta delle persone. Possiamo dire che è un insieme di norme e di valori che *c'è*, che è indipendente da noi, che esiste prima di noi e dopo di noi, e che non è inventata o creata da nessuno di noi preso individualmente. L'etica è una peculiare *istituzione normativa*: "istituzione" ossia una sorta di organizzazione dotata di significato e di coordinamento interno tale da essere in grado di svolgere una funzione sociale; "normativa" ossia che spinge le persone ad agire in un certo modo o a provare certi sentimenti di ripugnanza o di approvazione per certe azioni. Caratteristica prima dell'etica come *istituzione sociale* è la *prescrittività* ossia la tendenza a far fare, a far apprezzare o a far rabbrividire.

*In secondo luogo*, l'etica impedisce di fare tutto quel che piace, ossia pone dei vincoli e dei limiti al desiderio: non è lecito fare «tutto quel che ti salta in mente al momento». Questo perché alcuni comportamenti spontanei possono essere nocivi. Inoltre, la vita sociale comporta la cooperazione con gli altri, un fatto che può offrire molti benefici pratici. Ma perché ciò avvenga si richiede un adeguato livello di coordinazione tra le persone. Quando esco da scuola, mi aspetto che arrivi l'autobus (il treno, ecc.) a una certa ora e che, arrivato a casa, io trovi da mangiare, e via dicendo. Senza queste certezze, la nostra vita sarebbe molto più difficile e più infelice. Per garantire quelle aspettative e offrire la garanzia che siano soddisfatte si deve far sì che chi deve prestare il servizio (l'autista, il genitore, ecc.) sia puntuale e preciso, e che lo renda anche se "non si sente" o "non ne ha voglia". L'etica è un insieme di norme o di valori che pone vincoli ad alcuni desideri per far sì che alcune azioni ritenute particolarmente importanti raggiungano il livello di coordinamento sociale richiesto per garantire ai membri di una data società l'adeguato benessere e/o l'adeguata autorealizzazione consentita dalle circostanze storiche date (condizioni climatiche, tecniche, ecc.). L'etica è quindi una particolare *istituzione sociale*, analoga ad altre istituzioni come ad esempio la lingua madre con cui comunichiamo (un'altra istituzione che ha la funzione di consentire la comunicazione tra i parlanti), o il diritto.

## 4. *Le altre istituzioni normative*

Per precisare meglio che cos'è l'etica è opportuno confrontare questa particolare istituzione con altre istituzioni normative che tendono al medesimo scopo: consentire il coordinamento sociale. Le principali tra queste sono:

a) il diritto;
b) l'etichetta;
c) il costume.

### 4.a. *Il diritto*

L'etica condivide con il diritto alcune norme fondamentali per la vita sociale, ad esempio il divieto di omicidio. Questo mostra che entrambe le istituzioni tendono al medesimo fine: garantire la sicurezza personale e la pace sociale senza le quali le persone non riescono a coordinarsi. Tuttavia la stessa norma è affermata con modalità diverse nelle due diverse istituzioni. La norma giuridica vale per tutti i cittadini di un dato territorio soggetto alla sovranità di un certo Stato ed è obbedita o seguita perché per un'eventuale violazione è prevista una pena, la cui quantità e tipologia è stabilita per iscritto (in precedenza) ed è resa *pubblica* ai cittadini attraverso la promulgazione delle leggi, l'esecuzione delle sentenze, ecc., cosicché il cittadino obbedisce perché teme di incorrere nella sanzione e vuole evitare la pena.

La norma morale, invece, pretende di valere non solo per i cittadini di un dato Stato, ma per tutti indistintamente. Una persona segue la norma morale non per paura della sanzione prevista dal diritto ma per *intima convinzione*, da cui deriva il rimorso in caso di un'eventuale trasgressione. In un senso, quindi, anche la norma morale è *pubblica*, addirittura più pubblica di quella giuridica in quanto si suppone che sia valida per tutti e nota a tutti al punto di non richiedere di essere promulgata in modo formale. Tuttavia, in pratica, non è chiaro come intendere quest'aspetto di "pubblicità", perché la sanzione morale è *privata* nel senso che la stessa presenza del rimorso e la sua intensità dipendono dalla psicologia individuale (in alcuni può essere molto forte per violazioni insignificanti, in altri può essere lieve o inesistente per mancanze gravi). Pertanto, non sempre la moralità riesce a garantire i comportamenti sociali richiesti: nonostante l'iniziale pretesa di una universalità più forte di quella giuridica, in pratica le norme morali sembrano a volte essere più "facoltative" di quelle giuridiche, nel senso che vincolano solo chi accetta il principio morale considerato e la corrispondente intima convinzione.

### 4.b. *L'etichetta*

Quest'aspetto di "facoltatività" delle norme morali fa sì che a volte la moralità sia accostata all'etichetta ("piccola etica"), ossia quell'istituzione le cui norme scandiscono i comportamenti da tenere in particolari occasioni o in speciali cerimonie – ad esempio a un matrimonio, un funerale o anche una serata di gala. Le norme al riguardo sono "facoltative" perché la loro cogenza può essere facilmente evitata rinunciando all'occasione da esse regolata: se non vado alla serata di gala, evito di indossare la giacca e la cravatta. Mentre non si può evitare di partecipare alla vita sociale (e quindi di sottostare al diritto o alla moralità diffusa), si può evitare di prendere parte a certe cerimonie e quindi di sottostare alle norme dell'etichetta.

Tuttavia, come le norme giuridiche, anche quelle dell'etichetta possono essere modificate con un preciso atto di imperio, e in questo differiscono radicalmente dalle norme morali che invece non sono stabilite da nessun soggetto particolare ma si impongono come valide in sé. La modifica del diritto avviene con la promulgazione di una nuova legge o di una sentenza della Corte suprema, mentre la modifica dell'etichetta si ha con un atto del maestro di cerimonia o con una nuova fortunata edizione di un manuale di galateo, che col tempo la rende comune.

### 4.c. *Il costume*

L'ultimo aspetto ricordato distingue le norme dell'etichetta dalle norme del costume, che sembrano dotate di maggiore stabilità delle precedenti in quanto si presentano come indipendenti da uno specifico atto istitutivo. Sotto questo profilo il costume è più simile alla moralità che all'etichetta e al diritto, dal momento che anche le norme morali sembrano essere caratterizzate da una "non arbitrarietà" che le svincola da precisi atti istitutivi.

Il costume, però, a sua volta comprende norme di tipo molto diverso, tra cui:

- le consuetudini con origine convenzionale;
- le opinioni ricevute tacitamente assunte come morali;
- i tabù, i pregiudizi e le superstizioni.

Le *consuetudini* sono quell'insieme di norme che sono non facoltative (come invece quelle dell'etichetta) in quanto riguardano comportamenti sociali inevitabili, e che tuttavia – almeno all'inizio – sono state istituite non per qualche ragione cogente ma per scelta o convenzione arbitraria, acquisendo poi efficacia in forza dell'abitudine o del prestigio goduto da chi le ha introdotte, efficacia che si rafforza per lo spirito imitativo che in parte è spontaneo negli umani e in parte è dettato dal desiderio di evitare lo sgradevole senso di isolamento. Una volta invalsa, la consuetudine acquisisce una sorta di necessità, perché essa garantisce il coordinamento sociale. Anzi, eventuali cambiamenti generano gravi disagi, perché col tempo le consuetudini diventano una "seconda natura". Le norme del codice della strada offrono un esempio di consuetudine con origine convenzionale: all'inizio non c'era alcuna ragione per viaggiare a destra piuttosto che a sinistra, ma dopo essere invalsa la norma ha assunto un forte significato sociale – tanto che la notizia di consuetudini diverse circa il viaggiare, il vestire, il cucinare, ecc. può essere fonte di sgomento o di sconcerto.

Le *opinioni ricevute* sono le credenze e/o gli atteggiamenti o sentimenti che abbiamo acquisito nella prima infanzia e sono profondamente interiorizzati, cosicché un'eventuale difformità dalla norma suscita come minimo una reazione di sorpresa, stupore o anche sconcerto e disgusto. Solitamente tali opinioni ci appaiono tanto ovvie e scontate da non richiedere alcuna giustificazione, cosicché non pensiamo neanche che possano essere messe in dubbio da qualcuno, aspetto che emerge dall'uso ricorrente di espressioni del tipo: «è ovvio che...», oppure «è evidente che...», «è naturale che...», «tutti dicono che...», «solo un matto può negare che...». E la scoperta che invece quelle opinioni ricevute sono tutt'altro che ovvie, evidenti, scontate, naturali, ecc. può suscitare reazioni vivaci: di meraviglia o di curiosità ma anche di angoscia, di terrore o addirittura di panico.

In un senso le opinioni ricevute sono come le regole della grammatica e della sintassi della propria lingua madre, che ci appaiono come date, ovvie e scontate e tali da non richiedere alcuna giustificazione. Anzi, non ci chiediamo neanche perché una certa espressione italiana sia corretta: sappiamo che lo è, e basta! Sappiamo anche che sono ammesse alcune variazioni, che in Toscana si usano espressioni diverse da quelle in uso in Friuli o in Calabria, ma siamo anche in grado di distinguere tali diversità consentite da eventuali errori grammaticali o sintattici. Ove rimanessero dubbi sulla correttezza di una certa espressione, si crede che ci siano degli esperti (i membri della Accademia della Crusca o i professori di lingua) capaci di spiegare il problema e di trovare la risposta giusta che lo risolve. Si assume che qualcosa di analogo valga anche con le opinioni ricevute: la maggior parte di esse è sicuramente valida e resta al di là di ogni dubbio, ma in caso di perplessità o incertezze, si crede che ci siano gli "esperti morali" (i teologi, i rabbini, i saggi, i Comitati etici, ecc.) in grado di chiarire il problema e di individuare la soluzione giusta e non arbitraria: quella sostenuta da buone o ottime ragione che, almeno idealmente, tutti dovrebbero riconoscere come valide.

L'analogia tracciata è interessante perché mostra che come nelle situazioni comunicative, quando capita che la lingua comune presenti difficoltà espressive o nodi comunicativi, si suppone che possano essere sciolti facendo riferimento a un livello ideale noto agli esperti (la grammatica), così nelle situazioni morali, quando capita che una qualche opinione ricevuta incontri difficoltà, si suppone che possano essere risolte dai saggi (gli eticisti), i quali sanno sottoporre l'opinione in questione al vaglio critico per stabilire se sia dotata o no di giustificazione razionale. Ove il vaglio critico desse risultato negativo, si deve riconoscere che l'opinione ricevuta è *scorretta* o *ingiusta*, forse frutto di un *pregiudizio* ossia opinione sostenuta da un'emozione o passione intensa ma frutto di credenze false o priva di fondamento razionale; di un *tabù* ossia un divieto che vale solo perché è stato tanto intensamente interiorizzato da suscitare un automatico e terribile rimorso in caso di una sua violazione, ma non ha altra ragione; oppure di una *superstizione* ossia una credenza irrazionale che ci induce a credere che certi eventi siano influenzati da altri senza che in realtà ci sia alcun nesso causale e a provare emozioni e fare azioni corrispondenti. In breve: i divieti morali condividono con i pregiudizi, i tabù e le superstizioni la forte presa emotiva, perché tutti sono profondamente interiorizzati e mobilitano forti sentimenti. Ma i pregiudizi, i tabù e le superstizioni sono privi di giustificazione razionale, mentre i giudizi morali sono quelli che pretendono di essere razionalmente giustificati e sono ritenuti tali (pur non essendo scontato che lo siano).

## 5. *Il ruolo delle "opinioni ricevute" e la situazione di una loro possibile "crisi"*

Le opinioni ricevute sono, per la vita sociale e intellettuale, un po' quel che è l'aria che respiriamo per la vita biologica, nel senso che plasmano la nostra esistenza. Esse ci forniscono ciò che consideriamo come ovvio e scontato o il *taken-for-granted*: ciò che ci appare normale, naturale, indiscusso e indiscutibile, e senza il quale ci pare che "crolli tutto" e che più nulla abbia senso. Esse sono così profondamente radicate in noi e a esse siamo tanto affezionati da costituire il nostro "nido", il luogo in cui ci sentiamo "a casa", protetti e al sicuro. A volte, invece di un nido accogliente può anche rivelarsi una "gabbia" che ci impedisce di cogliere opportunità importanti. Di solito, però, non ce ne accorgiamo perché ci siamo abituati da sempre e comunque sono un punto che ha un ruolo fondamentale nella nostra formazione e identità come individui. Per questo è tanto difficile abbandonare un'opinione ricevuta: è come perdere un pezzo di noi stessi e della nostra identità. Nonostante i nostri sforzi, è difficile riuscire a distinguere nettamente i giudizi propriamente morali dalle opinioni ricevute. Forse, in pratica, riusciamo a farlo solo in qualche occasione e su qualche punto.

Ancora una volta è un po' quel che capita con la lingua: quando un'espressione è invalsa nell'uso comune neanche ci sfiora l'idea di chiederci se sia conforme alle regole della grammatica da tanto ci sembra scontato che lo sia. Andiamo a controllare le regole rilevanti solo nel caso in cui ci si trovi di fronte a un contrasto di opinioni. E se scoprissimo che l'espressione comune invalsa, in effetti, viola le regole della lingua, reagiamo con sorpresa e anche sgomento. Qualche volta l'impatto è tanto potente che ci rifiutiamo addirittura di prendere in considerazione la nuova proposta: «No! Non può essere vero! Continuo a credere che sia migliore l'espressione invalsa!». E ci chiudiamo a riccio in difesa di ciò che è acquisito e ricevuto, con una reazione che mette in atto sul piano psicologico una forma di negazione di realtà. Ebbene, qualcosa del genere capita anche in etica. Di solito non prendiamo neanche in considerazione l'idea di andare a controllare se le nostre opinioni ricevute siano corrette e giustificate. Semplicemente lo diamo per scontato: è qualcosa che ci appare tanto ovvio e indiscutibile che a volte consideriamo un po' matto o comunque eccentrico chi solo lo mettesse in dubbio. Ove però ci fossero prove così evidenti che ci costringono a prendere atto che il dubbio è serio e consistente, o addirittura è fondato e che forse la realtà è diversa da quella inizialmente creduta, ne siamo sconcertati e sembra che la terra ci manchi sotto i piedi.

Quando si verifica questa situazione, allora si è di fronte a una "crisi" che può riguardare la persona singola o l'intera società. Situazioni di questo tipo non sono frequenti nella vita di una persona e lo sono ancora di meno nella vita sociale, ma quando capitano essi segnalano la presenza di trasformazioni importanti che lasciano il segno. Come i cambiamenti linguistici di solito sono pressoché impercettibili ed è raro che si abbiano fratture sensibili, così accade con l'etica. Ma quando capita che il gran fiume dell'etica cessi di scorrere calmo e placido ed entri in strettoie formando delle rapide o addirittura una cascata, allora si è di fronte a un avvenimento di grande significato che segna un salto o una frattura nella vita personale o in quella di una società. Il punto merita attenzione.

## 6. *I due aspetti fondamentali dell'etica: emozione e razionalità*

L'analisi fatta ci ha portato a dire che una moralità è per lo più formata da opinioni ricevute profondamente radicate che diamo per scontate. Tuttavia, supponiamo anche che non tutte le opinioni ricevute siano valide, ma solo quelle che risultano avere alcune specifiche caratteristiche e per questo si ritiene siano approvate dai "saggi" della società. Queste due considerazioni ci portano a caratterizzare l'etica come quell'*insieme di atteggiamenti o sentimenti profondi che sono ritenuti essere in qualche modo razionalmente giustificati*. La definizione non è esaustiva ma coglie almeno gli aspetti essenziali che per comodità possono essere schematizzati nel modo seguente:

Etica
- insieme di sentimenti profondi (interiorizzati nella prima infanzia)
- *ritenuti essere* (come presupposto implicito, non detto e dato per scontato)
- *razionalmente giustificati* (ossia sostenuti da valide ragioni che dovrebbero essere riconosciute come tali da tutti almeno idealmente)

Schema 1. Definizione minima di moralità

La definizione individua le condizioni necessarie e congiuntamente sufficienti di ogni concezione che aspiri al titolo onorifico di "etica" o di "morale". Essa è accettabile da tutti perché coglie la nozione minima di moralità e, nella sua essenzialità, ha il vantaggio di prescindere da eventuali ulteriori affinamenti teorici (ad esempio circa il ruolo delle intenzioni o delle conseguenze) e da eventuali divergenze valoriali che distinguono le diverse prospettive (come quelle tra sacralità e qualità della vita). Questo ci permetterà di individuare i punti di snodo da cui hanno origine le contrastanti concezioni dell'etica. Il lettore potrà così, con maggiore consapevolezza, vedere come scegliere, perché e quali sono le implicazioni della scelta nell'una o nell'altra direzione. In questo senso il compito di quest'analisi è scientifico e conoscitivo, non edificante o persuasivo.

### 6.a. *L'aspetto emotivo dell'etica*

Il primo aspetto dell'etica è la componente *emotiva* o *sentimentale* che caratterizza i giudizi morali. Come abbiamo visto, l'etica è per la gran parte questione di *atteggiamenti o sentimenti di approvazione o di disapprovazione* che ci troviamo dentro e che provengono dal profondo di noi stessi, che ci coinvolgono nell'intimo suscitando partecipazione ed entusiasmo oppure indignazione e ripugnanza. Ciò che chiamiamo "valori" e "norme" morali altro non è che il nome (nobile) dato ai vari atteggiamenti di apprezzamento o di disprezzo, e alle prescrizioni di comando o di divieto. Si potrebbe distinguere la componente *valutativa* o *valoriale* (che riguarda il buono o il cattivo) da quella *prescrittiva* o *precettiva* (che riguarda il giusto o l'ingiusto, il dovere o il divieto), ed esaminarne le differenze e stabilire quale sia prioritaria. In questo libro, per non appesantire troppo il discorso, valori e prescrizioni sono raggruppati assieme e considerati equivalenti.

Proprio perché i valori e le norme morali hanno a che fare con le emozioni e mobilitano sentimenti profondi, essi hanno quest'aspetto decisivo in comune coi tabù e coi pregiudizi. Questo spiega come mai è difficile affrontare un serio problema etico mantenendo la calma: i sentimenti coinvolti sono tanto intensi da far sì che quasi subito ci si arrabbi o ci si entusiasmi. Di solito si manifesta con passione e vigore la propria divergenza, tanto che o si finisce col litigare, oppure col chiudersi "a riccio" rifiutando ogni ulteriore dialogo. Quasi sempre sgorga in noi la domanda imperiosa: «Ma come fai a pensarla così?! Perché non capisci?!?».

Quest'aspetto fortemente emotivo dell'etica è anche quello che sembra distinguere l'istituzione *morale* dall'istituzione *linguistica*.

Non sempre, forse, è stato così, perché ad esempio per Omero il significato linguistico della parola coincideva con l'oggetto indicato: Ulisse dichiara a Polifemo accecato di chiamarsi Nessuno, giocando sull'ambiguità del nome. In qualche caso ancora sopravvive con forza la coincidenza tra oggetto e significato tanto che alcune parole sono addirittura innominabili. Ma di solito i contrasti circa il linguaggio comportano un minor coinvolgimento emotivo essendo ormai il linguaggio visto come un mero strumento tecnico di comunicazione.

### 6.b. *L'aspetto razionale dell'etica*

Il secondo aspetto dell'etica evidenziato dallo schema è la componente razionale: l'etica si differenzia dai tabù perché la persona *ritiene, crede* o *presuppone* che i sentimenti *morali* siano quei particolari sentimenti che sono *razionalmente giustificati* ossia sostenuti da buone ragioni che dovrebbero essere riconosciute tali da tutti, superando desideri o interessi individuali. Ci sono infatti anche altri sentimenti intensi e forti, come per esempio quelli circa i gusti alimentari, che però sono non-morali. Per esempio, certi cibi suscitano in alcuni un disgusto così intenso da far preferire il digiuno continuato per giorni piuttosto che l'alimentazione (come è capitato allo scrivente che rifiutò per settimane di mangiare spaghetti scotti alla marmellata). Diversamente da questi altri sentimenti che dipendono da mere questioni di "gusto" soggettivo, si ritiene che gli atteggiamenti o i sentimenti *morali* siano quelli che hanno un fondamento *razionale* che consente a essi di superare, andare al di là o prescindere dai gusti soggettivi (che sono variabili), o dal proprio "punto di vista" privato (che riguarda solo la biografia dell'interessato), o dalla potenza del sentimento coinvolto (che potrebbe risultare un tabù). Solo questa base razionale rende sensata la discussione sui temi morali: non si sta a discutere se sia giusto bere il the al limone o alla pesca. È questione soggettiva e strettamente personale: c'è chi preferisce l'uno e chi l'altro. Punto e basta. Ci si impegna in discussioni morali quando e perché si presuppone che le persone riconoscano che – se pretendono di dare un giudizio *morale* – si deve abbandonare sia il proprio interesse personale sia il proprio punto di vista soggettivo, le proprie opinioni ricevute o i propri tabù, per elevarsi e assumere un punto di vista "superiore" e "imparziale" che prescinde dagli interessi, dai gusti soggettivi, dai tabù e che dovrebbe – almeno idealmente – essere accettato da tutti perché, così facendo, si individua la soluzione che tende a favorire il massimo di cooperazione sociale senza che nessuno tragga vantaggi indebiti o prevarichi sugli altri. Alcuni ritengono sia compito impossibile perché il sentimento è refrattario alla ragione. Ma ha senso parlare di etica e di moralità solo se si suppone che la ragione sia in grado in qualche modo di disciplinare i sentimenti. Altrimenti non resta altro che il gusto soggettivo ossia qualcosa come la preferenza tra il the al limone o alla pesca dell'esempio precedente. Per questo la razionalità costituisce il genio dell'etica ossia il suo carattere distintivo senza il quale un atteggiamento, per quanto sia profondo, non può aspirare ad assumere legittimamente il titolo onorifico di "etica" o di "morale". Solo i giudizi razionalmente giustificati possono pretendere di essere *morali* e vantare tale titolo, perché la razionalità assicura al sentimento morale e al corrispondente giudizio quel carattere di universalità e di non-convenzionalità che rende sensata, possibile e a volte proficua la discussione. Come si possa giungere a questo è questione da approfondire in altra sede. Resta che chi dà un giudizio etico deve essere pronto ad addurre solide ragioni atte a mostrarne la razionalità, – altrimenti tale giudizio rientra nelle espressioni di gusto personale o va annoverato tra i pregiudizi o i tabù.

## 7. *Opinioni ricevute, etica di senso comune, e i fattori che spingono alla sua crisi*

Avendo distinto i due fuochi dell'etica (l'aspetto emotivo e quello razionale), siamo ora in grado di osservare che inizialmente l'etica o la moralità comprende l'insieme degli atteggiamenti diffusi *ritenuti essere* in qualche modo razionalmente giustificati. Può darsi che poi, in realtà, una qualche specifica opinione ricevuta non lo sia, ma normalmente noi siamo così convinti che essa sia sostenuta da una qualche buona ragione che, all'inizio, neanche ci poniamo il problema di andare a cercarla e di stabilire quale sia. Lo facciamo perché, in un certo senso siamo costretti a farlo, siamo come forzati a uscire dal guscio dell'etica di senso comune.

### 7.a. *L'etica di senso comune e gli effetti destabilizzanti della modernizzazione*

Le varie opinioni ricevute presenti nella società in cui siamo cresciuti e in cui viviamo, che abbiamo interiorizzato presto nell'infanzia e che diamo per scontato siano giustificate, costituiscono l'*etica di senso comune* che forma il livello base della moralità, quello su cui poggia la nostra vita morale. L'etica di senso comune plasma i nostri atteggiamenti e orientamenti come la nostra lingua madre orienta il nostro modo di pensare. Per la persona comune le opinioni ricevute sono così ovvie e scontate da rendere superfluo qualsiasi problema circa la loro validità: *crede* o *sente* che le norme o i valori morali ricevuti siano radicalmente diversi dai gusti personali e siano ben giustificati, anche se non ha la più pallida idea di come si possa fare per giustificarli. Ma crede anche che ci siano ragioni solide note agli esperti, i "saggi": filosofi o teologi che sanno sciogliere le eventuali difficoltà morali proprio come gli esperti di lingua, gli Accademici della Crusca, sanno sciogliere le eventuali difficoltà linguistiche.

Tuttavia la morale di senso comune è un coacervo di aspetti molto diversi tra loro, che include, mescolati assieme e indistinti, sia genuini giudizi etici (razionalmente giustificati), sia i criteri per arrivare a questi principi, sia le consuetudini puramente convenzionali o le norme dell'etichetta consolidate, sia anche i tabù o i pregiudizi che possono bloccare l'autorealizzazione. Fintanto che un qualche suo punto non viene messo in discussione, la morale di senso comune rimane la stella polare della vita sociale di una data società e quindi anche la nostra guida. Ma quando si presenta un contrasto o un disaccordo, emerge una situazione di crisi.

È importante sottolineare che il processo di *modernizzazione* è un fattore potente che favorisce questo tipo di "crisi". L'urbanizzazione, la mobilità fisica e sociale, l'esplosione delle informazioni e dei saperi, il diretto contatto con posizioni diverse, fanno sì che la persona debba prendere atto che ci sono persone che hanno realtà morali radicalmente diverse dalle sue. Inoltre, le situazioni sempre nuove e gli incontri con persone diverse fanno sì che aumentino i casi di *conflitto di doveri* ossia la situazione in cui l'agente morale è sottoposto a due doveri opposti che esigono contemporanea obbedienza, la quale diventa impossibile. L'agente si sente vincolato a forze che lo spingono in direzioni opposte e, come trascinato da esse, deve scegliere quale forza privilegiare. Così facendo stabilisce la gerarchia di doveri da seguire e l'ordine di priorità da accordare alle varie forze in campo. In questi casi la persona è sollecitata a riflettere sulla validità dell'uno o dell'altro dovere ricevuto o di entrambi. Si chiede: «perché devo soddisfare questo dovere invece che quello? Qual è la ragione che lo giustifica?».

Come ha osservato il sociologo Peter Berger (1978) quando ancora i temi bioetici erano agli inizi, «nelle società premoderne la maggior parte dei significati sono *dati* all'individuo dalla tradizione, che di rado o mai viene da lui messa in questione». In questo senso, in tali società le norme e i valori, ossia i «significati sono presentati all'individuo come fatti scontati, generalmente sacri, sui quali l'individuo può esercitare tanta poca scelta quanto sui fatti naturali: i valori che governano la vita familiare, per esempio, *esistono* più o meno come esiste una roccia, un albero e il colore dei propri capelli». Al contrario, nelle società moderne le persone sono continuamente sottoposte a tensioni derivanti dalla pluralità delle posizioni che mettono in dubbio le tradizioni assunte come date e scontate, cosicché gli «individui presi nel travaglio della modernizzazione sono lacerati, divisi nel loro intimo». Il risultato finale è che «un numero sempre maggiore di significati importanti sono offerti all'individuo in una sorta di supermercato dei significati, in cui egli si aggira come un consumatore con ampie possibilità di scelta: per esempio fra diversi valori familiari, stili di vita, e anche preferenze sessuali». In questo senso, come conclude Berger, il processo presenta molteplici aspetti ma quello fondamentale è che «la modernizzazione è un passaggio dal "dato" alla scelta sul piano del significato» e dei valori.

Sottoposti a continue tensioni e conflitti di dovere, noi uomini soggetti alla modernizzazione dobbiamo abbandonare il nostro nido o guscio accogliente del "dato per scontato" fornito dalla tradizione, abbandonare la terra d'Egitto e partire per nuove terre e nuovi lidi. Di fronte a questa situazione, tuttavia, le persone hanno reazioni diverse che sono da considerare.

### 7.b. *Le diverse reazioni alla "crisi" dell'etica di senso comune*

Quando la morale di senso comune entra in crisi, perché le *opinioni ricevute* che erano *date per scontate* non appaiono più autoevidenti e naturali, le persone provano stupore che, a volte si trasforma in sgomento. Si hanno reazioni diverse tra cui spiccano le seguenti.

#### 7.b.1. *La "mala fede"*

La situazione di conflitto di dovere è quella che più facilmente sollecita la crisi delle opinioni ricevute dalla morale di senso comune. La presenza del conflitto è come una richiesta avanzata alla sensibilità morale a una presa di posizione, a una scelta a prendere sul serio l'ostacolo e a superarlo. A volte capita che la persona eviti l'ostacolo: lo vede ma fa come se non ci fosse, fa finta di non vederlo e agisce secondo i dettami dell'opinione ricevuta evitando così la scelta. Jean Paul Sartre ha chiamato "*mala fede*" quest'atteggiamento di indifferenza nei confronti della richiesta di scelta e di impegno che ci viene rivolta dal conflitto. Invece di scegliere è facile che la persona osservi: «ma perché dovrei proprio io impegnarmi e andare contro corrente?!? Tanto alla fine tutti si adeguano, e così faccio anch'io ...!».

Nella accezione di Sarte la *mala fede* è frutto di fiacchezza morale: la debolezza che ci porta a evitare la scelta difficile e impegnativa. Ma possiamo allargare il senso e includere in questa figura anche coloro che difendono una posizione morale semplicemente per convenienza e interesse personale. Andare controcorrente è di solito faticoso, pericoloso e non paga, mentre seguire l'opinione diffusa spesso favorisce la carriera, il guadagno, il consenso, ecc. Capita che, pur avendo ben chiara la soluzione giusta, alcune persone per opportunismo preferiscono seguire l'opinione diffusa. È capitato più volte di toccare con mano che chi occupa posizioni di rilievo sociale sostenga in privato tesi che sono poi prontamente rinnegate in pubblico perché una loro difesa aperta nuocerebbe al ruolo e alla carriera.

### 7.b.2. *La negazione della realtà*

Una diversa reazione è quella di negare la realtà del conflitto di doveri. Qui la persona è in perfetta buona fede, ma ha interiorizzato la tavola dei valori tradizionale a tal punto che non riesce a capire come mai si assegni tanto peso al presunto dovere emergente. L'idea al riguardo gli appare così assurda e balzana da essere semplicemente ridicola e non meritevole di alcuna considerazione. Altre volte lo stupore iniziale misto a un ironico dileggio, si trasforma invece in disagio, irritazione, o anche aperta ostilità che porta a giudicare l'innovatore un elemento pericoloso, malvagio o un pazzo squilibrato o entrambi. Lo si dipinge con toni foschi come persona di pessimo carattere e antisociale, da non frequentare e da isolare socialmente. Altre volte ancora, infine, si ritiene che idee tanto balzane siano frutto di un complotto ordito contro l'ordine consolidato da un qualche potere occulto, che stando nell'ombra orchestra lo scompiglio morale. L'innovatore sarebbe così una semplice pedina che agisce al servizio di questi poteri occulti o in buona fede con ingenuità imperdonabile o al soldo con studiata malvagità.

Il problema di questo tipo di reazione è che, in qualche misura, è propria di ciascuno di noi. A volte siamo così avviluppati nella nostra visione del mondo, nel nostro paradigma o modo di vedere, che ciascuno di noi si trova o si è trovato a negare un qualche pezzo di realtà. Di fronte a certi eventi diciamo: «No! Non può essere vero!». E ci rifiutiamo di credere che sia così. Questa reazione è rilevante per il problema qui in esame circa la crisi della tradizionale morale di senso comune perché se un certo numero di persone si associa nella negazione di un aspetto di realtà, ciò può influenzare la diffusione di nuove pratiche, nuove tecniche e dei corrispondenti valori. Come rileva sempre Berger, è un problema sapere se la modernizzazione sia «un blocco unico, inestricabile e inevitabile; una specie di veste senza cuciture, un tutto inscindibile ... [oppure se] i vari elementi della modernità possano essere montati o smontati liberamente. Non ci sono nessi inestricabili, tutto si può risistemare». Nel primo caso il godimento di alcuni benefici porta con sé, automaticamente, il superamento delle tradizioni: così, gli elettrodomestici che liberano dalle fatiche domestiche comportano inevitabilmente un nuovo ruolo della donna, e non si possono accettare le novità tecniche e allo stesso tempo mantenere gli antichi ruoli. Nell'altro caso, invece, «si potrebbero combinare le tecniche agricole moderne con le danze per la pioggia tradizionali, la schiavitù con un moderno sistema di comunicazioni, e la poligamia con le cucine elettriche».

### 7.b.3. *Il passaggio all'etica critica*

Una terza reazione, invece, è quella che porta l'individuo a mettersi alla ricerca della ragione che sostiene i diversi doveri in conflitto al fine di scegliere quello adeguato e agire di conseguenza. Quando fa questo la persona passa dall'etica di senso comune alla *etica critica* ossia alle valutazioni fortemente interiorizzate di cui però conosciamo anche la giustificazione razionale. Prima *credeva* o *supponeva* che la norma o il valore morale in questione fosse razionalmente giustificato senza conoscerne le ragioni, mentre adesso le conosce. Pertanto, non solo *sente* che l'azione è giusta perché così gli è stato insegnato sin da bambino, ma *sa* anche perché lo è. Sia che confermi l'opinione ricevuta sia che la rifiuti, questo processo critico dischiude un nuovo mondo e fa vedere le cose in maniera diversa. Per questo il passaggio all'etica critica comporta sempre una crescita morale. Il soggetto avverte di aver guadagnato una nuova autonomia, in quanto segue la norma per intima convinzione, perché ne capisce la *ratio*. Questa sensazione è particolarmente avvertita quando la persona non riesce a trovare alcuna ragione a sostegno della gerarchia tradizionale o dell'opinione ricevuta e si trova ad andare controcorrente, giungendo così a concludere che l'opinione ricevuta non è altro che un mero "pregiudizio" o un "tabù". In questo caso, comunque, non necessariamente questa deve essere negata, perché può essere mantenuta come una sorta di "preferenza personale": mentre prima aveva pretesa di essere sostenuta in pubblico, ora viene come declassata e ridotta a questione di gusto privato.

In breve: il passaggio alla etica critica è comunque una sorta di "nuova nascita" perché ci porta a capire come si ragiona moralmente e acquisire così l'autonomia morale. Nel caso in cui comporti l'abbandono dell'opinione ricevuta, questo passaggio comporta un "salto gestaltico" ossia un cambiamento di prospettiva che ci porta a vedere le cose in modo diverso, con un radicale riorientamento dell'esistenza.

## 8. *Il passaggio all'etica critica: i problemi della giustificazione razionale*

Non è sempre facile distinguere le diverse reazioni alla crisi morale perché, come abbiamo visto, il passaggio all'etica critica non comporta necessariamente il rifiuto delle opinioni ricevute, che a volte sono confermate. Questo significa che una data reazione che dal punto di vista *esterno* può apparire di *mala fede* o di *negazione* della realtà, se vista dal punto di vista *interno* è invece frutto di etica critica. Per capire questo punto, cominciamo a vedere in che cosa consiste il processo di giustificazione razionale di una data opinione ricevuta, aspetto essenziale dell'etica critica. Essa è caratterizzata da due aspetti: l'analisi delle considerazioni *fattuali o empiriche*, cioè riguardanti dati dell'esperienza, e l'analisi delle considerazioni *normative* o *valoriali*, cioè riguardanti gli apprezzamenti o le repulsioni che si intendono affermare.

La distinzione si impone – almeno come tipo ideale – perché altro è descrivere e altro è prescrivere o valutare (operazioni queste ultime qui considerate come equivalenti). "Descrivere" significa dire come certi stati del mondo *sono*, a prescindere che siano buoni o cattivi, che ci piacciano o no. "Valutare" significa *apprezzare* o *disprezzare* certi stati del mondo; e "prescrivere" significa dire che certi stati del mondo *devono esserci* o no. Si tratta di due funzioni mentali sostanzialmente diverse, anche se connesse. Una oculata valutazione presuppone una corretta conoscenza: è necessario conoscere che tipo di fungo è quello che intendo mangiare, per valutare se è buono o cattivo (salutare o velenoso).

### 8.a. *L'aspetto fattuale o descrittivo della giutificazione*

Il primo passo richiesto per sottoporre un'opinione ricevuta a vaglio critico è controllare i fatti che essa presuppone, che possono essere di tipo diverso: ci sono fatti di senso comune, fatti assunti come veri per tradizione, fatti che si rivelano essere superstizioni, fatti psicologici circa esperienze interiori, fatti scientificamente accertati, ecc. Alcune opinioni ricevute sono basate su pure superstizioni o su fatti accolti come tali solo per tradizione, oppure su nozioni false o inesatte circa la sessualità, il ruolo del sangue o di altre funzioni fisiche, le speciali proprietà attribuite a certe sostanze, gli effetti di certe azioni, e via dicendo. Gli esempi al riguardo sono pressoché infiniti: dall'idea che le streghe volino nel cielo con la Luna piena, che la tortura favorisca la giustizia, che la dieta a base di carne di cavallo o di vino rosso renda rubiconde le persone dall'aspetto smunto, che il fumo di tabacco aumenti il sex-appeal e accresca l'intelligenza, che l'omosessualità sia una malattia, ecc.

Si tratta di controllare se i fatti sottesi all'opinione ricevuta siano veri oppure no. Nel nostro mondo occidentale la verità dei fatti è stabilita per lo più dalla scienza, la quale ha appunto il compito di *descrivere* il mondo. I progressi della scienza hanno influenzato e continuano a influenzare potentemente l'etica perché mostrano che certi fatti ritenuti veri in realtà sono falsi o mere superstizioni, cosicché l'opinione ricevuta basata su di essi si dissolve. Non si deve però credere che basti la scienza per fondare l'etica e che si possa giungere a un'*etica scientifica*. Anzi, siamo ora in grado di capire che l'espressione "etica scientifica" è un ossimoro (una contraddizione in termini) perché, come si è visto, la scienza *descrive* mentre l'etica *prescrive* (o valuta), e non si può avere una "valutazione descrittiva". Per quante descrizioni vere noi abbiamo, non produrranno mai una valutazione, perché dire che il mondo *è* in un certo stato non è *valutarlo* come *buono* o *cattivo*.

Tuttavia, neanche l'accertamento scientifico dei fatti è un compito facile e semplice come a volte si crede. Quando si ha a che fare con fatti di una certa complessità, può darsi che la descrizione non sia pura ma frammista a valutazioni implicite. Pertanto, si deve sempre controllare l'argomento addotto dallo scienziato a sostegno di quella che presenta come descrizione. Inoltre, bisogna evitare il *dogmatismo scientifico* ossia l'atteggiamento che porta ad assumere un dato pubblicato su una qualche prestigiosa rivista scientifica come verità indiscutibile.

### 8.b. *L'aspetto normativo o valutativo della giustificazione*

Il secondo passo richiesto per sottoporre a vaglio critico un'opinione ricevuta (una norma tradizionale) è controllare la valutazione o la prescrizione che essa propone per stabilire se sia davvero valida o se invece sia fasulla e invalida. Ma come facciamo a dire che un qualche valore che ci si presenta come valido e accettabile in realtà non lo è? Per farlo dovremmo far intervenire un altro valore a esso in qualche senso "superiore": ma come individuarlo?

Eppure la possibilità di sottoporre a controllo i valori (le prescrizioni) è essenziale alla giustificazione razionale delle opinioni ricevute. Senza tornare a considerare l'obiezione di chi dice che i valori sono frutto di passioni e di emozioni irrazionali per cui assurda è l'idea stessa di sottoporli a un controllo razionale, si può osservare che nella morale di senso comune in effetti ci sono valori di tipo e di livello diverso. Alcuni sono valori transeunti o limitati al singolo, altri valori permanenti o coinvolgenti molti. Possiamo quindi giustificare razionalmente un valore, ossia addurre buone ragioni a suo sostegno o vagliarne la validità, quando lo confrontiamo con un altro valore ritenuto superiore o più solido per vedere se regge la prova. Il problema è come individuare questo altro valore più solido di controllo. Il diverso modo di indicare il valore di controllo dà origine a due diverse prospettive circa la giustificazione razionale.

## 9. *Due modi di giustificare i valori: l'etica non-teorica e i problemi della teoria etica*

Le due prospettive di giustificazione razionale dei valori differiscono nel modo di concepire la struttura dell'etica stessa. Ciascuna di esse pretende di essere in qualche modo "razionale" anche se questo termine va assunto in senso ampio in quanto, come abbiamo visto, la *razionalità* è caratteristica indispensabile per assumere il titolo onorifico di *morale*. Di solito, però, non c'è reciproco riconoscimento (come vedremo) della legittimità del ricorso a quest'uso.

9.a. *L'etica come insieme di prescrizioni concrete e specifiche*

Secondo la prima prospettiva, più antica ma ancora diffusa, il valore o la prescrizione più solida di confronto è fornita da altre prescrizioni concrete e abbastanza precise che sono assunte come valide in sé. Per esempio si assume come valido il divieto di aborto, e questa norma concreta viene posta come criterio di riferimento per altre prescrizioni o altri valori. Joseph De Maistre (1753-1821) sembra sostenere questa posizione nel suo interessante "elogio del pregiudizio", in cui osserva che

> la ragione umana, ridotta alle sue forze individuali, è perfettamente nulla ... essa infatti non genera che dispute, mentre *l'uomo per muoversi nella vita non ha bisogno di problemi ma di convinzioni solide.* La sua culla dev'essere circondata di dogmi, e quando la sua ragione si sveglia bisogna che l'uomo si trovi le sue opinioni già formate, almeno su tutto quanto riguarda la propria condotta. *Non c'è nulla di così importante per lui quanto i pregiudizi. Non prendiamo questa parola nel senso cattivo. Essa non significa necessariamente idee false,* ma soltanto, seguendo la radice della parola, opinioni di qualunque tipo da adottare *prima di ogni esame.* Ora questo genere di opinioni rappresenta il più grande bisogno dell'uomo.

Come si vede, l'idea che in etica il criterio di riferimento sia dato da "pregiudizi", ossia da norme concrete adottate "prima di ogni esame", è giustificata dalla natura del discorso morale, che riguarda la condotta o la pratica. Quando si ha a che fare con l'azione ci vuole quella prontezza che nasce dalla solidità della convinzione. Le analisi astratte e generali diventano pericolose e nocive perché instillano dubbi che minano la certezza. Lungi dal credere che le norme più concrete e specifiche (i "pregiudizi") siano obsolete o superate, si potrebbe dire che esse – come i proverbi – racchiudono una saggezza inconscia accumulata nel corso dei millenni, saggezza che la ragione individuale e astratta non riesce a cogliere ma che non per questo è meno reale.

Ecco perché si deve riconoscere che, anche in questa prospettiva, si procede a una giustificazione razionale dei valori insiti nell'opinione ricevuta considerata. Lo si fa selezionando alcuni "pregiudizi" o opinioni tradizionali ritenuti più solidi, col risultato di dare in base a essi una buona ragione a sostegno dell'iniziale opinione ricevuta in esame. Questo modo di strutturare l'etica di solito porta a una concezione *conservatrice* (che ammette cambiamenti lenti e graduali) o anche *reazionaria* (che cerca di tornare indietro alla situazione originaria precedente con un qualche tipo di restaurazione). Inoltre, in questa prospettiva non c'è grande attenzione alla stretta coerenza logica derivante dalla generalizzazione della *ratio* insita nel "pregiudizio" assunto come criterio di riferimento, perché ciò ci riporterebbe all'astrattezza paralizzante della ragione.

9.b. *La teoria etica*

L'altra prospettiva, invece, capovolge l'impostazione perché l'assumere come riferimento un "pregiudizio" (norma concreta) può alimentare davvero il pregiudizio nel senso negativo del termine di "giudizio falso e preconcetto". Non basta assumere come criterio di riferimento il divieto di aborto, perché potrebbe darsi che quel divieto specifico fosse adeguato alle condizioni storiche precise in cui aveva una valida funzione. Ma ora, in circostanze storiche diverse, potrebbe essere diventato obsoleto. Il divieto trasmesso dall'opinione ricevuta va confrontato con divieti più generali e astratti, per vedere se davvero sia conforme a essi. Diventa quindi essenziale elevarsi dalla norma concreta, cogliere la *ratio* che la informa, e formulare un principio generale. Mentre prima l'astrazione era la malattia mortale che inquinava l'etica paralizzando o infiacchendo l'azione, ora diventa decisiva per vagliare la validità dei valori insiti nelle opinioni ricevute. L'esigenza di arrivare a principi astratti e generali è sollecitata anche dall'applicazione del metodo scientifico al mondo dei valori. L'etica non è né può essere una scienza, ma questo non toglie che non si possa applicare il metodo scientifico anche all'etica. Come nella scienza si parte da alcuni fatti descritti in modo preciso e puntuale, si rende rigoroso e coerente il discorso sull'ambito considerato, si passa alla formulazione di principi generali in base ai quali elaborare una *teoria* (fisica, chimica, ecc.) sulla scorta della quale si torna infine a controllare i fatti iniziali e altri ancora per ottenere una conferma o una falsificazione della teoria stessa, così in etica: si parte da una situazione concreta, si rende rigoroso e coerente il discorso, si individuano i principi generali e si formula una *teoria etica*, per tornare infine a controllare i valori insiti nella situazione iniziale e altri ancora. L'analogia non è perfetta perché i valori non sono fatti, ma mostra come sia possibile applicare il metodo scientifico anche all'etica.

Per vederlo in modo più specifico esaminiamo un esempio concreto. Supponiamo che un insegnante vieti all'alunno di non uscire di classe, e che questo chieda: «Perché è vietato uscire?». Risposta: «Perché te l'ho detto io, il tuo insegnante!». Replica dell'alunno: «Capisco bene, professore, che me l'ha vietato: ma perché l'ha fatto?». A questo punto, sono possibili risposte diverse. Può dire: «Perché è giusto così! Non lo capisci?!» col sottinteso che se l'alunno non riesce a capire ha una qualche carenza. Oppure può anche rispondere: «Perché la tua uscita genera disturbo alla classe diminuendo l'efficienza della lezione!».

Il breve dialogo riportato ci mostra come partendo da un caso concreto, grazie a pochi passi, ci si può elevare dalla situazione concreta per giungere a principi molto generali che forniscono le ragioni pro o contro l'aspetto valutativo/prescrittivo di una determinata azione. I principi generali o i valori ultimi diventano così come dei "valori/precetti distillati", passati attraverso l'alambicco o il setaccio per cui, proprio per aver già attraversato un processo di "purificazione", sono validi di per sé e non possono essere ulteriormente giustificati ma sono loro che servono per giustificare: possono essere assunti come punto di partenza o come assiomi di riferimento. Essi stanno alla base di una *teoria etica* capace di dare indicazioni circa l'intero ventaglio delle azioni possibili, indicazioni che siano internamente coerenti cioè capaci di evitare eventuali conflitti interni. L'impegno astrattivo richiesto per elevarsi dal caso particolare, per classificarlo in schemi più generali e confrontarlo col principio generale è ripagato non solo dal fatto che i principi generali sembrano offrire maggiori garanzie di solidità rispetto ai "pregiudizi" o divieti concreti e specifici, ma anche che, una volta elaborata la teoria etica, è possibile applicarla ai diversi ambiti di indagine dell'*etica applicata* (della salute: bioetica; finanza: etica degli affari; diritto: etica dei giuristi; ecc.) avendo così molti nuovi casi concreti su cui saggiare la forza della teoria stessa.

9.c. *La scelta tra l'etica non-teorica e l'etica teorica*

Abbiamo così individuato le due diverse prospettive con cui procedere alla giustificazione razionale. L'una è *non-teorica* perché giustifica i valori in base ad altri valori di riferimento dati da norme concrete, senza preoccuparsi troppo della coerenza interna o della universalizzabilità dei precetti. Per questo parlare di *etica applicata* è ridondante, perché l'etica per sua natura è pratica, cioè applicata al caso concreto e quindi ha poco senso l'espressione.

L'altra prospettiva, invece, è *teorica* perché giustifica i valori in base a una teoria etica grazie alla quale cerca di dare una coerenza interna al sistema che pretende di essere generale e valido nei diversi campi dell'etica applicata. In entrambi i casi si adducono buone ragioni a sostegno dell'opinione ricevuta in questione, anche se la struttura della giustificazione razionale è profondamente diversa, e l'uso del termine "razionale" è diverso e non è reciprocamente riconosciuto. Gli uni dicono che il ricorso alla razionalità astratta, formale, è contrario alla natura pratica dell'etica che deve offrire certezze incrollabili e ci offre una visione deformata, razionalistica e individualistica della moralità: l'astrazione è fuorviante perché o getta dubbi infiacchenti o radicalizza non tenendo conto dei chiaroscuri della pratica, mentre il riferimento a norme concrete rimanda alla saggezza implicita frutto di millenni. Gli altri sottolineano che il ricorso alla presunta razionalità concreta, sostanziale, non fa altro che rinfocolare pregiudizi nel senso negativo del termine: solo l'astrazione riesce a darci quel criterio superiore per giudicare i valori tradizionali.

Ciascun contendente pretende di appellarsi alla "razionalità" in quanto fa riferimento a un criterio in qualche modo superiore, anche se questo criterio è pensato in modi tanto diversi da non ammettere il reciproco riconoscimento. Gli uni accusano gli altri di essere scientisti, e gli altri accusano i primi di essere tradizionalisti. Tuttavia, entrambe le procedure pretendono di fornire una giustificazione razionale, perché in entrambi i casi si ha un'operazione tesa a sottoporre a vaglio critico mettendo in campo "buone ragioni" di ordine diverso da quelle iniziali. E le persone per lo più si accontentano di avere una qualche ragione che prendono per buona.

Ci si può chiedere quale sia la prospettiva adeguata o migliore, se l'etica non-teorica o l'etica teorica. Questo è un problema cui, allo stato attuale della riflessione, non si può rispondere con un sì o un no secco. È uno di quegli snodi del pensiero sui quali si deve riconoscere che al momento la situazione è ancora fluida e aperta, per cui l'opzione per l'una o per l'altra in qualche senso è frutto di una scelta. Non tratta di una scelta lasciata al caso tirando la moneta, ma pur sempre di una scelta ossia di un'opzione che riconosce che non ci sono ragioni irresistibili o argomenti invincibili per la linea imboccata e che è possibile (non assurdo) seguire anche la direzione opposta.

La mia opzione – dovrebbe già essere chiaro – è per l'etica teorica, perché l'applicazione del metodo scientifico all'etica non può che essere di giovamento alla moralità, come lo è stato alla conoscenza. Ma riconosco che siamo agli inizi della riflessione in materia e che ci sono difficoltà, alcune delle quali saranno esaminate più avanti. Può darsi che col prosieguo della riflessione si operi un chiarimento e che si giunga a eliminare l'etica non-teorica. Ci sono già segni in questa direzione. Ma per ora questa conclusione è prematura, perché non si può escludere a priori, e per definizione, una fetta così grossa di posizioni. Il riconoscimento di questo punto è un vantaggio a favore dell'analisi svolta, che conferma la sua neutralità rispetto alle diverse scelte etiche. Ho dichiarato sopra che lo scopo primario di questo libro è la *conoscenza*: qui ci imbattiamo in un punto su cui emerge il disaccordo. È bene acquisire consapevolezza che si è di fronte a uno snodo in modo che il lettore possa scegliere. Dal canto mio dichiaro l'opzione fatta, pur riconoscendo che è possibile scegliere e seguire anche una diversa linea di pensiero.

### 9.d. *L'etica non-teorica e teorica e le reazioni alla crisi di una data opinione ricevuta*

C'è un'altra ragione che ci porta a considerare i due modi di strutturare la giustificazione razionale e quindi il passaggio all'etica critica. Già si è visto che chi propone l'etica non-teorica che assume come valori di confronto norme tradizionali di solito propugna un'etica conservatrice o reazionaria. Ora si può vedere che chi propone la teoria etica, invece, di solito giunge a un'etica progressiva:

l'universalità e la coerenza interna portano a mettere in primo piano l'uguaglianza che cozza contro molti valori ricevuti e rompe schemi consolidati. Tuttavia, ancora una volta, non si può dire a priori che sia così: dipende da quali siano i principi ultimi posti alla base del tipo di teoria etica, che potrebbe anche portare a una prospettiva conservatrice o anche reazionaria. Si potrà obiettare che i principi ultimi assunti non sono adeguati e ci sono ragioni di crederlo. Ma ancora una volta ci vuole ulteriore riflessione e tempo per assodare questa eventuale tesi. Per ora non ci resta che prendere atto che anche la prospettiva della teoria etica non garantisce il sostegno a un'etica progressiva.

Anche questo risultato è interessante sia perché conferma la neutralità della definizione proposta, definizione che può davvero essere accolta da tutti i contendenti perché ci consente di vedere i punti di snodo da cui si dipartono le diverse soluzioni normative, sia perché conferma la tesi sopra notata più sopra (p. 34, parag. 7b) circa le difficoltà che si incontrano quando si vuole individuare quale sia la reazione avuta di fronte alla crisi di una opinione ricevuta. In particolare se si tratti di una reazione di "mala fede", di negazione di realtà o di passaggio all'etica critica. Supponiamo, infatti, che Tizio sia fautore della teoria etica e sostenitore di un'etica progressiva: guardando dal suo punto di vista *esterno* rileva che Caio rifiuta un certo valore da lui (Tizio) ritenuto assodato e scontato (per esempio la liceità del divorzio), e può darsi sia portato a concludere che l'insistenza di Caio nel rifiutare il divorzio sia frutto di negazione di realtà (o di mala fede opportunistica) che gli ha precluso il passaggio all'etica critica. Tuttavia, se si guardasse la realtà dal punto di vista *interno* di Caio, la fermezza nel rifiutare il divorzio potrebbe essere frutto del fatto che Caio è passato all'etica critica e ha vagliato la questione sulla scorta o dell'etica non-teorica o di una teoria etica giusnaturalista, giungendo alla conferma dell'illiceità del divorzio e alla conclusione che quello che per Tizio è un valore scontato in realtà è un non-valore. Pertanto, quello che dall'esterno appare una negazione di realtà, dal punto di vista interno è il frutto della riflessione derivante dal passaggio all'etica critica. Vale anche la conversa: Caio è così convinto della validità dell'opinione ricevuta (per esempio contraria all'aborto) che, guardando dall'esterno Tizio impegnato nella difesa dell'aborto medicalmente assistito, crede che questi sostenga la nuova pratica per mala fede opportunistica oppure perché al soldo delle multinazionali. In realtà, se guardato dal punto di vista interno, l'impegno di Tizio a favore della nuova pratica potrebbe essere il frutto di un lungo travaglio interiore e di una crisi esistenziale che l'han portato al passaggio all'etica critica, a rompere gli schemi tradizionali al riguardo e ad andare controcorrente.

In assenza di informazioni suppletive circa la persona, non si può dire a priori se essa sia passata all'etica critica o invece abbia qualche altra reazione alla crisi di una data opinione ricevuta. Inoltre, il risultato mostra la serietà del problema sopra indicato circa la modernizzazione: se in una data società l'etica critica confermasse l'opinione tradizionale, può darsi che, in assenza di una forte legittimazione, i portati della modernizzazione non si diffondano o anche si blocchino. Si spiega così come mai ci siano società in cui l'agricoltura scientifica non esclude le danze della pioggia o i bracieri d'ulivo al sopraggiungere del temporale. Il fatto che la definizione data ci consenta di spiegare questi fenomeni senza escludere in partenza nessuna posizione è un'ulteriore conferma della sua adeguatezza.

È tempo di passare a esaminare le principali teorie etiche.

## 10. *Teoria etica deontologica e teoria etica consequenzialista*

Nel breve dialogo tra il professore e l'alunno sopra riportato (p. 38), si è subito arrivati a due risposte ultime:

1. Non devi uscire dalla classe perché è giusto così!
2. Non devi uscire dalla classe perché l'uscita causa un danno a tutti.

Dando la prima risposta il professore presuppone che ci siano alcune azioni che sono giuste in sé, a prescindere dalle conseguenze, e che l'agente morale dovrebbe essere in grado di capire subito ciò che è giusto e ciò che non lo è. Quest'idea sta alla base dell'*etica deontologica*. Dando, invece, la seconda risposta il professore presuppone che le azioni siano giuste o ingiuste a seconda delle conseguenze che queste causano. Quest'idea sta alla base dell'*etica consequenzialista*.

### 10.a. *Le teorie di etica deontologica*

La caratteristica fondamentale dell'etica deontologica sta nell'assumere che i doveri/divieti valgono *ex ante,* ossia *da prima* dell'azione e delle eventuali conseguenze causate dall'azione, la quale è doverosa perché ingiusta in sé, indipendentemente dalle conseguenze. In questo senso l'etica deontologica sottolinea l'importanza dell'*intenzione* dell'agente, il quale segue la norma morale di per sé, perché è giusta e per nient'altro che questo. Può darsi che l'azione vietata abbia poi anche conseguenze negative, ma la ragione che giustifica il divieto non è il danno, bensì il fatto che l'azione è considerata essere ingiusta in sé, ossia che è un'azione di un certo tipo.

Il punto indicato è condiviso da tutti i deontologi, i quali divergono poi su altri aspetti. Per esempio ci sono controversie circa quali e quanti siano i principi da assumere come primi, cioè quali e quanti siano i tipi di azione ingiusti in sé. È questo un problema che per noi è qui di poco conto e su cui basta dire che i principi primi devono essere almeno due. Un altro punto di dissenso riguarda il fondamento dei principi e il modo con cui li si conosce, aspetto che per noi invece è qui rilevante: per alcuni basta che essi appaiano essere intuitivamente autoevidenti (come gli assiomi della geometria), mentre per altri essi lo sono perché rimandano alla "natura umana" o corrispondono all'"ordine naturale delle cose" individuato attraverso l'indagine metafisica. Come ha scritto un autore della seconda metà del XVI secolo fautore della visione aristocratica della vita, «l'infinita saggezza di Dio, che ha distinto i vari ordini di angeli, che ha dato maggiore o minore luminosità e bellezza ai corpi celesti, che ha stabilito le differenze tra le bestie e gli uccelli, ha dato il più bel colore al rubino e lo splendore più vivo al diamante; questa stessa saggezza ha ordinato i re e le guide dei popoli, i magistrati, i giudici e le altre gerarchie fra gli uomini»: l'ordine naturale è la base che fonda le gerarchie sociali e la diseguaglianza tra gli uomini.

La divergenza circa il modo di conoscere i principi è interessante perché viene ad avere una ricaduta sul piano normativo. Ciò che è giusto perché appare intuitivamente autovidente può mutare negli anni. Un tempo appariva autoevidente il valore della disuguaglianza umana, oggi invece appare autoevidente quello dell'uguaglianza. Questa cambiamento non dovrebbe verificarsi se il principio di giustizia è fondato in natura, dal momento che questa non muta. Per chi sostiene quest'ultima tesi, senza un solido fondamento nella natura l'etica deontologica col tempo è destinata a sbriciolarsi.

### 10.b. *Le teorie di etica consequenzialista*

La caratteristica fondamentale dell'etica consequenzialista sta nel credere che i doveri/divieti valgano *ex post,* ossia *da dopo* l'azione, perché è in base alle conseguenze causate dall'azione che si può stabilire se una data azione o classe di azioni sia doverosa o vietata. Per questo l'etica consequenzialista assegna scarsa o nessuna importanza all'*intenzione* dell'agente, per fissare l'attenzione su ciò che effettivamente l'azione causa o l'agente *fa.* Non esistono azioni (o tipi o classi di azioni) intrinsecamente sbagliate o ingiuste in sé, ma ciascuna azione (o classe di azioni) è giusta o ingiusta a seconda che provochi conseguenze positive o negative.

I consequenzialisti divergono su come calcolare le conseguenze, se considerare le conseguenze dell'azione singola o della classe di azioni, su come valutare la bontà/cattiveria delle conseguenze, e soprattutto su chi debba essere il beneficiario del benessere prodotto dall'azione giusta che si deve fare. Per *l'egoismo etico* si deve (è giusto) fare l'azione che ha conseguenze benefiche per *l'agente stesso* (e solo per lui). "Egoismo" non va inteso qui nel significato comune del termine, che indica la persona gretta e chiusa agli altri, incapace di prendere in considerazione i loro interessi, ma va inteso nel senso filosofico indicante la posizione per la quale, stante l'altruismo limitato proprio della condizione umana, l'azione giusta da fare è quella che antepone l'interesse personale dell'agente o assegna a esso tanto valore quanto quello degli altri. L'egoista etico può anche concludere di avere il dovere di compiere atti di generosità quando prevede che questi abbiano un ottimo ritorno per il proprio benessere. Può anche darsi che qualche volta risulti essere una persona altruista, che rinuncia al proprio bene per favorire quello dell'altro, ma ciò avviene solo perché ha sbagliato i conti. In un senso, l'egoismo etico è la dottrina che pone al centro la massima: «ama il prossimo tuo *come* te stesso», cioè il proprio benessere personale conta né di più né di meno di quello dell'altro. L'egoismo *etico* non va confuso con l'egoismo *psicologico* ossia la dottrina per la quale noi uomini siamo fatti in modo tale che non possiamo far altro che perseguire il nostro interesse personale (e solo questo). Se vale l'egoismo psicologico, allora ogni altra teoria etica (deontologismo, egoismo etico, ecc.) implode, perché noi umani saremmo come condannati a ottenere il nostro benessere personale e non possiamo fare altro. L'egoismo etico è una *teoria* etica, quella per la quale il *dovere morale* fondamentale è quello di perseguire il proprio interesse personale.

L'altra grande teoria consequenzialista è l'*utilitarismo* secondo cui si deve fare l'azione che massimizza l'utilità del *maggior numero*. Qui l'attenzione è rivolta non al benessere dell'individuo singolo, ma al benessere sociale, il che comporta una visione in cui l'uomo è un essere di natura sociale e capace di fare sacrifici e mostrare genuino altruismo (o benevolenza) al punto che il *dovere morale* fondamentale consiste nel massimizzare l'utilità generale manifestando la effettiva disponibilità a rinunciare alla propria parte quando questo può avvantaggiare gli altri. Sottolineo questo perché di solito nel senso comune con "utilitarista" si intende la persona di pochi scrupoli e pronta a trarre vantaggio dalla debolezza altrui: immagine completamente sbagliata e fuorviante. L'utilitarismo è una nobile dottrina che – sottolineando appunto il dovere morale di fare ciò che benefica i più – ha potentemente contribuito all'azione di incivilimento dell'Occidente: agli utilitaristi va riconosciuto il merito di aver propugnato ad esempio, l'abolizione della tortura, le migliori condizioni dei carcerati, l'istruzione pubblica per tutti e la sanità pubblica, l'eguaglianza delle donne, il sistema pensionistico e molte altre pratiche sociali che costituiscono il vanto della nostra civiltà. Oggi gli utilitaristi sono in prima linea nella richiesta di una maggiore uguaglianza sociale, nella lotta alla povertà e nell'equa distribuzione delle risorse, nel richiedere rispetto per l'ambiente e anche nella "liberazione animale" ossia la seria considerazione degli animali non-umani e dei loro interessi. Per realizzare questi programmi, lungi dall'essere centrato solo su di sé l'utilitarista deve essere pronto a rinunciare al proprio "utile" ove questo aumenti l'utilità generale, cosicché una delle principali difficoltà dell'utilitarismo sta proprio nel fatto di richiedere un sacrificio forse eccessivo degli interessi personali per il bene degli altri, cioè di supporre una forte dose di altruismo.

## 10.c. *Riepilogo delle analisi fatte e breve confronto tra le teorie etiche*

Possiamo cercare di riepilogare i risultati conseguiti nel seguente schema:

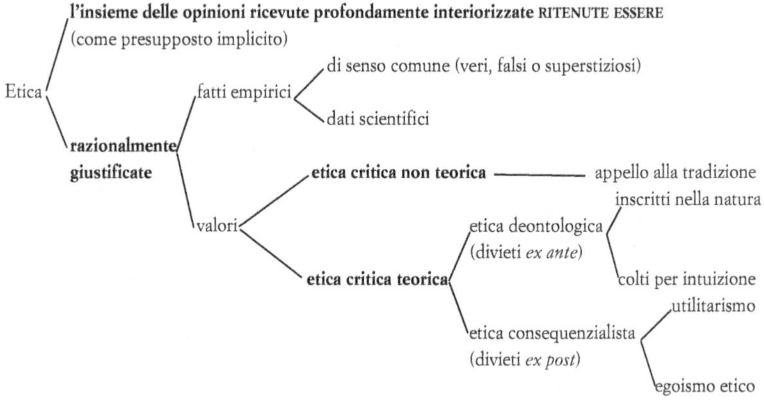


Schema 2. Riepilogo delle prospettive etiche

Tralasciando altri dettagli, il consequenzialismo è criticato dai deontologi perché riduce la *giustizia* a mera *prudenza*, ossia al calcolo oculato delle conseguenze. Quest'idea è controintuitiva perché le nostre opinioni ricevute ci trasmettono il "senso di giustizia" per il quale l'azione giusta è giusta in sé, a prescindere da calcoli di vario tipo, e la si deve fare perché è giusta. Punto e basta! I consequenzialisti replicano che in effetti la *giustizia* non può essere svincolata dalla *prudenza*, e che l'etica di senso comune su questo ci fuorvia e va corretta: se non sul piano dei singoli agenti morali, almeno sul piano delle norme morali diffuse nella società. È vero che le persone nella loro vita morale si comportano come i ballerini: come questi fanno i movimenti seguendo il ritmo per proprio conto senza guardare l'altro, così l'agente morale segue il dovere morale a prescindere dalle conseguenze. Ma è altresì vero che è auspicabile che il ritmo, ossia la norma morale diffusa nella società, sia quella che massimizza l'utilità generale.

### 11. *Altri modi di impostare il discorso etico? Su altri tipi di etica non-teorica*

Le teorie etiche sopra presentate risalgono all'analisi fatta da Henry Sidgwick (1874) e perfezionata nel secolo scorso da autori come G.E. Moore (1903), D.W. Ross (1930), R.B. Brandt (1959), J. Hospers (1961), W.K. Frankena (1973), per citarne solo alcuni. Per quanto riguarda l'applicazione della teoria etica alla bioetica, questo modello di pensiero ha ricevuto una formulazione classica nel libro di Beauchamp e Childress, *Principi di etica biomedica* (1979)[1], in cui si propone una teoria deontologica basata su quattro principi primi conosciuti per intuizione. Oltre che per l'analisi specifica, il libro è importante perché ha lanciato il *principismo* (principlism), ossia la prospettiva che in etica fa riferimento ai principi, siano essi di tipo deontologico o consequenzialista.

Come abbiamo sostenuto, un vantaggio del principismo sta nella possibilità di saggiare la validità delle opinioni ricevute in base a un criterio astratto e generale, che offre maggiore garanzia proprio per la sua universalità. Abbiamo anche visto come il modello sia criticato da chi (come de Maistre) sottolinea che l'uso dell'astrazione introduce complicazioni eccessive e inadatte all'ambito pratico. Negli ultimi anni, il principismo è stato criticato da molti nella direzione opposta alla precedente: ogni astrazione comporta una sorta di semplificazione, per cui non riuscirebbe a cogliere la realtà nella sua concretezza. Come diceva Amleto, «ci sono più cose in cielo e in terra che non ne sogni la tua filosofia», richiamandoci al fatto che le teorie sono schematizzazioni della realtà, aspetto che vale anche per le teorie etiche, le quali presentano aspetti controintuitivi che possono generare disagio. Si può replicare riconoscendo subito che le teorie etiche (come anche quelle di altro tipo, fisiche o chimiche) sono sempre incomplete e per qualche verso insoddisfacenti, ma che esse sono indispensabili per un modo di pen-

[1] Si segnala la traduzione italiana fatta sulla quarta edizione di questo libro, che costituisce ormai un classico, T.L. BEAUCHAMP-J.T. CHILDRESS, *Princìpi di etica biomedica*, Le Lettere, Firenze 1999. I quattro principi *prima facie* proposti sono: il principio di autonomia, il principio di beneficenza, il principio di non maleficenza, e il principio di giustizia (distributiva) delle risorse sanitarie.

sare sistematico, e quindi sono imprescindibili, a meno di voler rinunciare al requisito della coerenza interna alla prospettiva. Tuttavia è opportuno esaminare le proposte alternative avanzate.

### 11.a. *L'etica della virtù e il richiamo al "senso della vita"*

Alcuni hanno sottolineato che nella vita morale concreta i nostri giudizi riguardano non tanto i principi astratti di azione, quanto i tratti di carattere o le virtù delle persone con cui abbiamo a che fare, ossia le disposizioni d'animo acquisite con l'educazione e l'autocontrollo. Quando andiamo dal medico, giudichiamo l'atteggiamento e la disposizione d'animo che ha verso di noi: se ci tratta con attenzione e partecipazione umana o con distacco e aria di sufficienza. Diamo per scontato che si appelli ai principi della scienza, ma diciamo che è un *bravo medico* a seconda del tratto di carattere che rivela. In questo senso sembra che i nostri giudizi morali fondamentali siano quelli che riguardano la persona e il tipo di persona con cui abbiamo a che fare, e che siano tesi a stabilire come l'agente *è*, più che non quel che effettivamente *fa*. Di fatto, la giustezza o scorrettezza dell'azione dipende dalla fortuna o sorte e dalla variabilità delle circostanze: pur avendo posto tutto lo scrupolo e la coscienziosità possibili, a volte la sorte fa andare storta la situazione. Quel che veramente conta, perché dipende da noi in quanto agenti morali, è la disposizione d'animo, la virtù. Ecco perché va messa al centro dell'attenzione la virtù, e non il principio.

Continuando in questa prospettiva, si osserva che si coltivano le virtù quando si dà rilievo al problema del "senso della vita", ossia il significato ultimo per cui si vive. Come abbiamo visto, Peter Berger ritiene che gli uomini possano sopportare tutto, i dolori più grandi, ma non l'anomia o la perdita di significato. Non riescono a sopportare la mancanza di un proprio "posto" nel mondo. È proprio avendo questo posto che si può costruire il tipo di persona che si vuole essere, cioè coltivare le virtù necessarie.

Tornerò nell'ultimo capitolo sul problema del "senso della vita". Qui basti dire che è vero che i nostri giudizi morali riguardano spesso il tipo di persona con cui abbiamo a che fare, più che le azioni, la cui bontà o cattiveria può dipendere dalla fortuna cioè da casuali coincidenze favorevoli. Tuttavia si può anche dire che noi siamo figli delle nostre azioni, e che coltiviamo la virtù della benevolenza se accettiamo il principio di beneficenza che ci ingiunge di fare ciò che è buono. E sviluppiamo la virtù che ci porta a comportarci secondo giustizia se diamo valore al principio di giustizia. Si può pertanto dire che le due prospettive sono equivalenti.

Ma c'è un punto che assegna la priorità ai principi. Infatti, a volte capita che le azioni non corrispondono affatto al carattere o alla disposizione d'animo dell'agente: possiamo avere persone miti che compiono azioni crudeli e feroci, e persone irose che compiono azioni benefiche e dolci. Così possiamo avere medici estremamente affabili e che ispirano fiducia, ma che sono del tutto incompetenti e da diffidare sul piano scientifico. Questa discrasia porta a porre al centro i principi dell'azione, perché noi vogliamo la garanzia che chi ha un tratto benevolo faccia davvero il bene.

### 11.b. *L'etica narrativa*

Un'altra prospettiva critica del paradigma principista è quella che fa riferimento alla etica narrativa, la quale sottolinea come nella vita concreta le persone apprendono l'etica non attraverso le analisi dell'etica dei principi, bensì leggendo romanzi o guardando film o spettacoli teatrali, cioè attraverso *narrazioni* che pongono i problemi etici in un più ampio contesto di vita, portando il lettore o lo spettatore a immedesimarsi con la storia narrata. Ha influito di più sulla moralità *La carica dei 101* o *Mulan* di Walt Disney, le soap-opere come *Beautiful*, oppure i poemi omerici, *Anna Karenina* di Lev Tolsoj, *Le avventure di don Chisciotte* di Miguel de Cervantes o il teatro di William Shakespeare, di Bertold Brecht o di Luigi Pirandello che decine di libri di etica principista (compreso il presente). Ancora, quando la persona comune ragiona di etica non fa riferimento a principi (astratti) bensì alle storie di vita che ha visto o vede attorno a sé. Sono queste *narrazioni* che peraltro consentono di dare corpo concreto alle nozioni astratte come quelle di "autonomia", di "danno", o altri concetti elaborati dall'etica dei principi. In questo senso, l'etica narrativa risponderebbe meglio alla moralità concreta e invece di spendere energie alla ricerca di astrazioni dovrebbero essere esaminate le modalità di narrazione.

Ho riconosciuto che le teorie etiche elaborate non sono perfette. Può darsi che in futuro esse siano migliorate. Riconosco anche che l'etica narrativa è una versione di etica non-teorica che può avere una forte carica progressiva, come è capitato con opere di rottura con la tradizione morale che hanno avuto grande impatto, come ad esempio quelle di Charles Dickens, Louis Stevenson, Oscar Wilde o Jean-Paul Sartre, ma anche del nostro dimenticato Ippolito Nievo. Proponendo figure con stili di vita innovativi, i vari narratori hanno proposto valori nuovi in contrasto con la tradizionale morale di senso comune e contribuito all'affermazione di un'etica progressiva. Anzi, si può anche osservare che spesso la letteratura e l'arte in genere ha questa funzione precorritrice dei tempi, ponendosi come esempio di etica non-teorica che punta in direzione opposta a quella conservatrice o reazionaria. Tuttavia, altre volte, le opere d'arte – letterarie, cinematografiche ecc. – ripropongono lo *status quo* o anche vagheggiano un ritorno al passato, ponendosi in sintonia con la morale di senso comune.

A prescindere dalla diversa posizione valoriale o ideologica, va riconosciuto che dal punto di vista di promozione dei valori e anche dell'educazione delle persone l'approccio narrativo possa essere più efficace di quello principista. E non c'è nulla di male nel riconoscerlo. Ma la narrazione ci porta ad abbracciare i valori senza la consapevolezza del tipo di cambiamento che il passo comporta. Ci lascia nella condizione di chi *sente* che un'azione è giusta e nobile perché ben presentata dall'autore la storia ci spinge a imitarla, ma non sappiamo *perché* è giusta o nobile. È vero che il paradigma principista è meno diffuso e forse non riuscirà a raggiungere tante masse. Esso comporta tra l'altro una capacità di astrazione che non è comune, perché le persone di solito seguono il proprio istinto morale senza riflettere troppo – istinto che lungi dall'essere immediato e spontaneo è frutto della cultura preparata appunto dalle narrazioni che plasmano lo spirito del tempo. Tutto questo va riconosciuto, ma si può osservare che etica narrativa e etica teorica hanno compiti diversi: la prima ha come obiettivo la diffusione dei valori (nuovi o tradizionali che siano), l'altra tende in primo luogo all'acquisizione della consapevolezza dei valori proposti, in quanto tende a controllare se e quali dei valori tradizionali sono razionalmente giustificati e quali eventuali nuovi valori debbano essere proposti. Poiché in questa sede, non mi stancherò di ripeterlo, il mio compito non è la persuasione né l'edificazione morale, ma la conoscenza dei valori in gioco e dei diversi processi con cui si giustificano i valori, credo che il paradigma principista sia quello congruo ai nostri scopi.

### 11.c. *Le etiche femministe*

Altra prospettiva critica del principismo è il variegato arcipelago delle etiche femministe proposte da donne che richiedono una maggiore valorizzazione del "genio femminile"[2]. L'idea iniziale di fondo è duplice: da una parte l'osservazione che le strutture della società attuale sono indirizzate in senso maschilista col risultato di una oppressione o non adeguata valutazione delle donne relegate a ruoli subordinati; dall'altra parte la sottolineatura che la sensibilità femminile porta a concettualizzare l'etica in forme diverse da quella proposta dalla tradizionale etica di senso comune. Il primo passo per rompere la subordinazione è riappropriarsi del "corpo" femminile, che è stato usato dalla società come veicolo riproduttivo. Di qui lo slogan «l'utero è mio e lo gestisco io» e altri simili, e la richiesta di aborto medicalmente assistito in modo da consentire alla donna il reale controllo sul proprio corpo. Come dato storico si deve al movimento femminista la forte sollecitazione alle nuove legislazioni permissive sull'aborto introdotte in Occidente a partire dagli anni '70. Più in generale le etiche femministe hanno per lo più insistito molto sulla libertà di scelta della donna, dando impulso a una forte innovazione dei valori che ha provocato una vera e propria rivoluzione culturale, fornendo un altro importante esempio di etiche non-teoriche progressive. Esse infatti tendono a rifiutare l'idea che si possa elaborare una *teoria* etica perché essa trascura l'aspetto centrale della vita morale, ossia la *relazione* personale, il punto in cui si manifesta e assume concretezza l'oppressione o la liberazione del rapporto. Più che ai principi astratti e ge-

[2] Per un'analisi di alcune posizioni in materia e la difesa di una specifica cfr. C. BOTTI, *Prospettive femministe. Morale, bioetica e vita quotidiana*, Espress Edizioni, Torino, 2012.

nerali, l'etica deve considerare le relazioni umane concrete, e per questo il paradigma principista va rifiutato.

Posizioni analoghe sono sostenute anche da un germoglio dell'etica femminista che, al contrario di quanto affermato dal filone principale, è contrario all'aborto. Si sottolinea che la sensibilità femminile porta a relazioni tali da evitare la "violenza" insita nell'interruzione di una gravidanza e quindi a una generale contrarietà all'aborto. Questo filone ritiene si debba ripensare la impostazione di quello che, con una buona dose di retorica, viene chiamato il «vetero-femminismo del secolo scorso» essendo giunto il tempo di aprire una nuova prospettiva: quella appunto in cui la donna si riconosce uguale *in dignità* all'uomo, ma non in tutto in quanto ha, per natura, funzioni diverse e un genio specifico che rimanda a ruoli diversi. Così, questo neo-femminismo (cristiano) sembra riproporre una concezione della donna che rispetta la fisiologia femminile, rifiuta l'aborto e pur pretendendo sul piano sociale l'uguaglianza *in dignità* con l'uomo riafferma tesi conformi alla tradizione millenaria su molti temi della bioetica.

Come già osservato nel caso precedente, versioni di quest'etica non-teorica sono progressive e altre conservatrici. Sicuramente svolgono un ruolo importante nella diffusione dei valori nella società, e si può poi essere d'accordo o meno con le linee proposte. Il punto, ancora una volta, riguarda l'obiettivo che ci si prefigge, se normativo o conoscitivo. Per chi assume quest'ultimo compito, il difetto delle etiche femministe sta nell'ambiguità della nozione di "relazione", che sembra avalutativa e neutrale, ma che poi viene caricata di valore. Meglio esplicitare i punti di divergenza per favorire la scelta, che deve essere fatta. Ma in questo modo si acquisisce anche maggiore consapevolezza con la speranza che la scelta possa essere quindi più oculata.

## 12. *L'etica della sacralità della vita e l'etica della qualità della vita*

La breve digressione fatta su altre etiche non-teoriche ci ha consentito di ampliare lo sguardo su impostazioni diverse dall'etica teorica. Pur riconoscendo i meriti delle prospettive esaminate e anche alcuni limiti del paradigma principista, ritengo che quest'ultimo sia quello più consono agli obiettivi che intendo conseguire: chiarire la logica del discorso morale in modo che, acquisita la conoscenza dei passi rilevanti, la persona sia in grado di scegliere la posizione che si rivela meglio giustificata e sostenuta da più solide ragioni. Non ci si esime dal prendere posizione normativa, dallo scendere in campo, ma questo lo si fa *dopo* un adeguato lavoro di carattere conoscitivo teso a capire i termini del problema, chiarire gli snodi e i valori in gioco, studiare le diverse alternative. Può darsi che la persona singola non abbia neanche tempo, capacità, conoscenze specifiche per riuscire a far questo. Ma il lavoro va fatto almeno sul piano teorico.

Possiamo quindi riprendere le teorie etiche presentate e vedere come esse possono essere applicate alla bioetica. Nell'etica consequenzialista il filone più importante è l'utilitarismo, così che sembra che il contrasto radicale sia tra utilitaristi e deontologi, i quali tuttavia divergono circa il fondamento dei principi e il modo di conoscerli. Per lungo tempo questa divergenza è rimasta pressoché senza conseguenze sul piano normativo, ma negli ultimi anni è venuto alla luce con prepotenza un contrasto importante riguardante il *tipo* di divieto che viene ingiunto da ciascuna versione dell'etica deontologica, aspetto che rimanda nientemeno a due concezioni radicalmente diverse di "etica".

### 12.a. *Divieti* assoluti *e divieti* prima facie

Per cogliere il punto in esame può essere opportuno cominciare a ricordare che nella tradizione occidentale la morale di gran lunga prevalente è stata di tipo deontologico, e anche un autore come Immanuel Kant (1724-1804), che ha rifiutato la fondazione metafisica dell'etica, ha posto la *categoricità* come caratteristica distintiva del dovere morale. L'imperativo morale è categorico, ossia vale sempre e indefettibilmente: Kant ha scritto un breve e denso saggio sul perché non si deve mai mentire, per nessuna ragione al mondo. Non si deve mai, e poi mai, fare l'azione ingiusta per nessuna ragione, neanche se avesse palesi conseguenze benefiche: *fiat iustitia et pereat mundus*! (sia fatta giustizia e sprofondi pure il mondo!). Così facendo Kant ha proseguito la tradizione deontologica per la quale il nucleo forte dell'etica è costituito da divieti *assoluti* – ossia divieti che non ammettono mai alcuna eccezione per nessuna ragione (*ab-solutus* significa "sciolto da" condizioni storiche). Nella teologia morale cattolica quest'idea è formulata in termini di atti "intrinsecamente malvagi" (che sono cattivi in sé e quindi da non farsi mai, come per esempio la contraccezione e l'aborto), cosicché il divieto vale *semper et pro semper*.

È sempre stato ben noto che non tutti i divieti morali sono assoluti, e che ce ne sono alcuni che ammettono eccezioni (o "riserve" come dicevano i teologi morali cattolici), ma si riteneva che il cuore o la santabarbara dell'etica fosse formato da divieti assoluti (la cui assolutezza si giustifica in quanto impronta nel mondo storico dell'Assoluto derivante dal mondo metafisico ed eterno). È toccato a Henry Sidgwick (1874) il compito di mostrare che, nonostante la moralità di senso comune in via iniziale sembri far credere che tutti i divieti morali dell'etica deontologica siano assoluti, una disamina più attenta rivela invece che essi ammettono eccezioni. Ci sono così due tipi di doveri: quello assoluto e il dovere *prima facie*, cioè che vincola "a prima vista" o "di primo acchito". Ad esempio, il dovere di non violare la promessa data è sicuramente molto forte (come quello di non mentire o di non rivelare un segreto), ma ove fosse in conflitto con altri doveri (ad esempio quello di evitare grande dolore), deve cedere il passo e consentire un'eccezione. Il dovere resta, e quindi l'agente morale si rammarica di non riuscire a mantenere la promessa data (fatto di cui si scusa), ma è giusto ammettere l'eccezione. Attraverso una lunga e dettagliata analisi Sidgwick ha mostrato che tutti i divieti ammettono una qualche eccezione e che l'iniziale assunto di senso comune è frutto di apparenza: contrariamente a esso in realtà non ci sono affatto divieti assoluti. Forse anche per questo Sidgwick è stato annoverato tra gli utilitaristi, ma la sua tesi è stata ripresa in termini chiaramente deontologici da D.W. Ross (1930) ed è parsa subito molto attraente tanto da diventare una delle soluzioni più diffuse tra i filosofi morali del '900. Infatti, la presenza di un dovere assoluto fa sì che l'etica sia solida e immutabile ma anche rigida, mentre l'avere soli divieti *prima facie* conferisce all'etica maggiore duttilità e flessibilità. D'altro canto, può capitare che una piccola bugia sia sufficiente a salvare la vita di molte persone. Ad esempio, se nel fienile dietro casa sono nascosti bambini ebrei ricercati dalle SS, non è giusto in questo caso mentire per dare la precedenza al dovere di salvare la vita altrui?

Può darsi che tutti concordino sul fatto che nel caso specifico sia giusto ammettere l'eccezione al divieto di mentire. Ma se si ammette che questo valga per tutti i divieti morali, allora in etica non si ha più nulla di stabile e si presentano almeno due difficoltà. La prima riguarda la gerarchia dei doveri ossia l'ordine di priorità tra di essi. Come si può stabilire quale dovere viene prima e quale dopo? Al riguardo ci vuole un criterio superiore rispetto ai doveri in conflitto. Quale può essere? La risposta è che, considerato il fatto che un qualche divieto deve *comunque* essere violato, sembra ragionevole che la precedenza sia data al dovere che nella situazione diminuisce i "danni". Ma allora, l'etica deontologica con soli doveri *prima facie* si rivela essere molto più simile all'etica consequenzialista di quanto non sembri. All'inizio l'eccezione si presentava come uno sforzo teso solo a smussare qualche angolo o spigolosità del deontologismo assoluto, mentre ora si rivela essere una sorta di cavallo di Troia per introdurre nella cittadella dell'etica deontologica il criterio utilitarista, dando a esso il ruolo di meta-principio. Se scompare il divieto assoluto, l'etica diventa un'istituzione sociale tesa a garantire il benessere: la moralità non è ridotta al puro calcolo delle conseguenze, ma neanche prescinde da esso riconoscendo che il benessere e/o l'autorealizzazione sono i criteri ultimi di giudizio morale.

La seconda difficoltà da considerare riguarda l'obiezione che a parole l'etica deontologica con soli divieti *prima facie* dichiarerebbe di non avere assoluti, ma in realtà la negazione dell'assoluto comporta l'affermazione di un assoluto diverso (di segno opposto): se prima si avevano divieti assoluti specifici (il divieto di aborto, di mentire, ecc.), adesso la palma dell'assoluto passerebbe al principio d'utilità o a quello di autonomia. In altre parole, l'uomo non potrebbe scrollarsi di dosso l'assoluto. Quest'impostazione è sbagliata: negare l'assoluto è negare che la moralità rimandi a un mondo eterno e sovrannaturale in cui tutto è immutabile, e affermare che la moralità è istituzione sociale e contingente. Dire questo non è affatto ricreare un assoluto di segno opposto ma semplicemente riconoscere il carattere sociale e contingente (che c'è ma potrebbe anche non esserci) della moralità.

Quest'obiezione poi non esclude che si riesca anche a individuare un qualche specifico ordine di priorità tra i vari doveri, e che questa gerarchia sia diversa da quella imposta dalla presenza dell'assoluto. Nella gerarchia della moralità come istituzione sociale può darsi che in certe circostanze il principio d'utilità abbia poi una posizione prioritaria, ma questo non significa che sia diventato assoluto. Infatti, in altre circostanze l'ordine delle priorità potrebbe cambiare, col risultato di subordinare per esempio l'utilità all'autonomia o a qualche altro valore.

### 12.b. *Una prima caratterizzazione della "sacralità della vita"*

Le idee richiedono tempo per affermarsi e portare frutti ove condizioni storiche siano favorevoli. Ancora negli anni '50 e '60 del secolo scorso sembrava che nonostante alcuni filosofi (che apparivano a volte un po' eccentrici) sottolineassero l'idea che non ci sono divieti assoluti, essa rimaneva puramente teorica e confinata a pochi. In pratica sembrava normale credere ci fossero alcuni assoluti, e cioè quelli concernenti la sacralità e inviolabilità della vita umana (e solo di quella) idea tanto scontata e ovvia da non dovere neanche essere menzionata. Questo ha favorito il dialogo ecumenico proprio degli anni '60 sulle questioni sociali (il "disgelo", la democrazia, ecc.). Ma negli anni '70, con l'emergere di questioni come l'aborto e la fecondazione assistita, han cominciato a farsi sentire gli effetti dell'etica deontologica senza assoluti. Dopo un primo periodo di confusione concettuale e come di stordimento, a partire dagli anni '80, soprattutto da parte della chiesa cattolica romana, sono stati riaffermati con vigore i divieti assoluti che hanno fondato la cosiddetta *etica della sacralità della vita (umana)* ossia la prospettiva morale per la quale la vita umana è intangibile e non può essere mai violata o manipolata.

L'espressione *etica della sacralità della vita* richiede due precisazioni importanti. Alcuni obiettano che il termine scelto sia inadeguato e scorretto perché fa pensare subito alla religione e quindi rimanderebbe a una parte o fazione, perdendo la pretesa di universalità insita nella proposta etica. In altre parole sarebbe uno stratagemma per dire che quell'etica vale solo per chi ha una specifica fede religiosa (cattolica romana, protestante, ebraica, islamica, ecc.), e quindi per isolare chi la sostiene nel recinto di una fede.

È vero che il termine "sacro" si oppone a "profano" e rimanda a quella parte di mondo che è separata in quanto non soggetta al potere umano, cui compete appunto il *profano*. Per questo l'espressione potrebbe far credere che essa tenda all'isolamento relegandola all'ambito della sola religiosità. Ma l'obiezione non tiene conto di due sensi diversi di *religione*. C'è, infatti, la religione *rivelata* o la peculiare *fede religiosa*, la quale dipende appunto da una specifica rivelazione della divinità che vale solo per i fedeli della religione. L'ebraismo, il cristianesimo e l'Islam hanno norme specifiche circa la vita umana che vincolano solo i rispettivi credenti, ma queste sono irrilevanti alla nostra discussione. C'è, invece, anche la religione *naturale*, la quale ha origine dal riconoscimento di un ambito della realtà (il sacro) che è escluso dalla potestà umana in quanto spettante a potenze sovrannaturali con cui l'uomo deve avere a che fare in qualche modo in quanto uomo. L'esperienza del sacro rimanda quindi al senso di fascinoso e tremendo connesso col mistero che circonda ampie porzioni della realtà. È quindi un'esperienza che da sempre ha accompagnato l'umanità: sembra che sin dalle origini si sia manifestato l'impulso all'*homo religiosus* con la tendenza a considerare (o riconoscere) come sacri alcuni ambiti del reale, tra cui la vita umana. In questo senso si può parlare di religione *naturale* e osservare che la tesi della sacralità della vita (umana) non sarebbe affatto propria di una data fazione e limitata a essa, ma va considerata come una dimensione umana condivisibile da tutti, fedeli e non. Ecco perché la scelta del termine "sacralità della vita" di per sé non è affatto fuorviante. Un problema, tuttavia, emerge dal momento che, come avremo modo di vedere più avanti (capitolo 2), oggi sembra in crisi proprio la religiosità naturale.

D'altro canto, l'espressione ricorre nei testi ufficiali della chiesa cattolica romana: al n. 53 dell'enciclica *Evangelium Vitae* Giovanni Paolo II afferma: «La vita umana è *sacra* perché, fin dal suo inizio, comporta "l'azione creatrice di Dio" e rimane per sempre in una relazione speciale con il Creatore, suo unico fine. Solo Dio è il Signore della vita dal suo inizio alla sua fine». Usando il termine non si è affatto voluto bollare o marchiare quel tipo di etica per isolarla o per relegarla in un particolare contesto, bensì si è cercato di cogliere l'aspetto caratterizzante.

L'altra precisazione importante è che il divieto qualificante l'etica della *sacralità della vita* non riguarda il, né coincide col, divieto di non uccidere persone umane. Senza dubbio il "Non uccidere!" è uno dei divieti più stringenti del nostro codice morale (e forse di ogni etica). Ma questo principio è *prima facie* in quanto ammette almeno un'eccezione: la legittima difesa. Anche l'enciclica *Evangelium Vitae* riconosce che «la legittima difesa può essere non soltanto un diritto, ma un grave dovere» (n. 55). Né è assoluto il divieto di uccidere l'innocente: al di là del tono retorico connesso all'innocenza, è lecito difendersi da un pazzo che cerca di uccidere pur essendo questi *innocente* (non colpevole) per via della follia. Anche così qualificato, il divieto ammette un'eccezione. Al contrario, il principio di sacralità della vita impone divieti *assoluti*, che non ammettono mai alcuna eccezione per nessuna ragione e in nessuna circostanza. Per questo i due principi non sono e non possono essere equivalenti. Avremo modo di tornare sul tema per capire come va formulata la sacralità della vita.

### 12.c. *L'etica della "qualità della vita" e il quadro delle possibilità*

Chi nega che esistano divieti assoluti e afferma che tutti i divieti sono *prima facie* viene ad affermare la cosiddetta *etica della qualità della vita* secondo cui il valore centrale è appunto la *qualità della vita* intesa come benessere e/o come rispetto dell'autonomia delle persone. La scelta autonoma della persona diventa così il criterio decisivo e determinante per le scelte morali.

Possiamo così riassumere quanto detto in un nuovo schema che riprende quello precedente mettendo in luce l'aspetto nuovo apportato:

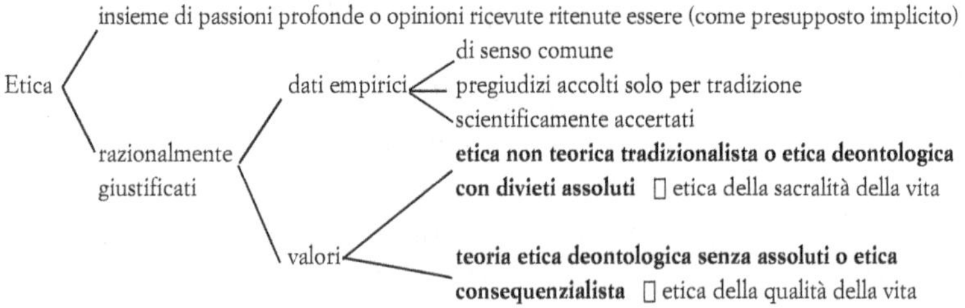


Schema 3. Riepilogo semplificato delle prospettive etiche

L'analisi svolta rileva che il problema cruciale dell'etica e della bioetica contemporanea è sapere se ci siano divieti assoluti o se invece i divieti morali siano tutti prima facie, ossia scegliere tra l'etica della sacralità e l'etica della qualità della vita. Per dare una risposta a tale interrogativo ci si deve chiedere: «C'è un divieto che non ammette mai alcuna eccezione?». Se si esclude, per le ragioni viste, il "non uccidere!" cui è facile che il nostro pensiero corra immediatamente, è difficile individuare un principio abbastanza generale ma non indeterminato che risponda alle nostre esigenze. Vanno infatti evitati principi del tipo: «Fai il bene!» o «Non fare il male!» che risultano generici perché spostano il problema su ciò che si ritiene essere bene o male.

Per capire se sia possibile individuare un simile principio ci si può porre la seguente domanda: «è possibile pensare a un divieto che non ammetta una qualche eccezione?». Poiché è possibile immaginare (e ammettere come plausibili) situazioni in cui l'eccezione al divieto considerato eviti la morte di un gran numero di persone, è ragionevole credere che il bene previsto sia tanto grande da giustificare l'eccezione per evitare l'immane disastro. Quello indicato è un argomento forte e generale che mostra la difficoltà che incontra chi vuole giustificare un divieto assoluto, il quale si espone al rischio di sostenere tesi controintuitive al punto da apparire a volte ripugnanti.

Tuttavia, bisogna riconoscere che oggi ci troviamo in una fase di transizione storica o di chiaroscuro, e che tesi che ora appaiono controintuitive domani potrebbero apparire ovvie e scontate. Di fatto, sulla scorta di considerazioni metafisiche o concernenti una più ampia visione del mondo, oggi c'è ancora chi difende la validità dei divieti assoluti. Di solito lo fa non in base a principi generali e astratti come il «Non uccidere!», ma sulla scorta di divieti più specifici circa atti determinati. Così, ad esempio, la dottrina della chiesa cattolica romana ne afferma almeno cinque: il divieto di *divorzio*, di *contraccezione*, di *aborto*, di *fecondazione assistita*, e di *eutanasia*. Non sempre le ragioni precise a sostegno di questi divieti sono chiare, ma essi si pongono come assiomi specifici che determinano l'etica della sacralità della vita umana.

## 13. *Che cosa comporta il contrasto tra la sacralità e la qualità della vita*

Come già accennato sopra, la messa in dubbio dell'etica della sacralità e il passaggio conseguente all'etica della qualità della vita è fenomeno molto recente verificatosi con straordinaria rapidità. Edmund Pellegrino ha acutamente osservato che ancora fino agli anni '60 del secolo scorso

> l'etica medica era – com'era stata per secoli – esclusivo dominio della professione, protetta dal flusso dei cambiamenti culturali e strutturata sulla scorta di precetti morali che apparivano immutabili. [...] Se c'era qualcosa che appariva impervio alla metamorfosi che si avvertiva come imminente in tutta la medicina, questa era proprio il suo antico impianto etico. Oggi, proprio quell'impianto viene sottoposto alle più forti tensioni della sua lunga storia [...] l'attuale rivoluzione interna all'etica medica è [...] la cosa più significativa di tutte quelle accadute nella storia lunga 2500 anni della medicina e dell'etica medica. Siamo nel mezzo di un processo tendente a smantellare un edificio nobile e antico.

Le radici di questa radicale trasformazione sono sicuramente molte ma, a detta di Pellegrino, «nessuna è più importante del fatto che l'intero *corpus* dell'etica medica sia stato sottoposto a una seria analisi filosofica. L'etica medica sta sempre più diventando una branca della filosofia morale» e come tale sottoposta alle tendenze culturali diffuse, perdendo il baricentro che la teneva ancorata alla professione medica e a quel tipo di mondo. Diventa importante cercare di capire come mai la causa principale della profonda rivoluzione etica avvenuta in medicina stia nel fatto che l'etica medica sia stata «sottoposta a una seria analisi filosofica», cioè ai criteri della teoria etica.

### 13.a. *La nozione di paradigma e di Gestalt switch*

L'etica è l'istituzione che orienta i nostri atteggiamenti circa ciò che è buono e cattivo, giusto e ingiusto, e in qualche modo determina gli schemi mentali con cui vediamo un'ampia parte del mondo, la concettualizziamo classificando le cose rilevanti, organizzandole e mettendole tra loro in connessione. Riprendendo un termine diventato famoso nella storia della scienza grazie al lavoro di Thomas S. Kuhn, chiamo *paradigma* questa struttura profonda o schema mentale che sta alla base di una data etica, allargando la nozione di Kuhn anche agli atteggiamenti emotivi e passionali. L'utilità della nozione di paradigma sta nel fatto di sottolineare, come dimostrato dalla psicologia della Gestalt, che già sul piano percettivo il nostro modo di vedere è caratterizzato da "schemi" o "forme" che indirizzano la visione in direzioni diverse facendoci così vedere cose diverse. Nella figura qui sotto possiamo vedere, a seconda che fissiamo l'attenzione a destra o a sinistra, sia un coniglio sia un anatroccolo.

Il cambiamento dell'attenzione visiva sta alla base del *Gestalt switch* o salto gestaltico, ossia il passaggio dall'una all'altra immagine. È interessante rilevare come non si riesca a vedere tutt'e due contemporaneamente, ma che se ne possa vedere o l'una o l'altra, e che il passaggio dall'una all'altra visione è immediato e repentino (come quando nella mente ci si accende "la lampadina" e si riesce a vedere la soluzione di un indovinello!). E una volta fatto il salto e acquisito il nuovo punto di vista si vedono nella figura aspetti che non appaiono nell'altra visione. In altre parole, il cambiamento di paradigma comporta una riorganizzazione della realtà e un diverso modo di vedere e di sentire il mondo. Questo ha almeno due effetti importanti:

a. cambia il nostro modo di classificare le cose, per cui si presentano categorie diverse e quindi i corrispondenti diversi atteggiamenti;

b. all'interno di ciascun paradigma si presentano problemi diversi, cosicché può capitare che ciò che per gli uni è una difficoltà insormontabile per gli altri è una questione di routine, o viceversa.

La tesi qui sostenuta è che la rivoluzione interna all'etica medica rilevata da Pellegrino che ci fa passare dall'etica della sacralità all'etica della qualità della vita comporta una sorta di salto Gestaltico che ci fa vedere o percepire la realtà in modi differenti. Se già in ambito scientifico – che pure dovrebbe essere pronto ad accogliere le novità – la proposta di un cambio di paradigma incontra forti resistenze, come ha rilevato Kuhn, si possono capire le durissime opposizioni e preclusioni al nuovo paradigma etico che non solo cambia i quadri teorici ma anche l'orientamento di atteggiamenti profondi di persone comuni reticenti ad abbandonare il proprio "dato per scontato" o di operatori sanitari abituati a scandire la pratica medica sulla scorta del Giuramento d'Ippocrate.

Quest'osservazione ci rimanda a quello che qui chiamo il *paradigma ippocratico*, o forse meglio l'aspetto che sta alla sua base.

### 13.b. *Il paradigma ippocratico e la formulazione del principio di sacralità della vita*

Quando Pellegrino osserva che si sta procedendo allo smantellamento di «un edificio nobile e antico» di 2500 anni, il riferimento è a quello che qui chiamo il *paradigma ippocratico* ossia il modo di vedere e di sentire determinato dal celebre Giuramento d'Ippocrate (come trasmesso dalla vulgata diffusa, dal momento che dal punto di vista storico è quasi certo che non sia di Ippocrate). Con tale termine, quindi, non si parla dell'aspetto clinico o "scientifico" della medicina greca, che è ormai totalmente in disuso, bensì dell'aspetto etico. Come osservava negli anni '60 un allora celebre medico italiano, Luigi Gedda, tutto è cambiato nella pratica della medicina, perché diversamente da quella greca la nostra medicina è «fondata sul granito della scienza anziché sulla sabbia dell'empirismo». Ma, continuava Gedda, «dal punto di vista morale i problemi di oggi sono, pressapoco, i problemi di allora», e il Giuramento

> ha sorpassato, senza invecchiare, tanti secoli [... conservando] un'attualità morale sorprendente e imprescindibile: *medico vuol dire sacerdote della vita*; ad altri, se occorre, il compito, a volte il dovere, di li-

> mitare la vita. A noi [medici] quello di *facilitarla*, di *difenderla* e di *salvarla*. [...] Come lo sportivo di Maratona aveva il dovere di portare e difendere la fiamma olimpica, così il medico ippocratico ha il dovere di difendere la fiamma della vita.

Al di là dei panegirici celebrativi e l'inerzia che porta a far sì che sia ancora proposto ai giovani medici, il Giuramento è da decenni entrato in una crisi mortale come il paradigma a esso sotteso. Infatti, il Giuramento è formato da una serie di precetti abbastanza concreti che presuppongono una specifica concezione della vita biologica che dà a essi pregnanza. Si tratta quindi non solo di individuare il principio etico astratto e generale capace di render conto dei vari precetti concreti, ma anche di delineare la concezione della vita sottostante che imprime l'orientamento al paradigma. Per far questo, quindi, ricorro a un metodo analogo a quello usato per scoprire Nettuno e Plutone: l'osservazione di cambiamenti insoliti nell'orbita di altri pianeti ha fatto ipotizzare che ciò fosse dovuto all'attrazione gravitazionale di altri corpi celesti. Sulla scorta di calcoli matematici si è individuato il punto in cui avrebbe dovuto trovarsi il corpo celeste in questione: si è andati a vedere scoprendo Nettuno (e poi Plutone). Qualcosa del genere, *mutatis mutandis*, cerco di fare con il paradigma ippocratico: si considerano i vari divieti per cercare la concezione di fondo della vita che consente di formulare un principio generale che è in qualche modo capace di unificare tutti i precetti concreti. Poi andiamo a cercare la conferma nei riscontri linguistici delle diverse formulazioni dei divieti.

Per il nostro compito è opportuno partire dall'idea di sacralità della vita, che non dipende da alcuna fede rivelata ma dalla religiosità naturale che precede il cristianesimo e le altre religioni rivelate. Questa sacralità è una reazione quasi spontanea di fronte a processi visti come misteriosi e tremendi, che suscitano meraviglia, venerazione e timore. La vita, soprattutto quella umana, sollecita quest'esperienza perché essa si presenta come processo finalizzato che tende a conseguire propri scopi. Di fronte a questo processo, la sacralità della vita porta a dire che compito precipuo del medico sia assecondare e favorire gli scopi naturali e che mai dovrebbe ostacolare o modificare il conseguimento dei fini. In questo senso, il medico è un assistente della natura (finalizzata).

È opportuno chiarire meglio la visione teleologica della vita. Un buon punto di partenza è considerare la struttura logica di una spiegazione (scientifica), che è costituita da due proposizioni: da una parte l'*explicandum* o proposizione indicante l'evento *da spiegare*, e dall'altra l'*explicans* o proposizione indicante l'evento *che spiega*. Supponiamo ora di avere l'evento $E^1$ da spiegare: il fatto che in questo momento sta piovendo. Per chiarire il ruolo dell'*esplicans*, tracciamo una linea orizzontale orientata, e individuiamo un punto corrispondente all'evento $E^1$ contenuto nell'*explicandum*. A questo punto chiediamoci: dove collocheremo l'evento dell'*explicans*? A destra o a sinistra di $E^1$? Prima dell'avvento della scienza moderna, le spiegazioni teleologiche erano comuni in tutti i campi del sapere, anche in fisica. Per spiegare la pioggia si ricorreva alla tendenza dell'acqua a tornare al proprio luogo naturale che è il basso. Si attribuiva così all'acqua una sorta di "volontà" o di "intenzione" che poteva costituire la base di partenza per più ampi disegni cosmici come quelli concernenti sia l'esistenza terrena e i disegni provvidenziali, sia i disegni cosmici che rimandano alla metafisica. L'avvento della scienza moderna ha eliminato questo tipo di spiegazione per quanto riguarda il mondo fisico, e così la meteorologia come scienza naturale evita oggi questo tipo di spiegazione finalistica. Pertanto, per spiegare $E^1$ l'*explicans* farà riferimento a un evento $E^0$ (l'incontro di correnti di aria calda e fredda) che capita *prima* di $E^1$ e che lo causano. Possiamo rappresentare il discorso fatto nel seguente schema:

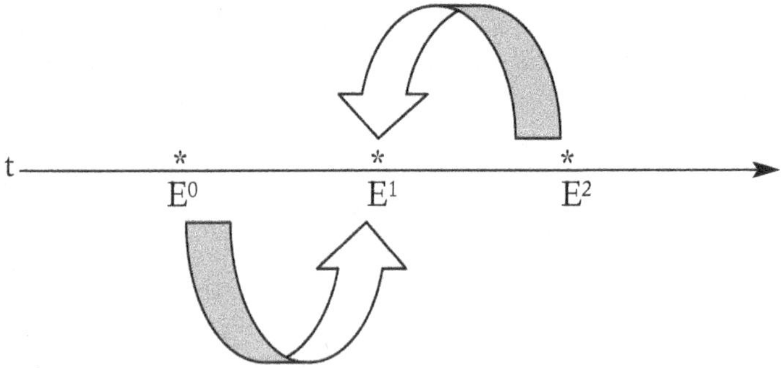


Schema 4. La struttura dei tipi di spiegazione

Quella sopra presentata è una spiegazione *causale* in quanto per spiegare $E^1$ l'*explicans* fa riferimento ai fenomeni $E^0$ che accadono *prima* e che sono rappresentati nella parte sinistra del disegno. Ma supponiamo ora che l'evento $E^1$ da spiegare sia il fatto che il mio cuore ora pulsa, e che ci si chieda: «Perché batte il mio cuore?» La risposta da dare è: «Per far circolare il sangue». In questo caso, l'*explicans* di $E^1$ fa riferimento a un evento $E^2$ che accade *dopo* l'evento da spiegare. $E^2$ sembra essere tale da "attrarre" dal futuro in modo tale da "produrre" $E^1$. Quando capita questo si è di fronte a una spiegazione *teleologica*, che è simile a quella con cui noi rendiamo conto delle azioni umane. Infatti se chiediamo: «Perché leggi questo libro?», la risposta sarà: «Perché voglio superare l'esame», oppure «Perché voglio apprendere la materia». In ogni caso si fa riferimento a un evento *successivo* alla lettura, e connesso alla intenzione umana.

Il parallelismo tra l'intenzionalità umana che agisce in vista di scopi futuri, e la spiegazione teleologica è fonte di problemi, tanto che quest'ultima viene a volte accusata di essere inficiata da un ingenuo antropomorfismo. Ci si chiede se la teleologicità sia indispensabile per spiegare i processi biologici. Sul tema le risposte sono divergenti e opposte. Alcuni scienziati (tra cui Jacques Monod, James Watson e altri) hanno cercato e ancora cercano di eliminare il finalismo, osservando che può essere sostituito con vantaggio da diverse spiegazioni causali. Altri scienziati, invece, ritengono che la teleologicità resti una caratteristica centrale dei processi biologici e che le spiegazioni teleologiche sono indispensabili in biologia dal momento che nelle scienze della vita siano ineliminabili i "termini funzionali" ossia le parole che rimandano a funzioni in cui sono impliciti gli scopi (gli occhi sono fatti per la visione; il cuore ha la funzione di far circolare il sangue, ecc.).

Nonostante i tentativi di spiegare tutto in termini causali, le spiegazioni teleologiche hanno ancora un ruolo importante nella biologia contemporanea. Questo ci aiuta a capire un aspetto centrale del paradigma ippocratico. Se, infatti, si parte accettando come scontato che la vita sia finalizzata, allora è plausibile rappresentare il processo vitale come un flusso diretto allo scopo che scorre in un tubo. Si può assumere che lo scopo sia l'autoconservazione, la quale a sua volta si estrinseca in due direzioni: 1) conservazione dell'individuo singolo, 2) conservazione della specie. Possiamo anche rappresentare la situazione nello schema qui sotto riportato. Le frecce piccole interne al tubo rappresentano il flusso finalizzato (le inclinazioni naturali alla vita o istinto di conservazione), mentre i punti neri indicano le eventuali patologie che ostacolano il flusso vitale. Stante questa situazione, il compito primo della medicina è di dare terapie (aiuti) che favoriscano il ripristino regolare del flusso vitale.

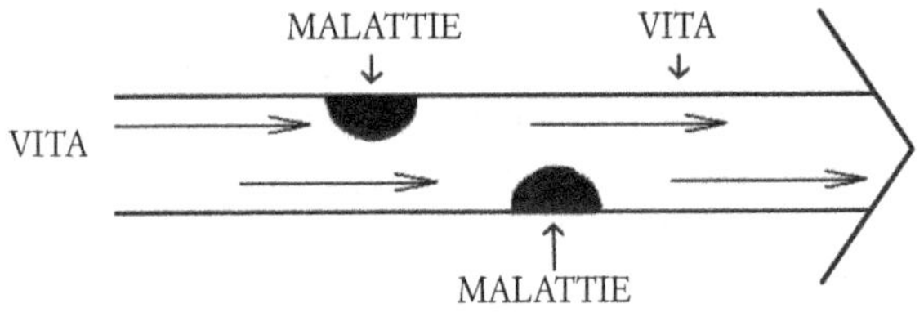


Schema 5. Il presupposto del paradigma ippocratico

Come vedremo meglio più avanti nel capitolo 9, pur arrecando un beneficio ogni terapia ha anche un costo in quanto è fonte di problemi. Quando, in certe circostanze, il costo sopravanza il beneficio e la terapia diventa troppo onerosa, è lecita la sua sospensione, lasciando che la malattia causi la morte. Ecco in che senso nell'ippocratismo il medico è un assistente della vita o, meglio, del finalismo vitale. Compito del medico ippocratico è favorire e aiutare il finalismo ove sia affaticato o messo in pericolo dalle malattie, ma mai e per nessuna ragione il medico può usare la sua arte per sottoporlo a interferenze o a violazioni. Possiamo così formulare il principio di sacralità della vita (umana): è *il principio che ingiunge il divieto assoluto di non interferire o di non manipolare il finalismo vitale*, aspetto che di per sé ha poco a che vedere col divieto di non uccidere, anche se in certe circostanze può apparire a esso equivalente.

13.c. *Conferme e problemi della concezione di vita biologica delineata*

Abbiamo così chiarito le caratteristiche salienti della nozione di vita che stanno alla base del paradigma ippocratico e dell'etica della sacralità della vita. Guardando alla vita umana da questo punto di vista acquistano un'aura di plausibilità i divieti assoluti posti a tutela del finalismo vitale. Se formulata in questo modo, l'etica della sacralità della vita è internamente coerente, punto teoricamente importante perché la rende attaccabile solo dall'esterno.

La difficoltà dell'ippocratismo sta nel fatto che il finalismo vitale ha perso l'aura sacrale che lo circondava. Così a volte è apertamente criticato come inutile sopravvivenza di una concezione superata (Jacques Monod, James Watson), mentre altre volte pur essendo accolto in teoria sul piano descrittivo non suscita più il senso di venerazione e di rispetto di un tempo. In altre parole, l'etica della sacralità della vita è in crisi mortale perché si è come dissolta la concezione che stava sullo sfondo e che tacitamente informava la prospettiva. Il punto era tacito e implicito al punto che non c'era bisogno di menzionarlo: era tanto ovvio e scontato da essere immediatamente capito e rendere superflua e ridondante la menzione. Per questo l'etica della sacralità della vita a volte risulta oggi letteralmente incomprensibile: perché un presupposto che era dato per scontato e ovvio ora richiede invece di essere attentamente elaborato, esplicitato e difeso.

Le ragioni della crisi del paradigma ippocratico non dipendono da difetti interni alla prospettiva, ma da fattori di altro tipo che dovranno essere individuati. Tra i vari primeggiano l'esplosione delle conoscenze scientifiche in campo biomedico e la conseguente secolarizzazione da essa derivante. Ai fini della nostra analisi, comunque, più importante è essere qui riusciti a chiarire quali sono i presupposti concettuali e filosofici dell'etica della sacralità della vita, a individuarne i tratti salienti e a darne una formulazione coerente. L'analisi svolta ha messo in luce i gangli vitali delle diverse prospettive in conflitto, in modo che il nostro lettore possa avere consapevolezza delle possibilità che si prospettano. Viviamo in un'epoca critica di transizione per cui il tradizionale non è ancora dissolto e il nuovo non è delineato: al benevolo lettore il compito di scegliere quale prospettiva accettare.

## 14. *Problemi aperti*

Nelle epoche di transizione come la nostra, le tradizioni permeano ancora potentemente l'immaginario collettivo ma non hanno più presa sulla vita reale, mentre i nuovi stili di vita scandiscono l'esistenza ma non hanno ancora acquisito la legittimità che conferisce autorevolezza e rispettabilità alla prospettiva. L'etica della sacralità della vita ha perso efficacia, ma l'etica della qualità della vita stenta ad affermarsi come legittima. È tempo di esaminare alcuni dei problemi principali circa il contrasto tra le due etiche.

### 14.a. *L'incompatibilità dei due paradigmi etici*

Il primo problema riguarda l'inconciliabilità delle due etiche, che impone una scelta. Alcuni fautori dell'etica della sacralità sostengono invece che – lungi dall'essere incompatibili – le due etiche sarebbero complementari, e che l'etica della sacralità implicherebbe l'etica della qualità.

Questa tesi è insostenibile. Per dimostrarlo è opportuno esaminare i *casi limite*, perché è proprio nelle situazioni estreme che emergono le differenze e si palesa la forza esplicativa di una teoria (o la sua debolezza). Supponiamo che una donna, madre di cinque figli piccoli, abbia una nuova gravidanza che, se non interrotta, la porterà certamente a morte. Casi come questi sono ormai rari, ma non impossibili. Che cosa è giusto fare in tale circostanza? Poiché nell'etica della sacralità della vita l'aborto è assolutamente illecito, non resta che riconoscere la tragica fatalità e accettare che la donna muoia. Scriveva Pio XII che in questi casi, dopo aver tentato il possibile per salvare donna e feto, «altro non resta all'uomo ... se non d'inchinarsi con rispetto dinanzi alle leggi della divina Provvidenza» (1951). Questo conferma che nel paradigma dell'etica della sacralità le considerazioni di qualità della vita non sono decisive: l'autorealizzazione e il benessere delle persone valgono nei limiti consentiti dal rispetto della sacralità della vita.

Per l'etica della qualità della vita, invece, nella circostanza immaginata l'aborto consente alla donna di conservare la vita e con essa di continuare i propri progetti di vita, e quindi tale atto è lecito ove la donna lo richiedesse. A fronte di un conflitto tra la qualità e la sacralità, la prima ha la precedenza, fatto che fa emergere l'inconciliabilità delle prospettive.

Né si deve credere che il contrasto emerso sia trascurabile perché riguarda solo casi del tutto eccezionali come quello ipotizzato.

Infatti, si può osservare che di solito si comincia a criticare il divieto assoluto partendo da casi limite (e pietosi), per poi allargare le maglie e giungere a rendere comune ciò che prima era assolutamente vietato. L'estensione del nuovo paradigma etico anche ad altri casi meno estremi rende così chiara la diversa e inconciliabile concezione della vita. Essa dipende dal fatto che nell'etica della sacralità le norme morali sono date indipendentemente dalla volontà dell'uomo; mentre nell'etica della qualità esse sono stabilite in base a tale volontà, la quale tende alla qualità della vita. In breve: nell'etica della sacralità della vita le norme morali sono un *dato naturale* (o divino), mentre nell'etica della qualità della vita sono una *creazione umana* – di natura sociale, analoga al linguaggio. Detto con una metafora: per i primi l'uomo è paragonabile a un treno che è libero e contento solo quando viaggia sui binari prestabiliti e crea disastri ove cercasse di uscirne; per gli altri l'uomo è invece un fuoristrada anfibio che può agevolmente scegliere se viaggiare in autostrada o attraversare laghi e fiumi come andare sui dirupi, ed è libero di farlo ove la scelta aumenti la sua autorealizzazione.

### 14.b. *L'etica della qualità della vita e l'accusa di relativismo*

Un altro grave problema riguarda la natura della nuova etica della qualità della vita. Al tempo del concilio Vaticano II sembrava che il cristianesimo in generale e il cattolicesimo romano in modo specifico tentassero di "aggiornare" la dottrina per renderla adatta e comprensibile a un mondo fortemente secolarizzato e refrattario alle antiche categorie sacrali in cui era formulata, e che l'"aggiornamento" comportasse una revisione della sacralità della vita. Questo processo sembra essere stato ritardato o bloccato sia da vari movimenti culturali che di recente hanno sottolineato la "rivincita di Dio" ossia un ritorno alla religione con la tendenza alla risacralizzazione del mondo, sia da precise scelte del magistero ecclesiastico cattolico che, come rilevato, insiste nella difesa dell'etica della sacralità della vita.

In questo più ampio movimento i fautori dell'etica della sacralità della vita sottolineano che l'etica della qualità è inaccettabile perché porterebbe al *relativismo etico* in cui tutto è soggettivo e porta all'erosione della moralità in quanto tale. Di solito, infatti, l'accusa di relativismo viene usata più come titolo spregiativo, o come un *booh!!!* gridato all'avversario per screditarlo, che come tesi da discutere. In effetti la formulazione stessa mette il relativismo in svantaggio, presentandolo come la tesi per la quale il giudizio è *relativo a* un qualche criterio circa la realtà considerata, mentre i critici pretendono che il loro giudizio colga immediatamente la realtà in sé senza alcuna mediazione o senza essere *relativo a* un criterio (arbitrario) che ci metta in relazione con essa. Per approfondire l'obiezione è opportuno osservare che il relativismo è la tesi che, come afferma Benedetto XVI, «non riconoscendo nulla come definitivo, lascia come ultima misura solo il proprio io con le sue voglie, e sotto l'apparenza della libertà diventa per ciascuno una prigione». Questa definizione è interessante perché presenta le principali caratteristiche del relativismo.

*Primo.* Dicendo che il relativismo non riconosce nulla di definitivo si ammette che il *giudizio* (qualunque giudizio, anche quello morale) comporta l'operazione mentale che porta a confrontare l'oggetto con un criterio di paragone (una unità di misura) assunto come punto fisso per stabilire la rispondenza dell'oggetto ad esso. Questo pezzo di tela ha una certa lunghezza *relativamente* all'unità di misura prefissata. La formulazione data mostra che, in un senso, il relativismo è ineludibile e inevitabile, perché intrinseco all'operazione del giudicare. Siamo tutti *relativisti* e lo siamo necessariamente, perché qualsiasi giudizio è, per forza di cose, *relativo a* un qualche criterio o standard assunto come unità di misura. Pertanto, sarebbe meglio dire che la controversia è tra *relativisti assolutisti* e *relativisti circostanziali*, perché essa riguarda non tanto la modalità in sé del giudicare, bensì il tipo di criterio da assumere per dare giudizi morali. Gli uni assumono come criterio di giudizio un principio assoluto che vale sempre a prescindere dalle circostanze, mentre gli altri principio *prima facie* la cui priorità vale a seconda delle circostanze storiche. A questo punto si tratta di sapere quale dei due criteri sia più adeguato, e non si può presupporre che il criterio assoluto sia di per sé migliore (quasi ci consentisse di accedere direttamente alla realtà). Non approfondisco qui la questione, ma resta che il modo stesso con cui comunemente si presenta il *relativismo* è fuorviante, perché il giudizio morale è sempre e comunque *relativo a* un criterio, il quale può essere *assoluto* o *relati-*

*vo* (circostanziale). Pur continuando per comodità a parlare di *relativismo* deve essere chiaro che esso è l'opposto di *assolutismo*.

*Secondo*. L'altra obiezione sottolinea che il relativismo assumerebbe come criterio «solo il proprio io con le sue voglie», manifestando di essere radicato nel *soggettivismo* o equivalente a esso. Può darsi che in altri ambiti (ad esempio quello dell'estetica) il soggettivismo e il relativismo vadano a braccetto, ma ciò non vale in etica. Infatti, una moralità è un'istituzione analoga alla lingua: come non esiste (e non può esistere) una lingua privata, perché la funzione della lingua è quella di favorire la comunicazione tra i parlanti (funzione negata dalla privatezza della lingua), così non esiste una morale soggettiva nel senso di avere come criterio solo e nient'altro che il soggetto, perché la moralità fornisce i valori e le norme che consentono il coordinamento sociale richiesto per garantire un adeguato livello di qualità della vita. L'analogia è illuminante anche perché ci ricorda che come in un passato non troppo remoto si andava alla ricerca della *lingua assoluta* o di quella *naturale*, così oggi ancora si fa con la moralità. Come la secolarizzazione circa gli studi linguistici ha portato a far riconoscere che la lingua è un'istituzione storica che muta nel tempo e con le circostanze e che talvolta si richiedono innovazioni per favorire la comunicazione, anche se nessun singolo parlante decide da solo il significato delle parole o lo inventa, così l'ampliamento della secolarizzazione circa il mondo biologico ci porta a riconoscere che la moralità è un'istituzione sociale che muta nel tempo. Questo non annulla l'idea che i valori morali appaiano e siano così solidi da essere indicati nel linguaggio comune come *oggettivi*: termine adeguato se usato per indicare la "durezza" e la "costanza" dei valori e delle norme morali, che sono indipendenti dal giudizio o dalle bizze o voglie di ciascun singolo soggetto. Il termine *oggettivo*, tuttavia, può risultare infelice perché induce a credere che il valore morale sia una sorta di *oggetto*, come un tavolo o una pietra cioè un qualcosa di naturale o di inscritto nella natura delle cose. Si può trovare una formulazione più adeguata osservando che il criterio di giudizio morale sta in uno speciale "punto di vista" impersonale che come un *obiettivo* (di una speciale macchina fotografica) costituisce il corretta prospettiva con cui guardare la questione in esame assumendo l'atteggiamento (emotivo) adeguato.

La considerazione fatta sottolinea che la nozione di "etica" qui accolta esclude il *soggettivismo*, dal momento che fa riferimento alla giustificazione *razionale*. D'altro canto la razionalità implica l'universalità, per cui il giudizio etico ha come riferimento un punto di vista *imparziale* che evita il soggettivismo. Come ha scritto David Hume nella *Ricerca sui principi della morale*:

> la nozione di morale implica qualche sentimento comune a tutta l'umanità, che raccomandi lo stesso oggetto all'approvazione generale. [...] Quando un uomo dice di un altro che è suo *nemico*, suo *rivale*, suo *antagonista*, suo *avversario*, si comprende che [...] esprime sentimenti a lui peculiari [...] Ma quando egli dà a qualcuno gli epiteti di *vizioso*, o di *odioso* o di *depravato*, allora egli parla un altro linguaggio ed esprime sentimenti in cui si attende che tutti i suoi ascoltatori siano d'accordo con lui. Egli qui deve [...] staccarsi dalla sua situazione privata e particolare, e scegliere un punto di vista comune a lui e agli altri

L'etica è dunque tanto poco "soggettiva" o dipendente dalla "voglie personali" da portarci a fare un'ulteriore osservazione: a volte, forse per una forma di cortesia per non prevaricare, è diventato comune dire: «Questo è giusto *per me*» oppure: «Per te è così, ma almeno *per me* è giusto in altro modo!». Ebbene, queste espressioni sono una contraddizione in termini, perché *giusto* rimanda a un punto di vista universale, mentre *per me* a quello mio particolare e i due aspetti non si conciliano. Supporre che il *moralmente giusto* dipenda dal proprio "gusto personale" è negare la nozione stessa di "moralità".

Assodato che l'etica non può prescindere dall'aspirazione alla *universalità* e alla *imparzialità*, si deve dire che queste nozioni non implicano affatto la *immutabilità* dei giudizi morali. Per essendo imparziale e valido per tutti, può variare nel tempo al mutare delle circostanze. Come è giusto (per tutti) indossare il cappotto d'inverno, quando fa freddo, e abiti più leggeri d'estate, quando fa caldo, così è giusto cambiare la gerarchia dei valori e dei doveri quando mutano le circostanze storiche e aumentano le conoscenze e le capacità d'azione. Poiché negli ultimi anni la Rivoluzione biomedica ha favorito l'avvento di trasformazioni storiche straordinarie tali per cui il mondo è cambiato, si deve provvedere con urgenza a rivedere la "tavola dei valori": non farlo sarebbe come credere di poter continuare a far indossare la camiciola che andava bene a un neonato anche a un adolescente! Possiamo così esaminare l'ultima critica al *relativismo* indicata da Benedetto XVI.

*Terzo.* Poiché l'etica fa riferimento a un «punto di vista morale» universalistico, cade subito la terza critica secondo cui il relativismo «sotto l'apparenza della libertà diventa per ciascuno una prigione» ossia si autonegherebbe. Si può solo osservare che l'obiezione sembra dettata da una reazione psicologica che porta a reificare uno specifico modello identificandolo con *il* modello (assoluto), cosicché la dissoluzione di quel particolare modello è vista come il crollo del tutto. Nel nostro caso, il declino di *un* modello specifico e reificato di socialità (quello improntato all'assolutismo) viene scambiato col crollo de *la* socialità *tout court*. Qualcosa del genere è già capitato al tempo del crollo dell'aristocrazia, in cui i legittimisti monarchici prevedevano solo rovina e devastazione ove la democrazia avesse prevalso. In realtà oggi sembra che sia esattamente il contrario e che, nonostante le molte difficoltà, la democrazia sia il sigillo della civiltà.

## 15. *Conclusione breve*

Nel momento in cui *relativismo* viene usato per indicare una tesi da esaminare e non come termine spregiativo per screditare l'altro, osserviamo che in un senso il relativismo è imprescindibile perché il giudizio (qualsiasi giudizio) è "relativo" a un criterio assunto come punto di confronto. La controversia è quindi tra chi assume come criterio di riferimento i *divieti assoluti* e chi invece i divieti *prima facie* o *circostanziali*. L'etica della qualità della vita ha quindi frecce nella faretra ed è prospettiva proponibile. Le osservazioni fatte, non chiudono la discussione. Nel nostro tempo la tradizione ha ancora una forte presa ma il nuovo non è ancora ben delineato. In questa situazione di chiaroscuro è normale che ciascun interlocutore cerchi di affermare la propria posizione e vendere la propria merce. Ma è forse anche opportuno cercare di elevarsi sopra la mischia e cercare di capire i termini della controversia. Ove ci si ponga in questa prospettiva, si deve riconoscere quanto segue: ciascuno di noi *crede* o *presuppone* che le proprie convinzioni morali siano razionalmente giustificate, anche se non è detto che lo siano davvero. A volte, infatti, ci si può sbagliare, e altre volte l'influenza delle opinioni ricevute e dei tabù è preponderante. È urgente un lavoro incessante di autocritica e di autoanalisi per saggiare le convinzioni che riteniamo "morali" e anche quelle che la tradizione ci ha consegnato come "non-morali" ma che potrebbero esserlo.

Già il compito proposto risulta molto impegnativo, ma dobbiamo essere consapevoli che la situazione è ancora più complicata perché, come abbiamo visto, ci sono dissensi circa ciò che conta per la "giustificazione razionale" che dipendono dal paradigma presupposto. In questa situazione di incertezza, lungi dal farci prendere dal panico e dal credere che sia prossima la fine del mondo, dobbiamo avere un atteggiamento positivo e credere che forse non riusciamo a vedere la novità incipiente. L'unica cosa da temere è quindi un atteggiamento di chiusura al nuovo, quello di chi vede la situazione così sconcertante da far restare allibiti ed esclamare: «No! non può essere vero!» e che ci porta a negare la realtà o a rifugiarsi nel passato.

# II

# Pluralismo etico, rivoluzione biomedica e laicità

## 1. *Il pluralismo etico*

Nel capitolo precedente abbiamo distinto tra *etica della sacralità della vita* ed *etica della qualità della vita*. Entrambe rientrano nella nozione di "etica" in quanto ciascuna prospettiva – dal proprio punto di vista *interno* – pretende di essere in grado di fornire quella giustificazione razionale che è la caratteristica propria e specifica dei giudizi etici. Ma se ciascuna fosse giudicata dal punto di vista *esterno* (ossia quello proprio dell'altra prospettiva), allora risulterebbe essere seriamente difettosa e una sorta di corruzione dell'etica stessa. Questo aspetto diventa palese se si considera che chi sostiene la sacralità della vita a volte tende a equiparare l'etica della qualità della vita con la posizione nazista; e i fautori dell'etica della qualità della vita replicano che l'etica della sacralità è frutto di vecchi pregiudizi e antichi tabù.

Può darsi anche che tra qualche decennio l'una etica soppianti l'altra, ma per ora la situazione è ancora aperta per cui si deve riconoscere il *pluralismo etico*, ossia la presenza di prospettive etiche diverse e contrastanti. Il dissenso talvolta è tanto profondo da far dire a Tristram H. Engelhardt che il nostro è un mondo abitato da *stranieri morali*, ossia persone che parlano lingue morali diverse e fanno fatica a capirsi o non si capiscono affatto. Data l'imperiosità tipica dei giudizi morali, a volte diventa difficile la stessa discussione su temi etici. Uno dei problemi più urgenti del nostro tempo è riuscire a mantenere la pace sociale e il rispetto reciproco in un mondo popolato da "stranieri morali".

Quando consideriamo il *pluralismo etico* dobbiamo distinguere la dottrina *sociologica*, secondo cui si deve prendere atto della diffusione di diverse (ed anche opposte) posizioni etiche, dalla dottrina *normativa* secondo cui vanno riconosciute legittimità e rispetto a ciascuna posizione che avanzi la pretesa di essere morale. Quest'ultima dottrina presuppone l'altra, ma non viceversa, perché potremmo riconoscere l'esistenza di codici morali diversi senza per questo ammetterne la rispettabilità: possiamo riconoscere come *dato sociologico* la presenza di atti criminali senza che ciò implichi che essi meritino rispetto o anche siano tollerati (tesi diverse).

### 1.a. *Il conflitto dei doveri e la pluralità dei codici morali*

Per capire meglio come mai la diffusione dell'etica della qualità della vita porti all'affermazione del pluralismo etico come dato sociologico possiamo esaminare il problema del conflitto di doveri che, come già messo in luce, costituisce uno dei principali temi della vita morale. Capita a tutti di trovarsi vincolati da doveri diversi che non possono essere contemporaneamente soddisfatti: supponiamo di aver promesso a un amico di incontrarlo a una certa ora per una piacevole chiacchierata, e che, proprio mentre stiamo per andare all'appuntamento un familiare o un vicino di casa sia colto da malore e abbisogni di aiuto: da una parte c'è il dovere di mantenere la promessa data e di essere puntuali, e dall'altro c'è il dovere di soccorrere il familiare o il vicino, ma è (fisicamente) impossibile soddisfarli entrambi. A quale dovere dare la precedenza?

La scelta in proposito stabilisce la *gerarchia* dei doveri, ossia la "tavola dei valori" che individua le nostre priorità morali. I codici morali che prevedono il Principio di Sacralità della Vita possono vantare una gerarchia di doveri abbastanza stabile e in parte data a priori e immutabile. Infatti, se il Principio di Sacralità è assoluto, esso non ammette eccezioni, per cui sappiamo subito a priori che ha sempre la precedenza sugli altri doveri *prima facie* e che questo punto non cambierà mai. Ecco l'immutabilità della morale. Per vedere questo immaginiamo di avere una teoria etica formata dai seguenti tre principi:

- PSV: Principio di Sacralità della Vita, che ingiunge il dovere di rispetto assoluto del finalismo proprio dei processi vitali umani;

- Pb: principio di beneficenza (*prima facie*) che ingiunge il dovere di fare il bene;
- Pg: principio di giustizia (*prima facie*) che ingiunge il dovere di distribuire equamente i costi e i benefici.

Sulla scorta di questi principi sono possibili due (e solo due) codici morali diversi con le seguenti gerarchie:

| *codiceA* | *codiceB* |
|---|---|
| PSV | PSV |
| Pb | Pg |
| Pg | Pb |

Tabella 1. I codici possibili nel modello minimo della sacralità della vita

Essendo i principi di benevolenza e di giustizia principi *prima facie* supponiamo che, come mostra la tabella, nel *codiceA* Pb abbia la precedenza su Pg, mentre nel *codiceB* la situazione sia capovolta. Tuttavia, in ogni caso PSV ha sempre la precedenza sugli altri in quanto – essendo assoluto – non ammette eccezioni. In questo senso si chiarisce che anche nell'etica della sacralità della vita sono possibili disaccordi e dibattiti circa ciò che è giusto fare e la soluzione non è subito data né automatica: ci sono ambiti in cui vanno attentamente esaminate le circostanze storiche e valutare con prudenza la soluzione da prendere. Ma questi dibattiti valgono solo per gli aspetti "terreni" concernenti i divieti *prima facie* che non mettono in discussione né infirmano il divieto assoluto, la cui priorità e supremazia è al di là di ogni dubbio e può essere affermata a priori. In altre parole, anche in una società di questo tipo c'è uno spazio per il pluralismo etico: valori diversi ci sono sempre stati a seconda delle diverse classi e caste. Ma la società ha pur sempre una "stella polare" per l'orientamento ultimo nella vita morale e per dare una direzione sociali. Il suo carattere assoluto garantisce la granitica certezza che caratterizza alcuni fautori dell'etica della sacralità della vita e rimane un qualcosa di "dato per scontato" e incrollabile.

Supponiamo ora di abbandonare l'etica della sacralità della vita togliendo il principio assoluto e di sostituirlo con un altro principio *prima facie*:

- Pa: il principio di autonomia (*prima facie*) che ingiunge il dovere di rispetto delle scelte fatte dalle persone.

Anche nella nuova etica, come nella precedente, abbiamo tre diversi principi, ma – diversamente da quanto accadeva prima – essi sono tutti principi *prima facie*. In questo caso il quadro logico della situazione cambia radicalmente, perché le possibili combinazioni aumentano, come mostra la nuova tabella riportata qui di seguito:

| *codice1* | *codice2* | *codice3* | *codice4* | *codice5* | *codice6* |
|---|---|---|---|---|---|
| Pb | Pb | Pg | Pg | Pa | Pa |
| Pg | Pa | Pb | Pa | Pg | Pb |
| Pa | Pg | Pa | Pb | Pb | Pg |

Tabella 2. I codici possibili del modello minimo della qualità della vita

Mentre prima erano possibili solo due codici morali, ora se ne possono avere ben sei diversi. La nostra analisi è molto semplificata perché i codici morali diffusi sono più ricchi e presentano un maggior numero di principi, ma le considerazioni fatte ci consentono di spiegare come mai l'etica della qualità della vita dia origine al pluralismo etico come fatto sociologico. È una situazione simile a quanto capita al ristorante: se si amplia il menù tra cui scegliere e si passa dagli iniziali 5 o 6 piatti a un'offerta di 20 o 30 piatti diversi, le preferenze si allargano ed è facile che ciò influenzi i gusti e induca un loro cambiamento. Analogamente in etica: se si amplia la lista dei valori tra cui scegliere si allargano le preferenze: le persone hanno la possibilità di scegliere piani di vita diversi e questo allarga gli orizzonti aumentando le opportunità di autorealizzazione nelle direzioni più diverse.

Inoltre, il confronto tra le due tabelle rivela come nella prima abbia una parte fissa e invariante (il principio assoluto), mentre nell'altra non si dia alcuna priorità solidificata o stabilita a priori, per cui l'ordine delle precedenze va esaminato a seconda delle circostanze storiche. Quest'aspetto rimanda alle due concezioni diverse della moralità: per la prima l'etica è un'istituzione sociale che ha il proprio fondamento nella *natura delle cose* o direttamente nei *comandi divini* noti per rivelazione (che completano la naturalità). Per questo si dice che la moralità è un'istituzione *naturale* o *divina*, non dipendente dalle scelte umane, dotata di un criterio in base al quale stabilire almeno una priorità fissa e immutabile. Per l'altra concezione, invece, la moralità è un'istituzione *sociale* che ha il proprio fondamento nelle diverse scelte compiute dagli uomini nelle varie società e circostanze date, senza un criterio gerarchico fisso e con la possibilità di avere ordini di priorità variabili.

### 1.b. *I diversi codici etici sono tutti tra loro moralmente equivalenti?*

Chiarita l'origine del pluralismo etico come dato sociologico, il problema che subito si presenta è sapere se tutti i vari codici di valore esistenti possano pretendere di essere legittimi e meritino di per sé rispetto (morale). Chiedersi questo è cercare di sapere se valga il pluralismo etico come dottrina normativa, domanda che a sua volta presenta due questioni diverse:

i. se il pluralismo etica valga senza limiti cosicché qualsiasi sistema va accettato;
ii. se il pluralismo etico valga solo fino a un certo punto, e come determinarlo.

Quando si spezza un vincolo avíto come quello del divieto assoluto si possono avere due reazioni idealmente opposte: o quella di panico che ci fa temere lo sconvolgimento di ogni rapporto umano con una sorta di fine del mondo, oppure quella di entusiasmo che ci fa togliere ogni vincolo con la speranza di poter volare alto senza ostacoli. Quest'ultimo atteggiamento porta a credere che qualunque codice valoriale sia di per sé valido, tesi che da una parte sta alla base dello slogan: "vietato vietare!" e che dall'altra rimanda al problema della tolleranza di dottrine o di valori diversi da quelli prevalenti. Sebbene siano connessi, il problema della tolleranza dei diversi codici morali è diverso da quello della legittimità dei singoli codici (e quindi del pluralismo etico), perché quest'ultimo riguarda se, e a che condizioni, si possa assegnare a un codice valoriale il titolo onorifico di "moralità", mentre l'altro riguarda se, e a che condizioni, si può lasciare che un qualunque codice valoriale sia diffuso in una società. Quest'ultima è una questione di carattere pratico o politico, mentre l'altra è di carattere teorico in quanto riguarda i valori che possono vantare la pretesa di legittimità morale. Se un codice è morale, allora deve essere non solo tollerato ma anche promosso, ma potrebbe darsi che ci sia un codice che non merita affatto la qualifica di "moralità" ma che va tollerato dal momento che la sua eventuale repressione diventerebbe fonte di maggior danno della sua tolleranza.

Di solito non si opera la distinzione tracciata e si scambia il problema *teorico* della rispettabilità o legittimità di un codice morale col problema *pratico* della sua tolleranza. Si osserva che il relativismo etico è la dottrina che afferma l'equivalenza di tutti i possibili codici, per cui l'uno varrebbe l'altro, cosicché non avendo nulla di solido e in assenza di criteri per giudicarli o criticarli si deve ammettere la legittimità e la tolleranza di tutti e di qualsiasi codice.

Eppure, posta la distinzione tra rispettabilità e tolleranza, si può osservare che, non ogni e qualunque codice valoriale può aspirare al titolo onorifico di "moralità". Infatti, l'etica è una delle istituzioni normative tese a garantire il coordinamento sociale che favorisce l'autorealizzazione e/o il benessere dei soggetti coinvolti, per cui non rientrano in essa gli eventuali codici che propugnino la *maleficenza* come valore, ossia prevedano il dovere di infliggere dolore senza ragione, per il gusto di causare sofferenze, o di fare il male in sé o ancora di limitare le opportunità altrui per evitare che fioriscano. Se si è potuto dire che l'unico assoluto del nostro tempo è la solida e ferma condanna del nazismo, ciò dipende in larga parte dal fatto che nell'immaginazione pubblica il nazismo è visto come la dottrina che propone la maleficenza come valore, e pertanto è vista come una forma di "negazione dell'etica". Anche i codici che non includano il dovere di acquisire conoscenze vere o addirittura ne ostacolino o ne precludano l'acquisizione sono gravemente difettosi, perché senza adeguate informazioni circa i fatti non è possibile la giustificazione razionale. Tuttavia, quest'ultima clausola richiede cautela perché non è sempre facile giungere a un accordo su cosa considerare come "conoscenza vera" e su come acquisirla.

Abbiamo così un'indicazione di massima che ci ricorda che non tutti i codici di valore sono per ciò stesso "morali" – costituiscono una moralità. Pur con tutta la cautela richiesta dalla consapevolezza che il sapere scientifico cresce lentamente, più lentamente di quanto da alcuni desiderato e ipotizzato nel passato, si può osservare che quelle dottrine che non sono sostenute da un minimo di plausibilità scientifica – si pensi all'astrologia o ad altre dottrine che fanno riferimento alla metafisica o a potenze soprannaturali – non soddisfano i criteri minimali richiesti dalla moralità. In questo senso non possono pretendere di presentarsi come codici morali da includere legittimamente come elementi del pluralismo etico.

Diverso, però, è il problema della *tolleranza* di queste dottrine. Infatti, anche quando soluzioni sono di fatto sbagliate e irrazionali, è possibile riconoscere che esse vadano rispettate perché un'eventuale violazione della coscienza individuale provocherebbe danni di gran lunga superiori a quelli derivanti dal rispetto della libertà. Ciascuno di noi, infatti, pretende di avere ragione: stante contrasti radicali, si deve riconoscere che solo attraverso il rispetto delle libertà individuali è possibile avvicinarsi alla soluzione più adeguata. Quello dei limiti della tolleranza è problema politico che attiene alle misure richieste per il mantenimento della pace sociale, ed è diverso dal problema della rispettabilità dovuta a proposte etiche, che è proprio del pluralismo.

### 1.c. *Il pluralismo etico dissolve ogni valore condiviso?*

Resta che il pluralismo etico a volte sconcerta. Sembra sbaragliare ogni valore comune e porci in una sorta di Babele morale che distrugge quel minimo di fiducia reciproca indispensabile per la vita sociale. Per riuscire a vivere assieme e a coordinare i diversi ruoli, gli uomini hanno bisogno di sapere che anche gli altri condividono gli stessi valori. Il pluralismo etico sembra minare questa convinzione gettando sconcerto e anche panico. Di qui il ritorno a forme di tradizionalismo favorite ora dalla ricerca di "senso" o di significato, che pare facilitata dalla presenza di valori comuni, ora dal fatto che l'uomo è un animale imitativo con una forte tendenza a crearsi un nido in cui sentirsi protetto, rivelando un'aspirazione alla fissità, a vivere nelle condizioni in cui si è vissuti.

Nonostante le difficoltà generate dal pluralismo etico, la sua diffusione è una vera e propria *ricchezza* e una *risorsa* sociale. La nuova attenzione alla "qualità della vita" non solo ha portato alla nuova sensibilità morale che rifiuta con forza le sofferenze inutili e la violazione dell'autonomia personale, ma anche ha liberato energie nuove a favore di maggiore libertà e creatività. Mentre in passato chi usciva dai canoni stabiliti dalla stretta comunità era subito stigmatizzato come "diverso" e isolato, giustificando le sofferenze inflitte sulla scorta di "superiori esigenze sociali", oggi le discriminazioni risultano intollerabili. Il risultato è che le persone hanno maggiori possibilità di scelta del proprio "piano di vita", e quindi maggiori possibilità di autorealizzazione.

Si può infine osservare che, pur frantumando i singoli valori sostanziali, il pluralismo etico mantiene la libertà personale come valore condiviso e comune. La tecnica consente di fruire di servizi anonimi e la divisione del lavoro allarga lo spazio privato, cosicché è stata favorita e ampliata la libertà di scelta dei propri stili e piani di vita. Non è molto, ma è un punto importante che individua un tratto comune della società contemporanea.

## 2. *La Rivoluzione biomedica e i problemi da essa generati*

A questo punto ci si può chiedere come mai negli ultimi decenni si sia sviluppato con rapidità incredibile un fenomeno tanto maestoso come la diffusione del pluralismo etico. La risposta non è semplice e lineare, e tra i molti fattori vanno menzionate la Rivoluzione informatica e quella informativa che hanno accresciuto enormemente le capacità di elaborazione, di trasmissione e di registrazione dei dati, oltre che aumentato esponenzialmente l'informazione. Inoltre, non vanno dimenticati i mezzi di trasporto più rapidi e sicuri che hanno favorito le grandi migrazioni, rendendo il globo un piccolo villaggio in cui l'esperienza quotidiana del multiculturalismo ci ricorda che nessuna opinione ricevuta è più scontata.

Oltre ai fattori ricordati, un contributo decisivo al pluralismo è stato dato dai progressi ottenuti in ambito biomedico e sanitario, che hanno rimesso in discussione alcuni limiti che fino a pochi anni fa apparivano naturali, scontati e solidi. Nella seconda metà del secolo scorso, la biomedicina è diventata una scienza matura dispensando importanti progressi che a partire dagli anni '60 hanno stupito l'opinione pubblica: l'avvento della dialisi (1962), il trapianto di cuore (1967), la definizione di «morte cerebrale» (1968) e di «stato vegetativo persistente» (1972), la fecondazione in vitro

(1978), nonché la diffusione di nuovi e più sicuri metodi di contraccezione e di aborto (anni '70), sono solo alcuni esempi delle innovazioni compiute. Se le varie scoperte sono viste in connessione e complessivamente, si può dire che a partire dagli anni '70 del secolo scorso in ambito biomedico è accaduto qualcosa di simile a ciò che genera lo sviluppo industriale. L'antropologo Clifford Geerz ha paragonato questo passaggio a ciò che capita quando il lento riscaldamento dell'acqua in un bollitore raggiunge la temperatura critica che la trasforma in vapore provocando l'improvvisa, inaspettata, violenta espulsione del coperchio: svariati fattori silenziosamente e lentamente preparano la situazione che poi di colpo esplode, come già accadde al tempo della Rivoluzione industriale. Anche in campo biomedico si è realizzata e sta continuando la Rivoluzione biomedica, la quale costituisce uno dei principali vettori (se non il principale) del pluralismo etico.

### 2.1. *Rivoluzione industriale e Rivoluzione biomedica: osservazioni generali*

Se consideriamo quanto accaduto nell'ultimo mezzo secolo, sembra si sia verificato un processo analogo alla Rivoluzione industriale che, iniziata alla fine del '700 in Inghilterra si è col tempo diffusa per tutto il globo consentendo un maggiore controllo del mondo inorganico. Che cosa sia la "Rivoluzione industriale" è questione difficile e complessa, tanto che il termine stesso non è privo di problemi, e gli storici ancora discutono sul perché e sul come sia avvenuta, sui tempi di attuazione ecc.[1]. Tuttavia è indubbio che nel volgere di pochi decenni, una serie di scoperte e innovazioni tecniche unite allo spirito scientifico coniugato con favorevoli condizioni economiche, demografiche e l'uso di nuove forme di energia hanno portato al rapido e profondo cambiamento dei modi di vita e dell'atteggiamento culturale e sociale tanto da portare lo storico Eric John Hobsbawm (1968) ad affermare che «la Rivoluzione in-

[1] Con "rivoluzione" intendo qui nel significato figurato come "mutamento profondo e radicale" delle condizioni socio-culturali e non nel significato originario cambiamento violento dell'ordine politico.

dustriale costituisce la più fondamentale trasformazione della vita umana in tutta la storia universale tramandata da documenti scritti». Dicendo questo sembra che Hobsbawm distingua due grandi cesure nella storia: una prima grande trasformazione che ci ha fatto passare dal paleolitico al neolitico, della quale non abbiamo documenti scritti, e la Rivoluzione industriale di cui abbiamo invece documenti scritti. Questo significa che la nascita degli imperi, delle grandi religioni, delle città, ecc. sono eventi secondari e interni allo spazio determinato da questi grandi piloni che scandiscono il flusso della storia. Può darsi che questa prospettiva appaia troppo impegnativa, ma si deve comunque riconoscere che la Rivoluzione industriale «costituisce l'avvenimento cruciale della storia mondiale degli ultimi secoli» (Edward A. Wrigley, 1992): essa ha cambiato il modo e la struttura di vita delle persone.

La tesi qui sostenuta è che i progressi biomedici degli ultimi decenni uniti ad altri fattori hanno prodotto o stanno producendo la *Rivoluzione biomedica* che costituisce la continuazione della Rivoluzione industriale: come quest'ultima, fondandosi sulla grande Rivoluzione scientifica, ha consentito il controllo del mondo inorganico e ampliato le libertà civili sul piano della vita sociale, così la Rivoluzione biomedica, fondandosi sul nuovo status acquisito dalla biologia come scienza, sta consentendo il controllo del mondo organico e, con esso, sta favorendo l'ampliamento delle libertà civili anche sul piano della vita biologica.

### 2.2. *Secolarizzazione e cambiamento di paradigma circa la vita sociale*

Il primo potente effetto prodotto dalla grande Rivoluzione scientifica è stato quello di accelerare il processo di secolarizzazione come *disincanto del mondo*. Da questo punto di vista il salto Gestaltico cruciale è stato compiuto nella notte tra il 9 e 10 gennaio 1610 quando Galileo ha visto che la Luna ha montagne come la Terra, traendone la conclusione che è un pianeta come il nostro: non più un corpo celeste che risponde ai criteri della perfezione metafisica. Quella notte si è come infranta la sfera di cristallo che reggeva i cieli, facendoci passare dal mondo chiuso ben ordinato e qualitativamente differenziato all'universo infinito ma uniforme. Sul piano intellettuale e simbolico lì ha preso l'avvio il processo della modernità che ha secolarizzato la vita sociale. Le ragioni sono spiegate con le incisive parole che Bertold Brecht nella sua *Vita di Galileo* fa dire a Fulgenzio, il brillante allievo che abbandona la scienza per seguire le direttive del Sant'Uffizio: i miei genitori, dice Fulgenzio a Galileo, sono poveri e hanno sopportato le più grandi fatiche perché

> si son sentiti dire che l'occhio di Dio è su di loro, indagatore e quasi ansioso; che intorno a loro è stato costruito il grande teatro del mondo perché vi facciano buona prova recitando ciascuno la grande o piccola parte che gli è stata assegnata [...] Come la prenderebbero ora, se andassi a dirgli che vivono su un frammento di roccia che rotola ininterrottamente attraverso lo spazio vuoto e gira intorno a un astro, uno fra tanti, e neppure molto importante? Che scopo avrebbe tutta la loro pazienza, la loro sopportazione di tanta infelicità? Quella Sacra Scrittura, che tutto spiega e di tutto mostra la necessità: il sudore, la pazienza, la fame, l'oppressione, che potrebbe ancora servire se scoprissero che è piena di errori? No: vedo i loro sguardi velarsi di sgomento, [...] vedo come si sentono traditi, ingannati. Dunque, dicono, non c'è nessun occhio sopra di noi? Siamo noi che dobbiamo provvedere a noi stessi, ignoranti, vecchi, logori come siamo? Non ci è stata assegnata altra parte che di vivere così, da miserabili abitanti di un minuscolo astro, privo di ogni autonomia e niente affatto al centro di tutte le cose? Dunque, la nostra miseria non ha alcun senso, la fame non è una prova di forza, è semplicemente non aver mangiato! E la fatica è piegare la schiena e trascinar pesi, non un merito! Così direbbero; ed ecco perché nel decreto del Sant'Uffizio ho scorto una nobile misericordia materna, una grande bontà d'animo.

Se la Luna è un corpo celeste come la Terra, allora l'intero mondo fisico (inorganico) perde quella magia derivante dal fatto di avere una precisa posizione determinata dalla distinzione tra mondo fisico e mondo metafisico, distinzione che prima era concreta e palpabile mentre ora diventa qualcosa di difficile da trovare o addirittura di illusorio e di mitico[2]. Mentre prima i cieli "parlano" agli

---

[2] Un altro celebre caso di secolarizzazione è stato quello delle comete: come ricordato da Zanetti Bianco a fine XIX secolo: «la predizione [della cometa di Halley] fu un avvenimento memorabile nell'istoria dell'astronomia, in quanto che essa fu il primo tentativo di predire il ritorno di uno di questi misteriosi corpi, le cui visite sembravano sfuggire ad ogni legge nota e fissa, e che erano riguardate come forieri di fla-

uomini, ora diventano silenziosi e, come bene ha colto Blaise Pascal: «Il silenzio eterno di questi spazi infiniti mi sgomenta». La realtà fisica si disincanta aprendo la via a nuovi orizzonti, tra cui primeggiano nuove forme di vita sociale. La secolarizzazione indotta dalla Rivoluzione scientifica ha generato un salto Gestaltico che ha portato a vedere il mondo in modo diverso producendo una serie di cambiamenti dei parametri di esistenza i cui effetti non sono tardati a farsi sentire.

*Uno dei primi* è stata l'affermazione del diritto al lavoro come scelta autonoma, ossia come «diritto di svolgere l'occupazione scelta liberamente, a condizione solo di avere i requisiti legittimi di addestramento tecnico preliminare» (T.H. Marshall). È stato così abbandonato il «vecchio principio per cui i monopoli locali e di gruppo erano nell'interesse del pubblico», principio che riprendeva un ordine gerarchico che appariva contrario all'eguaglianza. Si è aperta così la strada al "mercato del lavoro", fattore che sta alla base della cosiddetta "questione sociale" ossia la grande controversia circa le spettanze dovute ai proletari (i lavoratori che non hanno nulla se non la prole) e ai proprietari.

*Un altro importante effetto ha riguardato l'ordine gerarchico* della società. Il metodo che sta alla base della scienza moderna suppone l'estromissione delle cause finali considerate vergini infeconde nella spiegazione del mondo fisico e astronomico: i movimenti degli astri e dei corpi fisici vanno spiegati in base a leggi generali che individuano le cause efficienti, senza più presupporre né sco-

---

gelli e sventure. [...] Un'altra famosa apparizione della cometa di Halley si è quella del 1456, e questa fu certo l'occasione in cui l'astro sfoggiò maggior splendore e grandezza. Era da tre anni appena caduta Costantinopoli ed i Turchi minacciavano terribili ed inesorabili l'Europa cristiana: sulla cattedra di san Pietro sedeva Calisto III dei Borgia, quando in giugno una portentosa cometa s'accese in cielo, nelle costellazioni che vanno dal Toro fino al Leone. Era terribile e grande, dicono gli storici di quel tempo, la sua coda copriva due segni celesti, vale a dire sessanta gradi, e l'estremità era allargata in forma di coda di pavone. Vi si vide un segno certo della collera divina, i Mussulmani vi vedevano una croce, i Cristiani un yatagan. Il Papa, spaventato e dai Turchi e dalla cometa, ordinò che in ogni chiesa al mezzodì d'ogni giorno si suonassero straordinariamente le campane e si recitassero Ave maria, e quella preghiera, detta Angelus dalla parola con cui comincia, che si recita ancora oggi [...] Mentre la cometa era ancora visibile, il capitano ungherese Uniade ed il monaco Giovanni da Capistrano costrinsero il conquistatore di Costantinopoli a levare l'assedio da Belgrado».

pi o finalismi cosmici, né luoghi naturali o ordini gerarchici della realtà. Questo nuovo modo di vedere ha delegittimato il punto di vista tradizionale in cui l'ordine cosmico era assunto come modello delle gerarchie sociali[3]. Come Shakespeare (in *Troilo e Cressida*) fa dire a Ulisse nel suo grande discorso:

> gli stessi cieli, i pianeti e questo centro [di tutto l'universo]
> rispettano per primi, tra di loro,
> grado, priorità, collocazione,
> stabilità, stagione, forma, moto,
> rapporto, impiego, ruolo di ciascuno;
> il tutto in base ad un criterio d'ordine
> onde il Sole, il glorioso astro fulgente,
> sta in nobile eminenza sul suo trono
> e nella sfera sua tra l'altre stelle,
> e l'occhio suo che ridona salute
> converte in buoni i perniciosi influssi
> dei cattivi pianeti, e senza ostacolo
> rapido come l'editto d'un re,
> raggiunge tutti, i buoni ed i cattivi.
> Quando però i pianeti,
> tra loro malamente mescolando
> il loro moto, cadono in disordine,
> quali mai pestilenze sulla terra,
> e mostruosi portenti, e mare in rabbia,
> e terremoti e tempeste di venti
> impetuosi per opposti ardori!
> Grandi paure, mutamenti, orrori
> deviano con violenza, fanno a pezzi,
> schiantano, svellono dalle radici
> dell'ordine per loro prefissato
> l'operosa unità e delle classi
> il sereno fruttifero connubio.
> E quando è scosso l'ordine gerarchico,
> ch'è scala ad ogni più elevata meta,
> la società è malata.

---

[3] Non considero qui la tesi di Hans Kelsen (*Società e natura*) che sostiene esattamente l'opposto, ossia che in realtà le gerarchie cosmiche sono scandite sulla scorta delle gerarchie sociali, e che il resto è semplice "ideologia".

La Rivoluzione astronomica rende privi di senso discorsi di questo tipo, venendo a delegittimare l'ideale aristocratico che distingueva i ruoli e le gerarchie sociali. Abituati a una mentalità sociologica che risolve tutto nel potere contrattuale siamo portati a dimenticare che il codice aristocratico aveva un fondamento metafisico, dal momento che quella fondata sulla monarchia legittima era una «meravigliosa politica e veramente celeste» perché unendo «il servigio del principe col servigio dell'Eterno, mostra di render gl'imperj della terra partecipi dell'immortalità dell'impero del cielo». In questo senso si interpretava l'avviso «di temere Dio e di onorare il Re» dato dalla Prima Lettera di Pietro (II, 17).

*Altro effetto ancora*, e più generale, riguarda la visione della realtà. Il modello gerarchico non era limitato alla sola società umana ma era esteso a tutta la realtà costruita in base alla grande catena dell'essere. La realtà del mondo prescientifico è rappresentabile come una piramide tronca a balze (simile alle piramidi atzeche o alla montagna del Purgatorio dantesco) al cui vertice sta l'uomo e ciascuna balza indica i vari gradi dell'essere all'interno di ciascuno dei quali sta poi una specifica gerarchia: uomo (con la rispettiva gerarchia: nobili (maschi e femmine), terzo stato (maschi e femmine), servi della gleba, ecc.), gli animali non-umani, i vegetali, i metalli (con la distinzione tra "nobili" e "vili"), i minerali e via. La figura sottostante dà una approssimazione grafica della situazione, mostrando appunto la scala gerarchica del reale:

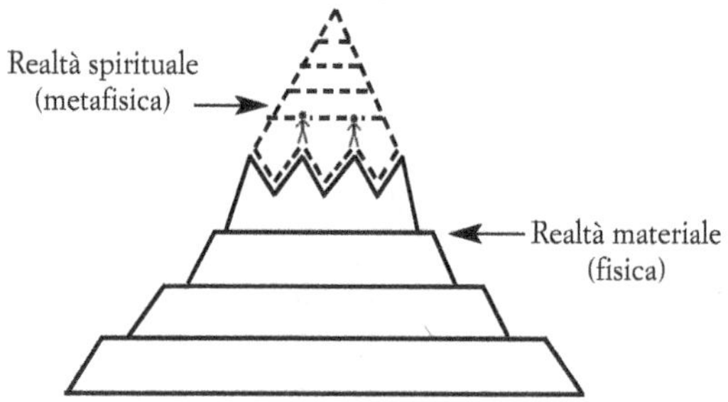


Figura 1. Rappresentazione della gerarchia del reale

È forse opportuno osservare che il lato superiore della piramide è frastagliato e che questa frastagliatura combacia perfettamente con la base di un triangolo tratteggiato che completa la piramide tronca. Questa parte superiore tratteggiata rappresenta il mondo sovrannaturale, e la perfetta corrispondenza nella base superiore indica che il mondo fisico o terreno rimanda al mondo sovrannaturale o celeste (il trascendente oggetto della metafisica). È quindi sufficiente esaminare il mondo fisico per cogliere le tracce di qualcos'altro, e se si ha la "intuizione giusta" – come quando ci si spreme il cervello in un quiz o in un rebus – si capisce che esiste il mondo metafisico alla cui conoscenza si giunge attraverso la sola ragione umana, a prescindere da eventuali rivelazioni da parte di Dio nei libri sacri (*Bibbia, Corano*, ecc.) che, se mai, completano e perfezionano il quadro portando la realtà al pieno compimento.

È qui che trovano riscontro pratico i presupposti della *religione naturale*, di cui si è parlato nel capitolo precedente, che sta alla base e fonda la sacralità della vita. Il mondo fisico si rivela incompleto e sembra rimandare al mondo metafisico, esigenza che si presenta come "naturale" e sostenuta dalla stessa ragione. È in questo senso che la Rivelazione non appare un depotenziamento o un ostacolo in contrasto con la razionalità, ma al contrario è un suo completamento e perfezionamento: come se fosse una marcia in più che consente di conoscere meglio le gerarchie cosmiche, fornendo quello speciale (e "superiore") punto di vista che consente la comprensione integrale e autentica del reale col suo intrinseco ordine. Come Dante nel primo canto del *Paradiso* (vv. 125 ss.) fa dire a Beatrice:

> Le cose tutte quante
> hanno ordine tra loro, e questo è forma
> che l'universo a Dio fa simigliante.
> Qui veggion l'alte creature l'orma
> de l'etterno valore, il qual è fine
> al quale è fatta la toccata norma.
> Ne l'ordine ch'io dico sono accline
> tutte nature, per diverse sorti,
> più al principio loro e men vicine;
> onde si muovono a diversi porti
> per lo gran mar de l'essere, e ciascuna
> con istinto a lei dato che la porti.

Usando un'altra immagine, potremmo dire che la Rivoluzione scientifica è stata come un potente colpo di maglio che ha appiattito la varietà del reale riducendolo a due soli elementi: la *res cogitans* e la *res extensa* di Cartesio, cioè lo *spirito* (immortale) e la *materia*. Non solo si è operata una riduzione dei vari strati ma si è anche appiattita la parte superiore, pur rimanendo alcune frastagliature, come mostrato dalla figura seguente:

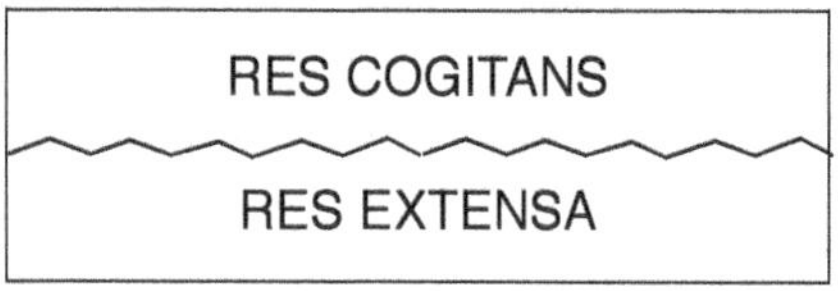


Figura 2. Rappresentazione del reale di tipo cartesiano

La parte frastagliata è rimasta perché la rivoluzione scientifica ha espulso il finalismo dall'astronomia e dalla fisica, ma non dalla biologia (la quinta via per l'esistenza di Dio di Tommaso D'Aquino è sembrata rimanere solida). Questo indica che il rimando al trascendente è garantito dal "mistero della vita", il quale è garante dei disegni soprannaturali. Ma non solo questo: il fatto che la vita abbia dei propri *dinamismi* o *inclinazioni naturali* assicura il permanere di una gerarchia naturale, orma della potenza divina. Sembra che il colpo di maglio che ha frantumato l'ordine cosmico e delegittimato il potere aristocratico in politica non abbia intaccato il finalismo biologico che nel mondo biomedico ha continuato a garantire ordine e stabilità in due ambiti decisivi dell'esistenza: quello della medicina che, come ha ricordato Pellegrino (cfr. p, 60), sembrava impermeabile alle indicazioni esterne, e quello della famiglia che, come unità riproduttiva, sembrava non poter prescindere dai finalismi biologici della sessualità.

Medicina e famiglia sembravano essere i soli istituti rimasti capaci di garantire continuità con la tradizione millenaria, gli unici punti fermi sopravvissuti agli sconvolgimenti prodotti sul piano sociale dalle varie rivoluzioni intervenute. Tutto è mutato nella società, dai modi di viaggiare e di vestire a quelli di comunicare, di studiare, ma medicina e famiglia sembravano essere una sorta di isola felice o di terra incantata in cui tutto restava quello di sempre. Fino a non molti anni fa l'ordine della famiglia, della vita, della nascita e della morte sembrava essere immutato e immutabile: le persone, si diceva, cambiano acconciature o tenore di vita, ma la nascita, la vita, la cura contro le malattie e la morte non cambia, perché la struttura profonda del nascere, del vivere e del morire resta immutata a dispetto di altri cambiamenti in superficie.

### 2.3. *Secolarizzazione e cambiamento di paradigma circa la vita biologica*

La Rivoluzione biomedica ha sconvolto o sta sconvolgendo l'ordine di questa struttura profonda che appariva "naturale" e immutabile. Le nuove tecniche biomediche che assistono la nascita, la cura e la morte non solo consentono di intervenire in vari modi sui processi vitali, ma hanno anche secolarizzato la sessualità e la vita nascente, processi che hanno perso (o stanno perdento) la millenaria dimensione sacrale. Come in passato c'è stata la "questione sociale" col problema del costo del lavoro e dell'uguaglianza sociale, ora si profila la "questione bioetica" con il colossale problema del assistenza sanitaria che ha un costo economico, ponendo la questione del "costo della vita".

Di più. Il controllo della riproduzione umana non solo sta secolarizzando la nascita ma accelera il processo di disgregazione della famiglia come unità riproduttiva (liberando la famiglia degli affetti). Sino a ora l'esigenza di assicurare la discendenza e la continuità alla specie aveva consolidato come un unico modello di famiglia quello eterosessuale (uomo e donna). Ora le nuove tecniche di fecondazione assistita consentono di assicurare la discendenza anche senza rapporti eterosessuali, fatto che favorisce la diffusione di nuove forme familiari, tanto che oggi si parla di "famiglie" al plurale (e non più di "famiglia" al singolare) proprio per sottolineare la pluralità di forme che la convivenza può assumere. Si profilano così possibilità nuove non solo nella gestazione ma anche nel controllo della vita stessa delle generazioni future. Processo analogo si ha con la morte e con la gestione stessa della vita. Non abbiamo ancora ben chiari quali saranno le conseguenze di questa secolarizzazione della vita dovuta alla capacità di controllo in ambito biomedico, ma essa sembra essere l'aspetto culturale più rilevante della crisi dell'etica della sacralità della vita. Si sono aperte prospettive nuove e le persone vogliono far uso di queste opportunità per realizzare i propri piani di vita. Per questa ragione da molti il principio di sacralità della vita viene visto come un'inutile palla al piede che impedisce di saltare sul treno in corsa della biomedicina.

In breve: dopo la secolarizzazione del diritto e della politica, è ora giunto il tempo della secolarizzazione dell'etica. Per questo, avendo già avuto esperienza non molti decenni or sono della Rivoluzione industriale e del crollo della sacralità della politica (la fine dell'aristocrazia) si poteva sperare che la nuova Rivoluzione biomedica fosse affrontata con maggiore prudenza e cautela, in modo da evitare quegli irrigidimenti che generano solo grandi sofferenze inutili prima di essere travolti dal flusso della storia. Già si era visto in passato che ciò che per lungo tempo era stato considerato come "naturale" altro non era che un modo di esprimere solo l'impotenza umana incapace di modificare il corso degli eventi o un'abitudine consolidata da tempi atavici. Si poteva sperare che quest'esperienza inducesse prudenza nel riproporre il *diritto naturale* come rimedio alle novità biomediche che frantumano le antiche opinioni ricevute assunte come scontate. Va invece preso atto che da più parti le reazioni sono di netto rifiuto dei portati della Rivoluzione biomedica. Alcuni rifiutano con decisione l'analogia sopra proposta e affermano che le questioni circa la vita politica e anche gli aspetti sociali della vita familiare (per esempio il divorzio) sono radicalmente diverse da quelle circa la vita (per esempio aborto o fecondazioni assistita): le prime sarebbero di carattere sociale, mentre le altre di carattere "etico" e quindi da trattare separatamente. Insistono che tra loro non c'è alcuna relazione, mostrando di non vedere che le questioni bioetiche hanno una dimensione sociale perché cambiano i parametri di ingresso e uscita dalla vita che sono socialmente e politicamente rilevanti. Altri vedono ogni minima smagliatura alla sacralità della vita come una vera e propria profanazione così da prevedere immani disastri per aver l'uomo peccato di *hybris*. Altri ancora, infine, sono disorientati al punto da non riuscire a capire ciò che sta accadendo, per cui finiscono per assumere forme di negazione di realtà. Il risultato finale è che – almeno in Italia – sono i soliti «profeti di sventura, che annunziano sempre il peggio, quasi incombesse la fine del mondo» a occupare la scena nel dibattito pubblico.

Contro quest'atteggiamento pessimista e a volte disfattista diffuso in alcuni settori della nostra società (italiana soprattutto), atteggiamento che infrange la speranza di una gestione più moderata della transizione al nuovo ordine storico, va ricordato che l'aratro della Rivoluzione biomedica continua a scavare consentendo un maggiore controllo diretto della vita biologica che comporta una sua secolarizzazione e disponibilità. Il processo storico procede nonostante gli attacchi, gli ostacoli e i tentativi di delegittimazione. Anzi, dal punto di vista morale l'esigenza prioritaria è di fornire buone ragioni che legittimino i progressi messi a disposizione dalla Rivoluzione biomedica. Si deve evitare che le nuove tecniche biomediche siano viste come meri rimedi arrangiati in qualche modo, e non invece come ausili per l'autorealizzazione di cui andar fieri ed essere orgogliosi, proprio come siamo fieri e orgogliosi dei sistemi politici.

### 2.3.1. *Secolarizzazione e pluralismo etico: a quale processo la precedenza?*

La tesi qui proposta è un ampliamento della «teoria della secolarizzazione» secondo cui, oltre alle tutt'altro che trascurabili questioni economiche, tecniche, e materiali, dal punto di vista culturale l'aspetto saliente della situazione attuale sta nel fatto che l'uomo d'oggi vive come se Dio non esistesse, cosicché la religione ha perso rilevanza sul piano pubblico. È sotto gli occhi di tutti la progressiva perdita d'influenza pubblica delle religioni organizzate, anche se esse continuano ad avere presa nella coscienza privata dei fedeli, i quali però vantano ormai il privilegio di poter scegliere la fede ritenuta più consona e adeguata alle proprie convinzioni (e non viceversa com'è sempre stato). In questo senso, ampliando il controllo sul mondo organico e secolarizzando la vita, la Rivoluzione biomedica è il fattore propulsivo che ha aumentato in modo esponenziale il pluralismo etico, ampliando da una parte il menù delle opzioni eticamente disponibili affinché l'individuo possa trovare la propria via all'autorealizzazione e dall'altra suscitando anche lo sgomento e lo sconcerto sopra rilevato.

I sociologi Peter Berger e Thomas Luckmann[4] sostengono che non tanto la *secolarizzazione* quanto il *pluralismo etico* sarebbe il fattore che «produce la crisi di senso della modernità» e lo «smarrimento del singolo e di interi gruppi che ne risulta». Solo nell'Europa occidentale e, in parte, nel Nord America le società sono secolarizzate, mentre la crisi di senso è generalizzata nel globo e si estende ad aree come il Sud America o l'Asia in cui la religiosità è ancora forte. Pertanto, la fonte del disagio starebbe appunto nel pluralismo etico e religioso. Le difficoltà della vita e le sofferenze non sono mai mancate e non mancano, ma nelle società pre-moderne il soggetto

> "sa" in ogni momento come è fatto il mondo, come deve comportarsi in esso, che cosa può sperare e, infine, chi egli è. [...] per quanto spiacevole possa essere stato [il ruolo dello schiavo], il singolo individuo che si trovava in questo ruolo viveva in un mondo ben strutturato. [...] Non era costretto a ridefinire ogni giorno gli aspetti significativi della sua esistenza.

Al contrario nel mondo attuale il pluralismo etico scalza proprio

> Questo "sapere" dato per scontato. Mondo, società, vita e identità vengono problematizzati in modo sempre più acuto.
> I «virtuosi del pluralismo» salutano questo come un'opportunità di liberazione e di apertura, ma per la maggior parte delle persone la situazione è fonte di insicurezza e di disorientamento. La perdita dell'autoevidenza che ci fa assumere il sapere comune come ovvio e irrefragabile, e del «mondo dato per scontato» (*world-taken-for granted*) in cui regna un sapere certo e non problematico è fattore che destabilizza non solo i sistemi di senso e di valore, ma anche l'identità derivante dalla «socializzazione primaria»,

quella in cui vengono appunto fissate le basi della struttura del-

[4] P.L. BERGER-T. LUCKMANN, *Lo smarrimento dell'uomo moderno*, il Mulino, Bologna 2010.

l'identità personale[5]. Il risultato è uno smarrimento generalizzato i cui effetti erosivi possono, se mai, essere forse contenuti tramite il rafforzamento di limitati o «piccoli mondi della vita» che garantiscono la sicurezza interna al gruppo degli adepti, oppure attraverso la creazione di qualche forma di «barriera o cinta protettiva» che rassicuri l'individuo e lo protegga dallo smarrimento. Qualcosa del genere – secondo Berger e Luckmann – sarebbe già stato attuato con successo in passato da alcuni gruppi religiosi, ad esempio nel ebraismo rabbinico che ha creato una «siepe attorno alla Legge» ossia una serie di norme morali che proteggono la Legge (la Torah) sia dagli attacchi interni sia (nel nostro caso) per consentire la sequela della legge mantenendo l'identità e rendendo possibile la sopravvivenza di comunità ebraiche in società ostili come quella cristiana o islamica.

La tesi di Berger e Luckmann è di grande interesse ma è carente su due punti. Primo, l'attuale pluralismo etico è a sua volta frutto di quella che potremmo chiamare la *secolarizzazione primaria* ossia quella derivante dalla Rivoluzione scientifica che ha mutato il paradigma etico circa il mondo inorganico (fisico-astronomico). Grazie a quella secolarizzazione l'uomo d'oggi non solo fa a meno del "dio tappabuchi" per spiegare il mondo fisico astronomico, ma questa posizione è diventata culturalmente rispettabile al punto che è il religioso che deve esplicitare le ragioni della propria posizione (e non viceversa come in passato). È forse anche per questo che oggi il fedele "sceglie" la propria religione, e non è più determinato o plasmato da essa. Inoltre, come già abbiamo visto, la secolarizzazione primaria ha avuto conseguenze sociali che hanno favorito l'uguaglianza, la mobilità, la diffusione dell'informazione, ecc., tutti fattori che contribuiscono a generare il pluralismo etico, il quale poi fa la sua parte nel generare la crisi del "dato per scontato" fonte dello smarrimento dell'uomo moderno.

La tesi che assegna ruolo prioritario e determinante al pluralismo sembra dipendere dalla considerazione assegnata a un'altra prospettiva diffusa, quella secondo cui la secolarizzazione sarebbe

---

[5] La «socializzazione secondaria», invece, è quella che «indirizza il singolo verso i ruoli della realtà sociale, soprattutto verso quelli del mondo del lavoro».

frutto della tradizione ebraico-cristiana, la quale appunto da sempre avrebbe sviluppato una seria critica alle forme sacrali. Le religioni derivanti da quella tradizione, quindi, non avrebbero nulla da temere dalla secolarizzazione, e anzi la guarderebbero con favore in quanto grazie a essa si riesce a liberare la *fede* dalla *religione* (naturale) che spesso presenta scorie magiche. In questo senso, non sarebbe la secolarizzazione a sconvolgere gli orizzonti di senso e di significato forniti dalle varie religioni derivanti dalla tradizione ebraico-cristiana, per cui per spiegare il fenomeno si deve ricorrere ad altro, e cioè appunto al pluralismo etico. Non posso qui approfondire questa ulteriore tesi, ma si deve rilevare che la distinzione tra fede e religione, sostenuta da tempo da valenti teologi, è oggi sostenuta e difesa quasi solamente da movimenti religiosi innovativi (come ad esempio quelli che nel cristianesimo fanno capo a «Noi siamo chiesa»), non trova una favorevole accoglienza nelle religioni ufficiali. Si deve invece prendere atto che quella distinzione è avversata dai pastori delle religioni ufficiali, i quali sembrano invece percepire il processo di secolarizzazione come una minaccia alla religiosità in quanto tale. Si insiste così nel ripetere che il sacro si annida nel cuore dell'uomo e allarga gli orizzonti di una vita intera in modo da garantire rispettabilità culturale alle religioni tradizionali. Come ha fatto anche Benedetto XVI nel viaggio in Gran Bretagna (settembre 2010), si sottolinea che, nonostante la secolarizzazione, tra la gente resterebbe un forte tasso di religiosità e anche che ci sono consistenti segnali di una "rivincita di Dio" o addirittura di un processo di "re-incanto" del mondo.

Può darsi che in futuro anche le religioni ufficiali cambino atteggiamento, allineandosi sulle posizioni dei movimenti oggi carismatici e numericamente marginali. Resta che si fa fatica a pensare a una religione senza il sacro inteso come "senso del mistero del mondo" (o di una sua parte) che rimanda al trascendente che in quel mistero in qualche modo si manifesta. Sembra che questo aspetto sia centrale a ogni religione perché essenziale alla religiosità stessa. Altrimenti, se la fede è pura credenza nelle Scritture a prescindere da una visione della realtà che renda plausibile la manifestazione del divino, non si riesce a capire che cosa distingue il credente in un Dio trascendente dall'ateo o dall'agnostico che nega la trascendenza. In attesa di un chiarimento su questo punto, sembra eccessivo sottovalutare la priorità della secolarizzazione a vantaggio del pluralismo.

Il secondo punto debole della tesi di Berger e Luckmann è che oggi è in atto un processo di *secolarizzazione secondaria* dove tale termine indica l'ampliamento del processo anche al mondo biologico. Nella prima fase la secolarizzazione ha coinvolto solo il mondo inorganico (astronomico e fisico-chimico) lasciando tuttavia aperta la possibilità che il mondo vivente fosse retto dalla trascendenza. Ora si apre una seconda fase (di qui l'aggettivo "secondaria" che non ha nulla di valutativo ma indica solo che *viene dopo*, come seconda) in cui il processo si allarga anche al mondo organico (biologico e medico). Insomma, il disincanto che le conoscenze in campo astronomico hanno prodotto con le comete ora sta accadendo con le conoscenze in campo biomedico circa la riproduzione, la cura, ecc. Si intacca così la *religiosità naturale* come prospettiva derivante dall'immediato stupore e reverenza suscitati dalla vita (umana). Il "dio tappabuchi" riguardava i cieli e il mondo fisico, ma la nascita di un figlio era ancora percepita come manifestazione della Provvidenza divina. La coltre di mistero che circondava la nascita e la morte sembrava così spessa e insondabile da rendere pressoché inattaccabile la religiosità naturale. Se ora anche questo spazio viene secolarizzato, le religioni ufficiali sono costrette a cercare altri modi di presentazione della dottrina. Soprattutto, avendo la religiosità naturale da sempre accompagnato il fiume della storia, essa è considerata una dimensione dell'*umano*. Un affievolimento di quest'aspetto viene così percepito in modalità opposte: da una parte come una perdita secca di umanità e l'inizio della barbarie, e dall'altra come un fatto dovuto, cosicché ogni riferimento alla religione dovrebbe essere relegato nel privato.

Pur non avendo il termine in sé *secolarizzazione secondaria* alcuna connotazione qualitativa, in quanto si limita a rilevare che è venuta come seconda, gli effetti di questo nuovo processo sono tanto rilevanti da far credere che sopravanzino l'influenza del pluralismo etico. Infatti, se il quadro teorico proposto ha qualche plausibilità, allora l'autonomia del diritto e della politica è uno dei portati della secolarizzazione primaria, e la recente richiesta di autonomia dell'etica è uno dei portati della secolarizzazione secondaria. Ecco perché il nuovo interesse per la moralità: non perché la società stia andando in rovina, ma perché la moralità sta affermandosi come ambito indipendente e autonomo dell'esistenza. Una conseguenza di questo processo è l'affermazione del pluralismo etico ossia del riconoscimento pubblico del diritto delle persone di scegliere i propri piani di vita su un ambito di gran lunga più ampio di quanto avvenisse in passato. Tra gli altri effetti di questo processo ricordo qui i seguenti.

Primo. La secolarizzazione primaria ha lasciato che nel mondo biologico restasse (vedi la figura n. 2) la frastagliatura che poteva lasciare intravvedere un rimando al trascendente. Questo significa che restava una parte di mondo in cui appariva in qualche modo "razionale" l'apertura al trascendente. Forse per questo era molto diffuso l'agnosticismo ossia la prospettiva che né afferma né nega l'esistenza di Dio ma si limita a dichiarare l'incapacità di dare un pronunciamento. Se la secolarizzazione secondaria cancella in pratica anche quella frastagliatura, si restringe ulteriormente lo spazio per l'apertura al trascendente. È forse in questa prospettiva che va visto il vivace movimento culturale a favore dell'ateismo. Di qui l'urgenza sottolineata dal papa di Roma Benedetto XVI di denunciare il cosiddetto *scientismo*, ossia la prospettiva secondo cui la razionalità è intesa solo come dimostrabilità mediante l'esperimento cosicché «il metodo [scientifico] *come tale* esclude il problema Dio, facendolo apparire come problema ascientifico o pre-scientifico». Per contrastarlo Benedetto XVI propone «un allargamento del nostro concetto di ragione e dell'uso di essa» in modo tale da «allargare gli orizzonti della razionalità» e poter far scienza «secondo una ragione aperta al trascendente, a Dio». Dal punto di vista del comportamento pratico non c'è grande differenza tra agnosticismo e ateismo. Ma sul piano delle legittimazione culturale il salto è notevole, perché l'incertezza dell'agnostico non intacca la rispettabilità della posizione metafisico-religiosa, che viene invece irrimediabilmente erosa dall'ateismo, il quale apre appunto poi la strada alle più diverse opzioni sul piano personale e privato.

Secondo. Come già abbiamo accennato, la secolarizzazione secondaria fa venire meno la dimensione sacrale del finalismo vitale che crea lo sfondo concettuale su cui si basa l'etica della sacralità della vita. Da sempre la vita è apparsa avvolta in un mistero pressoché insondabile ma nella trama del processo vitale traspariva un finalismo intrinseco che si imponeva come immediatamente meritevole di rispetto assoluto. Di qui il divieto morale assoluto di interferire coi dinamismi intrinseci o le inclinazioni proprie della vita. Se ora anche la vita viene secolarizzata, un altro pezzo di realtà entra a far parte del profano e quindi a disposizione dell'uomo. Questo significa che non solo il controllo umano non si limita più al solo livello sociale, ma si estende anche al livello dell'intimità personale (nascita e morte) e della vita familiare.

Terzo. La secolarizzazione secondaria corrode un altro fondamentale *dato per scontato* dalla tradizione circa la vita cioè che la vita umana sia sempre buona. Come la Rivoluzione scientifica ha reso la Terra uno dei tanti "frammenti di roccia" che rotolano nei cieli, così la Rivoluzione biomedica fa sì che la vita non sia più «satura d'essere» (Mircea Eliade) come sempre è apparsa. Se mai, ora diventa «satura di scelte umane», siano esse positive o negative. Della concezione tradizionale restano varie tracce, ad esempio nell'enciclica *Evangelium Vitae* laddove afferma che «la vita è sempre un bene. È, questa, una intuizione o addirittura un dato di esperienza, di cui l'uomo è chiamato a cogliere la ragione profonda» (n. 34). Ma l'invito a cogliere ragione profonda sembra destinato a cadere nel vuoto se si considera che la vita non è affatto sempre buona in sé, ma è buona o cattiva a seconda della prevalenza di sensazioni positive o negative, in assenza delle quali non è né buona né cattiva ma semplicemente indifferente.

Quarto. Se la vita perde la dimensione sacrale, emerge con forza la distinzione tra la vita *biologica* e la vita *biografica*. La prima è costituita dal solo complesso dei processi metabolici e organici, e come tale non è né buona né cattiva, ma indifferente. Fintanto che il processo vitale non acquisisce la capacità di provare sensazioni positive o negative (piacere o dolore), di per sé non è dissimile dalla materia inorganica. Quando invece affiora la capacità di sentire (senzienza), allora ha senso dire che di per sé quel processo vitale è buono se le sensazioni prevalenti sono positive, e cattivo se negative. In questo senso buona o cattiva è la vita *biografica*, ossia quella costituita dall'insieme di sensazioni, ricordi, progetti, ecc. che formano appunto una biografia. La concezione del bene biografico può essere molto ricca, ampia e articolata, ma non può prescindere dalla base elementare della "senzienza" o capacità di sentire. La distinzione tracciata tra *vita biologica* e *vita biografica* è di carattere generale, ma quando applicata alla vita umana è fonte di un vero e proprio terremoto teorico che provoca sconcerto, mostrando come la secolarizzazione secondaria sia rilevante per il pluralismo.

Quinto. Se si considera che buona o cattiva è solo la vita biografica e che non solo le persone umane hanno biografie, ma anche animali non umani ne hanno avendo anch'essi sensazioni, emozioni, ricordi e forse anche progetti, si deve prendere atto che il principio di uguaglianza si estende a tutte le biografie, con conseguenze di grande portata. Un tema che qui posso solo menzionare e che apre alla questione della liberazione animale (cfr. cap. ).

Avendo delineato alcuni effetti che la secolarizzazione secondaria ha sul paradigma morale tradizionale, diventa subito chiara anche la sua rilevanza per il pluralismo. La crisi del principio di sacralità della vita ha conseguenze davvero notevoli perché toglie l'elemento centrale di ordine e di certezza che da sempre ha regolato la vita familiare e la medicina. Anche in quei continenti in cui la sacralità della vita sembra solida, la crisi si estende perché le nuove tecniche biomediche si assumono il compito di trasmettere il nuovo messaggio, cambiando le condizioni storiche di vita. Inoltre, il tarlo del dubbio fa presto a diffondersi, e nella vita sociale bastano pochi individui a imprimere la direzione, come avviene con la nave in cui lo spostamento di una piccola parte (il timone) fa cambiare rotta a un enorme scafo. Pur essendo ancora numericamente limitata, la secolarizzazione secondaria rende strutturalmente diverso il pluralismo etico moderno da quello antico.

## 2.2. *Bioetica laica e bioetica cattolica*

Una conferma della centralità della secolarizzazione per il passaggio dall'etica della sacralità all'etica della qualità della vita, e l'importanza dell'analogia tra Rivoluzione scientifica e Rivoluzione biomedica sta nel fatto che il dibattito sulla *laicità* è entrato in una nuova fase. Come è noto, in passato il problema della laicità riguardava solo lo Stato e la legittimità del potere politico. Non aveva senso parlare di "laicità della famiglia", perché quello era ambito da tutti riconosciuto come "naturale": su tale dato per scontato non c'erano dissensi. L'affermazione della laicità dello Stato ha preso corpo in Francia in celebri eventi storici come la condanna a morte di Luigi XVI di Francia (1793), l'auto-incoronazione di Napoleone a «imperatore dei francesi per volontà del popolo» nella cattedrale di Notre-Dame (1804), e l'ascesa al trono di Luigi Filippo D'Orleans come re dei francesi e incoronato in Senato, non più a Notre Dame (1830). In Italia non ci sono stati eventi di tale risonanza, se non la breccia di Porta Pia con cui si è abbattuto lo Stato pontificio retto dal papa re, ultimo baluardo dell'idea che «gl'imperj della terra [siano] partecipi dell'immortalità dell'impero del cielo».

Sino a qualche anno fa la laicità riguardava solamente la sovranità politica, mentre da qualche tempo si sta estendendo alle questioni bioetiche e familiari. Come in passato "laico" era chi affermava l'indipendenza e l'autonomia dello Stato ritenendolo unico detentore legittimo della sovranità (politica) e rifiutando eventuali interferenze da parte dei poteri religiosi, oggi "laico" è chi non solo difende quanto sopra, ma anche ritiene che lo Stato debba garantire l'indipendenza e l'autonomia del cittadino ritenuto unico detentore legittimo della sovranità decisionale circa le scelte che riguardano la propria vita e non danneggiano quella di altri. Per questo, sembra che sul piano morale il principio di laicità diventi pressoché equivalente al paradigma etico che esclude gli assoluti, anche se di solito viene invocato per far sì che lo Stato garantisca ai cittadini la libertà di agire secondo l'etica prescelta.

Esaminando la questione con rigoroso metodo storiografico e sulla scorta di un solido impianto concettuale, Giovanni Fornero ha ricostruito come anche in Italia si è sviluppata la contrapposizione tra la *bioetica cattolica* e la *bioetica laica*, mettendo in luce come i contrasti bioetici rimandino a paradigmi etici diversi e strutturalmente inconciliabili (quello della sacralità e indisponibilità della vita e quello della qualità e disponibilità della vita)[6]. L'analisi di Fornero (come quella di questo volume) va controcorrente ri-

---

[6] Sul tema, cfr. G. FORNERO, *Bioetica cattolica e bioetica laica*, Bruno Mondadori, Milano 2009 (edizione ampliata rispetto a quella del 2005) e ID., *Laicità debole e laicità forte*, Bruno Mondadori, Milano 2008. Da ultimo si veda anche il volume di G. FORNERO e M. MORI, *Laici e cattolici in bioetica: storia e teorie di un dibattito*, Le Lettere, Firenze, 2012.

spetto alle opinioni diffuse che tendono a negare l'esistenza di contrasti insanabili per sottolineare da una parte le ampie convergenze su una serie di valori comuni e condivisi a prescindere dalle appartenenze religiose, e dall'altra la trasversalità delle divergenze a conferma dell'irrilevanza della distinzione tra laici/cattolici sui temi bioetici. La tesi qui sostenuta è che questa visione "concordista" del dibattito bioetico è smentita dai fatti, poiché quegli stessi valori comuni (dignità, libertà ecc) che dovrebbero costituire la base delle auspicate convergenze bioetiche *in realtà*, soprattutto nelle situazioni *cruciali* (si pensi al caso Eluana o ai problemi della RU486), assumono significati e indicano valori *diversi* (e anche opposti) a seconda dei paradigmi sottostanti. Tant'è che le "mediazioni" fra cattolici e laici, per quanto riguarda le questioni bioetiche *decisive*, più che a livello *teorico* (dove le autentiche convergenze sono assai poche) finiscono per essere cercate a livello *pratico*, sotto forma di "compromessi" di carattere politico.

Inoltre, va precisato che quando si parla di contrapposizione paradigmatica fra bioetica cattolica e bioetica laica, con "bioetica cattolica", si intende qui quella *ufficiale* ossia la dottrina morale sui temi di bioetica ripetutamente affermata dal magistero della chiesa cattolica romana. Questa dottrina, infatti, presuppone un impianto filosofico abbastanza definito e preciso che rimanda chiaramente a una versione dell'etica della sacralità della vita con la netta riaffermazione dei divieti assoluti. Di conseguenza, pur non negando la presenza di opinioni diverse tra i cattolici romani (alcune delle quali in netto o parziale dissenso con le tesi dei documenti ufficiali) non si deve dimenticare che la posizione cattolica romana in bioetica è quella sostenuta dal magistero ecclesiastico e dagli autori in sintonia con esso. Poiché il magistero ecclesiastico, nella religione cattolica romana, ha una precisa e specifica funzione docente e trainante, *quello* è il faro da esaminare se si vuole individuare la posizione *cattolica romana*.

Per quanto riguarda il mondo laico la situazione è diversa perché non esiste (e forse non ha senso che esista) né uno specifico corpus dottrinale né tantomeno un magistero docente. Il fatto che i laici siano sparpagliati non esclude che si possa individuare almeno un paradigma teorico generale che consenta di classificare le diverse posizioni. Anzi, in questa prospettiva è opportuna la distinzione di Fornero tra due sensi diversi di "laicità": la *laicità "debole", intesa come metodo d'indagine critica*, e la *laicità "forte", intesa come contenuto teorico*. Molti intellettuali laici (per esempio Nicola Abbagnano o Norberto Bobbio) hanno difeso la laicità in senso *debole*, per la quale basta assumere il metodo del dubbio come arma per contrastare le certezze metafisiche dei cattolici. In questo senso, anche un laico potrebbe coerentemente sostenere il divieto assoluto di aborto.

Da quanto sopra sostenuto la laicità *debole* si rivela oggi insufficiente a denotare la bioetica laica, la quale sembra basarsi piuttosto sulla laicità *forte*, dotata di un contenuto preciso ossia l'assenza di divieti assoluti. Solo i "don Ferrante della bioetica" con ostinazione continuano a negare la contrapposizione paradigmatica tra le due etiche.

L'analisi fatta mi pare corretta, ma riconosco che è ancora presto per prevedere quale sarà, nei fatti, l'esito del dibattito in corso, cioè se esso porterà a un cattolicesimo asserragliato nel fortino a difendere gli assoluti morali o invece a un cattolicesimo conciliazionista pronto ad abbandonare col tempo tali assoluti. La mia ipotesi è che andrà a finire in modo analogo alla "Questione romana" ossia alla controversia che un secolo e mezzo fa era il baluardo posto a difesa della sacralità della politica. Agli inizi sembrava che il papato non potesse in nessun modo accettare la perdita dello Stato pontificio. Ancora nei primi anni del '900 lo scrittore cattolico Antonio Fogazzaro fu severamente biasimato per aver sostenuto che la breccia di Porta Pia e il crollo dello Stato pontificio erano forse da vedersi come opera misteriosa della provvidenza che in quel modo voleva liberare la chiesa dai lacci e laccioli del governo temporale. Ma dopo circa sessant'anni (1962) parole pressoché simili sono state pronunciate dal cardinal Montini che l'anno seguente sarebbe diventato papa di Roma col nome di Paolo VI. Scriveva Montini: la perdita dello Stato pontificio «parve un crollo [...] e parve allora, per tanti anni successivi, a molti ecclesiastici e a molti cattolici non potere la Chiesa romana rinunciarvi [... eppure] la Provvidenza, ora lo vediamo bene, aveva diversamente disposto le cose».

Se vale il discorso qui sostenuto, allora ciò che oggi la bioetica cattolica presenta come abietta profanazione è facile che in futuro, forse già tra qualche anno, sarà visto come tappa di conquista e di progresso. Come oggi ci stupiamo di tanta ostinazione nel pretendere la sovranità temporale sullo Stato pontificio, tra qualche anno ci si stupirà di come mai uomini intelligenti e capaci non abbiano colto il valore positivo delle nuove richieste oggi proposte dalla bioetica laica. Capire come mai ciò accada è un problema che qui non possiamo esaminare.

# III

## Altre prospettive di analisi in bioetica: *teorie intermedie e alternative*

### 1. *Riepilogo delle principali tesi sostenute*

Nei capitoli precedenti, ho chiarito che l'etica è una peculiare istituzione sociale tesa a fornire valori e norme razionalmente giustificate per il coordinamento e l'ordine sociale. Questa idea minima è presupposta da tutti, e la divergenza sta sul tipo di ordine e di coordinamento previsto. Al riguardo ci sono due grandi diverse concezioni: quella tradizionale secondo cui l'etica è un'istituzione naturale o divina (etica della sacralità della vita) e quella nuova secondo cui l'etica è un'istituzione storica o sociale (etica della qualità della vita). L'analisi fatta ci ha consentito di individuare i nodi teorici del contrasto e chiarire alcune ragioni culturali che possono render conto dell'esigenza di un passaggio dall'uno all'altro tipo di etica. Si è visto che il cambiamento che si profila non è di poco conto, perché la nascita di una nuova etica è un fenomeno grandioso e complesso che comporta il cambiamento della stessa struttura di coordinamento dei rapporti umani e della vita sociale. Dal punto di vista teorico ci si trova di fronte a due paradigmi etici inconciliabili tra cui scegliere. Si tratta di una situazione per certi versi analoga a quella che già si è presentata al tempo della Rivoluzione scientifica quando si doveva scegliere tra il paradigma tolemaico e quello copernicano. Allora il punto critico o di rottura stava nel sapere se fosse il Sole a girare attorno alla Terra o viceversa, punto che prendeva corpo in tesi più specifiche; ora il punto critico e controverso sta nell'accettazione o rifiuto del principio di sacralità della vita che ingiunge il divieto *assoluto* di interferenza coi finalismi del processo vitale umano, sancendo così l'indisponibilità della vita (umana), principio che prende corpo in tesi più specifiche a seconda delle questioni affrontate. Il passaggio dall'uno all'altro paradigma comporta una sorta di salto Gestaltico analogo a quello che ci porta a vedere in uno stesso disegno figure completamente diverse. Anche l'accettazione o il rifiuto del principio di sacralità della vita porta a vedere e a sentire il mondo in modi opposti: chi accetta il principio afferma l'indisponibilità della vita umana, mentre chi lo rifiuta riconosce la liceità morale del controllo della vita umana. In questo senso l'etica della qualità della vita è il portato della Rivoluzione biomedica, ossia quel processo storico in via di svolgimento che, in forza dei progressi della biomedicina diventata scienza matura, rende l'uomo capace di controllare i flussi della vita umana. Come la Rivoluzione industriale nei secoli scorsi ha reso possibile il controllo del mondo inorganico, così la Rivoluzione biomedica sta rendendo possibile il controllo del mondo organico (umano e non), per cui la scelta dell'uno o dell'altro paradigma etico pone problemi di enorme rilievo. Almeno sul piano emotivo poi, gli effetti di tale scelta sono forse anche più significativi di quelli presentatisi nel passato, perché col controllo della vita si tocca la stoffa di cui siamo costituiti e ci si sente scossi nell'intimo, nell'ordito che ci plasma. In ogni caso, l'assunzione dell'uno o dell'altro paradigma è il fattore teorico che ci indirizza verso le opposte soluzioni date ai problemi concreti, anche se poi vanno considerati i dati empirici specifici concernenti ciascun diverso tema. D'altro canto, come sempre accade nelle situazioni di scontro tra paradigmi, si presentano poi posizioni intermedie che cercano di conciliare i due opposti tipi ideali.

## 2. *Le principali critiche alla prospettiva presentata*

Si è ritenuto opportuno riepilogare i tratti salienti dell'analisi svolta in modo che, avendo un quadro sintetico delle tesi proposte e dei problemi in discussione, sia possibile capire meglio quali sono gli snodi del discorso così da poter cogliere i punti di divergenza e il tipo di dissenso tra le opposte prospettive. Ci sono infatti modi diversi di criticare una tesi: alcuni puntano direttamente al contenuto stesso della tesi in questione, altri considerano invece il metodo usato nell'analisi, e altri ancora fissano l'attenzione sul modo stesso di impostare la tematica. Vediamo di considerare i diversi tipi di obiezioni mosse alla prospettiva qui sostenuta.

### 2.1. *La tesi della contrapposizione sottovaluta i valori condivisi*

Una prima obiezione attacca direttamente la tesi sostenuta, osservando che la distinzione tra due grandi paradigmi etici tra cui scegliere è eccessiva. Si osserva che la realtà è più sfumata, perché di fatto sembra che la gamma dei valori condivisi sia molto più ampia di quella presentata e che anche i bioeticisti abbiano posizioni più miti di quanto la contrapposizione proposta porti a credere. In questo senso la tesi avanzata non coglierebbe i punti salienti di ciò che si riscontra e sembra accentuare inopinatamente il conflitto, così da porre le basi per polemiche inutili e forse anche pericolose, quasi alludendo alla "guerra di civiltà".

Si può discutere se oggi siano prevalenti i valori comuni e condivisi o se invece prevalga il conflitto, e il dibattito sembra simile allo stabilire se un bicchiere riempito a metà sia mezzo pieno o mezzo vuoto. È vero che non viviamo in una situazione di *bellum omnium contra omnes* (guerra di tutti contro tutti) e che anzi le nostre attuali società occidentali sono meno violente di quelle passate, segno che è ampiamente condiviso il valore che proscrive la violenza. Tuttavia ci sono forti divergenze su numerose questioni, come mostrano le controversie sull'aborto, la fecondazione assistita, l'eutanasia e via dicendo. Si può poi anche riconoscere che le posizioni diffuse siano più sfumate e che ci sono meno contrasti in pratica che in teoria. Ma questo capita sempre, anche nel caso dei fenomeni fisici. Vediamo corpi muoversi a velocità e direzioni diverse o liquidi assumere forme varie, e le teorie scientifiche semplificano individuando leggi generali capaci di spiegare al meglio la varietà dei fenomeni riscontrati. Così in etica andiamo alla ricerca delle norme generali, o principi, che sono sottesi ai diversi comportamenti e li regolano. L'individuazione di questi principi ci consente poi di fare previsioni normative per il futuro, e l'analisi è tanto più adeguata quanto più i principi della teoria riusciranno a prevedere i comportamenti o le classi di comportamenti che effettivamente si verificano nella vita sociale.

L'applicazione della teoria etica e dei principi (in via discendente) è più complicata di quanto non sia delineato dalla presentazione schematica, dal momento che essa deve tener conto del bilanciamento dei diversi principi nelle diverse circostanze concrete, aspetto che può portare a convergenze o divergenze. In alcuni casi può avvenire che si giunga a conclusioni simili anche partendo da paradigmi diversi e viceversa si giunga a conclusioni opposte anche partendo da paradigmi simili. Si tratta di controllare il ragionamento ma, se questo è corretto, allora la presenza di posizioni trasversali non solo non costituisce una difficoltà, ma anzi sembra essere una conferma della teoria (perché si individua la ragione che porta alla trasversalità).

In altri casi, tuttavia, può darsi che la convergenza o divergenza dipenda non da un'analisi corretta, ma da altri fattori, come ad esempio da un'adesione acritica a un'opinione ricevuta, o da semplice confusione intellettuale dovuta o all'incapacità di giungere a un alto livello di astrazione, o a errori di classificazione o di altro tipo. Altre volte ancora prevalgono esigenze di tipo tattico o politico, o anche di tipo retorico che distraggono dall'analisi logica e concettuale. Possono quindi esserci vari fattori che distorcono l'analisi e deviano il pensiero impedendo di cogliere il tipo-ideale o il modello-puro. Quando si ha a che fare con cambiamenti paradigmatici la ricerca di soluzioni intermedie o di vie di compromesso non sono rare, come è capitato ad esempio al tempo della grande controversia tra tolemaici e copernicani: uno dei più grandi astronomi del tempo, Tycho Brahe, ha proposto una soluzione che stava a mezzo, e che allora ebbe fortuna sia per la fama dello scienziato sia perché rispondeva a esigenze di mediazione. Al di là di eventuali successi nell'immediato, chi si muove sul piano intellettuale non dovrebbe essere preoccupato del consenso politico (e del successo pubblico), ma interessato a individuare il tipo-ideale (sul piano logico). Ecco perché l'analisi e proposta fatta è difendibile: risponde a esigenze logiche e non di propaganda politica o di persuasione morale. Anzi, la preoccupazione non è di essere troppo proni alla pratica, ma se mai di non essere sufficientemente astratti e di non riuscire a cogliere il vero tipo-ideale sul piano teorico.

## 2.2. *Il metodo esaminato non è adeguato*

Una seconda obiezione alla prospettiva proposta in questo libro attacca invece il metodo di analisi usato, ritenendo inadeguato il ricorso alla logica come fattore centrale in etica. Si osserva che il metodo deduttivo era tipico della tradizione di teologia morale (soprattutto cattolica romana) che partiva ponendo al centro dell'attenzione i concetti deontici di obbligo, permesso, divieto e di norma morale, i quali a loro volta dipendevano dall'analisi dei grandi temi metafisici quali Dio, anima e natura (mondo). Il risultato era una moralità spesso presentata in forma *deduttiva* quasi fosse *more geometrico demonstrata*, che però si è rivelata poco adeguata alle esigenze concrete. Nella seconda metà del secolo scorso questa impostazione è entrata in crisi perché apparsa astratta e rigida: si diceva che preferibile era il metodo *induttivo* che lasciava spazio all'esperienza, e sul piano filosofico si è guardata con favore la cosiddetta "svolta antropologica" che ha portato a mettere al centro dell'attenzione la persona umana (non più Dio). Prima il punto di partenza era Dio, e da quello si arrivava all'uomo; ora il percorso è rovesciato: si parte dall'uomo, che si suppone essere aperto al trascendente, e si arriva a Dio. Il cambiamento metodologico ha anche un altro vantaggio non trascurabile, in quanto consente di fruire della interdisciplinarità ossia della collaborazione delle diverse discipline in modo tale da consentire un quadro più completo della tematica studiata. Nella fase iniziale della bioetica l'interdisciplinarità è apparsa *una*, o addirittura *la*, caratteristica fondante della bioetica, il fatto che il metodo proposto potesse accogliere il nuovo aspetto è senz'altro risultato un punto positivo.

A distanza di qualche tempo, comunque, ci si è accorti che il richiamo all'interdisciplinarità non è risolutivo. Quando il termine non è usato come sorta di "parola magica" risolutrice di tutti i problemi, ci si accorge che attraverso i diversi punti di vista disciplinari si viene a introdurre nuovi valori. Infatti, la pluralità delle discipline arricchisce lo spettro, che poi però va organizzato e ordinato in base a valori. Qui il tipo di paradigma etico diventa fondante, e qui l'analisi logica si rivela estremamente feconda e la coerenza interna del discorso un requisito imprescindibile. In questo senso il lavoro secolare fatto per cogliere la struttura del discorso morale è adeguato, e ciò che va modificato è l'aspetto contenutistico. L'inadeguatezza riscontrata nel deduttivismo non stava tanto nella costruzione logica del discorso etico, quanto piuttosto nell'assunto del principio di sacralità della vita.

### 2.3. *L'impostazione stessa della prospettiva presentata è inadeguata e riduttiva*

L'ultima obiezione alla prospettiva qui citata è la più importante e complessa perché attacca non una tesi specifica né il metodo di indagine, ma il modo stesso con cui si imposta la riflessione bioetica. Non si tratta quindi di un dissenso su una qualche tesi normativa specifica, ma sulla direzione stessa della riflessione bioetica. Si osserva che al di là delle diverse prospettive tutti dovrebbero cercare di individuare i limiti da porre all'avanzamento tecnico-scientifico della biomedicina. Far questo è compito comune di laici e cattolici, perché si tratta di salvaguardare la stessa umanità dell'uomo. Invece di farci coinvolgere in discussioni bizantineggianti sulla sacralità/qualità della vita, dovremmo preoccuparci di prevenire che la tecnica sopravanzi e ci porti a distruzione. Questa tesi di fondo viene poi articolata in modalità diverse, alcune più centrate sul problema del "potere" o del "limite", altre che rimandano alla nozione di persona. Queste diverse impostazioni alternative a quella sopra presentata meritano un'oculata analisi specifica.

## 3. *Il tecnoscientismo e l'ambivalenza degli effetti: il potere come minaccia l'"umano" e il problema del "limite"*

Invece di partire mettendo al centro dell'attenzione l'analisi di che cosa è "etica" e delle diverse teorie etiche (deontologiche o consequenzialiste), impostazione che ci porta poi alla distinzione tra sacralità/qualità della vita (e a quella tra cattolici/laici), è preferibile impostare il discorso prendendo atto che la bioetica non può prescindere dal problema della tecnica. Che la tecnica sia il problema del nostro tempo è già stato messo in luce da molti (tra cui Martin Heidegger, 1930), ma esso diventa ancora più urgente per la bioetica in quanto oggi la tecnica consente la manipolazione della vita, e della vita umana in particolare. Solo negli ultimi secoli, infatti, la tecnica ha acquisito una nuova posizione. In passato era infatti una mera capacità strumentale richiesta per realizzare un progetto il cui obiettivo era dato dalla conoscenza (disinteressata) fornita dalla scienza, alla quale era assegnato il compito di imprimere la direzione della ricerca conoscitiva. Ora, invece, soprattutto in campo biomedico, la scienza verrebbe sostituita dalla *tecnoscienza*, neologismo coniato per sottolineare che si tratta di una sorta di degenerazione della scienza dal momento che all'originaria ricerca disinteressata del sapere viene anteposto il conseguimento dell'utilità derivante dall'applicazione della conoscenza. Mentre un tempo era chiara la distinzione tra la "ricerca di base", rivolta alla conoscenza pura e disinteressata, e fatta solo per amore del sapere, e la "ricerca applicata" o "ricerca tecnica" rivolta a individuare mezzi utili alla trasformazione del mondo, oggi la tecnoscienza sarebbe protesa a ricercare le possibili applicazioni pratiche delle conoscenze acquisite per trasformare il mondo. Il risultato che si ha in campo biomedico è che la vita viene così asservita ai poteri forti di carattere economico e, forse, anche a eventuali usi politici.

Una delle gioie più grandi per un autore è imporre o inventare nuove "etichette", e qui ho il privilegio di chiamare *tecnoscientismo* la tesi secondo cui, non essendo mossa da puri interessi intellettuali e conoscitivi, la tecnoscienza finirebbe per essere succube dell'*imperativo tecnologico* per il quale «si *deve* fare tutto ciò che è fisicamente o tecnicamente *possibile* fare». Questo cedimento fa sì che la tecnoscienza non cerchi altro che un maggiore controllo e aumento di potere, col risultato di diventare sempre più subordinata ai poteri economici e politici che, come macine, procedono per loro conto incuranti della dimensione umana, dell'*humanum*. Ecco perché chiunque – laico, cattolico romano, protestante, islamico, ebreo, ecc. – dovrebbe essere preoccupato e stare all'erta per contrastare lo stritolamento dell'umanità dell'uomo o dell'*humanitas* attuato dalla tecnoscienza.

La prospettiva presentata riprende temi presenti nelle opere di Hans Jonas, per il quale la crescente tecnicizzazione porterà a veri e propri disastri, prospettando una sorta di "metafisica della paura". Ma tesi simili sono elaborate da altri autori che hanno invece fissato l'attenzione sull'aspetto politico della questione del controllo della vita. Da sempre, la nascita, la cura e la morte sarebbero appartenute alla "nuda vita" la cui gestione era lasciata al privato e posta al di fuori delle interferenze pubbliche o politiche. Oggi, invece, si diffonde la *biopolitica* non tanto come ambito in cui prendono forma e dimensione pubblica (politica) le scelte e le norme per regolare la vita (norme che possono essere informate a una qualche etica), bensì come acquisizione della gestione della vita biologica da parte della politica. Quella che un tempo era "nuda vita" ora diventa oggetto di scelta politica, con una chiara espansione del potere politico. Infatti, prima l'*humanitas* era il *presupposto* o base di partenza dell'esistenza, mentre ora diventa un *prodotto* delle scelte di qualcuno, le quali a loro volta risponderebbero a una propria logica interna che rimanda a meri interessi economici non curanti delle reali esigenze umane. In quanto subordinata alla logica del profitto e del controllo, la tecnoscienza non è né neutrale né innocente, e sarebbe ingenuo pensare che, come qualsiasi altro strumento, anche la tecnoscienza non possa essere usata bene o male a seconda della corrispondente scelta umana.

Questo lato oscuro che rivela come la tecnoscienza sia soggiogata al potere si manifesta con chiarezza nell'*ambivalenza degli effetti* delle nuove tecnologie. Ogni nuovo mezzo tecnico (esempio il telefonino), all'inizio si presenta come un'opportunità che può essere liberamente scelta o rifiutata, ma ben presto si trasforma in una necessità, diventando così una nuova forma di dipendenza (e di oppressione) ancora peggiore dell'esigenza che cercava di soddisfare. Infatti, ormai il telefonino è diventato uno *status symbol* per cui si è come obbligati da una martellante pubblicità e pressioni sociali ad averne almeno uno e a cambiarlo frequentemente. Se non si risponde subito, chi ci chiama si preoccupa cosicché è diventato obbligatorio portarlo con sé. Impone poi una semplificazione e inaridimento della conversazione, con uno svilimento dei rapporti sociali. Risultato: all'inizio era un'opzione positiva e attraente, pronta ad aumentare la felicità umana, mentre in realtà ha impoverito i rapporti rivelando, e forse amplificando, l'abissale vuoto interiore dell'uomo contemporaneo che cerca di colmarlo grazie alla disponibilità finanziaria ricorrendo alla "chiacchiera".

Considerazioni analoghe valgono a maggior ragione per gli interventi tecnici sulla vita biologica, dove l'ambivalenza degli effetti diventerebbe ancora più catastrofica con un effetto disumanizzante più palese e più incisivo. Intanto che siamo ancora in tempo – conclude l'obiezione – è doveroso mettere da parte le divisioni tra laici e cattolici per affrontare il mostro dell'imperativo tecnologico che, se per disgrazia fosse libero di spadroneggiare, porterebbe in breve alla distruzione dell'umano.

### 3.1. *Rilievi critici: scienza antica, scienza moderna e "ambivalenza degli effetti"*

Il punto archimedeo dell'obiezione presentata sta nel supporre che ci sia una distinzione netta tra scienza e tecnoscienza: la prima sarebbe buona perché disinteressata e tesa al sapere puro, l'altra sarebbe cattiva perché soggetta agli interessi e tesa al controllo, al dominio, al potere, ecc. Ma già questa distinzione è meno netta di quanto si supponga se si considera che già di Talete, il primo filosofo, si narrano due versioni: Platone lo presenta come lo studioso puro, rivolto al cielo e con la testa tra le nuvole tanto da cadere in un fosso pieno d'acqua suscitando le risa delle lavandaie; Aristotele, invece, come colui che, grazie allo studio degli astri, era riuscito a prevedere un abbondante raccolto di olive traendone enormi guadagni. Le due versioni gettano dubbi sul fatto che anche nell'antichità i rapporti tra scienza (pura) e tecnica (applicata) fossero tanto precisi e chiari come a volte si lascia intendere.

Si può però riconoscere che la scienza antica fosse prevalentemente rivolta alla *contemplazione* del mondo, e che in essa (forse) le tecniche avessero un ruolo marginale e subordinato. Va riconosciuto che la scienza moderna si stacca da quella antica perché essa smette la mera contemplazione e, grazie alla tecnica, si mette a rivolgere domande alla natura. Come ha osservato con chiarezza lo storico della scienza Paolo Rossi,

> alle radici della grande rivoluzione scientifica del Seicento sta quella compenetrazione fra scienza e tecnica che ha segnato (nel bene e nel male) l'intera civiltà dell'Occidente. [...] Per prestare fede a ciò che si vede con il cannocchiale bisogna credere che quello strumento serva non a *deformare*, ma a *potenziare* la vista. Bisogna considerare gli strumenti come una fonte di conoscenza, abbandonare quell'antico, radicato punto di vista antropocentrico che considera il guardare natura-

le degli occhi umani come un criterio assoluto di conoscenza.

Sulla scorta di questa nuova fiducia il metodo scientifico prevede che lo scienziato formuli delle ipotesi per interrogare la natura e, grazie all'esperimento apprestato con l'ausilio di strumenti tecnici, ricevere da essa delle risposte. C'è quindi una cesura tra la scienza antica che era *contemplativa* della natura, e la scienza moderna che è *inquisitiva* della natura e non esita a modificare e trasformare la natura per farsi dare le risposte ricercate: la tecnica è essenziale a questo processo, per cui – a ben vedere – si dovrebbe dire che anche la scienza moderna (galileiana) è inquinata dalla tecnica: è *tecnoscienza*. Diventa così chiaro che la distinzione tra scienza e tecnoscienza è artificiosa e che il neologismo "tecnoscienza" è stato introdotto perché oggi sul piano culturale e pubblico la scienza ha stravinto e non è "politicamente corretto" essere contro la scienza. Nessuno vuole più un nuovo processo a Galileo. Grazie al neologismo si può dire così che le critiche non sono contro la (autentica o vera) "scienza", bensì contro la "tecnoscienza", la quale intenderebbe manipolare e dominare la vita (umana soprattutto). Ma la realtà è diversa: da sempre la scienza moderna potenzia le capacità umane aprendo la strada a interventi diversi da quelli tradizionali, ma non per questo il nuovo reso disponibile dalla scienza è intrinsecamente disumanizzante.

Un nuovo strumento tecnico è un mezzo che serve per risolvere alcuni problemi e soddisfare una certa esigenza, ma di per sé non assicura la felicità. Pare eccessiva, comunque, la tesi che i nuovi strumenti abbiano un'ambivalenza intrinseca per cui il loro uso avrebbe effetti negativi tali da farci star peggio di prima. Il telefonino ha aumentato le opportunità di comunicazione cogliendo un'esigenza delle persone, e per questo ha cambiato le nostre esistenze. È vero che oggi è diventato una "necessità", ma questo perché il nuovo stile di vita ci impone di essere raggiungibili e di poter comunicare rapidamente per la soluzione delle difficoltà quotidiane o anche per il gusto della conversazione. Se questa fosse da considerare una brutale imposizione, allora lo sarebbe anche l'alfabetizzazione o l'apprendimento del codice della strada. La scienza apre nuove possibilità che sconcertano i piani di vita tradizionali, creando a volte sgomento. Ma questo non basta per dire che i nuovi mezzi studiati per rendere più facile l'esistenza alla fine la abbrutiscano rendendola più povera e miserevole, come vuole la dottrina dell'ambivalenza degli effetti (sostenuta per esempio da Hans Jonas).

### 3.2. *Il neo-luddismo strisciante ed esplicito*

Considerata la ricorrenza dell'obiezione in esame, si può osservare prima di tutto come essa, almeno esplicitamente, non riproponga affatto il principio di sacralità della vita, bensì si limiti a dire che la vita senza gli interventi tecnici era migliore di quella con le innovazioni. In un senso, c'è una sorta di opposizione al progresso tecnologico e ai cambiamenti indotti dalla tecnologia ritenuti essere fonte di infelicità più che di benessere. L'obiezione è simile a quella che stava alla base delle reazioni dei *luddisti*, i quali in Inghilterra nei primi due decenni del XIX hanno promosso sommosse e rivolte per distruggere i telai e le altre macchine che stavano cambiando il sistema economico-sociale. Dal punto di vista storico sul luddismo sembra essere calata una cortina di silenzio, dopo che il movimento è stato represso nel sangue: nella lotta contro i luddisti in Gran Bretagna sono stati impegnati più soldati che contro Napoleone e nel 1813 una ventina di rivoltosi sono stati impiccati e un centinaio condannati ai lavori forzati a vita in Australia! È vero che nell'immaginazione collettiva il luddismo è visto, come scrive lo storico Thompson, «come un fenomeno rozzo e spontaneo di lavoratori analfabeti che si opponevano ciecamente all'introduzione delle macchine». La realtà è ben diversa, perché il luddismo è stato un movimento culturale con radici profonde. Lord Byron difese in Parlamento i luddisti nel periodo della rivolta protestando contro le condanne a morte e compose varie opere oltre alla celebre *Song for the Luddites* (1816). Inoltre il *luddismo* è continuato dando vita a un movimento culturale che guarda con sfavore, se non con aperta contrarietà, le innovazioni tecnologiche che trasformano le relazioni sociali invalse creando un cambiamento che sicuramente è fonte di difficoltà, sofferenze e anche torti.

Se visto in questa luce, oltre ad avere una lunga storia che affonda le radici nell'ideale bucolico e pastorale, il *machine-breaking* dei luddisti storici poteva contare sulla pessima fama, da noi oggi dimenticata, acquisita dalle nuove fabbriche di cotone. Erano centri di sfruttamento, mostruose prigioni in cui i bambini erano reclusi, centri d'immoralità e di conflitti economici; ma soprattutto esse riducevano l'industrioso artigiano ad «uno stato di dipendente». Le fabbriche mettevano in gioco tutto un modo di vita della comunità: per questo l'opposizione dei tosatori a particolari macchine va vista come qualcosa di molto più che la difesa di un particolare gruppo di lavoratori qualificati del proprio lavoro. Queste macchine erano il simbolo dell'invadenza del *sistema* di fabbrica.

Thompson sottolinea che già allora era ben chiaro come non fosse sostenibile il rifiuto delle macchine in quanto tali e di per sé: ma

in discussione era la «libertà» del capitalista di distruggere le consuetudini della corporazione di lavoro, o attraverso le nuove macchine, o con il sistema di fabbrica, o con la concorrenza sfrenata. [...] Siamo così abituati all'idea che fosse inevitabile e «progressivo» che agli inizi del XIX secolo l'industria dovesse essere liberata dalle «pratiche restrittive» che ci tocca fare uno sforzo di immaginazione per capire che a quel tempo il «libero» proprietario della fabbrica [...] che con le macchine faceva la propria fortuna, era visto [...] come uomo impegnato in pratiche *immorali* e *illegali*. La tradizione del giusto prezzo e del salario equo visse tra gli «ordini inferiori» [del lavoro] più a lungo di quanto a volte non si creda: coloro che facevano parte di tali ordini vedevano il *lassez faire* non come libertà, ma come «sleale imposizione». Né potevano capire in forza di quale «diritto naturale» a un uomo, o ad alcuni uomini, fossero consentite pratiche manifestamente dannose ai propri simili.

Il discorso sul luddismo non può essere liquidato in poche parole e bisogna riconoscere anche le buone ragioni di chi sottolinea le positività dell'ordine passato. Nel caso specifico, l'origine dell'industria è stata brutale, soprattutto per la mancanza di "ammortizzatori sociali" capaci di temperare le ingiustizie. Tuttavia, altro è la lotta all'ingiustizia, e altro è l'opposizione al processo generale di controllo del mondo fisico, che ha favorito nuove forme di cittadinanza e di uguaglianza sociale[1]. Nessuno nega e vanno apertamen-

---

[1] Anche l'uguaglianza, tuttavia, non è priva di problemi. Celebre a questo riguardo è l'ultima pagina del classico *La democrazia in America* di Alexis de Tocqueville:

te riconosciute le difficoltà della transizione da un assetto sociale con un dato codice etico a un altro assetto sociale con un diverso codice etico. Queste difficoltà sicuramente riguardano anche la Rivoluzione biomedica con il maggiore controllo del mondo biomedico. Può darsi che i cambiamenti richiedano più tempo di quanto previsto per dilazionare le remore psicologiche, e su questo si potrà discutere quali esigenze siano prioritarie: se quelle di chi rimane sconcertato dal nuovo tanto da assumere forme di *misoneismo* (l'atteggiamento che porta a esser prevenuti verso il nuovo e contrari alle novità), o quelle di chi vuole beneficiare delle nuove scoperte e opportunità. Problemi, disagi e punti critici non mancano e non vanno sottovalutati, anche se la loro presenza non basta a giustificare il rifiuto delle proposte avanzate.

### 3.3. *La presunta necessità del "limite" all'intervento tecnico sulla vita*

Chi ricorre all'impostazione in esame è probabile che rifiuti l'analogia qui tracciata tra la Rivoluzione industriale e la Rivoluzione biomedica osservando che c'è una differenza netta che le distingue. Infatti, il controllo della materia inorganica è sicuramente lecito, mentre il problema è saper se ciò valga anche per la materia organica e soprattutto per la vita umana. In questo secondo ambito si deve riconoscere che c'è un preciso limite all'intervento tecnico perché, come già si è accennato, «*non tutto ciò che è tecnicamente possibile è per ciò stesso eticamente lecito*». Se, invece di tornare al contrasto tra sacralità/qualità della vita, l'attenzione fosse fissata su questo punto sarebbe facile trovare un punto di convergenza ampia se non unanime, e di qui partire per trovare le soluzioni al problema.

---

«Quando rivolgo il mio sguardo a questa folla innumerevole composta di esseri pari, in cui niente si éleva e niente si abbassa. Lo spettacolo di questa uniformità universale mi rattrista e mi agghiaccia, e sono tentato di rimpiangere la società che non c'è più. Allorquando il mondo era pieno di uomini molto grandi e molto piccoli, molto piccoli e molto poveri, molto colti e molto ignoranti, io distoglievo il mio sguardo dai secondi per rivolgerlo solo ai primi e questo rallegrava la mia vista; ma comprendo anche che questo mio piacere nasce dalla mia debolezza: è perché non riesco a vedere nello stesso tempo tutto quello che mi circonda che mi permette di scegliere così e di mettere da parte, che mi sembra tanto di oggetto quel che mi capita d'osservare».

Può darsi che a qualcuno questa posizione appaia a prima vista plausibile, anche perché di fatto i nuovi progressi nel campo della conquista dello spazio sono state salutate come trionfi, mentre quelle in ambito biomedico suscitano perplessità o aperte critiche: si pensi ad esempio alle forti e sgomente reazioni avutesi verso la clonazione della pecora Dolly nel 1997. Ancora un lustro dopo, la sua morte (prematura) è stata presentata da «*L'osservatore romano*» (16 febbraio 2001) come «la sconfitta di coloro che osano ribellarsi al progetto di Dio». Gli interventi sulla vita sembra violino chiaramente il *limite* etico perché sono "contro natura" o "sconvolgono il progetto divino" sulla vita: appaiono così abnormi da giustificare il netto divieto senza bisogno di ulteriori ragioni.

Di fronte a reazioni tanto sicure dell'autoevidenza del limite, lo studio della storia può essere fonte di liberazione perché ci mostra come argomento analogo fu usato secoli fa proprio per il controllo del mondo fisico (inorganico). Come ricordava qualche decennio fa il teologo Edward Schillebecx,

> sotto il regno di Filippo II di Spagna [1556-1598] fu sottoposto agli scienziati un progetto destinato a rendere navigabile il Tago e il Manzanares per migliorare le condizioni di vita di alcune popolazioni isolate. La commissione governativa vi si oppose. Essa riconosceva che la situazione di quelle popolazioni era difficile, anzi insostenibile. Ma scartò il progetto perché «se Dio avesse voluto che quei fiumi fossero navigabili, l'avrebbe fatto egli stesso con una sola parola. Perciò sarebbe stato usurpare i diritti della Provvidenza cercare di migliorare ciò che essa aveva lasciato incompiuto per delle ragioni insondabili»

Questa vicenda è istruttiva perché mostra come solo qualche secolo fa anche la modifica del corso di un fiume fosse considerata "contro natura" o contraria al progetto di Dio o della provvidenza. Oggi sorridiamo divertiti di fronte a tale ingenua idea: ma poiché la commissione era formata dai migliori "saggi" di allora, perché siamo noi così sicuri che la tesi analoga debba valere per oggi per l'ambito biologico? Non ci sfiora il dubbio che, tra qualche anno, i nostri posteri sorrideranno di noi per l'ingenua idea applicata ora alla vita biologica?

Esempi analoghi a quello sopra ricordato sono molti e qui ne cito solo tre, che trovo simpatici e illuminanti. A fine XIX secolo

Odoardo Turchetti, un medico attento e aperto ai nuovi problemi sociali tra cui quello dell'istruzione femminile, riconosceva alla donna il diritto di ricevere un'educazione ma solo limitatamente a certi ambiti: era giusto avesse la possibilità di lavorare negli uffici postali, telegrafici e contabili e nelle scuole materne ed elementari, ma *non* che intraprendesse altre carriere come quella politica, militare, amministrativa o che fosse coinvolta nei più duri e faticosi mestieri: «*una medichessa, una sindaca, un'avvocatessa, una deputata, una filosofa, mi fanno compassione*» perché non è possibile emancipare le donne «dai loro doveri e dalle eterne leggi di natura».

Qualche anno dopo, nei primi del XX secolo, Cesare Lombroso, noto medico e criminologo, esaminava le conseguenze sociali di alcune delle nuove tecniche rese disponibili negli anni precedenti come le nuove tecniche di stampa, i nuovi tipi di chiave, l'ipnosi, l'elettricità, ecc., per soffermare l'attenzione sulla bicicletta che, nella versione a noi nota (con le due ruote uguali) è stata inventata tra il 1880 e il 1885. Rilevava la straordinaria importanza assunta dal

> biciclo, sia come causa che come strumento del crimine. Ciò può spiegarsi per molti modi: per l'enorme diffusione di questo meccanismo, non solo come mezzo di trasporto e di sollazzo, ma anche come amminicolo di guadagno nei *record* e nelle rivendite, come occasione di maggiori rapporti e attriti fra gli uomini [... fa accrescere sempre di più il numero dei delitti. Molti giovani] non essendo abbastanza ricchi per avere un biciclo costoso, che li conduca ai trionfi ciclistici, commettono un furto e perfino una grassazione con omicidio, per poter raggiungere la desiderata gloria atletica e sportiva [...] la grande mobilità del biciclo non solo facilita la sua sottrazione, ma serve come strumento ad altri furti e reati, agevolando le fughe e gli *alibi* più che nol potessero i cavalli e le carrozze, d'altronde tanto meno facili a procurarsi, e peggio le ferrovie percorse dal telegrafo e vigilate.

Infine, agli inizi degli anni '50 del XX secolo, Robert Jungk informava con orgoglio di aver ricevuto la lettera di un giovane che, dopo aver assistito a una sua conferenza sulle più recenti evoluzioni tecniche nel campo dell'elettrotecnica e dell'elettronica, aveva deciso di rinunciare agli studi in ingegneria elettronica e alla brillante carriera in quel settore perché riteneva non fosse moralmente «lecito contribuire all'edificazione di un mondo freddo, disumanizzato, artificiale e ostile alla vita».

Sono solo tre esempi che rivelano come i pregiudizi non siano caratteristica solo del lontano passato e come l'analogia sopra proposta tra la Rivoluzione industriale e quella biomedica possa vantare una qualche conferma. Anche la Rivoluzione industriale, grazie alle nuove conoscenze, ha consentito di plasmare il mondo fisico secondo un progetto umano e sollevato così forte obiezioni e il problema del limite. Così capita oggi con la Rivoluzione biologica che, grazie alla nuova conoscenza sui "segreti della vita", consente di progettare i cambiamenti biologici che sinora erano lasciati per lo più alla casualità naturale. Sicuramente il passaggio dalla *casualità* alla *progettualità* in ambito biologico è un passo davvero grandioso e decisivo della storia (paragonabile alla scoperta del fuoco, ecc.). Siamo all'alba di tale passo, e perché dovremmo credere che ci è vietato? Perché dovremmo credere che la casualità naturale faccia sempre meglio della volontà umana? Perché in ambito biologico sembra scontata l'idea che «non tutto ciò che è tecnicamente possibile è per ciò stesso eticamente lecito» e che ci debbano essere delle "barriere etiche" a priori o dei "paletti" insuperabili all'intervento tecnico?

Invece di invocare subito i limiti, non è più ragionevole credere che questi siano richiesti quando servono per garantire un adeguato livello di coordinamento per cui si tratta di vedere come riorganizzare il tutto? Per esempio, se fosse inventato un nuovo mezzo di trasporto terrestre, dovrebbe essere regolato con norme del codice della strada per consentire a tutti (o alla maggior parte) di viaggiare in modo sicuro. Va tuttavia osservato che il codice della strada pone dei *limiti* alla condotta da tenere quando si viaggia perché ciò favorisce il conseguimento della meta, ma tali *limiti* non riguardano la meta stessa: il dove andare è lasciato alla libera scelta.

Per dare una risposta a questi interrogativi e sostenere l'esigenza prioritaria di limiti, i fautori della diversa impostazione in esame ricorrono spesso a teorie più complesse che fanno riferimento alla nozione di persona. Esamino tipi diverse di proposte al riguardo.

## 4. *Il personalismo relazionale*

A partire dagli inizi del secolo scorso, una serie di fattori hanno sollecitato la messa al centro dell'attenzione normativa la persona umana o la dignità della persona umana. A ciò hanno contribuito tra l'altro le riflessioni giuridiche, quelle psicologiche e anche l'auspicio di un rinnovamento della teologia morale colto dal concilio Vaticano II, col risultato che quello della centralità della persona è stato visto come uno dei pochi punti di convergenza unanime. L'attenzione alla persona è stato il cavallo di battaglia contro la formulazione astratta, legalistica e normocentrica della morale tradizionale: per dare un esempio, i libri di morale erano dedicati all'analisi delle norme del diritto naturale o del decalogo, che venivano applicate senza quasi tenere conto delle esigenze concrete. E questo sembrava schiacciare la persona e le richieste personali. A questa concezione tradizionale si è opposto il personalismo relazionale come una delle proposte più innovative tese a rinnovare gli studi di morale per l'apertura mostrata alle esigenze umane.

Due tendenze hanno spinto in quella direzione. La prima è legata a movimenti generali di carattere filosofico che hanno portato a sottolineare che la persona umana è costituita dalle relazioni che la caratterizzano, le quali possono essere più o meno positive o *autentiche*. Per chiarire l'autenticità o meno della relazione, di solito si ricorre al metodo *fenomenologico* che consiste nel "mettere tra parentesi" le varie nozioni storiche acquisite per poter giungere alla *essenza* dell'oggetto o della relazione da studiare. Ad esempio, se pensiamo alla nozione di "paternità" dobbiamo mettere tra parentesi gli aspetti contingenti, storici e caduchi che sono stati spesso associati all'idea di *padre* e che ancora possono appesantirla, come ad esempio l'essere "severo", "burbero", ecc., per poter giungere al nucleo essenziale che ci rivela la nozione solida e sicura circa la relazione considerata, che può poi anche essere posta alla base di un ragionamento per trarre le opportune conclusioni normative. Partendo così dalla concreta esperienza vissuta è possibile individuare un nucleo profondo di significato che fonda il giudizio morale, dal momento che si rispetta la persona e la sua dignità quando si favorisce la relazione autentica, e la si viola quando la si deturpa.

L'altra grande tendenza che ha spinto verso il personalismo relazionale è connessa al grande processo di secolarizzazione che ha investito il mondo occidentale a partire dagli inizi del secolo scorso. Una linea di analisi del fenomeno è stata quella che, sulla scorta degli studi di critica biblica elaborati da Rudolf Bultmann e altri sulla demitizzazione del messaggio biblico, ha portato a sottolineare che la fede biblica, e poi quella cristiana in particolare, fonda una radicale laicità che non è incompatibile con la secolarizzazione. Infatti, già il libro della *Genesi* presenta la creazione del Sole e della Luna con un linguaggio quanto mai smitizzante, in quanto essi sono dei "luminari" o dei lampioni fissati da Dio nella volta celeste per separare il giorno dalla notte. Mentre tutte le altre religioni del tempo tendevano a divinizzare gli astri e le forze naturali, la Bibbia li descrive come oggetti posti a servizio dell'uomo. Se l'opposizione a forme di divinizzazione della natura fisica è chiara e costante, più complessa è la situazione circa la critica delle visioni sacralizzanti di aspetti della vita sociale, aspetto su cui si registrano oscillazioni che tuttavia possono essere come "regolarizzate" distinguendo tra *contesto culturale* e *fede*. In questo senso si può riconoscere che nel mondo biblico ci sono ambiti di separatezza che isolano il mondo sacro dal profano, come quelli ad esempio concernenti il codice che nell'ebraismo distingue il puro dall'impuro. Tuttavia si osserva che Gesù avrebbe abolito ogni forma di separatezza rendendo la natura tutta, tanto l'inorganica come l'organica, sostanzialmente neutrale e disponibile all'uomo. Neanche per quanto concerne la vita e la morte umana ci sarebbe nulla di inscritto nella mappa del mondo, per cui il bene e il male dipendono dalle scelte umane che si manifestano nella relazionalità interpersonale. L'uomo non vive in modo isolato, come pretende l'individualismo, ma è un soggetto fondamentalmente relazionale, ed è per questo che il bene o il male dipende dalla qualità positiva o negativa della relazione umana. Ecco un'altra grande via che porta al personalismo relazionale e lo sostiene.

In generale si deve prendere atto che molti autori propongono versioni di *personalismo relazionale* grazie anche ad acute e fini analisi di figure umane ed esistenziali che risultano attraenti e anche persuasive. Tuttavia, la proposta appare poco soddisfacente per varie ragioni, tra cui ricordo qui le seguenti.

### 4.1. *Sul personalismo relazionale*

Il limite principale del personalismo relazionale sta nel fatto di avanzare la pretesa di giungere all'«essenza» della realtà relazionale pur abbandonando la nozione di «natura» che in qualche modo rimanda al mondo. Queste due richieste sono incompatibili e si deve scegliere. Se si abbandona l'idea di natura, si deve riconoscere – come proposto in questo libro – che la moralità è un'istituzione sociale, per cui non ci sono «essenze» da individuare che costituiscono l'umano «autentico» che starebbe alla base della «vera relazione umana». Una volta che si sia riconosciuto questo, l'analisi in termini di «relazione» può anche rivelarsi adeguata, ma il risultato è aleatorio, perché l'attenzione al concreto relazionale se da una parte sembra cogliere aspetti pratici pregnanti, dall'altra resta troppo legata al presente e si rivela incapace di offrire prospettive normative valide per situazioni future anche molto diverse da quelle attuali. Per far questo ci vogliono principi di carattere generale capaci di cogliere anche figure nuove, come ad esempio quelle connesse all'ingegneria genetica. È per questo che l'analisi in termini di principi risulta più feconda e adeguata, anche se a volte risulta più ostica perché paga il prezzo dell'astrattezza e generalità.

Se è vero che, come già ho rilevato, alcune delle analisi fatte in termini di relazione di questioni bioetiche sono molto fini e anche illuminanti, il limite sopra considerato si presenta in modo concreto quando si vede che la nozione di "relazione" viene usata come una sorta di jolly spendibile nelle più diverse direzioni a seconda dell'orientamento dell'autore e della sua capacità di sviluppare l'analisi. In altre parole, l'autore ha una propria posizione normativa, e mette in luce quegli aspetti della «autentica relazione» che sono funzionali alla tesi presupposta. Così, agli inizi il personalismo relazionale era la prospettiva che si opponeva al fissismo di una morale fondata sulla legge morale naturale, e per questo gli autori personalisti erano portati a prestare grande attenzione agli aspetti forse meno frequenti ma normativamente più significativi della «relazione», giungendo così a posizioni progressive e anche ardite. In questa direzione, per esempio, sottolineando la grande plasticità delle relazioni umane alcuni autori hanno abilmente difeso varie forme di fecondazione assistita come pratica capace di favorire appunto nuove e positive «relazioni» umane, e via dicendo.

Col tempo, tuttavia, il personalismo relazionale è sempre più diventato una sorta di tradizionalismo conservatore. Questo sia perché è facile che il metodo fenomenologico individui la *relazione autentica* in figure di carattere tradizionale, sia perché di fronte alle grandi novità proposte dalla Rivoluzione biomedica molti autori hanno messo in luce gli aspetti devianti o negativi delle nuove pratiche, sottolineando i lati oscuri presenti nell'uomo dovuti alla ricerca smodata di potere e di ricchezze, aspetti corrosivi dell'autentica relazionalità. In questo senso molte versioni di questo personalismo relazionale si affidano ad analisi sociologiche o economiche riguardanti il deterioramento delle presunte «autentiche relazioni» umane che invece caratterizzavano le situazioni passate o attuali.

Ripeto, qualche volta le osservazioni sono anche acute e colgono aspetti da considerare, che tuttavia sembrano convincenti perché riescono in qualche modo a far assumere la prospettiva tradizionale come criterio di confronto per la valutazione. Questo, forse, può andar bene nelle "epoche organiche" in cui la storia scorre lentamente come un gran fiume in pianura, ma sicuramente è inadeguato nelle "epoche critiche" come la nostra in cui la storia subisce un'accelerazione e attraversa rapide impetuose ponendo l'urgenza di guardare al futuro e di sapere prevedere le novità aprendosi a nuovi orizzonti. Anzi, da questo punto di vista si può sostenere che, in circostanze critiche come quelle attuali, l'appello alla tradizione è sbagliato e dannoso quanto il mettere vino nuovo in otri vecchi: pratica che porta alla rovina. Secondo un'interpretazione storica, proprio l'attaccamento alla tradizione avrebbe impedito agli indiani d'America di capire che l'uomo bianco costituiva un pericolo del tutto nuovo che avrebbe dovuto essere affrontato e fronteggiato in modi diversi da quelli tradizionali: qualcosa del genere rischiamo di fare noi oggi.

Nel momento in cui abbandoniamo il potente riferimento alla tradizione, emerge che le analisi relazionali di solito non colgono nel segno perché riguardano gli eventuali abusi o difficoltà che sempre accompagnano ogni pratica e che possono essere evitate grazie a un'adeguata normazione. Così, ad esempio, a volte si rileva come la pratica della gravidanza surrogata potrebbe creare difficoltà dovute alla presenza di denaro per compensare il servizio prestato dalla gestante. Aspetto che sicuramente va considerato, ma non demonizzato al punto da far credere che sia irrisolvibile.

Senza insistere in eventuali ulteriori critiche che dovrebbero essere precisate, si può qui osservare che il personalismo relazionale è una prospettiva molto diffusa anche perché consente di sostenere posizioni molto diverse e variegate. A seconda di come viene prospettata la "relazione" può essere allo stesso tempo sia contro l'aborto sia a favore della sperimentazione sull'embrione in certe circostanze, e via dicendo. Anche per via di queste oscillazioni, il personalismo relazionale viene criticato dall'interno del paradigma personalista, quello per il quale l'analisi dei problemi bioetici richiederebbe un riferimento più solido dell'appello alla «relazione». Quest'esigenza ha portato alla proposta che ha preso corpo nel *personalismo ontologicamente fondato* elaborato soprattutto da monsignor Elio Sgreccia. È tempo di passare a esaminare questa diversa prospettiva.

## 5. *Il personalismo ontologicamente fondato e il metodo triangolare per l'analisi dei problemi bioetici*

Accettando la tendenza favorevole al personalismo, Sgreccia ne propone una versione specifica che accoglie l'opinione diffusa che «nella persona umana troviamo la fondazione dell'etica; nella persona troviamo la sorgente dell'etica, il criterio veritativo dell'attività morale e il valore da realizzare». Ma osserva anche che il riferimento alla persona non basta, e che per dare una risposta agli interrogativi bioetici il personalismo deve avere un fondamento più solido di quello dato dalla «relazione», riferimento che è fornito dall'*ontologia* ossia dalla prospettiva che rimanda alla metafisica (meta = al di là della fisica), cioè alla dimensione sovrannaturale che sola sarebbe capace di soddisfare le esigenze etiche dal momento che i valori morali rimanderebbero al trascendente e alla metafisica:

> i valori infatti non vengono creati o inventati ma solamente scoperti, conosciuti, riconosciuti, accettati o rifiutati. Non si modificano nel tempo, in quanto la loro essenza è sopratemporale e soprastorica. Quel che si modifica, semmai, è la consapevolezza che l'uomo ha del

> valore, il modo di rapportarsi con esso e di comporre una propria gerarchia. [...] Se al di dentro del valore e come suo fondamento non esistesse una struttura della realtà, o essenza, allora il valore cesserebbe di essere tale e sarebbe una semplice illusione. [...] Il modello etico personalista [...] vede [i valori] fondati sulla realtà metafisica [...] perché possano essere realizzati, i valori devono essere prima conosciuti, e per conoscerli, occorre disporsi in atteggiamento di profonda contemplazione di quel regno ideale dei valori che sta di fronte e al di sopra dell'uomo, che esiste prima dell'uomo.

Questo tipo di contemplazione del regno ideale dei valori porta a scoprire la *legge morale naturale*, la quale designa

> piuttosto un fatto che una teoria: il fatto è che l'uomo per sua natura è un essere morale, e che la ragione è, di per sé, ragione pratica e morale. La legge morale nasce dalla natura umana trovando in essa la struttura che la sostiene, senza la quale sarebbe un'istanza esterna, estrinseca, repressiva e insopportabile, ma anche non intellegibile. Perciò la legge naturale è «la luce della nostra intelligenza in virtù della quale le realtà morali risultano accessibili all'uomo». [...] La legge naturale in quanto partecipazione nell'uomo della *legge eterna* è riconducibile e spiegabile soltanto da una prospettiva creazionista. [...] In altre parole, la legge naturale si presenta come la profonda esigenza di tutto l'essere umano alla piena realizzazione della propria vita in armonia con la vita degli altri, la piena realizzazione dei valori, anche quando essi si presentano ardui e carichi di dolori. [...] Che la legge naturale faccia parte di un'intuizione «preconscia», e che venga in parte conosciuta per connaturalità e poi esplicitata grazie a una riflessione, non dispensa dalla fatica di doverne verificare ed esplicitare le applicazioni.

Da questo quadro generale che delinea il personalismo ontologicamente fondato Sgreccia trae tre conseguenze importanti. In primo luogo individua quattro principi da contrapporre a quelli del principismo di Beauchamp e Childress e cioè: 1) «Il principio del rispetto e della difesa della vita fisica di ogni individuo umano»[2].

---

[2] Infatti, continua Sgreccia, «la vita fisica si esprime nella corporeità... [la quale] fa parte integrante della persona, è l'incarnazione, l'epifania, l'elemento consunstanziale della persona nella sua totalità. La soppressione della vita fisica rappresenta l'of-

2) Il principio terapeutico per il quale l'intervento sulla corporeità è giustificato da un reale beneficio per la persona stessa su cui si interviene. 3) Il principio di responsabilità-libertà che include il principio di autonomia collocato all'interno di una più ampia prospettiva che riguarda le generazioni future o il rapporto medico-paziente. 4) Il principio di socialità-sussidiarietà per cui «la società dovrà rispettare le iniziative private e le capacità d'iniziativa dei cittadini, ma dovrà anche intervenire tanto più quanto più forte è il bisogno, per chi non è capace di provvedere da sé». Questi principi distinguono l'antropologia personalista da quella del liberalismo, dell'utilitarismo e di altre ideologie oggi diffuse.

In secondo luogo Sgreccia rileva che ove si perdesse di vista la metafisica verrebbe a dissolversi anche l'etica, convergendo così su un'idea presente anche nell'enciclica *Evangelium Vitae* ove si afferma che,

> smarrendo il senso di Dio, si tende a *smarrire anche il senso dell'uomo*, della sua dignità e della sua vita; a sua volta la sistematica violazione della legge morale, specie nella grave materia del rispetto della vita umana e della sua dignità, produce una sorta di progressivo oscuramento della capacità di percepire la presenza vivificante e salvante di Dio. [...] Non considera più la vita come uno splendido dono di Dio, una realtà "sacra" affidata alla sua responsabilità e quindi alla sua amorevole custodia, alla sua "venerazione". Essa diventa semplicemente "una cosa", che egli rivendica come sua esclusiva proprietà, totalmente dominabile e manipolabile (n. 21 e 22).

In questa prospettiva si giunge addirittura a far sì che alcuni atti che nella tradizione erano considerati attentati alla vita nascente e terminale ora «tendono a perdere, nella coscienza collettiva, il carattere di "delitto" e ad assumere paradossalmente quello del "diritto", al punto che se ne pretende un vero e proprio riconoscimento legale da parte dello Stato» (*Evangelium Vitae*, n. 11).

In terzo luogo grazie all'impianto ontologico Sgreccia può sot-

---

fesa più grave della persona, al suo *esserci*. E ciò vale fin dal primo istante del costituirsi di tale corporeità dal momento della fecondazione in cui si costituisce l'individuo nella sua individualità organica e unica».

tolineare che il pericolo più grave sta nell'assumere una concezione inadeguata di "persona" come quella soggettivistica, o quella relazionale o, ancora, quella scientista, concezioni che non forniscono adeguate tutele ai soggetti umani. Si deve così giungere alla concezione sostanzialista (ontologicamente fondata) per la quale

> l'essere persona non dipende dal grado di presenza di certe caratteristiche o di realizzazione di alcune funzioni, ma da una posizione d'essere cioè dalla natura ontologica (*essenza*) di determinati individui, costante in loro. Ne consegue che dall'identica posizione d'essere scaturisce il valore uguale di ogni persona, in modo indipendente dal possesso attuale di certe proprietà o funzioni.

Le tre considerazioni fatte mostrano che il personalismo ontologicamente fondato rimanda a un'antropologia filosofica che presuppone una precisa concezione della *natura umana* la quale prevede una dimensione metafisica. Questa antropologia filosofica costituisce la chiave di volta della prospettiva perché essa ci fornirebbe un metodo di indagine per affrontare la situazione da vertigine in cui ci troviamo, visto che quasi ogni giorno dobbiamo affrontare novità più o meno sconvolgenti. Grazie al «metodo triangolare» è possibile sottoporre le questioni bioetiche ad analisi in tre passi: si parte 1) facendo una scrupolosa disamina dei dati scientifici disponibili e delle soluzione tecniche; per passare 2) a confrontare poi questi aspetti con la "idea di uomo" assunta; e infine trarre 3) la valutazione etica concreta di tipo valutativo. Schematicamente:

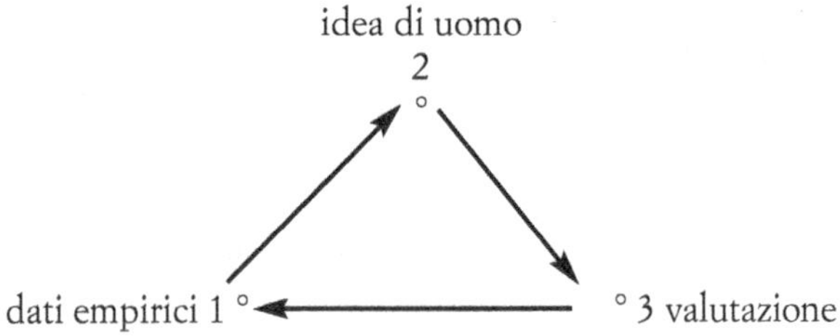


Schema 1. Il metodo triangolare

Come esempio concreto di funzionamento del metodo triangolare si considerino i problemi d'inizio vita come l'aborto o la sperimentazione sull'embrione. Si comincia con la disamina dei dati scientifici dell'embriologia, i quali vengono poi messi a confronto con l'idea di uomo o antropologia filosofica di riferimento. Si osserva che chi assume un'antropologia scientista dirà che l'embrione altro non è che un grumo di cellule a disposizione per qualunque esigenza; che chi fa invece riferimento a un'antropologia soggettivista o relazionale dirà che l'embrione è persona o no a seconda delle caratteristiche o delle funzioni mostrate; che, infine, chi assume l'antropologia del personalismo ontologicamente fondato dirà che l'essere persona dipende «da una posizione d'essere cioè dalla natura ontologica (*essenza*) di determinati individui, costante in loro», per cui si è persona sin dalla fecondazione. La conclusione sul piano etico è che chi accetta il personalismo ontologico potrà sostenere che aborto e sperimentazioni sull'embrione sono moralmente illecite in quanto comportano la distruzione dell'embrione.

In pochi anni la prospettiva del personalismo ontologicamente fondato è diventata una delle posizioni più influenti nella bioetica cattolica romana, e il suo impatto sul piano culturale è sicuramente molto significativo: in Italia ha condizionato l'intero dibattito su varie questioni come quelle sulla legge 40/2004, e in generale ha contribuito al rilancio della "dottrina sociale cristiana" e del diritto naturale proposto dal magistero ecclesiastico dando a esse una rispettabilità teorica. Inoltre, il rimando all'antropologia filosofica ha favorito la "unità bioetica dei cattolici" ossia il riconoscimento identitario dei cattolici romani sui temi bioetici resi trattabili grazie al metodo triangolare. Infine, questa versione di personalismo è riuscita a dare spessore concettuale al problema del limite o del "paletto etico" da porre agli incessanti e spesso sconvolgenti avanzamenti della tecnoscienza, osservando che una barriera etica va posta perché «*non tutto ciò che è tecnicamente possibile è per ciò stesso eticamente lecito*». La convergenza su questo tema è tanto ampia che a volte sembra che quello del limite sia il problema primo e centrale della bioetica, come sottolineato in modalità diverse dai sostenitori delle varie prospettive qui esaminate.

## 5.2. *I limiti del personalismo ontologicamente fondato*

Per un'analisi dettagliata del personalismo ontologicamente fondato rimando all'autorevole contributo di Demetrio Neri[3] in cui sono messi in luce i vari punti deboli della prospettiva. Limitandomi qui ai soli rilievi generali, ne individuo due. Il difetto principale sta proprio in quello che sembra essere anche il suo maggior punto di forza, ossia il rimando all'intera antropologia filosofica senza la specificazione precisa del punto specifico di contrasto su cui focalizzare il dibattito. Il risultato di quest'operazione, infatti, è porre il soggetto di fronte a una scelta in blocco e totalizzante: prendere o lasciare tutto il pacchetto antropologico, evitando così l'ulteriore analisi del problema specifico.

Non è la scelta in sé a creare il difetto. Anche l'analisi da me sostenuta presenta una scelta tra etica della sacralità ed etica della qualità della vita. Ma questa è una scelta che avviene su un punto specifico e preciso: se ci siano o no divieti assoluti. Il problema è quindi maneggiabile per cui è possibile esaminare le diverse risposte per valutarne la correttezza. Di qui, poi, il rimando a opposti paradigmi. Invece il metodo triangolare propone una scelta non su un punto ma su un campo, su un'antropologia globale (e generica). È la globalità della scelta a creare la difficoltà sul piano concettuale o filosofico, è il modo in cui la scelta è proposta a essere teoricamente inadeguato, perché questo modo non ammette una discussione puntuale ma rimanda a una scelta di campo o a una appartenenza identitaria, e quasi la sollecita o addirittura la impone. Invece di favorire l'analisi razionale nella disamina del problema da esaminare, ha come effetto un generale serrare i ranghi per fronteggiare l'avversario.

In termini più concreti. Avendo da considerare un dato problema come per esempio la sperimentazione su embrioni umani o la liceità dell'eutanasia, si tratta di esaminare le ragioni specifiche addotte pro o contro. Valutatane la relativa forza, si potrà poi anche osservare che la conclusione raggiunta conferma la validità della

---

[3] Per un'ampia analisi critica del pensiero di monsignor Elio Sgreccia, cfr. la recensione analitica fatta da Demetrio Neri in «Bioetica. Rivista interdisciplinare», IV (1996), n. 3, pp. 546-558.

corrispondente antropologia filosofica di riferimento o del corrispondente paradigma. Così è stato, ad esempio col celebre problema della rotazione del Sole attorno a Terra o viceversa: la diversa risposta al problema confermava o no la adeguatezza del paradigma tolemaico o copernicano. In altre parole: è *perché* ho solide ragioni (che aspirano a essere valide per tutti) a sostegno di una data tesi, che difendo una certa scelta paradigmatica, fatto che poi apre nuovi orizzonti teorici. Questo è il procedimento seguito in questo libro per giungere alla scelta tra etica della sacralità ed etica della qualità della vita. Riconosco che l'adesione a un paradigma condiziona la prospettiva, ma si cerca di vivere in due mondi e farne il confronto: qui sta la capacità critica e l'imparzialità del giudizio.

Il metodo triangolare, invece, prevede il percorso opposto. Infatti, i dati scientifici sono messi a confronto con le diverse antropologie filosofiche di riferimento e a seconda dell'antropologia prescelta si giunge alla conclusione affermata. In altre parole, è *perché* si assume una data antropologia filosofica o un dato paradigma che si giunge alla specifica conclusione affermata. L'onere della prova della tesi normativa è così spostato sull'iniziale scelta antropologica e non più sull'analisi delle ragioni specifiche. È per questo che la globalità della scelta diventa teoricamente e filosoficamente inadeguata[4].

---

[4] Per esemplificare in termini ancora più semplici e forse anche banali: supponiamo che la discussione verta su quale sia la squadra di calcio migliore in un dato momento in base a criteri noti agli esperti del gioco. Come spesso accade c'è un margine di aleatorietà del giudizio, ma c'è anche un nucleo solido. Supponiamo che dopo aver esaminato diverse prestazioni la giuria degli esperti dia il proprio giudizio: «la squadra migliore è il Milan (Inter, ecc.) *perché* il gioco è stato così e così». Si potrà discutere la validità delle ragioni, ma questo è un altro problema. Un appassionato di calcio potrà anche dire: «*perché* il Milan (Inter, ecc.) è la squadra migliore, questo conferma la mia fede milanista (interista, ecc.)». Può anche darsi che il giudizio della giuria induca qualcuno a diventare tifoso per la squadra o a cambiare tifoseria. Sono poi ben noti i problemi connessi all'imparzialità del giudizio degli esperti, i quali a volte sono sospettati o accusati di faziosità verso la propria squadra del cuore. Ma tutti questi sono problemi diversi. Può darsi, infine, che qualcuno dica: «*perché* sono di fede milanista (interista, ecc.), il Milan (Inter, ecc.) resta la squadra migliore». Ragionamenti del genere sono frequenti, forse frequentissimi. Tuttavia essi sono filosoficamente e concettualmente inadeguati proprio perché scaricano l'onere della prova sul senso di appartenenza o di fedeltà al proprio club del cuore, invece di favorire la discussione razionale sul punto in esame.

Il secondo grande difetto del personalismo ontologico su cui intendo richiamare l'attenzione riguarda la pretesa di essere fondato sulla legge morale naturale derivante da una «natura umana» che genera una specifica immagine dell'uomo o antropologia filosofica e corrispondenti valori morali assoluti, immutabili e indipendenti dalle circostanze storiche. Senza scomodare la cosiddetta *Legge di Hume* che impedisce di passare da una descrizione a una valutazione, si può osservare come l'appello alla natura umana si sia rivelato un modo frettoloso per dare un titolo onorifico a intuizioni normative consolidate rivelatesi poi pregiudizi storici. Gli esempi al riguardo sono innumerevoli e c'è solo l'imbarazzo della scelta. Ne considero due concernenti alcuni dei valori oggi più consolidati e condivisi: il principio della sovranità popolare che sta alla base delle moderne democrazie e il principio dell'uguaglianza sociale.

Si è fatto presto a dimenticare che un acuto difensore del legittimismo monarchico, Louis de Bonald, credeva fosse «possibile dimostrare che l'uomo non può dare una costituzione alla società religiosa o politica, così come non può dare la pesantezza ai corpi o l'estensione alla materia». In questa linea, appena dopo il Congresso di Vienna (1814-15), in piena epoca di Restaurazione[5], il vescovo di Troyes Stefano de Boulogne affermava che dalla creazione stessa «*naturalmente* derivano i diritti dei Principi, e i doveri dei popoli [... per cui] non è vero che il popolo sia sovrano, né che i Re siano suoi mandatarj; non più di quello che i padri siano i mandatarj de' loro figli». E anche allora la fonte della «dottrina anarchica e antisociale» favorevole alla sovranità popolare stava in quei seminatori di zizzania che «a niente meno aspirano che a detronizzar Dio stesso, e che a giorni nostri ci diedero lo spaventoso spettacolo dell'ateismo collocato sull'altare».

Osservazioni simili riguardano l'uguaglianza umana, che è stata oggetto di infiniti dibattiti e che ancora agli inizi del 1900 era criticata da Emmanuel Malynski, il quale osservava che chi dice vita dice

---

[5] Nella Restaurazione si è diffuso il cosiddetto *Ottantottismo*, ossia la prospettiva per la quale le gravi difficoltà sociali e politiche create dalla Rivoluzione francese potessero essere risolte solo riportando l'orologio della storia al 1788 (l'anno precedente la Rivoluzione), restaurando gli antichi privilegi dei Re e dell'aristocrazia.

> diversità, dice differenza, disuguaglianza: più un essere è evoluto e perfezionato, più le dissomiglianze e le disuguaglianze si accentuano sino a divenire irriducibili. L'uomo, in definitiva, è l'elemento più dissimile, più disuguale, più irriducibile della natura. Si tratta di un fatto, di una legge di natura: "dura lex sed lex!" E nessun voto, nessuna rivoluzione potrà mutare questa legge, anche se venisse massacrata la metà del genere umano. Anche se una sola coppia umana fosse lasciata in vita, la disuguaglianza subito risorgerebbe, e uno dei congiunti si farebbe servire dall'altro. [...] Verso la metà del diciannovesimo secolo, assemblee di individui disuguali e diversi tra loro votarono in quasi tutta Europa, decidendo che essi e coloro che essi presumevano rappresentare fossero uguali e simili. La disuguaglianza, nondimeno, continua a sussistere, perché non può non sussistere. Eppure, è da [...] anni che si persiste a insorgere contro la natura, contro la realtà oggettiva delle cose. [... in una lotta che è patetica perché sembra] la lotta del bambino che mette il suo soldatino di piombo a testa in giù, mentre la posizione del centro di gravità non lo permette.

Ecco perché l'appello alla natura umana è teoricamente inadeguato.

## 5.2. *Sul "Non tutto ciò che è tecnicamente possibile è per ciò stesso eticamente lecito"*

Un fautore del personalismo ontologico può tuttavia ancora osservare che resta la sottolineatura dell'urgenza di limiti precisi da porre all'avanzamento della tecnoscienza perché «non tutto ciò che è tecnicamente possibile è per ciò stesso eticamente lecito». La formulazione specifica di quest'assunto o super-principio ricorre in un documento della Congregazione per la dottrina della fede, ma esso è condiviso anche da molti laici che avrebbero a cuore la difesa dell'umanità dell'uomo dagli attacchi disumanizzanti della scienza. Mentre questi ultimi lo usano ricorrendo alla metafisica della paura che evoca scenari terrificanti, il personalismo ontologico fonderebbe l'assunto nella struttura metafisica della persona fornendo a esso una più solida base filosofica.

Poiché, come abbiamo visto, un principio morale è una formula distillata o purificata che, grazie alla forma astratta e generale orienta lo spazio morale, si può dubitare che lo si possa ulteriormente fondare. Sembra che cercare di farlo sia tentare qualcosa di analogo a quanto preteso dal Barone di Münchausen, che per non sporcarsi gli stivali si è afferrato i capelli sollevandosi così da terra. Senza entrare in questioni così difficili come quella del fondamento dei principi morali, possiamo esaminare la questione considerando una situazione analoga a quella in cui si richiedono limiti all'azione. Chiediamoci: «Perché è vietata l'azione di parcheggiare in doppia corsia?». Supponiamo che la risposta sia: «Perché c'è una norma del codice della strada che la vieta!». Di solito così dicendo si chiude ogni discussione. Ma in qualche caso l'interlocutore può continuare la ricerca: «È vero che c'è la norma, ma in questo caso particolare non va applicata, perché qui non vale la *ratio*. Per capirlo dobbiamo chiederci ancora: "perché c'è la norma?"». Di fronte a questa nuova domanda le risposte si dividono: l'utilitarista farà appello all'utilità sociale prodotta dalla sua diffusione pubblica, mentre il deontologo ricorrerà all'esigenza di rispetto del patto sociale o qualche altra considerazione simile. Supponiamo ora che per comodità un utilitarista dica da subito: «Non si deve parcheggiare in doppia corsia perché ciò ostacola l'utilità generale!». Si potrà discutere se nel caso specifico ciò sia vero, ma la giustificazione è sensata e plausibile.

Supponiamo ora che, per evitare la contrapposizione tra utilitaristi e deontologi, si faccia appello all'assunto (o super-principio) in esame e si dica: «Non si deve parcheggiare in doppia corsia perché non tutto ciò che è tecnicamente possibile è per ciò stesso eticamente lecito». A differenza della precedente questa risposta suscita perplessità, perché si presenta come ovvia e banale: non dice nulla, in quanto è scontato che non tutto ciò che si può fisicamente fare non sia di per sé lecito. Nessuno si sognerebbe mai di dire che, perché posso uccidere *fisicamente* con le mani o *tecnicamente* con una pistola il mio vicino, ciò sia di per sé eticamente lecito. Né ha senso dire che perché posso *fisicamente* calunniarlo con il pettegolezzo bisbigliando ignominie nelle orecchie dei conoscenti o farlo *tecnicamente* con i sofisticati strumenti mediatici oggi a disposizione, la calunnia sia per ciò stesso moralmente lecita. Mentre la prima formulazione (utilitarista) può essere controversa ma è sensata e pertinente o densa, l'altra formulazione (col «non tutto...») risulta vuota e priva di pertinenza, incongrua alla domanda.

Per spiegare questo senso di vacuità dobbiamo chiarire un altro aspetto della moralità. Questa, infatti, è una speciale istituzione che presuppone un proprio spazio, lo "spazio morale" ossia l'ambito proprio della moralità contrapposto ad esempio allo "spazio artistico" o "spazio logico" o "spazio fantastico". Come abbiamo visto, un principio etico imprime un orientamento e un ordine allo spazio morale, che tuttavia preesiste e che è delimitato da tre *presupposti* dell'etica o della moralità, e cioè:

a. *Nessuno è tenuto a fare l'impossibile* (*ad impossibilia nemo tenetur*). Non abbiamo il dovere di fare ciò che è fisicamente impossibile fare, anche se a volte è difficile determinare il livello esatto in cui si colloca l'impossibile. A ogni buon conto non ha senso, è assurdo, voler obbligare a fare l'impossibile: l'impossibilità è per forza di cose al di fuori dello spazio morale.

b. *Non tutto ciò che è fisicamente possibile è per ciò stesso eticamente lecito.* L'etica è una limitazione della possibilità fisica nel senso che alcune azioni che sono possibili risultano vietate per le ragioni determinate dai diversi principi assunti.

c. *Non si è agenti morali se non si è capaci di responsabilità.* Il che significa che solo i soggetti capaci di previsione del futuro e di rispondere in qualche modo delle proprie azioni sono attori di moralità e partecipano al gioco morale.

I tre presupposti individuati ci consentono di dire che lo spazio morale può essere rappresentato graficamente con un quadrilatero regolare ad angoli retti i cui lati sono variabili (vedi figura nella pagina seguente). Quelli orizzontali, indicati dalle lettere A, B, C, D, sono determinati dalle applicazioni del presupposto c) che stabilisce l'ingresso e l'uscita dalla condizione di agenzia morale. Poiché gli infanti non sono "agenti morali", la linea B della nascita morale è diversa dalla linea A della nascita fisica. Più controversa è la presenza della distinzione tra la linea C e D, circa la fine della "agenzia morale" dell'individuo umano, un tema che qui non ci riguarda.

I lati verticali del quadrilatero, indicati dai numeri arabi 1, 2, 3, 4, 5, 6 sono determinati dalle rispettive diverse applicazioni agli altri due presupposti: il "*ad impossibilia...*" stabilisce il lato verticale destro, mentre il "*non tutto ciò...*" il lato sinistro, dando così origine a quadrati o rettangoli di varie dimensioni a seconda di quanto è impossibile o possibile. Ecco perché la figura ha lati variabili:

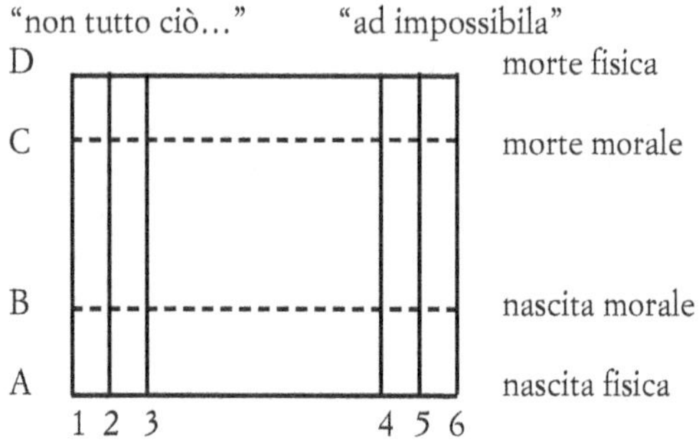


Schema 2. Lo spazio della moralità

I lati verticali ci ricordano che lo "spazio morale" è quello tra i limiti posti al fisicamente possibile (lato sinistro: 1, 2, 3) e quelli stabiliti dall'impossibilità fisica (lato destro: 4, 5, 6). Nel senso comune si dà per scontato che i presupposti dell'etica siano fissi, dati e immutabili, per cui sarebbero in realtà solo due. Qualcuno può stupirsi all'idea che invece anche i lati verticali sono mobili e pressoché infiniti. Eppure, azioni che in passato erano (fisicamente) *impossibili*, come ad esempio spostamenti rapidi, ora sono alla portata di tutti: la tecnica amplia le capacità fisiche e allarga lo spazio etico dalla parte destra. Ma questo influenza anche il lato sinistro, perché azioni che un tempo erano illecite in quanto socialmente dannose o contrarie alla "dignità" deontologica, oggi sono perfettamente lecite o addirittura doverose. In questo senso, il presupposto "non tutto ciò che..." resta, ma si sposta a seconda dei contenuti stabiliti dai diversi principi etici messi in campo.

L'individuazione dello spazio morale e la distinzione tra i *presupposti* dell'etica e i *principi* etici ci consente di spiegare perché l'appello al "non tutto ciò che..." nella formulazione data sopra risulta vacuo e incongruo. La giustificazione viene fornita dal corrispondente *principio etico* e non dal *presupposto* dell'etica. Ove però si riesca a scambiare l'uno con l'altro la dimostrazione appare fortissima e conclusiva, perché l'eventuale crisi o abbandono del *presupposto* comporta il disastro totale, la dissoluzione dell'etica stessa. In questo senso, sul piano psicologico la parola chiave è il *tecnicamente possibile*, in quanto la tecnica è spesso vista come apportatrice di sconvolgimento dell'ordine naturale delle cose. In un clima culturale come quello italiano in cui le innovazioni tecniche sono presentate come sconvolgenti, terrificanti, agghiaccianti, e i giornali le presentano con titoli del tipo: «Notizia choc» o «Cade la barriera che protegge ciò che è umano» e via dicendo, è facile che la confusione tra *presupposti* e *principi* passi inosservata. Di qui l'ampio consenso che sembra registrarsi sulla presunta priorità di individuare i limiti etici o le barriere all'avanzamento scientifico, consenso che tuttavia è costruito sulla sabbia e privo di consistenza filosofica.

### 5.3. *Sui meriti e sul successo del personalismo ontologicamente fondato*

Le considerazioni fatte hanno mostrato alcuni seri difetti teorici e filosofici del personalismo ontologico. Questa conclusione sembra in aperto contrasto con quanto è peraltro un dato oggettivo, ossia il fatto già ricordato che, in pochi anni, la prospettiva ha guadagnato ampi consensi nel mondo cattolico e non solo: i libri di monsignor Sgreccia sono stati tradotti nelle principali lingue e hanno avuto numerose edizioni, confermando il successo pubblico di questa versione di personalismo. Anzi, in pochi anni è diventata la prospettiva di riferimento per larga parte del cattolicesimo romano. Ci si può chiedere come mai ciò sia accaduto e cercare di individuarne il perché. La spiegazione al riguardo non è solamente di stretto tipo filosofico, ma riguarda soprattutto l'ambito psico-sociologico e storico.

Da questo punto di vista il personalismo ontologico è la risposta giusta ad alcuni problemi posti dai due grandi processi storici sopra considerati: la secolarizzazione e il pluralismo etico. Se vale la tesi sopra sostenuta (cap. 2) che la nascita della bioetica è il segno del fatto che la secolarizzazione secondaria ha coinvolto l'ambito della vita, quest'osservazione ci fornisce il bandolo della matassa. Infatti, un punto di svolta nel cammino per la secolarizzazione è senza dubbio la Riforma protestante. Come è noto i riformatori avevano intenzioni profondamente religiose, ma con la loro opera hanno infranto l'unità spirituale e morale dell'Occidente, e questa frattura ha segnato l'inizio del lungo processo che ha portato all'Illuminismo e alla Rivoluzione francese con l'inizio della secolarizzazione i cui effetti hanno cominciato a farsi sentire anche sul piano pubblico. Un primo effetto della Riforma, come è noto, è stato quel lungo periodo di lotte tra cattolici e protestanti noto col nome di “guerre di religione”, cui fu posto fine col trattato di Westfalia (1648) che ha ristabilito il principio già individuato un secolo prima ad Augusta (1555) *cuius regio, eius et religio*[6]: in questo modo l’unità spirituale e morale veniva ridotta o limitata alla singola regione o Stato. La chiesa cattolica romana ha subito denunciato il trattato di Westfalia, ma esso ha prevalso perché grazie a tale accordo si poneva fine al terribile periodo delle guerre di religione. Dal punto di vista qui considerato, la pace è stata un effetto della secolarizzazione primaria che ha assicurato nuove libertà, tra cui la libertà politica e quella di religione.

Nel nostro tempo, fortunatamente, è bandita la violenza fisica. Ma la secolarizzazione secondaria sta alimentando una “guerra culturale” che vede sui fronti opposti laici e cattolici romani: le principali controversie bioetiche non sono più tra sostenitori di fedi religiose diverse, bensì tra laici e religiosi, soprattutto cattolici romani. In questa situazione il personalismo ontologico offre una prospettiva analoga a quella del trattato di Westfalia per por fine a questa nuova “guerra culturale”. Infatti, mettendo in primo piano l’antropologia filosofica, il personalismo ontologico svolge due funzioni diverse. Da una parte, riconoscendo che si possono sostenere antropologie diverse, limita a questa “regione spirituale” la sovranità, lasciando peraltro libertà di scelta sul tipo di antropologia optata. Come Westfalia concedeva a ciascuno la scelta della religione, purché si spostasse nella corrispondente regione geografica, ora il personalismo ontologico riconosce a ciascuno la scelta dell’antropologia, purché poi si sposti nella corrispondente “regione spirituale”. In questo modo offre una via d’uscita per por fine alla guerra aperta sul piano culturale, perché poi si cercherà di controllare lo scontro sul piano politico. Inoltre, così facendo, riesce a ricompattare l’unità spirituale interna tra al cattolicesimo romano, minata dai venti della primavera del Vaticano II. Dall’altra, sottolineando la centralità dell’antropologia filosofica, il personalismo ontologi-

[6] Letteralmente: «Di chi è la regione [il potere, la sovranità], di lui sia anche la religione» ossia la religione sia di colui del quale è la regione, cioè la religione dei cittadini di uno stato deve essere quella di chi ne detiene la sovranità.

co viene a ricordare che la Rivoluzione biomedica sta mettendo in discussione l'idea stessa di uomo a noi tramandata dalla tradizione millenaria, sollecitando alla rivolta contro la seconda secolarizzazione portatrice di una inaccettabile visione dell'uomo. Se il precedente aspetto esaminato era quello liberale o protestante, questo secondo aspetto è quello più specificamente cattolico col quale si cerca alla fine di rifiutare la libertà di scelta (sia dell'antropologia che della religione). La si riconosce sul piano sociologico per forza di cose, ma la si nega poi sul piano ideale e teorico. Nel prossimo capitolo mostreremo come questo discorso generale è applicato al problema specifico dell'embrione.

Oltre a suggerire una risposta ai problemi posti dalla secolarizzazione secondaria, il personalismo ontologico ha dato una risposta a quelli posti dal pluralismo etico. Come osservano i sociologi Berger e Luckmann, i virtuosi del pluralismo sono contenti della nuova situazione vista come un ampliamento di opportunità, ma per moltissimi non è così: anzi, «la maggior parte delle persone si sente insicura e disorientata in un mondo complesso pieno di possibili interpretazioni». Costoro si sentono mancare la terra sotto i piedi, perché viene intaccato il *mondo dato per scontato* (world-taken-for-granted), aspetto che genera sconcerto e anche crisi di identità. Una situazione grave e difficilissima, perché l'uomo sa affrontare i sacrifici più duri ma non sopporta l'*anomia* cioè l'assenza di significati condivisi. Il pluralismo etico è insidioso perché sconcerta. E il rimedio sta nel rafforzare i «piccoli mondi della vita» che garantiscono la sicurezza interna al gruppo degli adepti o nel creare una qualche forma di «barriera o cinta protettiva» che rassicuri l'individuo e lo protegga dallo smarrimento. Secondo Berger e Luckmann questo rimedio sarebbe già stato sperimentato con successo da alcuni gruppi ebraici che hanno creato una «siepe attorno alla Legge». L'idea nasce dalla considerazione che la Legge (la Torah) è come un giardino e i suoi precetti sono piante preziose che vanno protette. Essendo difficile ubbidire alla Legge, è opportuno creare attorno a essa una siepe che la protegga, cosicché il rispetto di questa siepe renda più difficile la violazione della Legge. Questa siepe avrebbe consentito agli ebrei di proteggere il nucleo forte della loro identità, limitando gli aspetti corrosivi del pluralismo. In questo senso, concludono che «ogni gruppo che voglia proteggersi dalle conseguenze del pluralismo, deve erigere una propria "siepe della legge"» o qualche meccanismo simile.

Se è vero che il pluralismo etico genera un problema, non si può non rilevare che nei primi anni del postconcilio Vaticano II le difficoltà del plurlismo erano presenti proprio nel cattolicesimo romano. Mentre la Rivoluzione biomedica proponeva sempre nuove tecniche, quasi non passava giorno che non ci fosse un teologo morale pronto ad avanzare ipotesi nuove e ardite al riguardo, gettando sconcerto tra i fedeli. In questa situazione di grande confusione, il personalismo ontologicamente fondato si è posto come prospettiva capace di riportare ordine e certezza, di rassicurare gli animi ponendosi come stella polare per l'orientamento morale e per il rafforzamento dell'identità: ha mostrato che è possibile sostenere le tesi morali tradizionali non per via di una specifica fede religiosa, ma per via di un'antropologia filosofica che ha un impianto teorico e quindi spendibile sul piano pubblico.

Il successo del personalismo ontologicamente fondato dipende dall'essere riuscito a dare al cattolicesimo romano una teoria bioetica che lo protegge dalle critiche esterne e dalle insidie del pluralismo etico interno: il cittadino cattolico può sostenere il divieto di aborto e di eutanasia non perché è *cattolico* ma perché ha una *antropologia filosofica di riferimento*. Per conseguire il risultato si è dovuto pagare un prezzo abbastanza alto ossia, paradossalmente, riconoscere proprio il pluralismo etico da esorcizzare. Infatti, nel metodo triangolare è prevista la disamina anche di antropologie diverse che, in un senso, hanno una loro legittimità o rispettabilità culturale, come quella scientista, libertaria, ecc. Grazie a questo riconoscimento delle altre posizioni il personalismo ontologico può chiedere reciprocità di trattamento, e porsi come prospettiva fondata e rispettabile. È vero che quella proposta è *una* posizione tra altre, ma così viene almeno assicurato ai fedeli un porto sicuro in cui trovare riparo dalle bufere più violente. Infatti, di solito il processo di giustificazione termina dopo il primo passo, perché le persone non sono abituate a passi ulteriori o fanno fatica a farli dal momento che richiedono processi e capacità non comuni di astrazione. Così, il metodo individuato basta ad assicurare l'identità e la condivisione di significati: quando richiesto di giustificare la posizione il cattolico risponde: «la mia posizione è legittima quanto la tua, perché io prendo come riferimento il personalismo ontologico, mentre tu fai riferimento a una diversa antropologia. Io rispetto la tua, e tu quindi devi fare lo stesso con me rispettando la mia».

La possibilità che il personalismo ontologico potesse godere di rispettabilità culturale è stata particolarmente importante durante la nascita della bioetica coincisa con il periodo del postconcilio in cui i cattolici romani erano in dialogo col mondo e alla ricerca di posizioni nuove, pensando che il concilio Vaticano II avesse segnato una frattura con la tradizione millenaria e aperto nuovi orizzonti. Acquisita la garanzia di poter legittimamente sedere al tavolo con altre prospettive, il personalismo ontologico ha prima di tutto contribuito a ricreare l'humus culturale per ricostituire una più solida identità dei cattolici romani che almeno sui temi della vita e della bioetica fosse in linea con la tradizione. Guadagnata questa posizione, si è poi passati alla successiva critica delle antropologie in competizione, nel tentativo di riconquistare la supremazia culturale. In questa seconda fase di contrattacco, ovviamente, il personalismo ontologico non si è avvalso solamente degli strumenti culturali e teorici, ma ha potuto contare anche sul sostegno del magistero ecclesiastico impegnato in un più generale progetto culturale di rievangelizzazione, e anche della politica militante con alcuni partiti di ispirazione cristiana o apertamente conservatori. È ancora troppo presto per capire quale sarà il risultato di questa strategia, ma è chiaro che parte del successo del personalismo ontologicamente fondato dipende dal contributo dato a questo programma più generale.

## 6. *Riepilogo: gli effetti del cambiamento di paradigma etico*

In questo capitolo abbiamo esaminato alcune teorie intermedie che cercano di evitare o di conciliare la contrapposizione paradigmatica tra etica della sacralità ed etica della qualità della vita, e affrontato altri modi di impostare la riflessione sui problemi bioetici. L'analisi fatta ha confermato la proposta qui avanzata circa la presenza di due diversi paradigmi morali, la cui individuazione ci permette di capire meglio la natura di molti dei dibattiti bioetici in corso e, allo stesso tempo, di orientare l'analisi normativa.

Prima di passare alla disamina dei principali temi bioetici in discussione, è opportuno riepilogare quali sono gli effetti che il cambiamento di paradigma ha sul piano dell'analisi normativa, effetti che non sempre sono chiaramente visibili ma che hanno un notevole peso teorico. Essi sembrano articolarsi su almeno quattro livelli diversi.

Il *primo aspetto* riguarda il diverso modo di descrivere lo stesso processo biologico umano, diversità che oggi prende corpo in una controversia sul significato di termini come "vita umana", "essere umano", "persona umana". Sin dall'antichità la riflessione teorica ha distinto tra "vita umana" (termine generico e ampio) e "persona umana" (termine più specifico), ma tale distinzione valeva solo in contesti ben limitati e appariva per lo più astratta (e accademica), per cui nel linguaggio comune i termini menzionati sono sinonimi, di fatto si dice: «cinque vite spezzate in un incidente» per indicare la morte di cinque persone.

Contro questa tendenza alcuni oggi sottolineano che le nuove conoscenze biologiche rendono sempre più urgente una distinzione tra i vari livelli di esistenza indicata da precisi termini appositi. In questo senso "vita umana" indicherebbe l'aspetto meramente materiale del processo biologico, mentre "persona" dovrebbe essere riservato all'aspetto riguardante le "funzioni superiori" (e spirituali), col risultato che non tutta la "vita umana" è meritevole della stessa tutela riservata alla "persona". Altri, tuttavia, sostengono che la sinonimia invalsa esprime la sostanziale unitarietà della "vita umana" e la eguaglianza di tutti gli uomini: assurde sono le distinzioni proposte tra i vari livelli della vita umana e la corrispondente proposta sul piano terminologico altro non è che un'operazione di "cosmesi semantica" tesa a mascherare una ingiusta discriminazione tra gli esseri umani attuata per ragioni di comodo ed estranee alla scienza biologica. Appare subito chiaro che la questione è di centrale importanza e su di essa torneremo tra breve. Va comunque ricordato che la nettezza del contrasto fa pensare alla adesione a due diversi paradigmi.

Un *secondo aspetto* del cambiamento di paradigma riguarda il diverso modo di concepire la "azione della natura" dove *natura* è termine generale che indica tutte le cose che non dipendono dal fare dell'uomo ma che avendo «in sé stesse il principio del movimento» (Aristotele) nascono, si sviluppano e muoiono secondo leggi proprie che non sono modificabili dall'uomo. Secondo la concezione ricevuta dal paradigma tradizionale c'è una netta differenza tra il *fare un'azione* che causa un certo effetto (ad esempio la morte di una persona), e il *lasciare che la natura faccia il proprio corso* causando lo stesso effetto: nel primo caso siamo *responsabili* dell'effetto causato e la "azione dell'uomo" è illecita; mentre nell'altro non abbiamo alcuna *responsabilità* per l'"azione della natura" e il *lasciare accadere* è permesso.

Tuttavia, l'aumento delle conoscenze sembra far sfumare questa distinzione, perché se già conosciamo che un dato effetto negativo avrà luogo e non facciamo nulla per prevenirlo pur potendolo fare, allora c'è un senso in cui il lasciarlo accadere equivale al fare l'azione che lo causa. Infatti, si può dire che in tal caso è come se usassimo la "azione della natura" per ottenere l'effetto previsto. Questo tipo di cambiamento di prospettiva circa l'azione della natura è già capitato in ambito sismologico, dove sono ascritte precise responsabilità per le eventuali distruzioni che in zone sismiche sono causate da terremoti, e che quindi avrebbero potuto essere previste ed evitate. Non è ben chiaro quali saranno le conseguenze di questo cambiamento di paradigma in medicina, ma sicuramente ciò porterà a un nuovo modo di vedere la realtà e ascrivere le responsabilità umane.

Il *terzo aspetto* connesso al cambiamento del paradigma riguarda la concezione stessa della medicina e del suo compito proprio. La tradizione ippocratica, che è stata tanto influente nella concezione occidentale, parte dall'assunto che il corpo sia una totalità data con una propria teleologia tendente all'automantenimento e all'autorisanamento. Stante questa premessa, compito proprio della medicina è la *terapia*, ossia l'aiuto fornito all'autorisanamento naturale. In questo senso la medicina è un'arte che coopera con l'azione della natura al fine di restaurare l'originaria pienezza. In questo senso, come scrive Leon Kass, il medico (ippocratico) «non è altro che un assistente della natura che lavora all'interno [del corpo], la quale ha le proprie potenti (anche se non invincibili) tendenze all'autorisanamento». La medicina, quindi, assume la natura come un *dato* e cerca di assecondarla, non modificarla o deviarne la direzione. In questo senso, la «medicina è un'arte che coopera con la natura, e non che tende a trasformarla». Di conseguenza «i malati meritano i servizi [del medico] semplicemente *perché* sono malati, e non perché hanno pretese, desideri, aspirazioni, richieste o diritti».

L'aumento delle conoscenze e della capacità di controllo del mondo biologico rendono tuttavia vana questa concezione: ora che possiamo modificare il corso del dato naturale, perché non farlo quando questo soddisfa esigenze umane? Ad esempio, la "medicina dello sport" non si limita ad aiutare un corpo malato al risanamento, ma aiuta ad andare oltre i limiti dell'umano. Ancora, la contraccezione trasforma la natura per consentire il controllo delle nascite, e altri interventi modificano la teleologia del corpo: perché non farlo? Ancora una volta ci troviamo di fronte a due modi diversi di vedere, e proprio questa divergenza è fonte di incomprensioni. Non pretendo qui di risolvere il problema, ma mi auguro che la consapevolezza della questione generi maggiore chiarezza.

Un ultimo punto riguarda il diverso atteggiamento verso gli animali non umani. Nell'etica della sacralità della vita il criterio fondamentale di valore era dato dall'idea di un disegno cosmico che si specificava attraverso un principio d'ordine gerarchico del mondo e in particolare della vita nelle sue variegate articolazioni. Il valore morale era determinato dal rispetto di questo grande disegno del mondo, che in alcuni suoi ambiti richiede obbedienza assoluta alla norma. Ma la Rivoluzione scientifica prima, e la Rivoluzione biomedica ora hanno dissolto o stanno dissolvendo l'idea stessa di questo disegno del mondo, per cui quel criterio di valore diventa privo di senso. Si deve riconoscere che buono e cattivo sono qualità delle sensazioni (positive o negative) suscitate da certi stati del mondo o da atti umani. Ma se è così, allora la valutazione morale riguarda il tipo di sensazioni o apprezzamenti degli stati del mondo e il tipo di esseri capaci di provare queste sensazioni. In questo senso, poiché non solo l'uomo ma anche altri animali non umani sono capaci di provare piacere e dolore, anche i loro stati sono moralmente rilevanti (come lo diventerebbero quelli di robot o artefatti con simili capacità). Quest'ultima considerazione apre questioni molto ampie e complesse che non potranno essere esaminate con la debita attenzione, ma che non potevano non essere almeno ricordate in questa fase iniziale.

# IV

# Aborto

## 1. *Considerazioni introduttive*

È opportuno iniziare la rassegna dei problemi morali con quello dell'aborto non solo perché storicamente è quello che ha dato l'avvio a molte discussioni di bioetica e ancora oggi costituisce uno dei temi più controversi, ma anche, e soprattutto, perché la posizione su questo tema è quella che fa compiere il salto gestaltico tra i due paradigmi e sta alla base di atteggiamenti diversi.

Con "aborto" intendo qui quello *procurato*, ossia l'atto con cui, volontariamente, si interrompe una gravidanza causando la morte del feto o dell'embrione. Nella civiltà occidentale sino agli anni '60 del secolo scorso l'immoralità dell'aborto era tanto ovvia che neanche si ricercava la ragione addotta a giustificazione del divieto. Era un dato scontato e certo. Di aborto neanche si parlava, quasi fosse un tabù: era un tema assente, di cui al massimo si bisbigliava in modo furtivo nei corridoi, quasi fosse una "questione da donne", le quali lo praticavano illegalmente rischiando la vita. Nel corso degli anni '60, la vicenda della *talidomide*[1], unita alla diffusione del *femminismo* e a una nuova sensibilità morale, ha portato a far sì che

---

[1] La *talidomide* è un farmaco venduto negli anni cinquanta e sessanta come sedativo, anti-nausea e ipnotico, rivolto in particolar modo alle donne in gravidanza. Si trattava di un farmaco che sembrava estremamente favorevole rispetto agli altri medicinali disponibili all'epoca per lo stesso scopo (i barbiturici). Dopo essere stato diffuso in 50 paesi con nomi commerciali diversi, fu ritirato dal commercio in seguito alla scoperta della sua teratogenicità: le donne trattate con talidomide davano alla luce neonati con gravi alterazioni congenite dello sviluppo degli arti o senza arti.

la moralità dell'aborto fosse discussa apertamente.

Questo ha cambiato tutto. Con sentenza *Roe vs. Wade* (22 gennaio 1973) la Corte Suprema degli Stati Uniti ha poi letteralmente rivoluzionato la situazione affermando che nella costituzione americana la donna ha la piena sovranità circa il proprio corpo, per cui illegittime sono tutte le eventuali restrizioni poste al riguardo cosicché il ricorso all'aborto è un diritto costituzionale. Com'era prevedibile, la sentenza ha subito suscitato, e continua a suscitare, aspre polemiche, acuite dal fatto che fino a solo cinque anni prima in tutti gli Stati Uniti l'aborto era vietato, e a partire dal 1968 solo quattro Stati lo avevano permesso in qualche modo. La *Roe vs. Wade* ha liberalizzato l'aborto, abolendo tutte le norme restrittive in proposito e imprimendo nuova direzione al dibattito in materia. Il regime di *liberalizzazione* comporta il riconoscimento che l'aborto rientra nell'ambito delle scelte strettamente private della donna, per cui è illegittima ogni limitazione imposta dall'esterno.

Nel corso degli anni '70, molti altri stati del mondo occidentale hanno tolto i precedenti severi divieti per attuare forme di *legalizzazione* dell'aborto, ossia il regime che prevede norme specifiche che regolano la pratica e rendono l'aborto lecito nelle particolari condizioni previste dalla legge e solo in quelle. Chi sostiene la liberalizzazione afferma che l'aborto è un diritto civile della donna, e che ogni restrizione è illegittima in quanto violazione della libertà personale; chi, invece, sostiene la legalizzazione afferma che l'aborto è uno speciale permesso concesso dalla società alla donna, la quale ha la facoltà di esercitarlo ove si verifichino le condizioni previste dalla legge (sempre e comunque modificabile a seconda delle maggioranze politiche).

Soprattutto negli Stati Uniti, ma anche altrove, i repentini cambiamenti in materia di aborto hanno suscitato vivacissime reazioni sfociate a volte anche in atti di violenza fisica contro medici che lo eseguono. In quasi tutti gli Stati occidentali, poi, il tema dell'aborto è entrato a far parte dei programmi dei vari partiti politici, aspetto che rende la controversia in materia ancora più vivace e aumenta le difficoltà di chiarimento dei problemi in discussione. A questo proposito vanno distinti tre ordini di problemi:

a) i problemi politici concernenti le leggi e le politiche pubbliche in materia;

b) i problemi giuridici concernenti l'interpretazione delle leggi specifiche dell'ordinamento giuridico; e

c) i problemi etici concernenti la valutazione morale dell'atto in questione.

In questo capitolo limito l'attenzione al solo problema *etico*, anzi a un solo preciso aspetto di questo. Tralascio infatti l'analisi delle posizioni etiche espresse sul tema dalle varie religioni, chiese o altre agenzie morali. Non considero neanche quali sono le opinioni ricevute instillate in ciascuno di noi nella prima infanzia o le emozioni viscerali che possono condizionare il nostro giudizio in materia. A volte ho sentito affermare con decisione: «La mia opinione è che l'aborto è uno schifo! E lei può dire tutto quel che vuole ma non mi convincerà mai del contrario, né mai e poi mai mi farà cambiare idea!». Forse per un malposto senso di cortesia, affermazioni di questo tipo sono annoverate tra le "opinioni morali" e non tra le mere espressioni emotive di disgusto cui non si addice il titolo onorifico di "morale". Nelle pagine seguenti assumo che il lettore non abbia atteggiamenti simili a quello indicato e che invece sia disposto a rimettere in discussione l'opinione ricevuta che si trova ad avere, qualunque essa sia. Il mio obiettivo è sottoporre ad analisi logica i principali argomenti addotti pro e contro il divieto di aborto. Questo perché è chi vieta che ha l'onere della prova di dare ragione della proposta limitazione della libertà altrui.

In via preliminare, come sempre, è bene cominciare precisando il linguaggio usato. Salvo precisazioni successive, dal punto di vista scientifico si è soliti distinguere due fasi nella vita prenatale: quella dell'embrione, che va dal momento della fecondazione o fertilizzazione dell'ovulo femminile all'ottava settimana, e quella del *feto* che va dalla fine dell'ottava settimana alla nascita. La distinzione si giustifica per il fatto che alla fine dell'ottava settimana si conclude l'organogenesi e nella fase fetale si completa lo sviluppo e il differenziamento dell'individuo. Inoltre, dal punto di vista pratico, dopo il terzo mese l'intervento abortivo diventa più complesso.

Agli inizi della discussione, negli anni '70, quando si parlava di aborto si supponeva di avere a che fare con il *feto*. Con un cambiamento impercettibile ma significativo negli anni '80 è diventato comune dire che l'aborto riguarda anche l'*embrione*, mossa con cui si tende a sottolineare la *continuità* della vita prenatale. Questa scelta terminologica è imprecisa e inadeguata perché troppo generica: essa allude a ciò che più correttamente viene indicato con "prodotto del concepimento", che è comprensivo di tutto (placenta e altri annessi). Si usa "embrione" per sottolineare con decisione la *continuità* della vita prenatale a partire dal momento della fecondazione. Pur essendo il termine inadeguato, nelle pagine seguenti accetto di usare *embrione* come sinonimo di *prodotto del concepimento*, perché questo è ciò che vuole affermare chi si oppone all'aborto, e in fase iniziale è opportuno accogliere le proposte che sono da esaminare.

Siamo così pronti per cominciare l'analisi del problema che riguarda non tanto il *fatto* che le donne da sempre hanno abortito, quanto se l'aborto sia una pratica *moralmente illecita* e da condannare oppure no. Alcuni sottolineano che questa circa la moralità dell'aborto è *la* grande decisione, ossia una scelta che comporta un salto di paradigma e una vera e propria scelta di civiltà. Come sempre quando si ha a che fare con grandi questioni che includono tante sfaccettature, la difficoltà principale sta nell'individuare il punto di cesura, la pietra angolare che regge la volta. Andando alla ricerca di questo punto archimedeo, comincio a considerare il problema come oggi è comunemente impostato, in modo da poter catalogare e passare in rassegna i diversi argomenti.

## 2. *L'impostazione diffusa, l'"argomento scientifico" e l'errore logico insito in esso*

Al problema dell'aborto potrebbe essere data un'impostazione diversa da quella attuale e in altre epoche o civiltà così è stato. A partire dagli anni '70 si è dato per scontato che il problema primo e principale da esaminare fosse quello circa l'inizio della vita umana. Così oggi le domande ricorrenti al riguardo sono: «quando comincia la vita umana?», oppure «l'embrione è un essere umano o no?», domanda considerata essere equivalente a «l'embrione è una persona umana o no?». Non è chiaro come mai questo sia diventato *il* problema al punto da essere assunto come ovvio e universalmente condiviso, né come mai l'impostazione stessa non sia stata messa in discussione né sottoposta a vaglio critico, ma tant'è e non ci resta che prendere atto della situazione. Cominciamo, quindi a precisarla con cura.

## 2.a. *L'impostazione diffusa del problema e altre possibili impostazioni*

Di solito, quando si parla di aborto, si imposta la discussione nei termini seguenti:

i. se l'embrione è un essere umano, allora l'aborto è illecito in quanto forma di omicidio;
ii. se invece l'embrione non è un essere umano, allora l'aborto non è omicidio e quindi è perfettamente lecito.

Questa formulazione equivale a un'altra domanda spesso ricorrente: «l'embrione è persona o cosa?», dove l'assunto implicito è che se è *persona*, allora come ciascuno di noi ha il diritto alla vita, cioè la massima tutela da aggressioni esterne, mentre se è *cosa*, allora in quanto oggetto di scarso o nullo valore non ha diritti ed è quindi a disposizione anche per le esigenze più frivole.

Dal punto di vista strettamente *logico*, tuttavia, l'alternativa indicata non esaurisce affatto l'universo del discorso, perché esistono almeno altre due possibilità, ossia le seguenti:

iii. se l'embrione è un essere umano (come noi), allora l'aborto è lecito;
iv. se l'embrione non è un essere umano, allora l'aborto è illecito.

Torneremo più avanti (al n. 8.1) sulla opzione [iii] che a prima vista è sicuramente controintuitiva. Da non sottovalutare invece la [iv], su cui torneremo al n. 9, che ci rammenta che è *possibile* che l'aborto sia illecito pur non essendo una forma di *omicidio*. L'omicidio è senza dubbio un delitto grave, ma il «Non uccidere!» che lo vieta non è l'*unico* principio morale. L'aborto potrebbe essere illecito perché viola un qualche altro principio importante. Allo stesso modo, l'alternativa "persona o cosa" sopra ricordata sembra cogente solo se si assume che "cosa" indichi un oggetto di nessun valore (per esempio un foglietto di carta bianco), ma perde forza se indicasse un grosso diamante. Ove ci chiedessimo: «l'embrione è persona o un preziosissimo diamante (cosa)?», il tipo di risposta non sarebbe più quello di prima: distruggere un diamante non è certamente un omicidio, ma non è neanche atto indifferente che può essere compiuto a piacimento.

Chiarito che il quadro logico della questione è più ricco di quanto solitamente ritenuto, chiamo *impostazione diffusa* la prospettiva che punta tutto sulla domanda: «l'embrione è un essere umano, si o no?», dando implicitamente per scontato che se la risposta è positiva, allora l'aborto è vietato (come ogni omicidio); se negativa allora è lecito (come atto indifferente): i casi i e ii sopra indicati.

### 2.b. *L'argomento scientifico*

A scommettere così tanto sull'impostazione diffusa sono i movimenti per la vita o pro-life, i quali sono convinti di poter dare una risposta affermativa potendo contare sui risultati delle scienze biologiche. Forti di questo dato, l'illiceità morale dell'aborto seguirebbe da sola considerato l'ampio consenso circa il divieto di omicidio. L'argomento può essere presentato nel modo seguente:

[a] È (*prima facie*) illecita l'uccisione di un essere umano (è illecito l'omicidio).
[b] La biologia (la scienza) ci dice che dalla fecondazione l'embrione umano è un essere umano.
[c] L'aborto causa l'uccisione di un embrione umano.
[d] □ L'aborto è illecito in quanto è una uccisione di un essere umano (una forma di omicidio).

Sillogismo 1

Quello esposto nel sillogismo 1 è l'*argomento scientifico*, il cui nome si giustifica per il fatto che la premessa [b] contiene l'affermazione scientifica fondamentale per trarre la conclusione [d]. Infatti, [a] è il divieto *prima facie* (ampiamente condiviso) derivante dal principio «Non uccidere!», mentre [c] è un'equivalenza linguistica. L'argomento scientifico appare quindi impeccabile al punto che chi lo propone si stupisce di eventuali dubbi in proposito.

Pur essendo condivisa, la premessa [a] presenta però un serio problema. Il «Non uccidere!» vale solo per gli uomini ma *non* vieta ogni e qualsiasi uccisione: riteniamo sia lecito uccidere le galline, le mucche, i maiali, ecc. Perché questo limite? Si risponde che ciò è giustificato dal fatto che solo gli uomini hanno una qualche *speciale caratteristica* che li distingue radicalmente e qualitativamente dagli altri animali: solo l'uomo ha le cosiddette "facoltà superiori" che lo rendono capace di attività culturali e di trascendere la natura fisica e biologica. Per questo si dice che l'uomo appartiene a due mondi, il mondo biologico e il mondo culturale o spirituale, oggetto quest'ultimo della filosofia e delle altre scienze umane. Seguendo la comoda terminologia invalsa nella tradizione filosofica chiamo *anima (razionale)* la *speciale caratteristica* che si ritiene distingua l'uomo dal resto della natura. Preciso che il termine "anima" è qui una semplice etichetta per indicare la presenza della speciale caratteristica e che non rimanda affatto di per sé a discorsi sulla sua sostanzialità e immortalità, per cui può rimandare a versioni sia di spiritualismo che di materialismo. *Persona* indica l'organismo umano composto di *anima* (razionale) e di *corpo* (umano), conformemente alla consolidata tradizione diffusa in occidente.

La precisazione fatta chiarisce che il «Non uccidere!» proibisce l'uccisione della *persona*, e che "omicidio" indica l'ingiusta «uccisione di una *persona*». Pertanto, la premessa [a] deve essere riformulata. Inoltre, poiché la biologia è una scienza *naturale*, si deve riconoscere che si occupa solo del *corpo* e che nulla può dire sull'*anima*, che non rientra nell'ambito della scienza naturale ma, se mai, in quello della filosofia o della psicologia (a seconda della concezione di questi saperi). Alla luce di queste considerazioni dobbiamo riformulare l'argomento:

[a'] È (*prima facie*) illecita l'uccisione di una persona: anima + corpo (l'omicidio).
[b] La biologia ci dice che dalla fecondazione l'embrione umano è un essere umano: un corpo.
[c] l'aborto causa l'uccisione di un embrione umano.
[d'] □ . . . . .

Sillogismo 2

Nel sillogismo 2 la conclusione [d'] è in bianco perché essa non può essere derivata dalle premesse, essendo venuto meno il *termine medio* ("essere umano") che prima collegava la premessa maggiore [a] con la minore [b] e consentiva di trarre la conclusione. La precisazione fatta mostra che nel sillogismo 1 lo stesso termine "essere umano" è usato in due significati diversi: nella premessa [a] indica "*anima + corpo*" mentre nella [b] indica solo "*corpo*". Pertanto, i termini presenti nel sillogismo 1 non sono *tre* (come deve essere) bensì *quattro*, per cui l'argomento scientifico incorre nell'errore logico chiamato *quaternio terminorum* (appunto perché i termini usati invece di tre sono quattro, e quello in più è introdotto surrettiziamente).

L'argomento scientifico è quindi *logicamente* invalido, e come tale è irredimibile perché comporta un errore nel ragionamento. Il principale argomento per sostenere l'illiceità morale dell'aborto risulta quindi inadatto al compito. Questa conclusione è sicuramente un grave *vulnus* per l'intera prospettiva contraria all'aborto, ma può darsi ci siano altri argomenti capaci di giustificare il divieto.

## 3. *La posizione della chiesa cattolica romana sull'aborto*

Da sempre la dottrina cattolica romana ha ribadito con fermezza e «in maniera costante la condanna morale di qualsiasi aborto procurato» (*Istruzione Donum Vitae*, I, 1), cosicché la chiesa cattolica romana è oggi la principale agenzia internazionale che si oppone alla pratica. Forse per questa consonanza coi movimenti per la vita, a prima vista sembra che la posizione cattolica romana sia equivalente a quella sopra esaminata. Tuttavia, così non è. Per capirlo è opportuno approfondire le *ragioni* che nella dottrina cattolica romana sostengono il divieto di aborto.

### 3.a. *La dottrina cattolica e l'argomento scientifico*

Secondo un'opinione diffusa la condanna cattolica dell'aborto non dipenderebbe da ragioni "di fede" (rivelate o confessionali), ma dall'accettazione delle tesi scientifiche oggi prevalenti circa l'embrione. In questa prospettiva si osserva che, come Tommaso d'Aquino (1225-1274), sulla scorta della biologia aristotelica, ha difeso la teoria dell'animazione ritardata secondo cui l'anima (razionale) è infusa in un momento successivo alla fecondazione, così oggi, sulla scorta delle attuali conoscenze biologiche, si deve accettare la teoria dell'animazione immediata secondo cui l'infusione dell'anima avverrebbe subito alla fecondazione. In questa prospettiva il cardinale Fiorenzo Angelini ha scritto che «l'indole umana, anzi di persona umana, dell'embrione non è una tesi confessionale, ma è scientificamente dimostrabile». Alcuni osservano che tesi analoga sia insita nella *Dichiarazione sull'aborto procurato* (1974) laddove la Congregazione per la Dottrina della Fede afferma che

> la scienza genetica moderna fornisce preziose conferme [... al fatto che] fin dalla fecondazione è iniziata l'avventura di una vita umana, le cui singole grandi capacità richiedono tempo affinché siano adeguatamente ordinate e pronte ad agire. Il meno che si possa dire è che la scienza odierna, nel suo stato più evoluto, non dà alcun appoggio sostanziale ai fautori dell'aborto (n. 13).

Nonostante le citazioni fatte inducano a pensare che la dottrina cattolica accetti davvero l'argomento scientifico, si deve riconoscere che in realtà così non è. Infatti, subito di seguito al passo sopra citato, la *Dichiarazione* continua osservando che: «del resto, non spetta alle scienze biologiche dare un giudizio decisivo su questioni propriamente filosofiche ... come quella del momento in cui si costituisce la persona umana» (n. 13). E nella importante nota 19 se ne precisa la ragione: perché «l'esistenza di un'anima immortale non appartiene al suo campo [della biologia]. Si tratta infatti di una questione propria della filosofia», dove con "filosofia" si intende la metafisica, che indaga la realtà spirituale costitutiva appunto dell'anima razionale.

A dispetto dell'iniziale apparenza, si deve riconoscere che la dottrina cattolica rifiuta l'argomento scientifico. E lo rifiuta proprio per la ragione già citata sopra: perché non è compito della scienza stabilire l'esistenza dell'anima razionale o immortale. Inoltre, si deve riconoscere che, pena un inaccettabile errore o svista, per mantenere la coerenza tra le due citazioni sopra riportate anche per la Congregazione per la Dottrina della Fede i termini "vita umana" e "persona umana" hanno significati diversi (come peraltro deve essere).

### 3.b. *La dottrina cattolica e l'impostazione diffusa*

Quelle indicate sono le uniche novità: non solo la dottrina cattolica evita l'argomento scientifico e distingue tra "vita umana" e "persona", ma essa rifiuta anche l'impostazione diffusa in quanto la *Dichiarazione sull'aborto procurato* (1974) lascia «espressamente da parte la questione circa il momento della infusione dell'anima spirituale» (nota 19). Questa tesi è ribadita anche nella successiva *Istruzione Donum Vitae* (1986) in cui si afferma che «il Magistero della chiesa espressamente non ha impegnato la propria autorità circa questa tesi [sull'inizio della persona umana], che in senso proprio appartiene alla filosofia» (I, 1). Ciò significa che la chiesa non solo *non dà alcuna risposta* al problema del momento in cui si costituisce la persona, ma, per esplicita dichiarazione non intende darla. Se non si chiarisce con precisione *quando* l'embrione diventa persona, non si può neanche dire che l'aborto è un omicidio (uccisione di una persona): dire diversamente è davvero giocare con le parole usando "omicidio" in sensi diversi da quello comune indicato, l'unico che suscita una forte riprovazione.

A conferma di quanto rilevato, si può osservare che il magistero ecclesiastico si limita ad affermare che l'embrione in quanto «essere umano va rispettato e trattato come una persona fin dal suo concepimento» (*Donum Vitae*, I, 1). Si presti attenzione: dire che l'embrione va rispettato *come una* persona non è affatto dire che tale rispetto è dovuto *perché* è una persona. Anzi, il fatto che si eviti accuratamente di dirlo sembra presupporre proprio che persona non è[2]. Infatti, posso trattare *come* (se fosse) una persona anche un oggetto che persona non è (ad esempio una reliquia, un cimelio, un giocattolo cui tenevo molto da bambino, ecc.), e se avessi buone *ragioni* (magari di ordine ideale o affettivo) può darsi anche che tale trattamento sia giustificato. Inoltre, l'espressione: «trattato e rispettato *come* una persona» sembra indicare qualcosa come: «che

---

[2] Anche nel *Catechismo della chiesa cattolica* si osserva che «dal primo istante della sua esistenza, l'essere umano deve vedersi riconosciuti i *diritti della* persona» (n. 2270), e: «l'embrione, poiché fin dal concepimento deve essere trattato *come* una persona, dovrà essere difeso nella sua integrità [...] come ogni altro essere umano» (n. 2274) (corsivi aggiunti).

merita la massima tutela possibile» visto che è opinione diffusa che alle persone sia riservato questo trattamento privilegiato. Che poi sia effettivamente così è questione da verificare. Infatti, ci sono "cose" che sono tutelate e protette *meglio* delle persone: ad esempio *La Gioconda* è conservata in condizioni di umidità e temperatura costanti, di sicurezza, ecc., per cui non solo è trattata *come* una persona ma addirittura *meglio di* una persona, che normalmente è esposta alle intemperie, ecc.

L'esempio mostra che l'espressione «trattare *come* una persona» (e similari) lascia intendere che ci sia la massima tutela possibile, ma non necessariamente è così. In effetti il «Non uccidere!» garantisce la tutela dalle aggressioni ingiuste, ma è principio *prima facie* che ammette eccezioni, e quindi – a ben vedere – non fornisce il livello massimo della tutela. Per avere questo ci vuole un principio *assoluto*, che non ammette eccezioni, principio che in effetti è sotteso alla «la condanna morale di *qualsiasi* aborto procurato» ribadita dalla dottrina cattolica, la quale infatti non prevede la liceità del cosiddetto "aborto terapeutico" richiesto per evitare la morte della donna. Come stabilito da Pio XII nel 1951, dopo aver tentato il possibile per salvare donna e feto in questi casi tragici «altro non resta all'uomo [...] se non d'inchinarsi con rispetto dinanzi alle leggi della divina Provvidenza», tesi che è ancora valida, come ribadito esplicitamente dalla Congregazione per la dottrina della fede nel recente documento del 11 luglio 2009[3]. Restano da chiarire le ragioni addotte a giustificazione del divieto assoluto.

### 3.c. *L'argomento antiprobabilista e la sua critica*

È opinione diffusa tra i teologi che il divieto assoluto di aborto sia giustificato dal cosiddetto *argomento antiprobabilista* che viene formulato nel modo seguente: supponiamo che un cacciatore non sappia (con certezza) se dietro un cespuglio ci sia una lepre o una persona. Se spara in situazione di dubbio di fatto circa la presenza

[3] Per una documentazione delle controversie suscitate dall'aborto della bambina brasiliana che ha dato lo spunto per tale presa di posizione, cfr. il fascicolo speciale sul tema di «Bioetica. Rivista internazionale», XVIII (2010), n. 1, in cui è contenuto anche il documento citato.

di una lepre o di un uomo, il cacciatore è già colpevole di "omicidio" anche se in realtà dovesse uccidere la lepre, perché in cuor suo era disposto ad assumersi il rischio di uccidere una persona. Discorso analogo varrebbe anche nel caso dell'embrione, perché come afferma la Congregazione per la Dottrina della Fede «basta che questa presenza dell'anima sia probabile (e non si proverà mai il contrario) perché togliergli la vita significhi mettersi nel *pericolo* di uccidere un uomo, non soltanto in attesa, ma già provvisto della sua anima» (nota 19).

L'argomento presenta svariate sfaccettature che qui non posso esaminare. Va comunque osservato che se dietro il cespuglio c'è una lepre, il cacciatore non commette alcun *omicidio* (ma un lepricidio): non uccide un uomo ma una lepre. È vero che si può ribattere che, quando spara avendo il dubbio di fatto, il cacciatore *in cuor suo* era comunque disposto ad assumersi il rischio di uccidere un uomo, per cui si può dire che la disposizione del suo animo o la sua intenzione era malvagia. Ma questa risposta mostra che l'argomento come minimo comporta uno slittamento di piani: prima sembrava che il cacciatore compisse un *atto* (esterno, visibile e oggettivo) di omicidio. Ora emerge invece che il cacciatore è al massimo *omicida* nel senso che la sua *disposizione d'animo* o la sua *intenzione* era di quel tipo e negativa. Si abbandona il piano dell'atto esterno per passare a quello dell'atto interno, meno visibile e di solito privato. A parte la scarsa controllabilità delle intenzioni, il divieto di "omicidio interno" è poco pregnante: quando si sta correndo al treno con fretta indiavolata e un automobilista scaltro, raggiungendolo contromano, ci sottrae l'unico posto disponibile al parcheggio della stazione, può darsi che in cuor nostro si auspichi il suo annichilimento commettendo così un "omicidio interno", ma questa negativa disposizione d'animo sembra cosa di scarso rilievo. Ci sono poi casi in cui, anche trattandosi di tragiche uccisioni vere e proprie (esterne), è giustificata l'assunzione (interna) del rischio di uccidere un uomo, come capita quando non sappiamo se dietro il cespuglio ci sia un amico o un nemico pronto a ucciderci.

Basta rilevare lo slittamento dei piani di discorso, col passaggio da quello sull'atto esterno a quello sull'intenzione, per affermare che l'argomento antiprobabilista è fragile e incerto, e comunque non è in grado di sostenere una conclusione tanto impegnativa come il divieto assoluto di aborto. C'è inoltre il rischio che nello slittamento di piano si inseriscano altre sviste che qui non possiamo rilevare. Infine, l'argomento si svuoterebbe ove avessimo buone ragioni per sostenere che *certamente* l'embrione non è persona, facendo così venire meno la clausola («e non si proverà mai il contrario») ricordata dalla Congregazione per la dottrina della fede. Mentre l'argomento scientifico è invalido per ragioni di logica (l'errore della *quaternio*), l'argomento antiprobabilista non riesce a sostenere il divieto assoluto perché l'appello alle probabilità non basta a sostenere il divieto assoluto. Se poi ci fossero valide ragioni per la tesi che l'embrione *non* è persona, allora si dissolverebbe completamente.

### 3.d. *Conclusione breve sulla posizione cattolica*

A prima vista la posizione cattolica sull'aborto sembra chiara e semplice, ed essere del tutto simile a quella dei movimenti per la vita, ma così non è. Mentre quelli accettano l'impostazione diffusa e si basano sull'argomento scientifico, la chiesa critica quest'ultimo e rifiuta l'altra evitando per esplicita ammissione di stabilire quando ha inizio la persona (avviene l'infusione dell'anima spirituale). Afferma tuttavia che l'embrione va rispettato *come* una persona e al riguardo sembra fare ricorso all'argomento antiprobabilista che, però, come abbiamo visto, è inadatto a sostenere il divieto assoluto. L'unico punto fermo è, come ribadito dalla Congregazione per la dottrina della fede (11 luglio 2009) che la

> dottrina della Chiesa sull'aborto provocato non è cambiata né può cambiare. Tale dottrina è stata esposta nei numeri 2270-2273 del Catechismo della Chiesa Cattolica in questi termini: «La vita umana deve essere rispettata e protetta in modo assoluto fin dal momento del concepimento. Dal primo istante della sua esistenza, l'essere umano deve vedersi riconosciuti i diritti della persona, tra i quali il diritto inviolabile di ogni essere innocente alla vita». [...] «Fin dal primo secolo la Chiesa ha dichiarato la malizia morale di ogni aborto provocato. Questo insegnamento non è mutato. Rimane invariabile. L'aborto diretto, cioè voluto come un fine o come un mezzo, è gravemente contrario alla legge morale».

È quindi certo che la chiesa cattolica vieta assolutamente l'aborto e il passo citato non fa altro che ribadirlo, ma è altrettanto certo che non sono affatto chiare le *ragioni* addotte a giustificazione del divieto: sembra quasi che sia la ripetizione costante e decisa a giustificare il divieto. Dobbiamo continuare la ricerca di un argomento *razionale* a sostegno della tradizionale condanna morale dell'aborto.

## 4. *Due vie intermedie per trovare una giustificazione al divieto di aborto*

A volte chi condanna l'aborto parte a lancia in resta credendo di poter facilmente trovare valide ragioni a sostegno del divieto, ma quando poi cerca di articolarle con precisione deve riconoscere che non è facile trovarle: quelle esaminate si sono dileguate come la brina al primo sole. Né basta che un gruppo di persone ripeta insistentemente che l'aborto è sempre vietato, perché il divieto assuma consistenza razionale, anche se a volte la ripetizione frequente sembra dare l'illusione che ciò accada. A fronte di questa imbarazzante situazione, il fautore del divieto può cercare una soluzione ricorrendo a due diverse strade.

### 4.a. *Insistere sulla validità della sinonimia di "essere umano" e "persona"*

La prima strada è quella con cui si sottolinea che la distinzione tra "essere umano" e "persona" è una forzatura pericolosa, fuorviante o del tutto inutile. È inutile se si considera che "persona" ha poi svariate accezioni (più di venti), per cui l'ulteriore precisazione dell'esatto significato sarebbe fonte di infinite diatribe e bizantinismi. È fuorviante perché non coglie la saggezza insita nel linguaggio comune che non distingue tra "vita umana", "essere umano", "persona" e attraverso questa sinonimia ci orienta a pensare in modo unitario circa l'uomo. È pericolosa perché attacca l'uguaglianza di tutti gli uomini, valore che costituisce una delle principali conquiste della civiltà moderna. Sinora la si è sviluppata "in orizzontale" per superare i pregiudizi sociali circa la razza, il sesso, ecc., ora si tratta di promuoverne lo sviluppo anche "in verticale" così che l'uguaglianza si estenda dal concepimento alla morte naturale.

È vero che il linguaggio comune non opera distinzioni tra "vita umana" e "persona umana" e che le prime pagine dei giornali a volte hanno titoli del tipo: «Tre vite spezzate in un incidente frontale» e tutti capiscono che sono morte tre persone. In quel contesto la distinzione è superflua e ridondante. Ma in altri contesti diventa necessaria. Quest'esigenza non dipende da una presunta "malizia" di chi pur di attaccare l'embrione introduce la *anti-lingua*, cioè una lingua artificiale che occulta la realtà. Assumere questo all'inizio equivale a rifiutare il dibattito e la riflessione assumendo un atteggiamento analogo a quello chi dice: «Puoi dire quel che vuoi, ma non cambierò mai idea!». L'esigenza della distinzione nasce dall'assunto che la persona sia dotata di speciali caratteristiche che la distinguono dal resto della natura.

A ben vedere la richiesta di ulteriori distinzioni capita anche in altre situazioni: anzi, ci vogliono le distinzioni ogniqualvolta si passi da un contesto di senso comune a un contesto tecnico. Se, per esempio in casa dico a mia figlia: «Passami per piacere il libro giallo che sta sul tavolo», assumo che lei capisca subito quale sia il libro da prendere. Se, però, volessi ridipingere la stanza e mi recassi al colorificio per comperare la tinta, non basta più dire che voglio della vernice gialla: il contesto è diventato tecnico e va indicato lo specifico tipo di giallo tra le centinaia esistenti. Come il termine generale "giallo" va bene nei contesti di senso comune ma non in quelli tecnici, così la sinonimia tra "vita umana", "essere umano", "persona umana" va bene nei contesti comuni della vita sociale, ma non in quelli tecnici della biomedicina. La scienza funge come da lente d'ingrandimento consentendoci di vedere una realtà più ricca, cosicché aspetti che prima apparivano uniti e indistinti ora sono separati e diversi. Il linguaggio deve diventare più ricco e differenziato, in modo da riuscire a cogliere le diverse realtà che si dischiudono davanti a noi.

Se la *persona* è un composto di anima e corpo non possiamo partire presupponendo sin dall'inizio che l'anima sia presente dalla fecondazione nel corpo cioè nell'*essere umano*. Può anche darsi che sia così, ma ciò va dimostrato con argomenti razionali indipendenti dalla conclusione normativa. Non possiamo cioè dire che si deve assumere che l'essere umano è sin dall'inizio persona, perché altrimenti non avremmo argomenti contro l'aborto. Far questo è commettere una *petitio principii* ossia presupporre come vera la conclusione che invece va dimostrata. Né, per la stessa ragione, possiamo presupporre che non vale la distinzione tra "essere umano" e "persona" perché il principio di uguaglianza vieta diversità di trattamento tra gli umani che altrimenti non sarebbe più garantita. Infatti, il principio di uguaglianza afferma sì che è ingiusto trattare in modo diseguale gli uguali, ma anche che è altrettanto ingiusto trattare ugualmente i diseguali. Pertanto, si torna al punto iniziale, ossia sapere quando ha inizio la persona, perché da quel momento vale l'uguaglianza. Ove l'essere umano non fosse persona, l'uguaglianza potrebbe imporre trattamenti diversi. Presupporre che uguaglianza esiga la coincidenza di persona ed essere umano è, ancora una volta, dare per scontata la conclusione da dimostrare e in discussione.

Pur non prendendo una specifica posizione sul momento preciso dell'infusione dell'anima spirituale, come abbiamo visto, anche la dottrina cattolica romana nei documenti ufficiali distingue tra essere umano e persona: fatto che conferma la distinzione. La via esaminata per accreditare il divieto di aborto non è percorribile e porta in un vicolo cieco.

### 4.b. *La soluzione del personalismo ontologicamente fondato*

L'altra strada proposta per superare l'imbarazzante vuoto di argomenti razionali per il divieto di aborto è molto più raffinata della precedente e costituisce il nucleo del programma di lavoro assunto dal personalismo ontologicamente fondato, prospettiva che nelle linee generali già abbiamo esaminato nel capitolo precedente e che, in un senso, è stata elaborata proprio per dare una risposta all'aborto. L'idea di fondo sta nel riprendere una tesi sostenuta da Sofia Vanni Rovighi, filosofa storica dell'Università cattolica di Milano, la quale sottolineava come la risposta data a un problema morale dipende dalla visione antropologica presupposta e dalla più generale visione del mondo. Sulla scorta di quest'idea i fautori del personalismo ontologico osservano che la risposta al problema se l'embrione sia o no persona sarà diversa a seconda della diversa antropologia filosofica sostenuta: chi sostiene una concezione *funzionalista* di persona può legittimamente distinguere tra essere umano e persona, e sostenere che l'embrione non è persona; chi invece ha una concezione *sostanzialista* può al contrario legittimamente sostenere che la distinzione essere-umano/persona è impropria e infondata, e che l'embrione è persona a pieno titolo.

Il riconoscimento dell'esistenza di diverse concezioni di persona sembra essere il prezzo da pagare allo spirito dei tempi caratterizzati da secolarizzazione e pluralismo etico, prezzo che consente al personalismo ontologico di richiedere il riconoscimento di un'analoga rispettabilità culturale per la propria prospettiva. Ciascuno può sostenere la propria tesi a testa alta, senza interferenze nel proprio campo. Qui emerge con chiarezza in che senso – come già abbiamo visto nel capitolo precedente – il programma del personalismo ontologico è qualcosa di analogo al *cuius regio, eius et religio*: come la Pace di Westfalia ha posto fine alle guerre di religione riconoscendo il diritto di libertà religiosa entro la propria regione, così ora il personalismo ontologico pone fine alle guerre ideologiche (sull'embrione) riconoscendo il diritto di libertà circa l'antropologia filosofica prescelta e di trarre le debite conseguenze circa l'embrione. Ciascuna posizione è culturalmente rispettabile e ciascuno resta nel proprio territorio culturale senza andare a scompigliare le carte nel campo altrui, salvo ovviamente la facoltà di difendere le proprie posizioni in altre sedi, istituzionali o politiche. L'antico principio di Westfalia potrebbe essere così riformulato adeguandolo al tema specifico: *cuius personae conceptio, eius et embryonis opinio*: cioè a seconda della concezione di persona che uno ha, avrà anche la corrispondente opinione sull'embrione.

L'esigenza di una "pace culturale" sull'embrione è forte sia per attenuare i conflitti sociali in materia sia, soprattutto, per fare chiarezza nel cattolicesimo romano in cui fino a pochi anni fa molti filosofi e medici seguivano la tesi di Tommaso d'Aquino ed erano favorevoli alla animazione ritardata (la persona comincia dopo un certo tempo). Riconoscendo la possibilità di sostenere le diverse antropologie filosofiche, il personalismo ontologico da una parte attenua la tensione coi laici secolarizzati, cui è garantito il riconoscimento della posizione, e dall'altra, soprattutto, ricompatta l'unità bioetica dei cattolici che era in forse, sottolineando che la questione dell'embrione non è affatto marginale né opzionale nel cattolicesimo perché dipende dalla stessa visione dell'uomo. Acquisiti i risultati, si passerà poi a criticare le posizioni laiche e riaffermare la tesi che l'embrione è persona. Questo programma di lavoro è tanto importante che merita un approfondimento specifico.

## 5. *Il personalismo ontologico sull'embrione: la tesi e i limiti*

Dopo aver preso atto che numerose sono le concezioni di persona, il personalista ontologico rileva alla fine che si deve scegliere tra due posizioni: da una parte c'è la concezione *funzionalista* per la quale la persona esiste solo quando essa manifesta le peculiari "funzioni superiori" che la contraddistinguono, ad esempio la capacità di pensare. Questo significa che l'essere o no persona dipende dalla presenza o dall'assenza di una (o di un insieme di) proprietà o funzioni. Pertanto, sottolinea Sgreccia, «il termine "persona" indica un concetto astratto, definito da un elenco di proprietà e funzioni non necessariamente dell'essere umano ma anche di qualsiasi altro ente che dimostri di possederle». Di qui derivano due conseguenze:

a. «non vanno considerate persone coloro che non manifestano le qualità o non sono in grado di svolgere le funzioni ritenute essenziali per un'esistenza individuale e personale» così che «alcuni individui umani (l'embrione, il feto, il neonato, il portatore di handicap psichico etc.) non vengono considerate persone», e

b. "persona" è termine che si applica «non solo agli individui umani ma anche a entità non umane (avrebbero statuto personale alcuni esseri non umani come gli animali antropomorfi, i robot etc.)». Sulla scorta di questa concezione, infatti, è corretto dire che l'embrione non è persona, se non presenta la speciale proprietà individuata.

Dall'altra parte, invece, c'è la concezione *sostanzialista* della persona per la quale l'essere persona dipende non già dalla presenza di certe qualità o funzioni ma da «*una posizione d'essere, cioè dalla natura ontologica (essenza) di determinati individui*» (corsivo aggiunto). Questo perché

> la persona non perde la propria struttura d'essenza per il fatto di non esercitare, ad esempio, l'autocoscienza [...] perché la natura ontologica può anche manifestarsi in una serie di capacità, attività, e funzioni, caratterizzanti della razionalità, ma non è *riducibile ad esse*. Pertanto un individuo umano può possedere la natura razionale (ed essere con ciò stesso persona) anche senza manifestare tutte, sempre e nel grado massimo, dette caratteristiche" (corsivi aggiunti).

L'*essere* della persona, quindi, non dipende affatto dalla presenza o assenza (empiricamente accertabile) di alcune proprietà né è a esse riducibile, ma dipende da un "atto primo" costitutivo dell'*essere* della sostanza spirituale, "atto primo" che è indipendente dalla *manifestazione* delle "facoltà superiori": queste possono essere più o meno sviluppate, sospese o anche assenti senza per questo mettere in dubbio l'*essere* stesso della persona. L'indagine tesa a individuare tale "atto primo" non può quindi consistere nel mero accertamento empirico della presenza di certe caratteristiche (le "facoltà superiori"), ma deve andare alla ricerca dei *signa personae*, ossia degli indizi che possono indicare la presenza del grado d'essere di ordine metafisico. In questa ricerca occorre distinguere la *costituzione prima*, che riguarda il piano *ontologico* ossia quello in cui si considera l'essere o il non-essere stesso della *persona* (in senso proprio), dalla *costituzione seconda*, che riguarda invece il piano *fenomenico* ossia ciò che *appare* o *si manifesta* nella "personalità" e nei diversi gradi di sviluppo psicologico o culturale.

Dal punto di vista ontologico la persona o c'è o non c'è, ed *esiste* sin da quando c'è l'"atto primo" che la costituisce instaurando il "grado d'essere" che le è proprio. Alla biologia spetta poi il compito di stabilire quando si forma la "natura umana", che fa supporre la presenza di tale atto primo. Tommaso d'Aquino, per via delle «imperfette conoscenze in tema di embriologia umana [...] fu portato ad ammettere due fasi nella formazione dell'uomo», una prima priva di anima spirituale, e una successiva dotata di tale anima. Ora, invece, i dati biologici lasciano intendere che l'"atto primo" d'essere della persona avviene alla fecondazione, dopo di che il processo vitale continua in modo autonomo con le dinamiche proprie della *coordinazione*, *continuità* e *gradualità* dello sviluppo del processo vitale. In seguito, si forma la "personalità", la quale presenta molte gradazioni e tonalità diverse in quanto le "facoltà superiori" possono essere molto diverse: più o meno acute, più o meno sviluppate, a volte sospese o anche *assenti*. Ciò non toglie che «ogni individuo umano è da considerare persona *in atto* fin dall'inizio della sua avventura terrena – il momento della fecondazione – ma per tutta la vita è personalità *in potenza*».

Per il personalismo ontologico l'errore della concezione funzionalista sta nel confondere o nello scambiare la persona con la personalità, errore che non dipende da una svista marginale ma dal *riduzionismo* insito nel funzionalismo, che porta a credere che l'*essere* persona sia riducibile alla presenza/assenza di alcune proprietà o funzioni empiricamente accertabili. Questo è sbagliato perché violerebbe il principio *operari sequitur esse* (l'operare segue l'essere), per il quale le "facoltà superiori" della persona ci sono *perché* c'è un certo tipo o grado di "essere", ossia c'è già stato l'"atto primo" costitutivo della persona. Il riduzionismo, invece, porta a capovolgere la situazione facendo credere che ci sia la persona (un tipo o grado d'essere) *perché* ci sono alcune operazioni accertabili, le "facoltà superiori". In breve: per il funzionalismo l'*essere*-persona segue o dipende dalla *operazione*-pensare, mentre per il personalismo ontologico la *operazione*-pensare segue o dipende dall'*essere*-persona. Il funzionalismo si rivelerebbe così fuori rotta e superficiale perché non riuscirebbe a cogliere l'essenza della persona, la quale prescinde dalle manifestazioni empiriche dipendendo dalla specifica «posizione d'essere». Con le parole di Sgreccia e Di Pietro,

> l'approccio sostanzialista o del personalismo ontologico ricerca una determinazione sostanziale prima che fenomenica dell'essere persona: in tale contesto l'essere persona *non dipende dal grado di presenza di certe caratteristiche o di realizzazione di alcune funzioni*, ma da una posizione d'essere cioè dalla natura ontologica (essenza) di determinati individui, costante in loro. Ne consegue che dall'identica essenza scaturisce il valore uguale di ogni persona, in modo indipendente dal possesso attuale di certe proprietà o funzioni [...] la persona non perde la propria struttura d'essenza per il fatto di non esercitare, ad esempio, l'autocoscienza [...] perché la natura ontologica può anche manifestarsi in una serie di capacità, attività, e funzioni, caratterizzanti della razionalità, ma non è *riducibile ad esse*. Pertanto un individuo umano può possedere la natura razionale (ed essere con ciò stesso persona) anche senza manifestare tutte, sempre e nel grado massimo, dette caratteristiche (corsivi aggiunti).

I personalisti ontologici riconoscono quindi che non basta l'accusa di anti-lingua per eliminare la distinzione essere-umano/persona: almeno in prima istanza, la sua sostenibilità dipende diversa concezione di persona presupposta. Dopodiché osservano che, rilevata l'ineguatezza dell'antropologia funzionalista, i termini "essere umano" e "persona" sono coestensivi e l'uso comune può essere accettato. Si tratta ora di capire se il funzionalismo sia davvero inadeguato e superficiale, e perché.

### 5.1. *Il presunto difetto della concezione funzionalista di "persona": il riduzionismo*

Per il personalismo ontologico il peccato originale della concezione funzionalista sta nel *riduzionismo*, termine che ha in sé una chiara connotazione negativa. Per capire la natura della critica è opportuno chiarire che cosa si intende con "riduzionismo", termine solitamente usato in almeno due sensi diversi:

A) come il *metodo d'indagine* teso a spiegare ciò che è complesso in termini più elementari o generali, oppure

B) come la *dottrina* secondo cui ciò che ci appare complesso altro non è che una forma di ciò che è elementare.

Il riduzionismo come *metodo* comporta a sua volta una distinzione. Come *metodo generale* è l'operazione connessa al processo di astrazione che ci consente di classificare i molteplici aspetti del reale in alcune grandi categorie fondamentali per la conoscenza. Vediamo singoli oggetti con svariate proprietà: ne selezioniamo alcune con un processo di riduzione della complessità per collocarli in poche classi di oggetti simili. A volte diciamo che alcuni aspetti del mondo sono "apparenza" e altri "realtà", riducendo la varietà a due categorie generali che sono centrali nella metafisica. Ogni ricerca teorica è riduzionista in questo senso molto generale, e quindi poco interessante e qui trascurabile.

Il riduzionismo come *metodo particolare*, invece, è tipico del metodo scientifico ossia l'insieme delle procedure controllate con cui si cerca di spiegare il complesso in base a elementi più semplici e a leggi generali. Con la nascita della scienza moderna questo metodo ha prodotto straordinari risultati nel campo delle scienze della natura ed è oggi vincente nel senso che pochi ne criticano il valore.

Il riduzionismo come dottrina, invece, è la prospettiva secondo cui la varietà e complessità del mondo è solo apparenza, perché in realtà essa *non è altro che* un insieme di elementi più semplici, cosicché gli stessi termini usati per descrivere o spiegare la realtà complessa sono riconducibili a termini più semplici ed elementari. Esempio: il termine "rosso" usato per descrivere un colore può essere sostituito col corrispondente indice d'intensità delle onde ottiche. Estendendo la dottrina, nel XVIII secolo Lammettrie è giunto a sostenere la tesi dell'uomo-macchina (la persona non è altro che una macchina sofisticata), e J.J.C. Smart nel XX secolo che «la biologia è alla fine biochimica e biofisica. [...] la psicologia a dire il vero è anch'essa una scienza biologica». In questo senso il riduzionismo come dottrina porta a forme di materialismo.

Mentre il riduzionismo come metodo (particolare) è assodato e indiscusso, in quanto usato dagli scienziati nei loro programmi di ricerca, che possono poi anche non riuscire, il riduzionismo come dottrina è controverso perché molti osservano come minimo che, di fatto, la psicologia non è ancora stata ridotta alla biologia, né la biologia alla biochimica. Nel mondo biologico e psicologico la realtà è come stratificata così che l'aumento della complessità dell'organizzazione della materia dà origine a diversi livelli di esistenza perché dal livello inferiore *emergono* proprietà nuove che *trascendono* quelle presenti in quel livello e costituiscono un livello superiore. Ad esempio le proprietà dell'acqua sono più della somma di $H_2O$, o il comportamento sociale umano è più della somma dei movimenti di ciascun singolo individuo. Infatti, queste nuove proprietà emergenti non sono spiegabili attraverso i termini del livello inferiore e possono essere descritte e spiegate in modo appropriato solo attraverso un linguaggio più ricco. Si sottolinea così, per esempio, che in biologia e psicologia sono *per ora* ineliminabili i termini *funzionali* e *teleologici* perché solo grazie a essi si riesce a cogliere e spiegare le particolari proprietà emergenti proprie di quel livello di realtà. Altri rincarano la dose dicendo che sono *di principio* ineliminabili, perché la riduzione farebbe perdere un pezzo di realtà, dal momento che per esempio la sensazione indicata da "rosso" sarà sempre qualcosa di più di quanto indicato dal numero dell'intensità delle onde ottiche.

Senza approfondire la questione se verrà mai il giorno in cui prevarrà il riduzionismo come dottrina, ci basta qui osservare che chi sottolinea che per ora la psicologia non è ancora stata ridotta alla biologia né la biologia alla chimica può sostenere che individuo umano adulto presenta proprietà *emergenti* che sono irriducibili ai livelli precedenti. Può quindi usare il termine *anima* (razionale o spirituale) per indicare queste proprietà emergenti, lasciando aperta l'ulteriore questione se la sua presenza dipenda da una sostanza immortale e sovrannaturale o se invece sia frutto della straordinaria complessità dell'organizzazione della materia. Chi, invece, pur riconoscendo che per ora la riduzione non è ancora stata operata, insiste nel dire che lo sarà presto e che già ci sono gli elementi per credere che avverrà, difende il riduzionismo come dottrina.

Avendo chiarito i due grandi diversi sensi di *riduzionismo*, possiamo ora passare a esaminare le varie concezioni del mondo e della persona rispetto a questo punto di vista, in modo da avere il quadro generale della situazione e gli strumenti concettuali per esaminare la critica mossa al riguardo dal personalismo ontologico.

### 5.2. *Le diverse concezioni della persona e del mondo rispetto al riduzionismo*

Anche prima della nascita della scienza moderna c'erano tentativi di spiegare il complesso attraverso il più semplice ed elementare, ma la realtà appariva così variegata e multiforme, e a volte tanto inspiegabile e misteriosa, da far ritenere – come abbiamo visto – che per farlo andassero mantenuti vari livelli di realtà, ciascuno indagabile con un proprio metodo specifico. Introducendo l'idea di un unico metodo valido in ogni campo dello scibile, la Rivoluzione scientifica ha posto una sfida alla antica concezione sollecitando reazioni diverse. Elenco qui le diverse grandi prospettive che si danno al riguardo.

1. *La grande catena dell'essere*: con questo nome indico la prospettiva molto diffusa nel mondo occidentale prima dell'avvento della scienza moderna secondo cui la realtà è stratificata secondo un ordine di concatenazioni che unisce i diversi gradi dell'essere. L'aristotelismo è una versione di questa prospettiva, la quale prevede che il mondo possa essere rappresentato come una grande torta di nozze in cui gli strati inferiori sono più semplici e quelli su-

periori sempre più complessi, stratificazione che vale anche per la materia inorganica (cfr. fig. 1 a p. 92). Contrariamente a quanto è diventato oggi comune, si riteneva che i metalli vili (per esempio il piombo) fossero profondamente diversi da quelli nobili (per esempio l'oro), e che la differenza non fosse solo di valore economico, ma di tipo ontologico ossia riguardante la natura stessa dell'essere. La scala gerarchica dell'essere incomincia quindi già con la materia non vivente, per diventare poi più esplicita e visibile nella materia vivente, e infine nell'uomo in cui l'essere mostra una natura spirituale, aprendo così la strada all'idea che ci siano due sostanze, quella materiale oggetto della fisica e delle altre scienze naturali, e quella spirituale oggetto della metafisica.

2. *Il materialismo*: è la prospettiva diametralmente opposta alla precedente, dal momento che la grande catena dell'essere presenta tante differenze di livello, mentre il materialismo le appiattisce tutte. Già nel mondo antico gli atomisti e gli epicurei proponevano forme di materialismo, prospettiva che però è restata minoritaria nel mondo cristiano perché fortemente contraria al senso comune che individua diversità di livelli che sono colti e articolati meglio dalla grande catena dell'essere. La nascita della scienza moderna ha tuttavia riproposto con forza il materialismo, dal momento che il successo del riduzionismo come metodo particolare d'indagine sembra sostenere il riduzionismo come dottrina. Non a caso si è riproposta l'idea dell'uomo-macchina e l'abbandono dei gradi dell'essere.

3. *Il cartesianesimo*: è una prospettiva con cui si cerca di contrastare il materialismo. Si riconosce che il successo delle scienze e del riduzionismo come metodo favorisce il materialismo e lo si combatte riconoscendo che il riduzionismo come dottrina vale nel mondo fisico ossia per la *res extensa* o materia. Anche gli animali non umani non sono altro che macchine complesse e la biologia è ridotta alla chimica. Anche il corpo umano lo è. Solo la psicologia non è riducibile alla biologia perché la mente umana è di natura spirituale, cioè di sostanza diversa: è *res cogitans* o sostanza pensante. Esistono quindi nel mondo due sostanze – la materia (*res extensa)* e lo spirito (*res cogitans*) – le quali sono non solo irriducibili ma anche radicalmente diverse tanto da renderne difficile la connessione (per una rappresentazione schematica cfr. fig. 2 a p. 94). Per questo si è detto che nel cartesianesimo lo spirito si unisce al-

la materia come un *ghost in the machine*, ossia come uno "spettro o fantasma nella macchina": come capita nel cartone animato *La bella e la bestia* di Walt Disney anche le tazzine o i candelabri e altri oggetti inorganici possono essere "animati" allo stesso modo degli alberi e degli animali, tesi che risulta impensabile nella concezione aristotelica.

4. *L'aristotelismo temperato* (neo-tomismo): è un'altra prospettiva con cui si cerca di fronteggiare o limitare il materialismo, di cui peraltro si riconosce il successo per quanto riguarda la sola realtà inorganica. Quando però si passa al mondo vivente si deve riconoscere che la biologia resta irriducibile alla chimica-fisica per cui ritorna la gradualità dell'essere. Questo significa da una parte che un nuovo tipo di organizzazione fa emergere proprietà nuove che danno origine a un nuovo livello d'essere, e dall'altra che il passaggio da un livello all'altro è graduale in quanto è impossibile per esempio passare dallo stato di "alga" a quello di "tigre" senza essere passati per i livelli intermedi. Riprendendo la terminologia aristotelica, si può indicare con "*forma*" l'*organizzazione* di un corpo (sia esso vivente o no), e usare "anima" per indicare la *forma* del corpo vivente. In questo senso si erano individuati tre tipi di anima: l'anima *vegetativa* che è comune a tutti i viventi e che rende possibile le funzioni minime della vita, cioè *autoconservazione* e *riproduzione*. Tutti i vegetali hanno l'anima vegetativa, ma anche nel regno vegetale ci sono livelli di complessità diversi: i licheni sono molto più semplici delle sequoie, ecc. e quindi anche in questo regno ci sono gradi diversi da considerare.

Quando poi la complessità dell'organizzazione della materia vivente aumenta al punto da far emergere nuove caratteristiche come la capacità di *movimento* e di *sensazione di piacere e dolore*, è segno che si è in presenza della anima *sensitiva*, la quale appunto oltre alle funzioni precedenti ne svolge di nuove. Anche in questo caso ci sono livelli diversi di complessità: tutti gli animali hanno la capacità di muoversi, ma non è chiaro che tutti abbiano la capacità di provare piacere e dolore, funzione che dipende dal livello dell'organizzazione del sistema nervoso centrale. Così una lumaca ha un sistema nervoso centrale così semplice che non è chiaro che soffra nello stesso senso in cui soffre un gatto. Ancora una volta, anche nel regno animale ci sono livelli diversi e l'anima sensitiva ha funzioni diverse, da distinguere attentamente. Anche qui, l'eventuale passaggio da un livello all'altro deve avvenire con gradualità, passando attraverso i livelli intermedi previsti dalla scala biologica.

Quando infine l'organizzazione dell'anima sensitiva si complessifica ulteriormente emergono nuove caratteristiche come la capacità simbolica, l'autocoscienza, il pensiero, ecc. Questo è il segno della presenza dell'anima *razionale*, la quale oltre alle funzioni vegetative e sensitive svolge le funzioni proprie del nuovo livello di esistenza: quelle tipiche del mondo culturale, spirituale o socio-psicologico. A questo punto, la presenza di queste "funzioni superiori" può essere spiegata in due modi diversi.

Il *primo* è quello della tradizione aristotelica che prevede che dal culmine della complessità organica si passi alla sostanza immateriale o spirituale. Ciò significa che la diversità qualitativa delle "funzioni superiori" è data dalla presenza dello "spirito" come sostanza immateriale, anche se non c'è la contrapposizione netta prevista dal cartesianesimo perché in questa prospettiva lo spirito è come consecutivo al livello massimo di complessità della materia. Con le inimitabili parole che Dante fa dire a Stazio (*Purgatorio* XXV, vv. 68-75):

> sappi che, sì tosto come al feto
> l'articular del cerebro è perfetto,
> lo motor primo a lui si volge lieto
> sovra tant'arte di natura, e spira
> spirito novo, di vertù repleto,
> che ciò che trova attivo quivi, tira
> in sua sustanzia, e fassi un'alma sola,
> che vive e sente e sé in sé rigira.

Senza entrare nelle infinite discussioni suscitate da questo passo, qui Dante osserva che «tant'arte di natura» (il livello massimo di complessità organica) viene come completata dal «motor primo», Dio, che in quest'opera mirabile e complessa «spira spirito novo» ossia un'anima di sostanza spirituale e immortale, la quale è la fonte del pensiero, dell'autocoscienza e delle altre facoltà superiori (sé in sé rigira). È una concezione *sostanzialista* di persona in cui le funzioni superiori dipendono dalla sostanza spirituale. Per via della presenza di una *res cogitans*, a volte, questa concezione può richia-

mare il cartesianesimo, da cui però si distingue radicalmente nel modo di concepire la relazione con la materia organica. Nel dualismo cartesiano il rapporto con la materia è estrinseco, tanto che anche il corpo umano è una macchina, mentre nell'aristotelismo temperato il rapporto è intrinseco tanto da prevedere come un'elevazione della stessa materia organica in modo che il corpo umano diventi come fluido ed etereo, quasi evaporasse, così da essere disposto a ricevere la sostanza spirituale.
L'*altro modo* di spiegare il nuovo livello di esistenza, invece, dà origine a un'altra prospettiva chiamata *soft-materialism*. Questa prospettiva esclude l'esistenza di una sostanza spirituale e afferma che le "funzioni superiori" sono solo il frutto meraviglioso che emerge dalla straordinaria complessità della materia organica. Queste funzioni non dipendono da alcuna sostanza immateriale e immortale, ma dal nuovo livello di esistenza generato dall'organizzazione della materia, per cui esse si dissolvono al dissolversi di essa. È quindi una concezione *funzionalista* di persona perché le "funzioni superiori", frutto del tipo di organizzazione complessa della materia organica, *sono* l'anima, la quale consiste appunto in questo nuovo livello d'essere: il mondo simbolico o culturale. Questa concezione è compatibile con una versione di materialismo, il cosiddetto *soft materialism* per il quale c'è una sola sostanza, la materia, la quale può disporsi a strati e prevedere livelli diversi di esistenza tra loro irriducibili. Può darsi che il fautore dello *hard materialism* a questo punto rilevi che i diversi strati di esistenza sono solo mera apparenza, e che in realtà presto si troverà l'algoritmo o qualcosa di analogo che mostra come il livello superiore altro non è che una versione riducibile al livello inferiore. Ma per ora non si è ancora giunti a questo e comunque la discussione non ci riguarda qui.

Importante, per noi, è aver chiarito le diverse concezioni di persona in rapporto al problema della concezione sostanzialista/funzionalista e al problema del riduzionismo. Fino alla Rivoluzione scientifica nel mondo cristiano ha prevalso la concezione della grande catena dell'essere. La grande crisi indotta dalla scienza ha fatto sì che la riflessione sviluppasse quattro posizioni diverse che riassumo nel seguente schema:

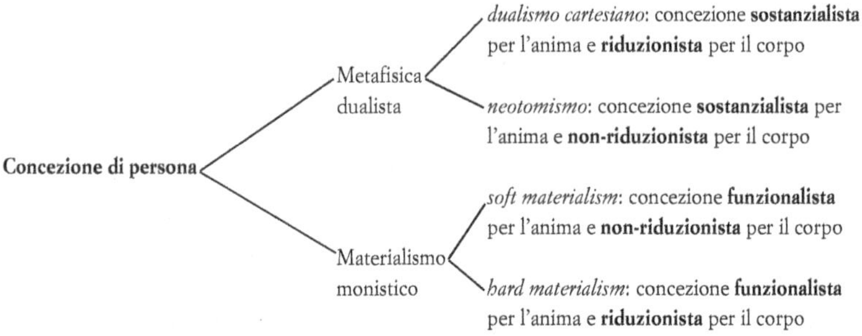


Schema 1. Le concezioni di persona
(rispetto al funzionalismo/sostanzialismo e al riduzionismo come dottrina)

È opportuno spiegare lo schema che riassume le diverse concezioni di persona che si sono diffuse dopo l'avvento della Rivoluzione scientifica. Bandendo le cause finali dalla ricerca scientifica, questa ha reso improponibile la grande catena dell'essere e con essa l'antica antropologia sottostante. Di qui le quattro diverse antropologie che cercano di dare una risposta alla sfida.

In alto sta l'*antropologia cartesiana* che accetta il riduzionismo come dottrina per quanto riguarda la natura fisica e organica, ma riafferma la sostanza spirituale o pensante (*res cogitans*) per quanto riguarda l'anima umana. È quindi una concezione *sostanzialistica* di persona che accetta il riduzionismo come dottrina per il corpo accentuando il dualismo.

All'estremo opposto in basso sta lo *hard materialism* che come il cartesianesimo afferma il riduzionismo come dottrina per quanto riguarda la natura fisica e organica che viene spinto al massimo grado possibile per il fatto che questa posizione nega ogni dualismo di sostanze sostenendo quindi una concezione *funzionalista* di persona pienamente materialista come quella affermata dall'uomo-macchina.

Ma nel mezzo ci sono due posizioni intermedie. In alto al centro sta il *neo-tomismo* che difende una concezione sostanzialistica di persona, per la quale l'anima è una sostanza spirituale e immortale la cui esistenza è oggetto della filosofia intesa come metafisica. Tuttavia, questa concezione rifiuta il riduzionismo come dottrina per quanto riguarda il corpo umano, per cui l'anima (la sostanza spirituale) può giungere solo quando il corpo ha raggiunto il massimo grado di perfezione organica possibile. Le "funzioni superiori" proprie della persona umana non sono il frutto della materia organica, bensì della sostanza spirituale o immateriale infusa da Dio nel corpo quando questo è adeguatamente preparato a riceverla.

Infine, in basso al centro, sta il *soft materialism* che esclude ogni sostanza spirituale difendendo una concezione funzionalista (e materialista) di persona. Le funzioni "superiori" sono il frutto che emerge dal livello complesso raggiunto dalla materia organica, frutto che costituisce il mondo culturale o psicologico, il quale ha caratteristiche proprie e *irriducibili* alla materia, pur non rimandando ad alcuna metafisica sostanzialista. Tuttavia, anche qui, come nel neo-tomismo, si rifiuta nettamente il riduzionismo come dottrina per quanto riguarda il corpo, per cui le "funzioni superiori" emergono dal corpo solo quando questo ha raggiunto il livello massimo di perfezione.

Pur divergendo radicalmente tra loro circa il modo di concepire le "funzioni superiori" o le proprietà emergenti, c'è una forte convergenza o addirittura un'equivalenza tra il neotomismo e il *soft materialism*. Per il primo la "funzione superiore" è frutto della sostanza spirituale e dipende da essa, mentre per l'altro è frutto del livello più alto di complessità corporea. Ma le due posizioni sono estensionalmente equivalenti perché per entrambe la "funzione superiore" o proprietà emergente è possibile solo quando la materia ha raggiunto il livello adeguato di complessità, non prima.

### 5.3. *L'errore di fondo del personalismo ontologico*

L'analisi fatta ci ha dato il quadro generale delle diverse concezioni di persona in rapporto al sostanzialismo/funzionalismo/riduzionismo fornendoci gli attrezzi concettuali per esaminare la critica rivolta dal personalismo ontologico alla concezione funzionalista: supporre un inadeguato riduzionismo. Non si tratta di una critica marginale, ma di una che mira al cuore: l'antropologia funzionalista sarebbe inadeguata e superficiale perché si limita a una considerazione fenomenica dell'essere persona che è incapace di cogliere il suo nucleo o la sua essenza profonda. La superficialità affiorerebbe subito perché, come scrivono Sgreccia e Di Pietro, «non si può non notare che *ridurre la persona* alle sole funzioni che è in grado di svolgere, e quindi definirla solo in base a ciò che *appare* e non a ciò che *è*, significa tradire lo stesso significato dell'essenza "uomo"» (corsivo aggiunto). Detto altrimenti, la concezione funzionalista è riduzionista perché *riduce* «la persona alle sole funzioni che è in grado di svolgere», mentre la concezione sostanzialista non sarebbe riduzionista ed eviterebbe questo errore perché afferma che la natura ontologica della persona «può anche manifestarsi in una serie di capacità, attività, e funzioni ... ma non è *riducibile ad esse*». Infatti, in essa «l'essere persona non dipende dal grado di presenza di certe caratteristiche o di realizzazione di alcune funzioni, ma da una posizione d'essere».

Le parole citate rendono chiaro che nel personalismo ontologico il termine *riduzionismo* è usato in un terzo e nuovo significato rispetto ai due precedenti: non indica più né il *metodo* con cui tentare di spiegare il complesso attraverso ciò che è più semplice, né tantomeno la *dottrina* secondo cui ciò che è complesso è spiegabile con ciò che è elementare, ma indica che l'essere persona non è *riducibile* alla «presenza di certe caratteristiche o [...] di alcune funzioni», e quindi non può essere individuabile attraverso l'accertamento delle date caratteristiche o proprietà o funzioni. Dire questo, però, è dire che per "persona" non vale la normale operazione di definizione. Quella che in ogni ambito del sapere è l'iniziale e indispensabile mossa per pensare correttamente e per muoversi nel discorso, cioè la definizione, viene ora bollata col termine negativo di "riduzionismo". Invece di riconoscere che essa è fondamentale per pensare correttamente, perché ci consente di classificare le cose a seconda delle diverse proprietà o funzioni e di collocarle in un ordine più generale, per il personalismo ontologico nel caso di "persona" la definizione diventa un'operazione impropria, negativa, *riduzionista* appunto.

Mentre solitamente *riduzionismo* indica, come abbiamo visto, la dottrina secondo cui le proprietà che appaiono come "funzioni superiori" non sarebbero altro che proprietà più elementari e semplici, nel personalismo ontologico *riduzionismo* indica la tesi che l'essere o no persona non sarebbe altro che la presenza o l'assenza (empiricamente accertabile) delle proprietà o "funzioni superiori" previste dalla definizione. Ma poiché le "funzioni superiori" previste dalla definizione sono a loro volta *irriducibili*, in quanto sono proprietà emergenti tipiche del nuovo livello di realtà e non spiegabili in base ai livelli inferiori, chiamare "riduzionismo" questa prospettiva significa affermare che quello di "persona" è un concetto indefinibile, che sfugge a qualsiasi e qualunque definizione.

Ma se "persona" è indefinibile, allora, non sappiamo né di che cosa si parla né che cosa si intende quando usiamo quel termine. In linea di principio ciascuno può intendere quel che vuole: diventa un concetto indeterminato, una sorta di jolly spendibile in ogni occasione a piacimento. Il dire che «l'essere persona non dipende dal grado di presenza di certe caratteristiche [...] ma da *una posizione d'essere*» diventa una bella espressione, evocativa ed edificante ma del tutto priva di contenuto empirico in quanto di principio esclude che la si possa individuare attraverso precise e specifiche caratteristiche o funzioni accertabili. Come spesso accade, la pretesa di indefinibilità di un qualcosa comporta una definizione implicita che fa riferimento o alle posizioni di senso comune o all'espressione di sentimenti profondi che possono essere di ammirazione o di orrore. Ma, ovviamente, questo non basta per sostenere un discorso razionale.

In breve: il personalismo ontologico introduce tacitamente un nuovo senso di *riduzionismo*, e usa tale termine per indicare la normale operazione definitoria. Così, per evitare il riduzionismo, non resterebbe altro che ammettere che "persona" è nozione indefinibile. Poiché *ex indeterminatu quodlibet*, il personalista ontologico ha poi buon gioco nel sostenere che l'essere o no persona dipende non già dalla presenza o assenza di certe proprietà o funzioni empiricamente accertabili, ma da «una posizione d'essere, cioè dalla natura ontologica (essenza) di determinati individui». Tesi facile da sostenere avendo escluso in partenza ogni riferimento empirico e con esso l'onere di una dimostrazione razionale che rimandi a realtà accertabili.

### 5.4. *L'irrilevanza della antropologia filosofica per la distinzione essere-umano/persona*

L'analisi sopra fatta ci ha portati ad andare a esaminare le tesi del personalismo ontologico. Può darsi che questa incursione sia considerata "politicamente scorretta" perché irrispettosa dei termini della "pace culturale" che il personalismo ontologico ha contribuito a creare riproponendo una versione moderna del *cuius regio, eius et religio*: a ciascuna diversa antropologia filosofica è riconosciuta rispettabilità culturale, cosicché ciascuna prospettiva può vivere in pace nel proprio orizzonte senza andare a disturbare l'altra. Nel caso specifico dell'embrione la pace culturale si fonda sull'assunto che, a seconda della concezione di persona prescelta, ciascuno può dare la corrispondente risposta sulla natura dell'embrione: *cuius personae conceptio, eius et embryonis opinio*. In altre parole, chi è funzionalista/riduzionista/materialista può sostenere che l'embrione non è persona; e chi, invece, è sostanzialista/non-riduzionista/spiritualista può sostenere che l'embrione è persona. L'essere andati a guardare come stanno le cose in campo personalista e l'aver mostrato che l'accusa di riduzionismo mossa all'antropologia funzionalista sbaglia il bersaglio potrebbe essere visto come un'azione di disturbo della "pace culturale".

I risultati conseguiti, comunque, sono così interessanti che è opportuno continuare l'indagine. Infatti, l'errore individuato ha conseguenze ancora più gravi perché mina la tesi di fondo propria del personalismo ontologico, ossia l'idea stessa che la posizione sull'embrione (se sia o no persona) dipenda dalla antropologia filosofica prescelta. Se si dà una precisa e adeguata definizione di persona, allora l'antropologia filosofica assunta è irrilevante per la questione normativa circa la distinzione tra "essere umano" e "persona".

Per cogliere questo punto è opportuno riprendere lo schema delle concezioni di persona sopra riportato (a p. 176). Agli estremi superiore e inferiore stanno le concezioni riduzioniste di persona che sono diametralmente opposte: concordano sul riduzionismo come dottrina e negano ogni "emergenza" circa la materia: secondo Cartesio, come giustamente rileva Sgreccia, per essere spiegato il corpo umano non ha bisogno «dell'anima, nel senso di principio vitale: il corpo è fisica, meccanica». Tuttavia esse divergono poi radicalmente perché per lo *hard materialism* non c'è altro e ogni forma di "emergenza" o "spiritualità" è vista come mera illusione: c'è solo una sostanza, la materia dura e pura e nient'altro che questa. Mentre per il *cartesianesimo* le sostanze sono due, e oltre alla *res extensa* c'è anche la *res cogitans*, la quale è spiritualità pura e disincarnata. Come osserva Sgreccia, nel cartesianesimo «lo spirito umano non è richiesto per spiegare il funzionamento del corpo, ma per la coscienza di sé. [...] Sarà proprio questo dualismo esasperato [...] a dare stimolo al monismo materialistico».

Nella parte interna dello schema, invece, stanno le due posizioni non-riduzioniste, che sono il *neo-tomismo* e il *soft materialism*. Queste convergono sul fatto che la realtà è stratificata e che la persona è caratterizzata dalla presenza di qualità o "funzioni superiori", che vengono individuate grazie a una adeguata e precisa definizione, la quale indica le proprietà e le funzioni empiricamente accertabili che sono richieste. Per quanto riguarda l'accertamento della presenza o no della persona, quindi, le due prospettive sono in perfetta sintonia e giungono a risultati pressoché equivalenti. La divergenza tra loro sta nel modo di intendere e di concettualizzare le qualità o "facoltà superiori" richieste: per il *neo-tomismo* l'accertata attività delle facoltà superiori è il segno o la prova che è giunta l'anima sostanziale di natura spirituale o immateriale che rimanda a una realtà metafisica diversa da quella materiale e visibile; mentre per il *soft materialism* l'accertata attività delle facoltà superiori è il segno o la prova che si è passati al livello massimo di complessità dell'organizzazione cerebrale, la cui presenza non comporta affatto una speciale sostanza metafisica ma la capacità di far emergere il mondo simbolico o culturale che caratterizza l'umanità.

Il contrasto sul problema dell'immortalità dell'anima potrà poi essere profondo, ma sia funzionalisti che sostanzialisti concordano sul principio *operari sequitur esse*: le operazioni o le funzioni presenti in un dato organismo seguono il livello o il grado di essere proprio dell'organismo in questione o sono la funzione propria di tale livello. Le operazioni del metabolismo e della riproduzione sono il segno che si è raggiunto il livello di organismo vivente nel grado d'essere di *vegetans*; l'operazione del movimento è il segno che l'organismo ha raggiunto il grado o il livello d'essere di *animal*; l'operazione del provare dolore o piacere rivela che l'organismo ha raggiunto il grado o livello d'essere di *animal sentiens*; l'operazione di attività simbolica o altra funzione "superiore" è il segno o prova che l'organismo (umano) ha raggiunto il grado o livello d'essere di *animal rationale* o di *homo sapiens*.

La convergenza rilevata fa sì che l'accertamento della presenza o assenza della persona è indipendente dalla concezione sostanzialista o funzionalista di persona, la quale – contrariamente a quanto affermato dal personalismo ontologico – risulta essere del tutto irrilevante alla questione in esame. Infatti, la distinzione terminologica tra "essere umano" e "persona" è perfettamente accolta dai non-riduzionisti, siano essi sostanzialisti o funzionalisti, i quali sono concordi nel dire che in una prima fase l'embrione è solo un "essere umano" e solo in seguito diventa "persona". Anzi, sopra abbiamo visto che i documenti ufficiali della chiesa cattolica romana mantengono con rigore la distinzione, indice forse del fatto che – al di là della retorica usata per trasmettere al pubblico l'idea che l'aborto è un peccato grave – la dottrina neo-tomista è ancora perfettamente valida sul piano teorico.

### 5.5. *Una conferma: il pensiero di Jacques Maritain e di altri tomisti sull'embrione*

A conferma della convergenza rilevata sta l'affermazione del più noto e importante filosofo neo-tomista del secolo scorso, difensore della concezione sostanzialista di persona, Jacques Maritain. Scrivendo nel 1971, riaffermava con vigore l'animazione ritardata osservando che «ammettere che il feto umano, dall'istante del suo concepimento, riceva l'anima intellettiva, quando la materia non è ancora in nulla disposta a questo riguardo, è ai miei occhi, un'assurdità filosofica. È tanto assurdo quanto chiamare bebè un ovulo fecondato».

Precisiamo subito due punti decisivi. Il primo dovrebbe essere di per sé ovvio, ma merita di essere ricordato a scanso di equivoci. L'affermazione di Maritain non implica affatto la liceità dell'aborto, né voglio insinuare o far credere che Maritain abbia mai sostenuto simile tesi. Per nulla. Subito dopo il passo citato Maritain esplicitamente si premura di ribadire la sua assoluta contrarietà all'aborto e precisa di essere consapevole che molti teologi e filosofi ricorrono alla teoria dell'animazione immediata perché credono che altrimenti non avrebbero argomenti validi contro l'aborto: critica però questa tendenza sottolineando che l'aborto è vietato comunque dal diritto naturale. Si tranquillizzino quindi quei lettori preoccupati di condannare l'aborto. L'affermazione di Maritain non comporta la negazione del divieto in materia: Maritain ritiene di avere altri argomenti per giustificare il divieto. Il compito di questo libro, lo ripeto, è prima di tutto conoscitivo: capire quali sono gli argomenti validi a sostegno dell'una o dell'altra tesi. Poi, eventualmente, si passerà a una tesi normativa specifica. Quel che qui interessa è solo rilevare che Maritain era sicuramente contrario all'aborto e altrettanto sicuramente strenuo sostenitore della concezione sostanzialista di persona. Eppure ha affermato che è nientemeno che un'*assurdità filosofica* l'idea che il feto nelle prime fasi abbia l'anima razionale, cioè sia una persona. La posizione di Maritain è un'ulteriore conferma dell'irrilevanza della concezione di persona (sostanzialista/funzionalista) per la risposta al problema dell'embrione: Maritain era un sostanzialista, ma condivide l'idea che l'embrione non è persona ma è solo un essere umano. L'idea chiave del personalismo ontologico si dissolve.

Secondo punto. La citazione di Maritain non è un'osservazione marginale o estemporanea, ma è la conclusione di lunghe meditazioni e discussioni (di cui c'è testimonianza) su un punto che è centrale nella prospettiva teorica del neo-tomismo. Di fatto, la posizione di Maritain non era affatto isolata ma era condivisa da molti autorevoli studiosi della grande scuola dei domenicani francesi, della scuola di Lovanio capeggiata dal cardinal Mercier, e in Italia da validi studiosi tra cui Antonio Lanza e Albino Luciani, che diventerà papa Giovanni Paolo I. Fino agli anni '50, quando la morale sessuale tradizionale era ancora indiscussa e l'aborto solidamente vietato, l'animazione ritardata era la posizione più diffusa tra gli studiosi cattolici attenti alla teoria.

Perché Maritain sostiene una simile tesi? La risposta è racchiusa nelle poche ma dense parole tecniche proprie dell'aristotelismo: è impossibile che il feto «riceva l'anima intellettiva, quando la materia non è ancora in nulla disposta a questo riguardo». Il che equivale a dire che fino a quando la materia non ha ancora raggiunto il livello di complessità adeguato e necessario per il passaggio al livello successivo, è impossibile pensare che giunga l'anima corrispondente. Come abbiamo visto questo è richiesto dalla scala degli esseri: come nella grande catena dell'essere non si può passare immediatamente dal piombo all'oro senza prima essere passati nelle fasi intermedie, così nel neo-tomismo non si può passare immediatamente dal licheno alla balena, né tantomeno dallo stato puramente materiale di gamete umano a quello di persona, senza prima passare le fasi intermedie.

A prescindere dalla terminologia aristotelica o dalla struttura dell'aristotelismo, questo ragionamento sembra cogliere il *modo biologico di pensare* dal momento che in biologia i cambiamenti sono graduali e richiedono che si passi per le fasi previste dalla scala biologica. Per questo sono frutto di un abbaglio ideologico, che non ha niente a che fare con la biologia, tesi come quella di Carlo Casini, presidente del Movimento per la Vita, secondo cui «l'inizio di un nuovo essere umano è qualcosa di assolutamente stupefacente. Chi prima era il nulla, improvvisamente comincia a esistere. La cesura tra il niente e l'esserci è lì: nel concepimento di un uomo» considerato come una sorta di *big bang* che segnerebbe l'immediato e improvviso passaggio dal nulla all'essere. Altrettanto insostenibile è la tesi che Tommaso d'Aquino fu condotto a sostenere l'animazione ritardata del feto per via delle «imperfette conoscenze in tema di embriologia umana»: in realtà le sue conclusioni dipendono da un ragionamento teorico circa la struttura del reale che mantiene la sua forza. Il successo della scienza moderna ha reso improponibile quel ragionamento nel mondo inorganico, dove il riduzionismo come dottrina sembra avere vinto, ma esso è ancora valido nel mondo biologico. Per questo è stato ripreso e difeso anche da Maritain e altri negli anni '60 del secolo scorso, quando le conoscenze embriologiche erano più o meno simili alle nostre, ed è perfettamente valido oggi.

### 5.6. *Conclusione sulla posizione del personalismo ontologicamente fondato*

Monsignor Sgreccia cita molte volte Maritain e dichiara di essere in linea con la tradizione neotomista. Al di là delle dichiarazioni verbali si deve rilevare che la struttura del suo discorso sulla natura dell'embrione è radicalmente diversa da quello neotomista. La divergenza teorica non pregiudica il consenso sul divieto di aborto, ma mina alla radice il programma di lavoro del personalismo ontologico, che è quello di far dipendere la posizione sull'embrione dalla diversa antropologia filosofica. L'analisi qui svolta ha mostrato che si può sostenere un'antropologia sostanzialista e ancora dire che non vale la sinonimia essere-umano/persona perché è biologicamente impossibile che la persona abbia inizio alla fecondazione ed è assurdo crederlo. Questo significa che non vale il *cuius personae conceptio, eius et embryonis opinio* proposto dal personalismo ontologico. Questa via appare percorribile e ha avuto successo perché – come già abbiamo visto – di solito nel processo di giustificazione razionale la persona si accontenta del primo passo che rimanda a una ragione superiore che appare "buona" o "plausibile". Avuta una ragione accettabile, non si sta a indagare troppo e ulteriormente. Ove poi il rimando sia a un'intera antropologia filosofica o concezione di persona, il compito di controllo della validità della ragione addotta risulta difficile perché ci vuole tempo, capacità di astrazione e di analisi, attenzione ai diversi aspetti, ecc., doti che richiedono capacità tecniche non comuni. Per questo la strategia ha funzionato e funziona sul piano politico e dell'opinione pubblica. Tuttavia, lo spostamento dell'onere della prova dal problema specifico circa l'embrione alla concezione di persona non vale. Non abbiamo ancora individuato un argomento valido a sostegno dell'idea che l'embrione sia persona dal concepimento. Continuiamo, comunque, la nostra ricerca.

## 6. *L'argomento del viaggio a ritroso*

C'è un altro argomento cui poter ricorrere per cercare di giustificare il divieto di aborto come forma di omicidio, che è stato proposto negli anni '70 dal gesuita Vittorio Fagone e ripreso su basi indipendenti dal salesiano Norman Ford. L'idea di fondo che informa l'argomento è semplice: considerato che sono falliti i tentativi di chiarire quando ha inizio la "vita" partendo dalla fase antecedente di "non-vita" per arrivare alla persona, è opportuno capovolgere il quadro del discorso e partire dall'assunto che chi sta leggendo questo libro oggi è certamente persona. Partendo da questo dato inoppugnabile, vediamo di tornare poi indietro fino a individuare il punto in cui si possa dire con certezza che ha avuto inizio l'io del lettore. Per questa ragione chiamo quello appena delineato «l'argomento *del viaggio a ritroso*», perché si torna indietro.

Vediamo di formulare il discorso in modo più preciso. Per evitare le difficoltà poste dall'impostazione dell'argomento scientifico con cui si cercava di dimostrare quando una persona ha avuto inizio partendo dalla situazione precedente, in questo argomento si parte dalla situazione in cui c'è già la persona come dato certo e sicuro. Supponiamo di avere davanti a noi una persona, Tizia di 20 anni: sappiamo che è una persona. Eventuali (e sempre possibili) dubbi al riguardo sono azzerati in partenza, perché qui non rilevanti. Chiediamoci: quand'è che Tizia, e proprio lei e nient'altro che lei, ha incominciato a esistere? Come schematizzato dallo schema,

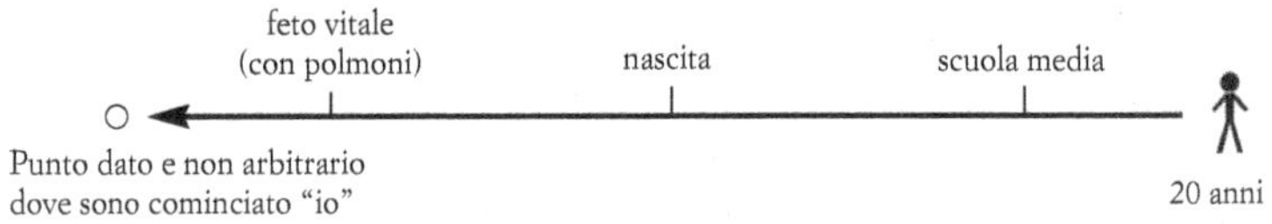


Schema 2. Il viaggio a ritroso (con punti esemplificativi)

andiamo a ritroso alla ricerca cercare quel punto *non arbitrario* e *dato* (ossia *naturale*) in cui è possibile porre l'inizio di Tizia. Supponiamo si risponda: alla nascita a termine, dopo che è avvenuto il parto. È quello il punto ricercato? No, perché il parto avrebbe potuto essere anticipato di qualche tempo, per cui la nascita di per sé è un evento irrilevante: nelle gravidanze a termine non c'è alcuna differenza significativa tra il neonato appena dopo il parto e il feto qualche minuto prima. Si può scegliere il momento dell'autonoma vitalità del feto al di fuori del corpo della donna, ma anche questo limite è variabile e quindi arbitrario, come mostrano i vivaci dibattiti sui neonati pre-termine. E così via dicendo con altri punti possibili.

L'originalità di quest'argomento sta proprio nell'andare alla ricerca del punto *dato* (ossia rilevabile in natura) e *non arbitrario* (ossia non scelto), in cui va riconosciuto l'inizio della persona che sono io. Grazie all'inversione del percorso, l'argomento evita l'errore logico commesso dall'argomento scientifico perché in esso non si cerca affatto di usare la scienza nell'impresa impossibile di individuare il momento dell'infusione dell'anima (razionale) che costituisce la *persona*, ma si parte assumendo che la persona già ci sia, e si va alla ricerca del punto biologico dato che ci consente di dire: «Lì sono davvero incominciato io!».

Quando, allora, si individua questo punto *dato* e *non arbitrario*? Di solito i sostenitori del viaggio a ritroso affermano che si deve giungere fino al momento della fecondazione, perché tutti gli altri possibili punti precedenti sono "arbitrari" e "scelti", mentre alla fecondazione si è certi che ha inizio «una vita che non è quella del padre o della madre, ma di un nuovo essere umano che si sviluppa per proprio conto» (*De abortu procurato* (1974), n. 12). In quel momento, infatti, il gamete maschile con 23 cromosomi si incontra con quello femminile con altrettanti cromosomi dando inizio allo zigote con 46 cromosomi. Prima ci sono (solo) due gameti umani diversi e distinti, e solo alla fecondazione si ha una nuova entità di natura umana. Alla fecondazione (e non prima) la nuova vita umana acquisisce tre peculiari caratteristiche, ossia la *coordinazione, continuità*, e *gradualità* di sviluppo, per cui la nuova entità potrà poi subire varie e ulteriori modifiche, passare attraverso vari stadi, acquisire particolari proprietà o funzioni e in gradi di eccellenza diversi secondo le linee previste dal programma biologico, ma rimarrà sempre fondamentalmente la stessa. Ecco perché il momento della fecondazione è il punto *naturale, dato e non arbitrario* in cui ci conclude il viaggio a ritroso. Tutti gli altri punti alternativi che potremmo individuare (inizio dell'annidamento: 6-7 giorni dopo, individualità: 14 giorni, ecc.) risultano essere arbitrari e frutto di una scelta: per questo vanno scartati.

L'argomento del viaggio a ritroso pretende di individuare una buona ragione per dire che io come persona sono incominciato a esistere dal momento della fecondazione: non prima e non dopo. Infine, questa conclusione sembra non incorrere nell'errore logico dell'argomento scientifico perché il viaggio è partito sulla scorta del presupposto che già ci sia la persona – premessa peraltro perfettamente evidente e chiara. Quello del viaggio a ritroso presentato sembra quindi essere l'argomento che dà una solida ragione per dire che l'embrione è persona dalla fecondazione e quindi offrire una valida giustificazione al divieto di aborto come forma di omicidio. Insomma, sembra la risposta ricercata.

### 6.a. *I problemi della fase precedente la fecondazione*

L'argomento del viaggio a ritroso appare forte perché sembra individuare nella fecondazione il momento naturale, cioè dato e non deciso per scelta umana (quindi "non arbitrario"), perché si afferma che alla fecondazione ha inizio il nuovo genotipo della persona (che, per ipotesi, è assunta esistente in partenza). Ma è proprio vero che solo alla fecondazione ha inizio il nuovo genotipo di 46 cromosomi ossia un nuovo ente di natura umana? Per esaminare questo problema, è opportuno attivare le nostre capacità astrattive e essere pronti a immaginare situazioni diverse da quelle quotidiane. Supponiamo di avere una provetta [P] opportunamente preparata e di inserire in essa un solo ovulo e un solo spermatozoo. Questi sono ancora separati ma sono ormai tanto prossimi che, per via della "forza intrinseca" che li caratterizza (il finalismo intrinseco), essi si uniranno tra un secondo per giungere alla fecondazione attuata in un'altra provetta [Q]. Possiamo rappresentare graficamente la situazione nel modo seguente:

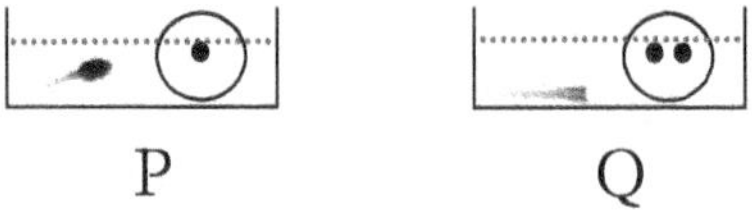


Figura 1. Provette prima della fecondazione e alla fecondazione

Nella fecondazione naturale non capita che ci sia un solo spermatozoo, ma la situazione immaginata è oggi frequente nella tecnica *Icsi* in cui si inietta uno spermatozoo nell'ovulo, per cui quella avanzata non rappresenta solo l'ipotesi ideale di un esperimento mentale, ma ha un riscontro concreto nella realtà. Poiché per chi propone il viaggio a ritroso il problema è individuare il momento in cui si forma il nuovo genotipo, si deve riconoscere che questo punto si dà non al momento della fecondazione ma al momento in cui inseriamo i due gameti nella provetta [P]. Dal punto di vista del "genotipo" possiamo dire che esso è già tutto presente in [P], dal momento che in [Q] non c'è niente che non sia già stato posto in [P]: in [Q] non c'è nulla di più di quanto non sia già stato presente in [P]. Inoltre, una volta posti i gameti in [P] il processo vitale prosegue secondo le modalità proprie della continuità, coordinazione e gradualità di sviluppo.

Si potrà obiettare che in [Q] c'è un nuovo e diverso livello di organizzazione biologica e che questo è il punto rilevante. Ma se si introduce il discorso dei livelli biologici e i diversi gradi di esistenza, allora si perde l'immediata *naturalità* o *non arbitrarietà* del punto dato e semplicemente da registrare, perché si dovrà poi giustificare come mai sia rilevante proprio quel particolare livello di organizzazione biologica e non altri (precedenti o successivi). La forza dell'argomento del viaggio a ritroso sembra stare nella messa in luce di fatti solidi ossia "chiari ed evidenti" come il dato inoppugnabile che in [P] i due gameti sono ancora *separati* mentre in [Q] essi sono *uniti*: questo è il *fatto* riscontrabile, dato, non arbitrario o scelto, che fa la differenza. Per questo, si dice, il momento della fecondazione è cruciale e decisivo: prima si hanno due gameti umani distinti, ma dal momento in cui si uniscono (e solo da allora) essi diventano un'entità vera e propria di natura umana. È per questo che si deve riconoscere che il contenuto della provetta [P] è radicalmente diverso da quello della [Q].

La considerazione fatta è interessante per due ragioni. *In primis* perché riconosce che, essendo i gameti vivi e umani, anche nella provetta [P], cioè prima della fecondazione, c'è già una nuova *vita umana*. Dicendo questo intendo dire che c'è già tutto l'occorrente per crescere e, se tutto va bene, per passare alle fasi successive: non è vero, quindi che prima della fecondazione non c'è nulla. In secondo luogo, perché essa sottolinea che l'aspetto decisivo del problema sta nell'*unione* dei gameti, ossia nel fatto che essi siano già *uniti* in una sola entità limitata spaziotemporalmente da contorni netti. Se il fatto decisivo, quello che cambia tutto, è la *unione* dei gameti, allora il problema è come considerare questa *unione* e qual è la descrizione adeguata della situazione. Infatti, si può dire che anche in [P] i gameti sono già *uniti nella provetta* perché sono dentro le pareti della provetta e quindi entro una sola entità limitata spaziotemporalmente da contorni netti. È in questo senso che si dice che già lì c'è una *nuova vita umana*. In un senso, già in [P] è avvenuto il *concepimento*, dal latino *cum capere*: prendere assieme. Infatti in [P] i gameti sono già "presi o messi insieme", anche se si dovrà attendere ancora qualche istante perché la nuova vita umana sia non solo *unita nella provetta* ma anche *unita sotto la zona pellucida* (o nella membrana cellulare dell'ovulo), fase che avviene solo in [Q].

Ma quale delle due descrizioni della situazione è corretta? Quella in cui per avere una nuova vita umana basta l'*unione nella provetta* o quella che invece richiede oltre all'*unione nella provetta* anche l'*unione nella membrana cellulare dell'ovulo*? E perché l'una o l'altra? Non possiamo dire: «perché nei libri di biologia c'è scritto che la vita inizia alla fecondazione». Questo sarebbe un indice di dogmatismo scientifico, l'atteggiamento di chi assume per buono e indiscusso quel che dicono gli scienziati. Noi invece dobbiamo capire la *ragione* che porta alla risposta. Perché, quindi, l'una o l'altra descrizione?

### 6.b. *Il secchio di Newton e la scelta dei piani di riferimento*

Si presenta qui il problema del piano di riferimento in base al quale operare la descrizione, problema che ha sollevato vivaci controversie anche in fisica col problema dello spazio e movimento assoluto o relativo. Al riguardo è celebre l'esperimento del secchio, con cui Newton difese la tesi dello spazio assoluto. Non intendo qui entrare nelle vivaci controversie, alcune ancora aperte, sollevate da Ernst Mach sull'esperimento né esaminare le complesse questioni circa l'accelerazione e altri tipi di forze agenti sul secchio, ma darne una presentazione semplificata che ci consenta di cogliere l'aspetto rilevante concernente i *piani di riferimento* della descrizione.

Si appenda un secchio pieno d'acqua al soffitto di una stanza. Si faccia ruotare pian piano il secchio fino a che la corda sopporta l'avvitamento. Si lasci la presa consentendo alla corda di srotolarsi e imprimere movimento al secchio. Osserviamo che il secchio è *in movimento*, ruota, *rispetto alle pareti della stanza che sono ferme*. Ma l'acqua contenuta nel secchio per qualche istante rimane *ferma rispetto alle pareti del secchio* (che è in movimento) *e alle pareti della stanza* (che restano ferme). Se attendiamo qualche istante, vediamo che anche l'acqua comincia a ruotare creando un piccolo gorgo (oggetto dell'attenzione dei fisici) cosicché le pareti del secchio e l'acqua contenuta in esse sono *in movimento rispetto alle pareti della stanza*, ma l'acqua è *ferma rispetto alle pareti del secchio* con cui ruota. Se, infine, con una grossa pinza blocchiamo di colpo il secchio, le pareti del secchio risulteranno ferme rispetto alle pareti della stanza, ma l'acqua contenuta continuerà per qualche tempo a girare (per inerzia) e quindi as essere *in movimento rispetto alle pareti del secchio e alle pareti della stanza*.

L'esperimento mostra come la descrizione dello stato di quiete o di movimento di un corpo sia relativa al piano di riferimento prescelto. Analogamente la descrizione dello stato di *unione* o di *separatezza* dei gameti dipende dai piani di riferimento: rispetto alla provetta [P], i 46 cromosomi sono già *uniti* nel senso che sono già *presi assieme* nella provetta per cui è già avvenuto il *concepimento*. Di fatto, dopo aver messo i gameti nella provetta, non c'è altro da fare né da aggiungere: c'è già tutto il necessario perché il processo della nuova vita umana, se non interrotto, senza alcun intervento esterno da solo fa già tutto quel che c'è da fare in forza del proprio dinamismo intrinseco che, eventualmente, farà passare la vita umana alle fasi successive secondo continuità, coordinazione e gradualità di sviluppo[4]. Se, invece, come piano di riferimento prendiamo la membrana cellulare dell'ovulo, allora, rispetto a questo criterio, nella provetta [P] i gameti sono ancora *separati*, e solo in [Q] sono *uniti*, cosicché si può dire che solo in [Q] avviene il *concepimento* in quanto solo in essa i gameti sono *presi assieme* nella membrana cellulare dell'ovulo.

L'analisi fatta ci mostra che, diversamente da quanto previsto all'inizio, il viaggio a ritroso non si ferma necessariamente al mo-

---

[4] Usando l'esempio del secchio si può dire che una volta lasciata srotolare la fune è solo questione di tempo e poi verrà anche il movimento dell'acqua.

mento della fecondazione, cioè alla provetta [Q], ma potrebbe andare oltre e giungere alla fase ancora precedente, quella in cui i gameti sono già nella provetta [P] o in altro luogo adatto come il corpo della donna. Che si fermi in [Q] o in [P] dipende dal piano di riferimento *scelto* o *presupposto* per la descrizione. Già questo risultato mette radicalmente in crisi l'argomento del viaggio a ritroso, che prometteva di portarci a un punto *dato e naturale* (non scelto), tale per cui c'era solo da prendere atto o registrare un fatto, a prescindere da scelte di sorta. Ora, invece, emerge che questo punto non c'è perché la descrizione del fatto da registrare dipende dalla *scelta* del piano di riferimento. Ci si deve pertanto chiedere quale dei due piani di riferimento sia più adeguato e, eventualmente, perché lo sia.

Si può osservare che, a prima vista, la scelta della membrana cellulare come piano di riferimento non pare giustificata perché non sembra che lì si abbia un evento magico, un salto radicale tipo *big bang* che fa passare dal nulla all'essere. Già prima dell'*unione* dei gameti in [Q] c'è qualcosa: i gameti vivi e umani in [P], non il nulla. Per cogliere la continuità del processo vitale, chiediamoci: «Che differenza ci può essere tra l'atto di rovesciare la provetta [P] distruggendo il suo contenuto, e l'atto di rovesciare la [Q] con lo stesso effetto?». Se assumiamo la membrana cellulare come piano di riferimento, allora rovesciare [P] è un atto di nessun valore, non si è fatto nulla perché dentro non c'era nulla; mentre rovesciare [Q] è un atto esecrabile perché lì dentro ci sarebbe già una persona, e quindi si commetterebbe qualcosa di equivalente a un efferato omicidio di chi si trova in stato di fragilità estrema. Ma è sostenibile questa differenza per il solo fatto che in [Q] i gameti sono già *uniti* nella membrana cellulare, e per nient'altro? Questo è controintuitivo perché il *contenuto* di [Q] è lo stesso di [P] un qualche secondo più tardi. Né si può fare appello al cambiamento di organizzazione del processo per le ragioni già ricordate sopra. Ecco perché, esclusi interventi magici, sembra ingiustificato far terminare il viaggio a ritroso in [Q]. In ogni caso, i dubbi sollevati mostrano che la conclusione del viaggio a ritroso richiede una *scelta* del piano di riferimento. Qual è il piano corretto?

### 6.c. *I problemi sollevati dal tempo tra la fecondazione e l'anfimissi: il fallimento del viaggio a ritroso*

Come sappiamo non possiamo fidarci delle osservazioni di carattere intuitivo che, di per sé, non costituiscono una prova, ma solo uno stimolo ad approfondire la ricerca. Nel caso specifico, però, gli interrogativi e i dubbi sollevati sono sostenuti da un importante dato scientifico, che è rappresentato anche dal disegno della provetta [Q] ma che forse non appare subito evidente. Il disegno evidenzia che all'interno dell'ovulo sono ben visibili i due nuclei distinti e separati, perché alla *fecondazione* il nucleo dello spermatozoo entra nella cellula zigote ma, poi, per circa 30/36 ore i due nuclei restano ancora distinti e separati prima che avvenga la *anfimissi* o *singamia*, ossia il processo grazie al quale i nuclei si sciolgono per formare il nuovo genotipo, cioè scompaiono diventando *uniti* nel senso più proprio ossia amalgamati. Prima si erano come solo spostati rispetto al luogo di permanenza mentre poi in qualche modo diventano un tutt'uno. Possiamo quindi completare la nostra figura 1, aggiungendo una nuova provetta [R] che presenta la fase successiva alla fecondazione rappresentata dalla provetta [Q], ossia la fase della singamia che accade in [R]:

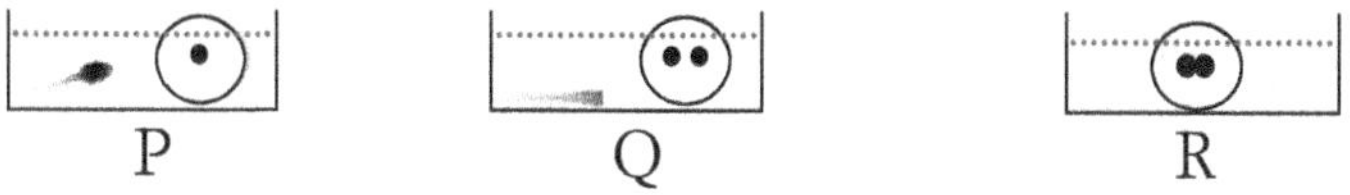


Figura 2. Provette prima della, alla fecondazione e alla singamia

Poiché chi propone il viaggio a ritroso assume la formazione del nuovo genotipo come l'evento che pone fine al viaggio, il dato scientifico sopra ricordato ci indica che [R] e non [Q] va assunto come piano di riferimento per la descrizione. Infatti, esso mostra che in effetti in [Q], alla fecondazione, i nuclei dei due gameti sono ancora *separati* e non sono affatto *uniti*: sono un po' più vicini di quanto siano in [P]. Ma perché assegnare tanto rilievo alla prossimità spaziale? La figura mostra che il passaggio da [P] a [Q] è solo uno spostamento di luogo: prima, in [P], i gameti sono dentro un contenitore più grande, la provetta, mentre, dopo qualche istante, in [Q], avvenuta la fecondazione, i nuclei dei gameti sono racchiusi in un contenitore più piccolo, l'ovulo. Ma non sono ancora *uniti*, e ciò è provato dal fatto che nella fase [Q], a fecondazione avvenuta, con una micropipetta è possibile estrarre (e lo si fa) uno dei due nuclei, interrompendo così il processo.

Che differenza c'è, allora, tra il rovesciare [P] impedendo che il processo continui, e ottenere lo stesso risultato estraendo un gamete dal ovulo in [Q]? Se rovesciare [P] impedendo ai gameti di incontrarsi fosse un "far nulla" perché il nuovo genotipo non è ancora unito, allora per la stessa ragione anche estrarre un gamete in [Q] sarebbe un "far nulla". In altre parole, se rovesciare [P] fosse qualcosa di moralmente analogo alla contraccezione, allora anche estrarre un gamete in [Q] sarebbe una sorta di "contraccezione ritardata".

La presenza di tre provette: [P], [Q] e [R], ci rimanda non a due bensì a tre diversi piani di riferimento: la provetta, la membrana cellulare, e il nuovo genotipo che si crea con l'amalgama dei nuclei, richiamando l'analogia del secchio, in cui pure avevamo tre piani di riferimento: le pareti della stanza, le pareti del secchio, e l'acqua in esso contenuta. Questo mostra ancora più chiaramente che non esiste un punto *assoluto* in cui fermare il viaggio a ritroso, ma che il punto di fermata sarà *scelto* in base al piano di riferimento assunto. Chi sceglie come piano di riferimento l'inizio del nuovo processo vitale, farà fermare il viaggio in [P], dal momento che già lì c'è il nuovo genotipo, il quale c'è già ma è in potenza e si esplicherà secondo le proprie leggi di continuità, coordinazione e gradualità di sviluppo. Chi, invece, sceglie come piano di riferimento la fecondazione farà fermare il viaggio in [Q] in quanto dirà che lì, sotto la membrana cellulare, c'è il nuovo (e potenziale) genotipo che si esplicherà secondo le proprie leggi. Chi, infine, sceglie come punto di riferimento la singamia farà fermare il viaggio in [R] perché lì (e solo lì) si ha il nuovo genotipo in atto.

Non c'è bisogno, a questo punto, di stare a vedere quale dei tre punti di fermata sia il più plausibile: la presenza di una *scelta* mina alla radice l'argomento in esame. Questo, infatti, partiva presupponendo di riuscire a scoprire il momento *naturale*, *dato* e *non ar-*

*bitrario* di inizio del nuovo processo vitale. Si deve invece riconoscere che questo momento "naturale" e dato non c'è affatto, perché di punti che ne sono diversi (almeno tre) e comunque in ogni caso si deve *scegliere*. Questo non significa dire che la scelta sia "arbitraria" nel senso che non sia sostenuta da buone ragioni e dipenda dalla bizza del momento. Significa riconoscere che non esiste un inizio *assoluto* proprio come non esiste lo spazio assoluto di riferimento. Come si può parlare di movimento e di quiete rispetto a un piano di riferimento scelto alla bisogna, così ci si può fermare all'uno o all'altro punto rispetto al piano di riferimento scelto. Riconoscere che non si tratta affatto di una *scoperta* o della *rilevazione* di un fatto, ma pur sempre di una *scelta*, è riconoscere che l'argomento del viaggio a ritroso è fallito, perché non riesce a mantenere la promessa iniziale di individuare il momento naturale e dato. Infatti quel momento è un'illusione, frutto di magia. Si deve comunque e in ogni caso *scegliere*. A questo punto due sono i problemi che si presentano: 1) individuare le ragioni a favore dell'una o dell'altra scelta; 2) capire come mai si dia tanto rilievo alla fecondazione, problema che affronto subito.

### 6.d. *Il cosalismo e il rilievo intuitivo dato alla fecondazione*

L'astrazione con cui abbiamo immaginato che nella provetta [P] ci siano solo due gameti ci consente di vedere in modo più chiaro che già lì si forma il nuovo genotipo nel senso che nella provetta c'è già la vita umana della persona che nascerà (se tutto va bene), ossia c'è già il materiale biologico dotato del finalismo intrinseco tale che porterà alle fasi successive, salvo inconvenienti: non è richiesto alcun altro intervento esterno. Se il punto rilevante da trovare, per sapere quando sono cominciato io, è il nuovo genotipo, allora ci si deve fermare o alla provetta [P], in cui c'è già una nuova vita umana con un'*individualità genetica ancora indeterminata*, oppure alla provetta [R], in cui in effetti si ha la nuova l'*individualità genetica in atto*, e non più indeterminata. In un senso, quindi, paradossalmente, dal punto di vista del nuovo genotipo la scelta della provetta [Q] è la meno appropriata, perché la fecondazione sembra solo comportare una determinazione del processo e poco di più.

Ci si può chiedere a questo punto come mai, invece, proprio la provetta [Q] sia la favorita. Tralasciando altre considerazioni di carattere storico-culturale che saranno riprese alla fine del capitolo, la risposta più ovvia sembra essere che il ragionamento in proposito è influenzato dal *cosalismo* ossia la dottrina diffusa nel senso comune secondo cui la realtà è fatta di *cose*, ossia *entità spazio-temporalmente stabile e delimitate da contorni netti*, le quali unendosi ad altre cose danno origine a nuove cose, e dividendosi cessano di esistere. Così, ad esempio, diciamo che una torta ha origine nel momento in cui una cosa (latte e uova) viene unita a un'altra cosa (farina) così da formare una nuova "cosa" (l'impasto), la quale poi può assumere le forme più diverse e subire ulteriori modifiche, ma rimane sempre la stessa "cosa". Ecco perché nel cosalismo i cambiamenti avvengono in modo discreto, ossia a salti netti e puntuali (del tipo "tutto o niente") e il risultato è così diverso che gli ingredienti presenti prima dell'impasto sono a volte classificati come inesistenti (rispetto alla nuova "cosa").

Alla fecondazione, in modo discreto e netto, avviene l'unione di due cose (i gameti) che comporta la formazione di una nuova "individualità cosale", ritenuta così diversa dalle cose precedenti da indurre a credere che prima non ci sia "nulla", e solo dopo si forma l'"essere": la nuova cosa. L'analogia rivela che l'iniziale e illusoria forza dell'argomento del viaggio a ritroso dipende dall'influenza (implicita e inconsapevole) esercitata dal cosalismo, il quale ci fa apparire scontato il dire che il punto ricercato nel nostro viaggio è la fecondazione ossia il momento in cui le due "cose" (i gameti) si uniscono, portandoci a dire analogamente a quanto facciamo con la torta, che l'inizio avviene quando le varie "cose" (gli ingredienti) si uniscono formando l'impasto.

Può darsi che il cosalismo sia adeguato alle realtà del senso comune: per fare una torta o la pizza. Ma pretendere che valga per individuare il momento di inizio della vita è come sperare di riuscire a compiere una delicata operazione sul cervello con una grossa ascia. Questo aspetto emerge chiaramente ove si consideri che in biologia i cambiamenti sono sempre graduali e mai a salti netti, e che avvengono per lo più non per cause esterne ma per la spinta di una "forza interna" al processo stesso (la teleologicità). Così possono esserci discrepanze sia perché le "cose biologiche" possono rivelarsi meri involucri esterni che contengono i vettori propulsori del processo (nuclei), sia perché queste "cose" possono estrinsecarsi in altre "cose" di diverso tipo (la provetta, il corpo della donna, la membrana cellulare, ecc.). Cambia quindi il piano di riferimento per la descrizione del processo a seconda che consideriamo la cosa esterna, il vettore interno o entrambi, o anche il tipo di "cosa" in cui si estrinsecano. In [P] in una cosa esterna grande (la provetta) è già contenuto un unico processo teleologico con il suo dinamismo che coinvolge due cose esterne piccole (i gameti), i quali a loro volta contengono i vettori (i nuclei). Il processo continua in [Q] dove nella cosa esterna grande, le due cose piccole si uniscono formano una sola cosa esterna piccola anche se i vettori (i nuclei) restano ancora separati. Infine in [R] anche i vettori si amalgamano dando origine al nuovo genotipo in atto, con una natura determinata (anche se ulteriori modificazioni sembrano possibili, un problema da studiare). Nel momento in cui prendiamo atto che il modo biologico di pensare richiede distinzioni più sottili di quelle del senso comune, dobbiamo riconoscere che il cosalismo è inadeguato per spiegare il processo di riproduzione.

### 6.e. *Conclusioni sul viaggio a ritroso*

L'analisi fatta ci ha mostrato che il viaggio a ritroso è fallimentare: prometteva di portarci a un punto *dato* e *non arbitrario*, e invece, in ogni caso, si deve operare una *scelta*. Se consideriamo le ragioni, vediamo che il punto della fecondazione, ossia la provetta [Q] è quella che ha meno ragioni a suo favore, e sembra sostenuta solo da un inaffidabile *cosalismo* mutuato dal senso comune. Se, invece, cerchiamo l'inizio della formazione del nuovo genotipo, la fase cui fermarsi è in [P]; se invece cerchiamo la fine della formazione, allora la fase cui fermarci è in [R] in cui il genotipo si è formato.

A questo punto ci si potrebbe chiedere quali ragioni ci portino a scegliere un piano di riferimento invece dell'altro, ossia se fermarsi a [P] oppure a [R]. Tuttavia, abbiamo acquisito un risultato importante e fondamentale. Nessuno degli argomenti esaminati riesce a sostenere che l'embrione è persona dalla fecondazione. Pertanto, se valesse l'impostazione diffusa dobbiamo riconoscere che l'aborto è perfettamente lecito.

## 7. *Riformulazione del problema per chiarire se l'embrione sia o no "persona"*

Avevamo lasciato in sospeso il problema delle ragioni a sostegno dell'uno o dell'altro piano di riferimento, ma invece di continuare a discettare sul tema si può mettere in dubbio che quel problema costituisca una domanda rilevante: perché assegnare tanto rilievo all'individualità genetica? In fondo l'uomo, la persona, non è fatto solo di geni. Preso atto dell'esito disastroso cui portano gli argomenti a difesa della tesi che l'embrione è persona dal concepimento, è opportuno riformulare il problema in forma più costruttiva e cercare di andare a vedere se, e perché l'embrione è persona o no. Per far questo si deve cominciare ad avere una chiara definizione di persona, per sapere di che cosa si parla. Poi, andremo a vedere, tenendo conto in modo critico dei dati della biologia, quel che si può dire al riguardo.

### 7.1. *Una definizione minima e adeguata di "persona"*

Sappiamo bene che le definizioni di "persona" sono molte ma per proseguire l'indagine è indispensabile averne una chiara, adeguata e "minima" ossia che possa essere accettata da tutti. Già abbiamo visto che la persona è unione di *corpo* e di *anima*, termine qui accolto per indicare le "funzioni superiori". Possiamo ora precisare che il corpo deve essere individuale: anche per questo il genotipo è in sé poco rilevante. Perché ci sia una persona sono necessarie due condizioni: l'*individualità somatica* e la *razionalità* (le "facoltà superiori"). Schematizzando:

Persona umana → individualità (somatica)
Persona umana → razionalità

Schema 3. Le caratteristiche minime della persona umana

Questa definizione minima è rintracciabile anche in Tommaso d'Aquino per il quale "persona" è *rationalis naturae, individua substantia*: sostanza individua di natura razionale, cioè individuo razionale. Sulla scorta di questa definizione, possiamo ora andare a esaminare i dati empirici circa le due condizioni sopra indicate: individualità e razionalità.

### 7.2. *L'individualità somatica*

Anche l'individualità è nozione difficile e il termine può essere usato in varie accezioni per indicare l'*individualità genetica*, ossia uno specifico genotipo, oppure l'*individualità cosale*, ossia uno specifico oggetto delimitato da contorni netti e diverso da altri (esempio una sigaretta è diversa da un'altra), oppure l'*individualità somatica*, ossia un corpo (individuo cosale e genetico) le cui parti siano strettamente collegate da una relazione di subordinazione a un centro critico che coordina "il tutto". In un senso, l'individuo somatico è l'individuo nel senso etimologico del termine: "individuo" deriva dal latino *individuus*, che a sua volta è la traduzione del greco *atomos*, ossia "indivisibile", che non si può dividere. L'individuo somatico è quell'organismo che è indivisibile e – se diviso – muore e si dissolve. È importante osservare che non tutti gli organismi sono individui in questo senso: ad esempio un lombrico, se diviso, non muore perché le due parti continuano a vivere separatamente. Appare come un individuo perché è racchiuso tra contorni netti: è un individuo cosale che tiene insieme tanti individui diversi.

L'embrione è un individuo? Per stabilirlo dobbiamo prima esaminare i dati della biologia. Supponiamo di prendere un embrione allo stadio di 4 cellule, che per comodità chiamo Bobo (vedi Figura 3, pagina successiva). La membrana cellulare che racchiude le 4 cellule – il contorno netto che delimita la "cosa" – è un involucro non vivente composto da glicoproteine in forma non cellulare: in altre parole è una sorta di contenitore simile a quello delle pillole degli antibiotici, che è diverso dal farmaco che c'è dentro. Supponiamo ora che l'involucro si rompa e che si divida in due: un evento che capita spontaneamente in natura 1 volta ogni 270 o che può essere provocato in laboratorio. Supponiamo ancora di dividere le 4 cellule: se ciò accadesse in un mammifero adulto, la divisione causerebbe la morte venendo a intaccare il "centro critico" che mantiene la stretta subordinazione delle parti al tutto. Che cosa capita a Bobo? Come mostra la figura qui sotto, Bobo non muore ma dà origine a quattro cellule con identico genotipo ma separate.

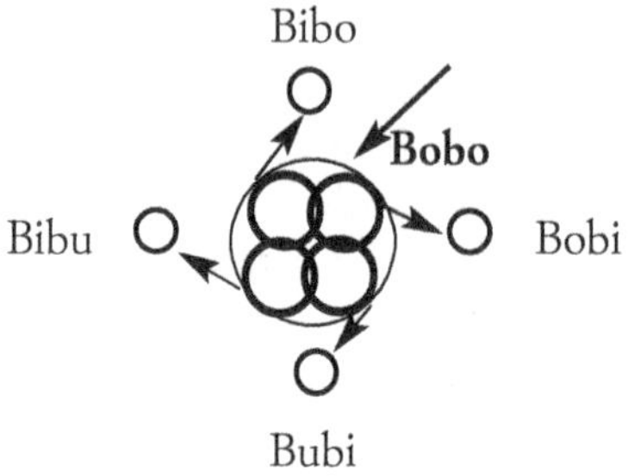


Figura 3

Ma c'è di più: se lasciassimo sviluppare Bobi, Bibo, Bubi, Bibu, verremmo ad avere 4 diversi individui somatici (4 gemelli). Supponiamo comunque di aspettare che essi abbiano una divisione cellulare, per poi riavvicinarli ancora. In questo caso si ritorna all'iniziale Bobo. Avremmo lo stesso risultato anche se tralasciassimo Bobi, magari per unirlo a un altro processo vitale in cui l'inserimento di Bobi darebbe origine a una *chimera*, ossia un organismo formato da parti di organismi diversi. Non è questa la sede di dilungarsi nelle svariate possibilità che si aprono in materia, ma l'interpretazione adeguata di tali dati è che le cellule iniziali sono ancora *totipotenti*, ossia dotate di una peculiare "plasticità" per cui – mancando della specializzazione successiva – possono dare origine a organismi diversi. Inoltre si deve riconoscere che nelle fasi iniziali del processo vitale non c'è ancora il "centro critico" che fornisce la stretta subordinazione delle parti al tutto, per cui non c'è l'individuo *somatico*.

Per questo, Norman Ford ha osservato che «fino alla stadio a 8 cellule in realtà esistono 8 distinti individui, non un unico individuo pluricellulare. È la zona pellucida che lo fa apparire un singolo individuo e dà a esso unità, tenendo unite le 8 distinte cellule individuali. Essa impedisce loro di separarsi e di attaccarsi alle tube di Falloppio, e le protegge durante il loro viaggio verso l'utero». Nelle fasi iniziali l'embrione «in realtà è un grappolo di cellule individuali distinte, ciascuna delle quali è un individuo vivente centralmente organizzato o un'entità ontologica che è in semplice contatto con le altre essendo racchiusa dallo strato protettivo della zona pellucida».

Nella specie umana l'individualità somatica si forma dopo circa 14 giorni dalla fecondazione, perché in quel periodo si concludono due diversi processi: termina il processo di annidamento del nuovo processo vitale sulla parete uterina, e si forma l'asse caudale da cui deriverà la spina dorsale, creando così una parte "destra" e una "sinistra", un "alto" e un "basso". Dopo questa fase un'eventuale divisione del processo vitale causerebbe la morte dell'organismo in questione. Per questo, a volte, il processo vitale fino a 14 giorni viene chiamato *pre-embrione*, un termine introdotto per far risaltare tale significativa differenza. Il termine, comunque, non ha avuto il successo sperato, ma resta che l'individualità somatica si forma dopo circa 14 giorni dalla fecondazione.

Chi difende la tesi che l'individuo ha inizio alla fecondazione ribatte che la possibilità di dare origine a gemelli è un fenomeno piuttosto raro (1 su 270 casi): già questo mostrerebbe che «lo zigote è di per sé destinato a svilupparsi in un unico soggetto» (Angelo Serra). Si cerca, inoltre, di spiegare la gemellarità attraverso l'ipotesi della "filiazione precoce" secondo cui l'individuo iniziale darebbe origine a un secondo analogamente a quanto accade nelle forme di vita molto semplici che si riproducono asessualmente. Ma la rarità di un fenomeno non indica la presenza di uno "sbaglio della natura": anche le comete si vedono raramente, ma il loro apparire va anch'esso spiegato. Il problema del "destino" dello zigote solleva un problema diverso connesso al finalismo. Ancora meno adeguato l'appello alla "filiazione precoce". Questa, per un verso presuppone l'assurda tesi che già alla fecondazione sia terminato il processo riproduttivo, tanto che l'organismo sarebbe già maturo da generare a sua volta; per l'altro verso assume la non meno bizzarra idea che la persona possa generare in due modi diversi: fino a 14 giorni asessualmente, e dopo la pubertà (14 anni) sessualmente. Davvero l'idea della "filiazione precoce" assomiglia alla proposta di aggiungere di un epiciclo per continuare a sostenere la teoria tolemaica.

Si deve pertanto riconoscere che prima di due settimane dalla fecondazione, non c'è un individuo somatico, e che la prima condizione richiesta dalla definizione di persona non è soddisfatta.

### 7.3. *La razionalità*

Non solo fino a circa 14 giorni dalla fecondazione il pre-embrione non è un individuo somatico (infatti può dare origine a gemelli), ma in quella fase *sicuramente* manca anche della struttura organica (il cervello) da cui dipende la "funzione superiore" (la razionalità). Pertanto, fino a due settimane dalla fecondazione nessuna delle due condizioni necessarie è presente, per cui è *assurdo* dire che l'embrione è persona: siamo sicuri che non lo è e che non lo può essere.

Dopo le due settimane, il processo vitale acquisisce l'individualità (somatica) e quindi ci si può sensatamente interrogare su quando venga soddisfatta l'altra condizione, la razionalità. La risposta al riguardo deve tenere conto delle conoscenze fisiologiche dello sviluppo del feto: prima che si formi la struttura organica (il cervello) è da escludere che ci possa essere la *capacità* di avere una qualche forma di attività "superiore". Questo punto, è bene ripeterlo, è sostenuto anche da chi afferma una concezione sostanzialista della persona (con i vari gradi dell'essere), per il quale – come ha osservato Maritain – è assurdo che l'anima (spirituale) possa giungere prima che la materia organica sia adeguatamente disposta. Si dovrà, poi, discutere se sia sufficiente la presenza della struttura organica (se completa o no, e quanto), o se si richieda anche l'*esercizio* effettivo delle funzioni superiori, punto che quasi sicuramente è successivo di qualche tempo. Su questi ultimi problemi può darsi che cessi la convergenza tra sostanzialisti neo-tomisti e funzionalisti fautori del *soft-materialism*, e che emerga qualche divergenza, ma la questione non è ancora stata discussa con adeguata attenzione, e pone un problema diverso che non è qui il caso di affrontare.

Più importante qui è rilevare che le conoscenze più recenti, esposte anche in un recente Rapporto del *Royal College of Obstetricians and Gynaecologists* (marzo 2010), fino a 24 settimane il feto non soffre. Se così fosse, questo sarebbe un punto a favore della tesi che fino a quel periodo non c'è nemmeno la razionalità o altre "funzioni superiori". Infatti, se manca la capacità di soffrire che è comune anche ai mammiferi, a maggior ragione mancherebbe anche il livello successivo, quello delle "facoltà superiori". C'è chi ritiene che questo limite sia troppo avanzato e chi replica che è troppo ristretto e si debba riconoscere che ancora nei primi giorni dopo la nascita non si ha la persona. Su questo si può (e si deve) discutere, ma sono questioni diverse da quella qui esaminata, ossia se l'embrione sia o no persona dal concepimento.

### 7.4. *Conclusione sul problema se l'embrione sia o no "persona"*

L'analisi fatta ci ha mostrato che fino a 14 giorni dopo la fecondazione l'embrione *certamente* non è persona perché non è neanche individuo e non soddisfa nessuna delle due condizioni richieste. L'assenza di dubbi al riguardo è un'ulteriore conferma della invalidità dell'argomento antiprobabilista sopra esaminato (al n. 3.c).

Dopo i primi 14 giorni l'embrione diventa un individuo e quindi soddisfa la prima condizione, ma almeno fino a gravidanza avanzata (6 mesi?) il feto non soddisfa l'altra condizione richiesta, la razionalità: pertanto non è persona. Si deve allora dire che il divieto di aborto è privo di giustificazione? Sì, se l'impostazione diffusa esaurisse il ventaglio delle possibilità per sostenere il divieto di aborto. In altre parole, chi sostiene che se l'embrione non fosse una persona come noi, allora l'aborto sarebbe sempre lecito, dovrebbe convenire che questa è la conclusione da trarre, e riconoscere che, poiché l'embrione nelle prime fasi non è e non può essere una persona, l'aborto è in effetti sempre lecito: un diritto della donna.

### 7.5. *Controprova: l'argomento di Thomson del violinista*

Come controprova o "prova del nove" a sostegno della conclusione raggiunta, è opportuno ora abbandonare l'impostazione ricevuta che punta tutto sulla premessa se l'embrione sia o no persona, ed esaminare un'altra possibilità già anticipata sopra (al n. 2.b):

iii. *se l'embrione è un essere umano (come noi), allora l'aborto è lecito.*

A prima vista questa tesi appare sicuramente controintuitiva, tanto da essere portati a ritenere che non valga neanche la pena di essere esaminata. È stato merito di Judith J. Thomson richiamare l'attenzione su di essa con un contributo di straordinario interesse, che mostra come l'analisi filosofica ci porti a scoprire l'inconsistenza di alcune opinioni di senso comune, aprendoci orizzonti nuovi. Il problema che si è posto Thomson è stato il seguente: concediamo che l'embrione sia una persona come noi, col diritto alla vita come ciascuno di noi. È proprio vero che da ciò deriva l'immoralità dell'aborto? Per riflettere su questa domanda ha proposto il seguente esperimento mentale.

Supponiamo che una giovane donna entri in ospedale la sera per un lieve intervento da farsi la mattina dopo, e che nella notte si verifichi un'emergenza per cui un famoso violinista viene collegato al di lei fegato come ultima ratio per evitare la di lui morte. L'operazione riesce perfettamente e la mattina, al risveglio il medico le dice: «Carissima, tu sei ora collegata al violinista, e se stacchi il collegamento causi la morte di lui (lo uccidi). Poiché il violinista ha il diritto alla vita, non è lecito staccare il collegamento!».

Chiediamoci: è proprio vero che l'eventuale distacco del collegamento è una violazione del diritto alla vita del violinista? È proprio vero che per la donna è illecito staccare il collegamento? Un punto importante che subito si presenta all'attenzione riguarda quanto tempo la donna deve rimanere collegata al violinista. Se si trattasse di qualche ora o anche qualche giorno, sembra che la donna dovrebbe farsi carico del problema per consentire al violinista di superare la crisi e continuare a vivere. Ma supponiamo che si tratti di un periodo di vent'anni. In questo caso sembra che la scelta sia a discrezione della donna: se fosse un'amante di musica classica e un'ammiratrice del violinista, potrebbe essere fiera di sacrificare la propria esistenza per consentirgli di sopravvivere. Ma ove non avesse alcuno speciale interesse potrebbe far venire meno il beneficio, perché non si fa un torto a non beneficare qualcuno.

Si dirà che questa conclusione dipende dal fatto che la donna non ha dato in precedenza il consenso, e che se l'avesse dato perderebbe la facoltà di ritirarlo. Ma è proprio così? Supponiamo che mi si chieda di donare il sangue direttamente, come avveniva ai tempi eroici, e che dia il mio consenso. Questo passo mi preclude la possibilità di ritirarlo in seguito? Non sembra: se si presentasse un imprevisto che mi porta ad andare altrove, ho la facoltà di ritirare il consenso e sospendere la trasfusione, ossia interrompere il collegamento.

Conclusione. Il diritto alla vita del violinista implica solo il diritto di non essere uccisi avendo la capacità di vivere autonomamente, ma non il diritto di essere aiutati a vivere ove non si sia in grado di farlo da soli, per cui anche se il distacco del collegamento col violinista causa la di lui morte, l'atto è lecito (a meno che non sia frutto di meschinità). Se l'embrione fosse una persona (uno di noi), si troverebbe in situazione analoga a quella del violinista, cioè tale da necessitare di un collegamento per continuare a vivere. Pertanto, la donna avrebbe sempre la facoltà di sospendere il collegamento, cosicché l'aborto sarebbe (quasi) sempre lecito.

So bene che la conclusione è così contraria alla opinione ricevuta e radicata da incontrare forte resistenza, la cui ragione sta nel fatto che siamo abituati a concepire una forte differenza tra il fegato o il sangue e gli organi riproduttivi. Mentre il fegato o il sangue servono per la vita propria, gli organi riproduttivi sono tesi a dare la vita a terzi e quindi riteniamo che la situazione in quell'ambito sia radicalmente differente. Ma questa considerazione rimette in campo il finalismo riproduttivo e ci rimanda all'ultimo argomento da esaminare: quello di potenzialità.

Non solo non ci sono argomenti razionali a sostegno della tesi che l'embrione è persona, ma sulla scorta delle migliori conoscenze scientifiche dobbiamo dire che fino a 14 giorni circa dalla fecondazione siamo certi che non può essere una persona visto non c'è neanche l'individualità; dopo tale momento c'è l'individualità ma fino a gravidanza avanzata siamo pressoché certi che manca l'altra condizione necessaria, la razionalità o capacità di avere "funzioni superiori". Pertanto, se si vuole restare nell'ambito dell'impostazione oggi diffusa per la quale l'embrione sarebbe "uno di noi" come noi col diritto alla vita, si deve riconoscere che dal punto di vista morale l'aborto è perfettamente lecito. La donna ha il diritto di controllare ciò che avviene nel proprio corpo.

## 8. *L'argomento di potenzialità dell'embrione*

Per cercare un argomento valido a sostegno dell'immoralità dell'aborto non ci resta che considerare l'ultima possibilità sopra indicata (al 2.a), ossia

iv. *se l'embrione non è un essere umano, allora l'aborto è illecito.*

Questa ultima opzione diventa rilevante ove si tenga presente che il «Non uccidere!» non è l'unico divieto morale importante o significativo, ma che ce ne sono anche altri. È vero che nel mondo contemporaneo a volte sembra che quello sia l'unico divieto serio, ma ciò sembra essere un frutto della secolarizzazione che assegna valore solo alla vita terrena e al benessere da essa offerto. L'etica non è monocroma ma policroma, e ci sono anche altri divieti che vanno presi sul serio. Gli esempi sopra richiamati de *La Gioconda* e della sostituzione di termine nell'alternativa «L'embrione: persona o cosa?» con l'altro: «L'embrione: persona o diamante preziosissimo?» erano solo spunti di riflessione al riguardo. È ora giunto il momento di approfondire la questione, compito che ci porta all'argomento di potenzialità. Spesso si dice che l'aborto è immorale perché l'embrione è *potenzialmente* una persona o è persona *in potenza*. L'argomento scarica l'onere della prova sul termine "potenzialmente" o "in potenza", il cui significato, come sempre, va precisato.

### 8.1. *Possibilità (logica e fisica), probabilità, e potenzialità*

A volte, nel linguaggio comune si usa "potenzialità" come sinonimo ed equivalente di "possibilità", dove questo termine indica ciò che non è, ma per il quale non ci sono ragioni per cui non sia. Di solito il passaggio dal "non-essere" del possibile all'"essere" è causato da atti umani. A seconda delle ragioni messe in campo distinguiamo la possibilità *logica* che riguarda lo spazio in cui l'unico vincolo è la non contraddittorietà. Dal punto di vista logico è possibile che io sia ora a Torino e tra cinque minuti a New York, perché non è contraddittorio pensarlo: l'atto del pensare fa *essere* ciò che prima era solo *possibile*. Tuttavia, stanti gli attuali mezzi di trasporto, quella pensata non è una possibilità *fisica*, perché non siamo fisicamente in grado di spostarci con tale rapidità. Non è escluso lo diventi in futuro, ove ad esempio fossero apprestati dei teletrasportatori. La possibilità *logica* ha come unico vincolo la contraddizione, mentre la possibilità *fisica* ha come vincoli le leggi naturali (della fisica o della biologia) e si realizza attraverso un atto che supera questi vincoli. Ad esempio, data la sua costituzione fisica, se c'è un dado sul tavolo, è fisicamente possibile che esso mostri una data faccia, anche se non è detto che ciò accada (potrebbe mostrarne una diversa).

È possibile che il dado mostri altre facce se un agente compie l'azione di lanciarlo facendo in modo che la rotazione faccia uscire una faccia diversa. L'esecuzione dell'azione attua sicuramente una possibilità, ma quale essa sia è solo *probabile*. La probabilità è diversa dalla possibilità perché riguarda la *conoscenza* di quale possibilità si realizzerà dopo l'azione. Il problema della probabilità è riuscire a sapere, prima del lancio del dado, quale faccia uscirà. Ci sono diverse teorie della probabilità, che costituiscono un campo del sapere di primo piano e di grande importanza, ma che non possono essere approfondite in questa sede.

Infine, c'è la nozione di potenzialità che ha aspetti in comune con le due precedenti e caratteri differenziali propri. A meno di usarla in senso generico, essa è connessa alla filosofia aristotelico-scolastica in cui ha una funzione chiave e decisiva per spiegare il *divenire* come terza situazione tra l'*essere* (ciò che c'è) e il *non-essere* (il nulla o il possibile). La potenzialità è quindi più ristretta della possibilità, anche perché è un tipo di possibilità strutturalmente collegata alla nozione di teleologicità o di finalismo, nozione centrale nell'aristotelismo. Mentre la possibilità ha un campo aperto che ammette tutte le svariatissime opzioni ammesse dai vincoli naturali (o logici), la potenzialità ha un campo limitato alle sole opzioni previste dal finalismo specifico. Entrambe queste nozioni, infine, vanno distinte dalla probabilità di attuazione di ciò che è possibile o potenziale, problema che riguarda la conoscenza e il grado di conoscenza dell'evento futuro.

In breve, possiamo dire che: «X è potenzialmente Y» è un modo diverso di dire: «X tende a Y» o «X è destinato a diventare Y». Nel primo caso il processo è visto dal punto di vista interno di X, mentre nell'altro X è visto dall'esterno, ossia viene visto da una terza persona. In modo più generale: *X è potenzialmente Y* equivale a: X non è Y, ma ha la capacità intrinseca di diventare Y e lo diventerà ove non ci siano inconvenienti.

### 8.2. *L'argomento di potenzialità giustifica il divieto di aborto ma anche di contraccezione*

Le precisazioni fatte ci consentono di sgombrare subito il campo da un argomento ricorrente del seguente tipo: «L'embrione è già persona dal concepimento ma, se anche non lo fosse, in ogni caso lo è potenzialmente!». Si fa appello alla potenzialità per rafforzare o per completare la tesi che l'embrione sia già una persona. Questa mossa è improponibile: lungi dal rafforzarsi, completarsi o sostenersi a vicenda, le due tesi si elidono. Infatti, dire che l'embrione è persona *in potenza* è riconoscere che ora *non* è persona: ecco perché le due tesi sono in contraddizione e non possono essere usate assieme. È vero che quando si dice "persona in potenza" si suppone anche che ci sia la capacità intrinseca, la tendenza, di diventare persona e che ciò avverrà se tutto va bene. Ma quest'aspetto riguarda un problema completamente diverso che fa riferimento a un'altra linea argomentativa. Pertanto, o l'una o l'altra, ma non tutte due assieme.

Per cogliere questo punto in modo intuitivo vediamo un esempio: se dico che uno studente di medicina (diritto, ingegneria) è un potenziale medico (giurista, ingegnere) sto dicendo che *non è* medico (giurista, ingegnere) ma che ha le normali capacità di diventarlo e lo diventerà se tutto va bene. Ma è sbagliato dire che lo studente è già un medico (un giurista, un ingegnere), e se anche non lo fosse lo è potenzialmente. Infatti, è certo che fino a quando non ha dato l'esame di laurea, *non* è dottore in medicina (giurisprudenza, ingegneria), e la seconda tesi lo conferma.

Va quindi sottolineato che chi propone l'argomento di potenzialità riconosce in partenza che l'embrione non è persona, ma sostiene che l'aborto è immorale perché si deve rispettare la potenzialità del processo vitale ossia la capacità intrinseca che, se tutto va bene, porterà a diventare persona. Detto altrimenti, il rispetto è dovuto al finalismo o alla teleologia intrinseca del processo vitale. È forse questa la norma di diritto naturale che giustifica il divieto di aborto cui faceva appello Maritain. Conviene precisare che la posizione non implica il cosiddetto "biologismo" ossia la confusione tra una regolarità biologica e la norma morale. Tutt'altro. Chi sostiene l'argomento di potenzialità evita il biologismo perché in esso l'osservazione attenta porta dapprima a scoprire il finalismo biologico, e solo poi l'ulteriore riflessione rende avvertiti che il rispetto del finalismo ha valore, anzi addirittura valore sommo tanto da essere tutelato da un divieto *assoluto*. Le ragioni per sostenere questo valore possono essere varie: dall'aura di mistero che alimenta la sacralità della vita, al riconoscimento che lì c'è il "segreto della vita" che deve rimanere precluso all'uomo, all'idea che altrimenti il nucleo, il *sancta sanctorum* della vita diventa disponibile all'uomo il quale potrebbe trasformarla in una *commodity*, ecc.

Dal punto di vista logico, quindi, l'argomento di potenzialità è valido, e può fornire una seria giustificazione razionale al divieto di aborto. Emerge così come l'argomento di potenzialità dipenda alla fine dal principio di sacralità della vita (umana) che ingiunge il divieto assoluto di interferire coi dinamismi riproduttivi: il rispetto alla potenzialità è parte del rispetto più generale dovuto all'intrinseca teleologia del processo vitale. Poiché l'etica della sacralità della vita (umana) è internamente coerente, dobbiamo riconoscere che il divieto di aborto può ricevere una giustificazione razionale. Che poi il principio di sacralità e, più in generale, l'etica della sacralità della vita siano davvero sostenibili è questione diversa che, come abbiamo visto, non può essere affrontata in questa sede. Infatti, l'analisi in materia richiederebbe strumenti concettuali più potenti di quelli qui messi in campo.

Il problema o il difetto dell'argomento di potenzialità – ammesso che di "problema" o di "difetto" si tratti! – sta nel fatto che l'applicazione del principio di sacralità non si limita solo all'embrione, ma si estende a tutta la vita umana in condizione di poter sviluppare il proprio finalismo intrinseco. Questo significa che l'argomento di potenzialità giustifica il divieto non solo dell'aborto o della distruzione dell'embrione, ma anche della contraccezione e di tutti i cosiddetti "disordini sessuali" che comportano una qualche alterazione del finalismo o interferenza con esso (fecondazione assistita, omosessualità, ecc.). Può darsi poi che diversa sia la sanzione prevista per queste violazioni, ma *di principio* questi atti sono illeciti (peccati) dello stesso tipo.

Qui sta il problema o il difetto insito nell'argomento di potenzialità. Molti ritengono che aborto e contraccezione siano atti di tipo diverso e che tra essi ci sia una differenza radicale che riguarda non solo la diversa rispettiva sanzione ma la natura dell'atto in sé. In effetti, il divieto di contraccezione appare oggi controintuitivo al punto da essere ritenuto da molti incomprensibile e assurdo. Alcuni sono così convinti ci sia una differenza radicale tra i due atti da ritenere che la contraccezione sia perfettamente lecita o addirittura un diritto, mentre l'aborto sia un atto illecito e abietto. Per tutti costoro l'argomento di potenzialità pone una seria difficoltà pratica, perché essi devono scegliere: o cambiare idea sulla contraccezione facendola rientrare tra gli atti illeciti (come l'aborto), o cambiarla sull'aborto facendolo rientrare tra quelli leciti (come la contraccezione).

Altrimenti, per mantenere entrambe le opinioni diffuse, bisogna mostrare che l'argomento di potenzialità si applica solo dalla fecondazione o dalla singamia e quindi esso giustifica soltanto il divieto di aborto ma non quello di contraccezione. È questa la via d'uscita più comune che va subito esaminata per stabilire se sia percorribile.

### 8.3. *Obiezione: prima della fecondazione si ha solo la persona* possibile *e non* potenziale

Chi vuole distinguere nettamente tra contraccezione e aborto sottolinea che prima della fecondazione si è di fronte a una persona *possibile* e non *potenziale*: la potenzialità avrebbe inizio solo con la fecondazione, non prima. Infatti, dopo un rapporto sessuale la fecondazione è aleatoria: è possibile che abbia luogo come no, e il processo è ancora così indeterminato da essere solo nel regno della una mera possibilità, e non della potenzialità. La situazione è analoga a quella della lotteria: come dopo aver messo nell'urna tutti i biglietti, fino all'estrazione ciascun biglietto è un possibile vincitore, così fino alla fecondazione i gameti sono solo una *possibilità* di nuova vita, che diventa poi *potenzialità* con la fecondazione.

A volte si rafforza la distinzione tracciata osservando che, *se la potenzialità cominciasse prima della fecondazione*, allora varrebbero anche le seguenti conclusioni:

A) non solo sarebbe illecita la contraccezione, ma anche i cosiddetti metodi naturali;

B) i rapporti sessuali dovrebbero essere consentiti solo nei periodi fecondi;

C) non si dovrebbero perdere o sprecare occasioni per realizzare le potenzialità vitali, per cui eventuali astensioni e/o il celibato sarebbero illecite.

Poiché ciascuna di queste conclusioni è assurda, va rigettata anche la premessa e quindi riconoscere che la potenzialità ha inizio solo con la fecondazione. Comincio a esaminare la presunta "assurdità" delle conclusioni ricordate.

### 8.3.a. *Differenza tra contraccezione e metodi naturali*

Per capire perché l'argomento di potenzialità si estende anche alla fase precedente la fecondazione è opportuno ricordare che la vita è un ciclo o un cerchio e come tale non si può dire né che abbia un vero e proprio inizio né dove esso vada collocato. Potrebbe essere alla stagione degli amori, all'accoppiamento, alla nascita, ecc. La scelta dell'uno o dell'altro punto dipende dal tipo di studio in esame. Ma negli uomini si suppone che il cerchio della vita sia sotto controllo della scelta volontaria e libera. In altre parole, la casualità naturale dei processi è come interrotta da un atto di volontà che regola l'esercizio delle capacità sessuali e riproduttive che mette in atto i finalismi (le potenzialità, i dinamismi) del nuovo processo vitale. Il principio di sacralità dice solo che va rispettata la potenzialità o il dinamismo proprio del nuovo processo vitale. Non dice che debbano essere colte tutte le opportunità di potenzialità. D'altro canto, l'agente morale non ha responsabilità del corso naturale degli eventi, di ciò che è frutto dell'azione della natura, ma solo di ciò che dipende dall'azione umana. Pertanto, l'astensione dall'esercizio della sessualità è perfettamente lecito perché le conseguenze del non-fare rientrano nell'azione della natura di cui l'agente non è responsabile. Si spiega così perché, nelle attuali condizioni storiche in cui la continuazione della specie non è in pericolo, il celibato sia perfettamente lecito. La conseguenza C) è spiegata. Ma è risolta anche la conseguenza B), perché non è vero che i rapporti sessuali siano consentiti e/o doverosi solo nei periodi fecondi.

Infatti, oltre a esimere il non-fare, il principio prescrive solo che, ove siano esercitate le facoltà generative, l'agente è responsabile degli eventuali atti tesi a impedire che le potenzialità del processo vitale possano poi esplicarsi e procedere secondo i dinamismi propri. Questo significa che, se non si fa nulla e si lascia che la natura faccia il proprio corso, l'agente non ha responsabilità per l'azione della natura. Qui sta la differenza tra i *metodi naturali* di regolazione delle nascite e la contraccezione. I primi non comportano alcun atto teso a interferire col processo naturale: è un non-fare che lascia campo libero all'azione della natura. La contraccezione, invece, comporta un atto che blocca o ostacola lo sviluppo del dinamismo naturale teso alla fecondazione interferendo col finalismo vitale già iniziato. Ecco in che senso è il primo passo del *birth control*, il controllo della nascita.

È vero che i "metodi naturali" presuppongono la conoscenza dei giorni infecondi che viene usata per evitare la fecondazione, ma altro è l'atto positivo di interferenza coi processi naturali e altro è l'uso della conoscenza del corso naturale degli eventi per lasciare che la natura faccia il proprio corso, uso che può essere buono o cattivo. Per cogliere l'importanza di questa distinzione conviene ricordare che la bontà o malvagità di un atto dipende da vari aspetti, dei quali, per semplicità, ricordo i due principali: la *fattispecie* ossia il tipo di azione esterna computa, e l'*intenzione*. Se, mentre sono in piedi sull'autobus perdo l'equilibrio e inavvertitamente pesto il piede a chi mi sta di fianco, la fattispecie è cattiva (provoco dolore al vicino) anche se non lo è l'intenzione (non l'ho fatto apposta). Se combiniamo le diverse possibilità generate dal fatto che la fattispecie (F) o l'intenzione (I) può essere buona o cattiva ($^{b,c}$) abbiamo il seguente schema:

1) $F^b$ $I^b$
2) $F^b$ $I^c$
3) $F^c$ $I^b$
4) $F^c$ $I^c$

Schema 4. La moralità/immoralità dell'atto

Solo l'atto 1) è buono, perché soddisfa il principio: *bonum ex integra pars, malum ex quocumque defectu*: il bene richiede l'integrità delle parti, mentre il male deriva da un qualunque difetto. In altre parole: perché un motore vada spedito, tutte le parti devono essere efficienti, mentre basta che si rompa una rondella o una cinghia e il motore si ferma. Tutti gli altri atti sono per qualche verso cattivi, anche se per ragioni diverse.

Per venire al nostro problema. Se due coniugi ricorrono ai "metodi naturali", la F è buona perché non c'è interferenza con il processo vitale: che poi le potenzialità si sviluppino o no è problema diverso, perché l'uomo non è responsabile degli esiti dell'azione della natura. Se i due usano la conoscenza dei giorni infecondi con un'intenzione buona, per regolare il numero dei figli alle loro capacità educative, siamo nel caso 1): l'atto è buono. Se, invece, usano i "metodi naturali" con un'intenzione cattiva (per esempio egoistica o dettata dall'*odium prolis*), siamo nel caso 2): la conoscenza è usata con un'intenzione malvagia, ma solo gli interessati lo sanno – è un problema di foro interno. Questo mostra che il ricorso ai "metodi naturali" non garantisce di per sé la bontà dell'atto. Potrebbe ancora essere cattivo, ma per una ragione connessa all'intenzione. Dal punto di vista esterno, però, la F è buona. Nel caso della contraccezione, del *birth control*, invece, è proprio la F che è cattiva, perché c'è l'interferenza col processo vitale o – come dicono i teologi cattolici romani – la scissione tra significato unitivo e procreativo dell'atto sessuale. Può darsi poi che l'intenzione dei coniugi sia buona e rispettabilissima. Ma questo non cambia che l'azione esterna resti cattiva. Infine, in 4) abbiamo l'atto malvagio: la F cattiva fatta con la I cattiva. Abbiamo così spiegato la differenza morale che, dal punto di vista della sacralità della vita, esiste tra contraccezione e "metodi naturali": anche la conseguenza controintuitiva A) sopra indicata non vale. La presunta controintuitività delle tre conclusioni si dissolve.

### 8.3.b. *Perché la potenzialità ha inizio prima della fecondazione*

L'altra parte dell'obiezione è la principale e la più sottile, distinguendo tra *possibilità* e *potenzialità*. Ma se guardiamo il mondo dal punto di vista della potenzialità e del finalismo, dobbiamo tenere presente che il punto moralmente significativo è l'atto volontario e libero con cui vengono esercitate le capacità generative che danno inizio a una nuova vita. Prima di quell'atto la nuova vita è solo una *possibilità*, ma quell'atto dà inizio a una nuova vita umana caratterizzata dalle specifiche potenzialità che, salvo moltissimi inconvenienti, si esplicheranno attraverso tappe e modalità specifiche fino a portare a una persona. Se ciò che vale e deve essere tutelata è la potenzialità, il principio si applica sin dall'atto sessuale, da quando sono esercitate le capacità generative che liberano le potenzialità del processo vitale.

L'analogia con l'urna sopra ricordata è fuorviante perché l'idea dell'estrazione è antropomorfica: il dinamismo dei processi vitali rende superflua ogni ulteriore "estrazione" del numero, perché l'unico atto umano rilevante è quello con cui si depositano i biglietti nell'urna. Una volta compiuto questo, il resto è frutto dell'azione dei dinamismi naturali. È come se una volta posti i biglietti nell'urna, questa procedesse da sé a estrarne uno, ai controlli dovuti, all'individuazione del vincitore, all'incasso della vincita, ecc., cioè a far sì che il programma prosegua da solo le operazioni previste. Ove l'estrazione del vincitore fosse fatta automaticamente e non comportasse ulteriore intervento umano, allora fino a che i biglietti non sono nell'urna i vincitori sono ancora *possibili* (siamo nel regno della mera *possibilità* di vincita), ma l'atto di deposito dei biglietti nell'urna chiude la possibilità facendo sì che il vincitore sia già, in atto, nell'urna, anche se fino a estrazione compiuta non conosciamo esattamente chi sia: un problema che riguarda la *probabilità*.

Modifichiamo l'esempio la nostra provetta [P] (cfr. p. 190 e 193) in modo tale da avere una nuova provetta [P*], in cui ci sono centinaia di migliaia di spermatozoi così da ricreare una più stretta somiglianza con la situazione naturale. C'è vita umana *possibile* solo fintanto che ovuli e spermatozoi sono separati in luoghi diversi. L'atto con cui si portano i gameti nella provetta [P*] è quello che fa passare dalla mera *possibilità* alla *potenzialità* perché esso è frutto di una scelta libera e volontaria di cui l'agente è (o dovrebbe essere) responsabile: dopo di esso abbiamo già una nuova vita in atto che procede secondo il corso proprio della natura. I gameti sono vivi, umani e tendono a unirsi secondo i propri finalismi. Allo stesso modo, se in una stanza ci sono uomini e donne fertili, lì c'è nuova vita umana *possibile*. Ma nel caso in cui due persone decidono di avere rapporti sessuali, si passa a una nuova vita umana in atto caratterizzata dalle connesse potenzialità. L'atto libero e volontario con cui i due (o almeno uno di essi) decide di attivare le capacità generative è il punto moralmente scriminante.

La situazione della nuova provetta [P*] ci mostra anche che agli inizi la nuova vita è in fase aurorale: molto fragile e indeterminata (quasi come se i numeri del biglietto non fossero ancora ben leggibili o controllati), poi si determina e precisa sempre più. Tutto questo è vero, ma l'indeterminatezza riguarda la *probabilità* di successo del processo vitale e la conoscenza della sua combinazione, non l'*esistenza* del processo stesso, che ha inizio quando i gameti sono posti nella provetta [P*]. È questo l'atto che chiude il regno della mera *possibilità* (fisica) e ci porta a una nuova vita già esistente e pronta a sviluppare le potenzialità proprie nelle modalità previste di cui, tuttavia, non si conosce ancora le probabilità di successo.

Qui diventa cruciale la differenza tra *potenzialità* e *probabilità* sopra esaminata. La potenzialità c'è e resta a prescindere dalle probabilità che si abbia il risultato corrispondente. Questo aspetto diventa palese se si considera che i gameti maschili e i gameti femminili hanno la stessa *potenzialità*, anche se molto diverse sono le loro *probabilità* di successo. Infatti lo spermatozoo ha probabilità di gran lunga molto minori di un ovulo di riuscire ad avere successo e di giungere al termine del processo per il quale è "destinato". Ma ciò non toglie che abbia esattamente la stessa potenzialità di un ovulo. Ancora, se si considera che oltre l'80% degli ovuli fecondati non raggiunge la nascita, si deve riconoscere che ciascuno di essi ha scarse probabilità di successo, ma questo non cambia il fatto che per ciascuno la potenzialità sia la stessa. Il mosto è potenzialmente vino perché quella è la sua "destinazione intrinseca", anche se a volte (anche molte) si trasforma in aceto. La probabilità riguarda la conoscenza del risultato, non la presenza del dinamismo intrinseco che caratterizza la potenzialità.

In breve. Anche prima della fecondazione, dopo che i gameti vivi e umani sono posti nella provetta [P*], c'è già vita umana in atto con le corrispondenti potenzialità pur essendo questa ancora molto indeterminata e tenue tanto che non è ancora nota la probabilità della combinazione vincente. È qui che sta la ragione *psicologica* che fa ritenere tanto importante la fecondazione, quasi fosse il momento magico che fa passare dal niente al tutto. A parte il nostro carico psicologico che può dipendere dai condizionamenti più diversi, il ragionamento fatto ci porta a credere che la fecondazione non è affatto il momento magico e che il passaggio dalla mera *possibilità* alla *potenzialità* della vita umana in atto avviene quando i gameti sono posti nel luogo adatto in cui possono dispiegare i dinamismi naturali, i quali riescono a raggiungere il risultato con *probabilità* diverse non sempre note all'inizio.

Un'ultima analogia può essere utile al riguardo. A prescindere da eventuali sbarramenti all'ingresso, al termine della scuola superiore uno studente che si trova a scegliere la facoltà cui iscriversi è un *pos-*

*sibile* dottore. Può infatti diventare medico, filosofo, giurista, matematico, biologo, ingegnere, economista, ecc. Nel momento in cui compie l'atto di iscriversi alla facoltà di giurisprudenza, diventa un *potenziale* giurista, cioè non è ancora un giurista ma ha la capacità intrinseca di diventarlo, aspetto che cresce con il prosieguo degli studi. Basta l'iscrizione a farlo diventare un potenziale giurista, anche se agli inizi la sua posizione è ancora indeterminata. Il primo esame, è un po' come la fecondazione: se va bene è un buon avvio. Le potenzialità si dispiegano ma restano fino alla laurea, punto in cui si ha il passaggio di livello e lo studente diventa dottore in atto.

Abbiamo così mostrato che anche quest'obiezione non vale e che l'argomento di potenzialità si applica e vale anche prima della fecondazione. Il dilemma sopra proposto non può essere evitato: contraccezione e aborto sono atti dello stesso tipo.

### 8.4. *Conclusione teorica sull'argomento di potenzialità*

Abbiamo trovato un argomento logicamente valido per sostenere il divieto di aborto: quello di potenzialità. Questo è un buon risultato, che ci mostra come l'opinione ricevuta dalla tradizione non fosse campata in aria ma ha un fondamento. Il "difetto" di quest'argomento non è di tipo logico ma è di carattere normativo, perché esso vieta non solo l'aborto ma anche la contraccezione, che in questa prospettiva risulta essere immorale come l'aborto. Anche se in fasi diverse, sia l'atto contraccettivo che quello abortivo interrompono la stessa potenzialità del processo vitale, per cui sono atti dello stesso tipo (come lo sono il furto di un euro o di mille euro, anche se la loro gravità e relativa punizione sarà diversa). Come ho già ripetuto più volte, il compito di questo libro è descrittivo e teso a favorire la consapevolezza della scelta. Al lettore il compito di scegliere la prospettiva che ritiene più consona, col solo vincolo (imprescindibile) di mantenere la coerenza interna. Se accetta l'etica della sacralità della vita, l'argomento di potenzialità offre solide ragioni per vietare l'aborto. Ma per coerenza deve accettare anche il divieto di contraccezione. Se, invece, ritiene che la contraccezione sia lecita o addirittura un diritto della persona, allora – sempre per coerenza – deve ammettere che lo è anche l'aborto: abbandona l'etica della sacralità della vita per passare all'etica della qualità della vita.

### 8.5. *Conferme testuali dell'analisi teorica fatta e conclusioni generali*

Ho sostenuto sopra che l'argomento di potenzialità è quello che fonda il divieto tradizionale. Non resta ora che andare alla ricerca di conferme della conclusione raggiunta. Allo scopo esamino, senza pretesa di completezza, alcuni aspetti della dottrina cattolica romana che costituisce forse il più importante deposito dell'etica tradizionale: nulla quindi con ciò che riguarda la fede rivelata, ma l'aspetto che riguarda il cosiddetto piano riguardante l'umano e il "naturale".

Se si legge con attenzione la ragione che giustifica il divieto di aborto, si scopre che esso dipende dalla dottrina del *matrimonio*. Come osservava Paolo VI, «in conformità con questi principi fondamentali della visione umana e cristiana sul *matrimonio*, dobbiamo ancora una volta dichiarare che è assolutamente da escludere, come via lecita per la regolazione delle nascite, l'interruzione diretta del processo generativo già iniziato, e soprattutto *l'aborto diretto*, anche se procurato per ragioni terapeutiche» (*Humanae Vitae*, 1968, n. 14).

Si osservi con attenzione: la visione del matrimonio porta a escludere *assolutamente* sia la *interruzione diretta del processo generativo già iniziato* (contraccezione), sia *soprattutto* l'aborto diretto. I due atti sono classificati nella stessa categoria e regolati da un divieto dello stesso tipo, aspetto di cui abbiamo chiarito le ragioni teoriche. Sempre nella linea indicata, comunque, basti ricordare come anche in altri documenti ufficiali viene continuamente ricordato che «in realtà la vita umana è da rispettare fin da quando ha inizio il processo della generazione» (*De Abortu Procurato*, 1974). E ancora, «la vita umana dev'essere rispettata e protetta in modo assoluto dal momento del concepimento» (*Donum Vitae*, 1987), senza specificare che cosa si intende con "concepimento". In generale, va riconosciuto che in teologia il rispetto riguarda la *trasmissione della vita umana*, processo che ha inizio quando i gameti sono posti nel luogo adatto (corpo della donna o provetta).

Non deve sorprendere il rilievo attribuito al matrimonio, se si considera che nella prospettiva cattolica romana il matrimonio è istituto naturale e divino regolato da divieti assoluti (come l'indissolubilità). Inoltre, esso regola non solo le relazioni sociali e affettive tra i coniugi, ma – come sottolineato da Pio XII – è anche «un istituto al servizio della vita» (1951), preposto alla sua trasmissione e fondamento della famiglia. In questo senso Giovanni Paolo II (*Centesimus Annus*, 1991, n. 39) ha sottolineato che

> Occorre tornare a considerare la famiglia come il *santuario della vita.* Essa, infatti, è sacra: è il luogo in cui la vita, dono di Dio, può essere adeguatamente accolta e protetta contro i molteplici attacchi a cui è esposta [...]. Contro la cosiddetta cultura della morte, la famiglia costituisce la sede della cultura della vita. L'ingegno dell'uomo sembra orientarsi, in questo campo, più a limitare, sopprimere o annullare le fonti della vita ricorrendo perfino all'aborto [...] che a difendere e ad aprire le possibilità della vita stessa.

Ancora una volta l'aborto è il punto estremo (non l'unico) cui si spinge la "cultura della morte" nel suo impegno teso a *limitare, sopprimere o annullare le fonti della vita*. Diventa così chiaro come mai Giovanni Paolo II osservi che «fra le pericolose strategie *contro la famiglia* c'è altresì il tentativo di negare dignità umana *all'embrione* prima dell'impianto nel seno materno, come pure attentarne all'esistenza con vari metodi» (*Messaggio al cardinal Trujillo*, 2001, corsivi aggiunti): gli attentati all'embrione sono classificati tra gli attacchi *contro la famiglia*, non come forma di "omicidio".

Le indicazioni date non sono complete, ma offrono lo spunto per confermare il salto gestaltico che porta a leggere le affermazioni in prospettiva diversa da quella diffusa. Abbandonando ora la dottrina cattolica romana, possiamo trovare anche altre conferme in altri campi. Uno privilegiato è il diritto. Al riguardo, come nota conclusiva, ricordo che in Italia il codice penale Rocco (1930) puniva l'aborto tra i reati contro «la sanità e l'integrità della stirpe» assieme alla propaganda e fabbricazione di mezzi contraccettivi e il contagio di malattie veneree. Non era vietato l'*atto* di contraccezione per la difficoltà di accertamento del reato (non potendo le forze dell'ordine entrare nelle camere da letto delle persone). Merita infine di osservare che nel linguaggio giuridico del tempo il termine "stirpe" indicava la semplice *discendenza* – anche se poi la "retorica fascista" lo ha poi caricato di toni razziali. L'aborto era quindi un reato contro la *generazione*, un reato che violava i diritti della società alla discendenza necessaria per la continuazione della specie: in linea con le osservazioni fatte.

## 9. *Conclusione generale*

Dall'avvento del cristianesimo fino agli anni 1970 l'aborto è sempre stato considerato un atto gravissimo, la cui condanna era tanto scontata da non richiedere alcuna specifica giustificazione. La diffusione del *birth control* e dell'idea che la contraccezione sia lecita ha sollecitato la riflessione sulle *ragioni* che giustificherebbero il divieto di aborto.

L'indagine si è resa necessaria se si considera che è diventato comune sostenere che l'aborto è moralmente illecito in quanto forma di omicidio, come violazione del diritto alla vita. L'analisi fatta ci ha mostrato che nessuno degli argomenti addotti in questa direzione è valido[5]. L'unico argomento corretto e plausibile è quello di potenzialità, che però rimanda al rispetto del finalismo riproduttivo e estende l'illiceità anche alla contraccezione. Per chi ritiene che anche questa pratica sia esiziale e illecita, la conclusione non comporta eccessive difficoltà. Per chi, invece, crede che l'aborto sia illecito ma la contraccezione sia lecita, essa comporta un serio dilemma etico perché – per mantenere la coerenza interna alla prospettiva – deve scegliere: o cambiare opinione sull'aborto o sulla contraccezione. La scelta non è di poco conto perché comporta un salto paradigmatico, ossia il passaggio dall'etica della sacralità della vita (che prevede assoluti) all'etica della qualità della vita (che prevede solo divieti *prima facie*).

Giunti a questo punto ci si può chiedere come mai chi si oppone all'aborto insista tanto sul diritto alla vita e sull'idea che esso sia una forma di omicidio, pur in assenza di argomenti al riguardo. Il problema è articolato e qui mi limito a una sola indicazione: a parte le confusioni terminologiche e concettuali, la situazione può essere spiegata se si considera che in brevissimo tempo la rivoluzione biomedica ha consentito il controllo della riproduzione. Mentre prima l'ambito sessual-riproduttivo era tabù e zeppo di divieti al punto da neanche essere oggetto di conversazione, oggi il discorso

---

[5] Non esamino qui la possibilità di estendere il significato di "omicidio" al punto da includere nel «Non uccidere!» ogni peccato mortale, ossia ogni atto che "uccide lo spirito". Tale estensione del significato del termine è eccessiva.

è radicalmente capovolto: non solo se ne parla continuamente ma sembra che in materia non ci siano seri divieti. In questa situazione l'unico modo di far percepire l'estrema gravità dell'aborto è quello di associarlo all'omicidio, divieto che ancora è considerato gravissimo. Di qui l'insistenza sul «Non uccidere!» invece che sul rispetto dovuto al finalismo intrinseco del processo vitale iniziato, come previsto dai principi regolatori del matrimonio (tradizionale). Per una più ampia analisi del tema anche con osservazioni storiche, rimando a M. MORI, *Aborto e morale*, Einaudi, Torino 2008.

# V

# Feconfdazione assistita

## 1. *La nozione di "fecondazione assistita"*

L'aborto è un intervento attraverso cui si manifesta in forma forte e palese la capacità di controllo del processo riproduttivo al fine di *evitare la nascita* di nuove persone. La stessa capacità può essere utilizzata nella direzione opposta, al fine di *conseguire la nascita* di nuove persone che altrimenti non verrebbero al mondo. Il controllo viene attuato *sostituendo* parte del processo riproduttivo grazie a interventi tecnici, sostituzione che dà luogo alla *fecondazione assistita*. Esistono anche interventi che semplicemente *favoriscono* il naturale sviluppo del processo senza operare interferenze o sostituzioni e che non rientrano nella nozione di "fecondazione assistita". Essi sono però così inefficaci da poter essere qui non considerati. Solo gli interventi *sostitutivi* sembrano promettere buoni risultati (anche se ancora al di sotto delle attese). Proprio perché sostituiscono parte del processo, all'inizio si parlava di fecondazione *artificiale*. Si è poi osservato che gli elementi centrali del processo restano "naturali" e che l'intervento tecnico fornisce solo un'*assistenza* al processo naturale: di qui l'espressione fecondazione *assistita*.

## 2. *Breve storia della fecondazione assistita*

I primi tentativi di fecondazione assistita tra gli umani risalgono alla fine del XVIII secolo, ma il problema della liceità morale di tali interventi si è posto solo alla fine del XIX secolo a seguito di alcuni tentativi al riguardo eseguiti in Francia. Ancora agli inizi degli anni '40 del XX secolo, tuttavia, sembra che il numero complessivo delle fecondazioni assistite non superasse le poche decine. Si dice però che nel corso della Seconda guerra mondiale molti soldati avessero inviato dal fronte il proprio seme per la fecondazione assistita della moglie, e che oltre 20.000 bambini sarebbero nati a seguito di tale procedura. Fino al 1978, però, la fecondazione assistita è stata praticata in modo sommerso, e solo l'avvento della Fivet (Fecondazione In Vitro con Embryo Transfer) – la tecnica che ha consentito la nascita di Louise Bown il 25 luglio 1978 – ha cambiato radicalmente la situazione. Infatti la fecondazione assistita ha assunto una dimensione pubblica e una nuova rispettabilità che ha sollecitato una più serrata disamina dei problemi etici e sociali da essa sollevati.

### 3. *Le varie forme di intervento possibile*

La Fivet non solo ha segnato un "salto di qualità" in materia aprendo possibilità del tutto nuove, ma ha avuto anche uno straordinario effetto simbolico che, tra l'altro, ha suscitato nuove aspettative tra la gente. Nei paesi occidentali l'infertilità di coppia è crescente tanto che ormai essa colpisce quasi il quasi il 20% delle coppie. Questo fatto ha favorito lo sviluppo di svariate tecniche, cosicché oggi esistono un gran numero di sigle indicanti le diverse metodologie possibili. Nelle pagine seguenti limito l'attenzione alle sole questioni fondamentali, perché il mio obiettivo è dare le coordinate di base che ci consentono l'orientamento in materia.

La prima distinzione da tracciare è quella tra *fecondazione assistita intra-corporea* (o *in vivo*), e quella *extra-corporea* (o *in vitro*). Nel primo caso l'intervento tecnico sostituisce solamente il rapporto sessuale, facendo in modo che la fecondazione avvenga poi nel corpo della donna; nel secondo caso, invece, oltre al rapporto sessuale, l'intervento tecnico fa sì che la fecondazione avvenga al di fuori del corpo della donna, ossia in una "provetta" (o, più precisamente, in una "capsula di Petri").

Ciascuna forma di fecondazione assistita viene poi chiamata *omologa* quando entrambi i gameti provengono dalla coppia che vuole l'intervento (indicata con la sigla Aih = Artificial Insemination Homologous); oppure è chiamata *eterologa* quando (almeno) un gamete proviene da una persona esterna alla coppia, ossia da un "donatore" o una "donatrice"(da cui la sigla Aid = Artificial Insemination by Donor). Il termine "eterologa" è impreciso e fuorviante: pur essendo ancora molto diffuso nel gergo giornalistico, qui si preferisce il termine "donazione di gameti". Ultimo intervento tecnico da considerare è la cosiddetta *gravidanza surrogata* (espressione non bella ma ormai diffusa) che si ha quando una donna porta a termine la gravidanza al posto di un'altra donna.

### 4. *Le prime obiezioni morali: la fecondazione assistita è illecita come mezzo*

A parte alcuni incalliti pessimisti per i quali è meglio evitare di mettere al mondo nuove persone, c'è amplissimo consenso sull'idea che avere figli è bello, appagante e moralmente lecito. Pertanto, almeno a prima vista, c'è una presunzione a favore degli interventi che – aumentando le opportunità di vita – realizzano uno scopo buono e nobile: consentire alla gente di avere figli. Fatta questa considerazione preliminare, quali possono essere le ragioni addotte contro gli interventi di fecondazione assistita?

Considerato il consenso sulla bontà dello *scopo* cui tendono le tecniche di fecondazione assistita (far nascere bambini che altrimenti non sarebbero nati), le critiche a esse riguardano il *mezzo* usato per giungere allo scopo: tale mezzo sarebbe moralmente illecito. Si osserva che quest'aspetto è particolarmente chiaro nel caso della Fivet, *perché* essa comporta uno "spreco" di embrioni umani che inevitabilmente muoiono nel processo: infatti, per mettere a punto tale tecnica sono stati usati molti embrioni, e ancora oggi per conseguire una nuova nascita è necessario avere embrioni in soprannumero, molti dei quali sono prima congelati e poi distrutti. È proprio questo spreco di embrioni – osservano alcuni critici – che risulta moralmente inaccettabile nella Fivet, perché non è mai lecito fare il male (distruggere embrioni) per conseguire il bene. In breve: la Fivet è immorale perché sottintende un uso strumentale dell'embrione.

Chi muove quest'obiezione dà per scontato che l'ovulo fecondato sia già persona, per cui sarebbe illecita la sua distruzione. Sulla scorta dei risultati ottenuti nel capitolo precedente, possiamo immediatamente scartare la posizione osservando che la tesi centrale non è razionalmente giustificata. Anche per questa ragione abbiamo dedicato ampio spazio alla disamina della questione dell'embrione: l'analisi fatta resta decisiva anche per molti problemi morali connessi con la fecondazione in vitro.

Si può osservare inoltre che l'obiezione è invalida perché anche la fecondazione naturale comporta un alto spreco di embrioni: studi recenti affermano che oltre l'80% degli ovuli fecondati non riesce ad annidarsi sulla parete uterina e viene perso senza che la donna neanche si accorga della avvenuta fecondazione. Se la Fivet fosse illecita (solo) *perché* comporta uno spreco di embrioni, allora, considerato che lo stesso fatto si verifica anche nella fecondazione naturale, la logica imporrebbe che lo stesso giudizio fosse dato anche nel secondo caso: se è moralmente sbagliato lo spreco di embrioni richiesto dalla fecondazione assistita per far nascere persone, perché dovrebbe essere perfettamente lecito uno spreco analogo per gli stessi scopi ove richiesto dal processo naturale? Se la tutela dovuta all'embrione giustifica la condanna dello spreco nell'un caso vietando la pratica artificiale, perché la stessa tutela dovrebbe consentire l'analogo spreco nell'altro caso permettendo la pratica naturale? Se l'obiezione è che la fecondazione assistita è immorale perché comporta un uso strumentale dell'embrione, la nuova *conoscenza* circa l'inesorabile perdita di numerosi embrioni richiesta da qualsiasi nascita ci porta a concludere che, in un senso, anche la fecondazione naturale non sfugge a far un uso strumentale dell'embrione.

Si può replicare che non siamo affatto responsabili di quanto capita in natura, perché è qualcosa di necessario e non voluto. Ma ci vuole poco per controbattere che la stessa situazione si verifica anche nel caso della Fivet: ogniqualvolta si voglia avere un figlio, per raggiungere tale scopo – sia che ciò avvenga naturalmente o artificialmente – si deve accettare che un certo numero di embrioni siano inevitabilmente persi o sprecati.

Inoltre, se fosse vero che l'embrione è già una persona dalla fecondazione, perché non dire che c'è uno stringente dovere di cercare di fare il possibile per salvare tutti gli embrioni che si vengono a formare, indipendentemente dalla situazione (naturale o artificiale che sia) in cui sono venuti all'esistenza? Sicuramente una simile proposta creerebbe difficoltà pratiche notevoli, per il fatto che la maggior parte degli embrioni che non si annidano probabilmente sono inadatti alla vita. Ma in passato, quando la mortalità infantile era straordinariamente alta, anche molti neonati erano in situazione analoga: grazie agli sforzi fatti, oggi la situazione è cambiata e il tasso di mortalità infantile è notevolmente diminuito: perché non cercare di fare altrettanto con gli embrioni? Stante il fatto che nessuno sembra avanzare proposte serie in questa direzione, si conclude che l'obiezione dello spreco di embrioni in realtà è poco cogente.

Di fronte a queste repliche, chi ritiene che la Fivet sia illecita in quanto mezzo, a volte sottolinea che l'obiezione resta valida perché il numero di embrioni sprecati dalla tecnica artificiale è significativamente più alto di quello concernente la fecondazione naturale. Su questo aspetto empirico si può discutere. Ma se il nucleo dell'obiezione fosse quello indicato, allora si può osservare che in futuro, grazie al perfezionamento delle tecniche, lo spreco di embrioni richiesto dalla Fivet potrebbe addirittura essere minore di quello esistente in natura: è disposto il critico a riconoscere che in tal caso la Fivet sarebbe moralmente preferibile alla procreazione naturale?

L'esperimento mentale proposto è interessante perché aiuta a individuare quale sia la vera ragione addotta contro la Fivet. Se davvero lo spreco di embrioni fosse il fulcro dell'obiezione mossa alla Fivet, allora, non solo – paradossalmente – tale tecnica potrebbe diventare lecita e preferibile alla fecondazione naturale, ma già oggi il critico dovrebbe ammettere che la fecondazione assistita *in vivo* è perfettamente lecita in quanto l'eventuale spreco di embrioni è analogo a quello della situazione naturale.

In effetti, l'obiezione esaminata vale solo contro la Fivet ma è spuntata quando mossa alle forme di fecondazione assistita *in vivo*. Stante questo, dobbiamo credere che esse siano moralmente lecite oppure no? Per chiarire questo punto cominciamo a esaminare il cosiddetto "caso semplice", ossia la situazione Aih.

## 5. *Nuove obiezioni morali: la fecondazione assistita è intrinsecamente illecita. Il "caso semplice" dell'Aih*

Per esaminare la questione è opportuno prendere le mosse da un caso concreto che potrebbe presentarsi a ciascuno di noi. Carla (32 anni) e Luca (36 anni) sono sposati da cinque anni e desiderano avere un figlio che non arriva perché una malformazione dell'apparato riproduttivo di Carla impedisce la fecondazione. L'ostacolo potrebbe essere facilmente superato *sostituendo* una fase del processo attraverso l'Aih: quali ragioni possono essere addotte contro la moralità di tale intervento? A prima vista, nessuna, dal momento che l'intervento sembra creare una situazione di "ottimo paretiano" (dal nome dell'economista italiano Vilfredo Pareto (1848-1923), ossia una situazione in cui tutti stanno meglio senza che nessuno stia peggio: di fatto i genitori, il nato, i parenti, i medici, ecc. sarebbero tutti contenti e nessuno sarebbe scontento. Sembrerebbe quasi che l'intervento sia *doveroso*, perché in tal modo si aumenta sensibilmente la felicità nel mondo.

### 5.a. *La concezione della procreazione come "dono"*

Eppure, alcuni ritengono che neanche tale intervento di Aih sia permesso, perché – osservano – la nascita di un figlio deve rimanere un *dono*, e non può essere vista né come la realizzazione di un progetto o di un desiderio, né tantomeno come la rivendicazione di un diritto – il cosiddetto "diritto al figlio". Chi ammette la sostituzione di parte del processo naturale – come avviene già nell'Aih – mostrerebbe di essere una persona che "vuole il figlio a tutti i costi", anche a costo di rendere il nato una sorta di "oggetto" analogo ad altri di cui possiamo disporre a piacimento, e non di considerarlo come un "soggetto" da accogliere come dono.

Si può replicare che la visione delineata è idilliaca in quanto suppone che la natura sia sempre pronta a dispensare benefici "doni". Purtroppo, la realtà è ben diversa, perché spessissimo la natura è molto avara e all'uomo tocca lavorare sodo per ottenere qualche risultato. D'altro canto, perché solo nel caso delle capacità procreative diciamo che il risultato deve essere un "dono" dispensato dalla natura? Perché non dire la stessa cosa anche nel caso delle capacità visive? Qui, invece, se una persona ha difficoltà si ricorre agli occhiali o ad altri interventi per controllare e migliorare la vista: perché non sarebbe lecito fare lo stesso nel caso della procreazione? Non è forse una forma di fatalismo lasciare che la natura segua il proprio corso e dire che si deve lasciare che ciò accada? In altre parole: perché dire che la procreazione deve rimanere naturale? In fondo, a ben vedere, già ora non lo è più, perché le persone con la contraccezione controllano il *numero* dei figli: perché non estendere tale controllo anche nella direzione che consente di avere un figlio nelle circostanze più opportune con l'Aih?

### 5.b. *Sessualità e procreazione nella dottrina cattolica romana*

Per dare una risposta alla domanda sopra posta è opportuno esaminare la dottrina cattolica romana che qui è considerata non come frutto di fede religiosa specifica ma come esito del diritto naturale che ancora informa tanta parte della morale tradizionale. In questo senso, la dottrina cattolica è interessante perché sembra esplicitare intuizioni implicite in larga parte della moralità di senso comune. Secondo tale dottrina l'Aih è inaccettabile perché viola il cosiddetto *principio d'inscindibilità* del significato unitivo e procreativo dell'atto coniugale. Secondo tale dottrina esiste una «connessione inscindibile, che Dio ha voluto e che l'uomo non può rompere di sua iniziativa, tra i due significati dell'atto coniugale: il significato unitivo e il significato procreativo [...] non è mai permesso separare questi diversi aspetti al punto da escludere positivamente o l'intenzione procreativa o il rapporto coniugale» (*Donum Vitae*, 1987, II, 4 a).

Sulla scorta di questo principio – che ha un ruolo decisivo nella dottrina cattolica romana sul matrimonio e deriva dal principio di sacralità della vita – anche l'Aih risulta essere una pratica assolutamente illecita proprio perché violerebbe la connessione inscindibile tra i due significati dell'atto coniugale. Ammettendo la liceità di Aih si ammetterebbe una sorta di "usurpazione dei diritti di Dio" e una palese violazione della "legge morale naturale". In questo senso la dottrina cattolica romana condanna senz'appello qualsiasi forma di fecondazione assistita che costituirebbe una palese violazione del principio d'inscindibilità. Il seguente passo della *Donum Vitae* (II, 4 e 6) è illuminante al riguardo:

> la contraccezione priva intenzionalmente l'atto coniugale della sua apertura alla procreazione e opera in tal modo una dissociazione volontaria delle finalità del matrimonio. La fecondazione artificiale omologa, perseguendo una procreazione che non è frutto di un atto specifico di unione coniugale, opera obiettivamente una separazione analoga tra i beni e i significati del matrimonio. [...] *L'inseminazione artificiale omologa all'interno del matrimonio non può essere ammessa, salvo il caso in cui il mezzo tecnico risulti non sostitutivo dell'atto coniugale, ma si configuri come una facilitazione e un aiuto affinché esso raggiunga il suo scopo naturale.* [...] L'inseminazione artificiale sostitutiva dell'atto coniugale è proibita in ragione della separazione volontariamente operata tra i due significati dell'atto coniugale.

Come si vede, nella dottrina cattolica la ragione che giustifica il divieto di Aih è la stessa che sostiene il divieto assoluto di contraccezione. Di fatto le due pratiche sono simmetriche: la contraccezione consente di avere rapporti sessuali senza avere figli, mentre l'Aih consente di avere figli senza avere rapporti sessuali. Gli interventi di questo tipo violerebbero le «leggi inscritte nell'essere stesso dell'uomo e della donna» (*Donum Vitae*, II, B, 4) e conoscibili dalla ragione umana il cui rispetto garantisce la *dignità della procreazione*. Nel momento in cui si rompe l'inscindibilità nell'uno o nell'altro senso (consentendo di avere sesso senza figli o figli senza sesso), si viene a riconoscere alla persona la facoltà di *controllare* il processo procreativo indipendentemente dalle leggi immanenti a esso derivanti dal finalismo riproduttivo. Se si riconosce alla persona la facoltà (morale) di *sostituire* l'atto coniugale con l'Aih, le si riconosce anche la facoltà di usare l'atto tecnico (medico) per appropriarsi «della funzione procreatrice» (*Donum Vitae*, II, B, 7).

Per la dottrina cattolica l'intrinseca malizia della Aih sta proprio in questo: chi ammette la liceità della sostituzione dell'atto coniugale, riconosce anche che il matrimonio non è più un istituto naturale (o divino). Il matrimonio diventa un'istituzione umana stabilita dagli uomini, e pertanto modificabile in base alla volontà degli interessati a seconda delle circostanze storiche: diventerebbe lecito non solo il divorzio, ma anche il controllo del processo riproduttivo attuato attraverso la contraccezione o la sostituzione dell'atto coniugale con l'Aih.

### 5.c. *Il problema del controllo del processo riproduttivo*

La disamina del "caso semplice" ci ha portato immediatamente al fondo della questione, mostrando la divergenza radicale tra i due diversi paradigmi morali: chi sostiene l'etica della sacralità della vita afferma che la persona non ha la facoltà di controllare il processo riproduttivo. Sono pertanto assolutamente illeciti tutti gli interventi artificiali che scindono il significato unitivo e procreativo dell'atto coniugale, i quali sono contrari alla dignità umana e ai diritti inalienabili del nascituro e degli sposi (i quali dovrebbero rispettare le norme del matrimonio inteso come istituto naturale). Chi, invece, sostiene l'etica della qualità della vita afferma che gli interventi tesi a controllare il processo riproduttivo non solo sono perfettamente leciti, ma costituiscono anche un avanzamento della civiltà: la contraccezione ha consentito di controllare il numero dei figli, con un aumento della cura riservata a essi; e ora la fecondazione assistita fa compiere un ulteriore passo in questa direzione, con probabili ricadute positive. A noi il compito di cogliere al massimo le opportunità offerte dalla nuova tecnica.

Considerata la radicalità del contrasto si fa fatica a stabilire con certezza quale delle due posizioni sia corretta. Sono queste quelle situazioni in cui si deve manifestare grande attenzione alle ragioni dell'altro e apertura di spirito oltre al massimo rispetto per le posizioni altrui. Siamo nuovamente di fronte a una scelta paradigmatica che ci porta a vedere la realtà in due modi del tutto diversi. Chi afferma il principio d'inscindibilità ha buone ragioni per vietare non solo Aih ma anche la Fivet indipendentemente dalla risposta al problema se l'embrione sia o no persona dal concepimento: se la naturalità dell'intero processo riproduttivo è protetta da un divieto assoluto, diventa irrilevante rispondere al quesito circa l'embrione. Chi invece nega il principio d'inscindibilità deve cominciare ad abituarsi ad avere un atteggiamento diverso da quello ricevuto nei confronti della procreazione. Tale atteggiamento ci porta infatti a credere che quello riproduttivo sia un ambito "naturale" regolato dai ritmi biologici e non dalle scelte umane. Al contrario, se non vale più l'inscindibilità, si deve riconoscere che anche questo settore dell'esistenza diventa soggetto all'autonomia personale, la cui ampiezza dipenderà dalle opportunità offerte dall'avanzamento tecnico.

### 5.d. *Le conseguenze del rifiuto del principio d'inscindibilità*

Come già è noto, la mia opzione va all'etica della qualità della vita che ammette e prevede il controllo del processo riproduttivo. Tuttavia, la scelta al riguardo segna lo spartiacque tra due paradigmi morali o concezioni del mondo e della vita, per cui – come già abbiamo visto – è difficile negare plausibilità all'altra. L'unico punto che si deve tuttavia richiedere è la coerenza interna al paradigma prescelto: *se* il lettore ammette la liceità morale di Aih, allora, volente o nolente, rifiuta per sempre il principio d'inscindibilità e deve cambiare paradigma etico. Le conseguenze di questo salto di prospettiva diventeranno ben presto chiare. *Se*, invece, rifiuta la liceità di Aih, allora può sostenere l'etica della sacralità della vita e difendere una posizione che oggi è poco comune e forse un po' scomoda. Infatti, sembra che l'Aih sia approvata da un gran numero di persone, tanto da essere ammessa anche dalla Legge 40/2004 (legge notoriamente restrittiva). Ma, diversamente da quanto accade sul piano giuridico, può sostenere con coerenza molte altre posizioni sui numerosi interventi possibili, tra cui ad esempio quelli di Aid.

## 6. *Le obiezioni empiriche alla fecondazione assistita: il caso dell'Aid*

Con Aid intendo l'intervento di fecondazione assistita in cui un gamete proviene da persona che non appartiene alla coppia che decide la nuova nascita. Di solito il "donatore" è maschio, e alcune discussioni vertono sulla moralità del mezzo con cui procurarsi tali gameti. Ma anche le donne possono essere "donatrici" di ovuli, e la tecnica dell'ovodonazione si sta diffondendo. Pertanto, il problema è generale: si tratta di sapere se l'Aid sia moralmente lecita o no, e quali ragioni giustificano la risposta in materia.

Di solito si osserva che ci sarebbe una differenza radicale tra

Aih e Aid. A parte l'intervento medico, si osserva che la differenza sta nel fatto che nell'Aih "tutto è fatto in famiglia", per cui tale pratica non dovrebbe sollevare riserve morali di sorta. Di fatto, in Italia, la legge 40/2004 ha colmato (forse nel modo più sbagliato) l'esigenza di una regolazione di questa pratica. Infatti, la legge vigente ha vietato ogni forma di Aid accettando l'idea che la presenza di un donatore di seme estraneo alla coppia sia fonte di gravi difficoltà morali e sociali. Le obiezioni principali sono le seguenti:

a. l'Aid scardinerebbe la logica della filiazione, creando una inaccettabile separazione tra genitore *biologico* e *giuridico*;
b. l'Aid distruggerebbe l'unità della famiglia;
c. l'Aid recherebbe un grave danno al nato procreato in tal modo.

Si deve riconoscere che tali obiezioni hanno una forte presa nell'opinione pubblica. Tralasciando le questioni strettamente giuridiche, il nostro compito è vedere il piano morale e dobbiamo chiederci: sono giustificate le obiezioni all'Aid?

Prima di rispondere è bene chiarire un punto decisivo: *se* il lettore ritiene che le considerazioni precedenti a favore dell'Aih siano invalide e che il figlio debba essere un "dono", allora può coerentemente rifiutare anche l'Aid. Ma si badi bene: Aid sarebbe immorale *in sé*, ossia *di principio*, cioè indipendentemente dalle eventuali conseguenze – non sarebbe giustificabile neanche se avesse conseguenze *positive* e *benefiche*! *Se*, però, il lettore ritiene che l'Aih sia moralmente lecita, allora – lo voglia o no – ha abbandonato il principio d'inscindibilità riconoscendo che i coniugi hanno la facoltà di controllare il processo procreativo e le proprie capacità generative. Facendo questo ha cambiato paradigma etico, e deve riconoscere che nella nuova prospettiva dell'etica della qualità della vita non vale più l'idea che ci sia di un "ordine naturale" da rispettare. Al contrario deve riconoscere che i coniugi (o le persone) hanno la facoltà – forse addirittura il dovere – di modificare la natura per realizzare proprie esigenze. Avendo ammesso questo, perché non riconoscere anche che le persone hanno la facoltà di ampliare tale controllo (già riconosciuto) fino al punto di voler consapevolmente richiedere ad altri il dono dei gameti necessari per la nuova nascita?

*Di principio* sembra non ci siano obiezioni di sorta, ma potrebbero esserci ragioni *di fatto* (o *empiriche*) derivanti dai danni sociali che potrebbero essere provocati dall'Aid. Le tre obiezioni sopra ricordate (scardinamento della filiazione, ecc.) sembrano evocare tali danni e, se fossero reali, allora potrebbero davvero giustificare il divieto o la limitazione del ricorso all'Aid. Per essere molto espliciti: se una ricerca sociologica seria e oculata rilevasse che il 90% dei nati con l'Aid fosse davvero affetto da patologie gravissime (depressioni, ecc.) o da altre difficoltà, queste sarebbero considerazioni empiriche (fattuali) contro la pratica. Il problema è che questi danni o difficoltà devono essere davvero reali, palpabili, accertabili. Spesso, invece, sono solamente il frutto di analogie fuorvianti che appaiono plausibili per la permanenza di *sopravvivenze culturali,* ossia di idee derivanti dalla concezione precedente che si è abbandonata e che continuano a persistere per varie ragioni (abitudini, intense emozioni, false somiglianze, ecc.) anche nel nuovo paradigma. Ecco perché diventa importante la coerenza interna alla prospettiva prescelta.

Assumendo che sia lecita la Aih e quindi che si sia passati al nuovo paradigma dell'etica della qualità della vita, esaminiamo ora le obiezioni *empiriche* mosse all'Aid, ricordando che non sono quelle *di principio.*

### 6.a *Il problema della paternità*

La *prima obiezione* afferma che l'Aid scardinerebbe *la* logica della filiazione. Quando si parla di "filiazione" o di "figlio/a" il discorso deve essere necessariamente giuridico, perché il titolo di "figlio" è stabilito dalla legge. Qui esaminiamo non i dettagli della normativa giuridica ma quegli aspetti che rimandano all'impianto concettuale e teorico attinenti al discorso etico. In altre parole, cerchiamo di individuare la "moralità della filiazione" implicita e sottesa alla normativa giuridica italiana (che è sostanzialmente simile a quella di molti altri paesi).

Chi afferma che l'Aid scardina *la* logica della filiazione parte presupponendo che al riguardo ce ne sia una sola: quella inscritta nella natura delle cose. Eppure, anche senza ricorrere all'antropologia culturale e agli studi dei sistemi parentali, lo stesso diritto italiano ha cambiato "logica della filiazione" nel 1975[1]. Dal 1942 alla riforma del 1975 i figli legittimi (quelli "veri" con tutti i diritti) nascevano dal matrimonio. Per questo la donna non sposata incinta doveva cercare subito le "nozze riparatrici", perché senza di esse il nato poteva rimanere senza padre, consentendo all'uomo di evitare la responsabilità paterna. Esempio chiaro di situazione in cui il diritto italiano prevedeva la separazione tra il padre *biologico* e quello *giuridico* è quello del ciclista Fausto Coppi. Questi ha avuto una relazione stabile con la Dama Bianca, da cui è nato Faustino – *discendente* biologico di Coppi. Ma poiché la Dama Bianca era sposata con un altro uomo che non ha mai richiesto il disconoscimento di paternità, Faustino era *figlio* del marito e non di Coppi, da cui non ha ricevuto il cognome.

A volte si distingue tra padre *biologico* e padre *giuridico*. Ma poiché il termine *padre* evoca sempre sentimenti forti, in questo contesto tale terminologia è infelice, perché confonde il linguaggio *biologico* con quello *giuridico*: guardando una nidiata di gattini possiamo dire: «Quel gattone è il padre di tutti», ma tra gli umani *padre* è *colui che il diritto indica essere tale*. In altre parole: *padre* è termine che indica l'uomo che ha *una particolare relazione sociale stabilita dal diritto* – il quale uomo può anche non avere alcuna relazione biologica col figlio, come nel caso dell'adozione. Si deve riservare il termine *padre* per la persona che ha la relazione giuridica, e usare *ascendente biologico* per indicare chi ha la connessione biologica. Coppi è stato l'*ascendente biologico* di Faustino e forse anche la figura di riferimento o l'educatore, ma non il *padre* di Faustino.

### 6.b. *La paternità nel diritto di famiglia italiano*

La riforma del diritto di famiglia del 1975 ha cambiato la tradizionale "logica della filiazione" fondata sulla costanza di matrimonio, che era diventata fonte di ingiustizia verso molti nati: il cosiddetto *favor legittimitatis*, che privilegiava il matrimonio legittimo, faceva sì che alcuni nati restassero orfani subito alla nascita e affidati ai co-

---

[1] Per interessanti osservazioni sul piano antropologico, si veda il volume di F. REMOTTI, *Contro natura. Una lettera al papa*, Laterza, Roma-Bari 2008.

siddetti "orfanotrofi". Infatti, un marito poteva avere *figli* solo dal matrimonio legittimo: se Pietro nasceva dalla relazione adulterina tra Carlo (già marito di Ada) e Rosa, Pietro non poteva essere figlio di Carlo: se Rosa era nubile, poteva diventare suo figlio naturale. Ma Rosa poteva anche chiedere di non essere menzionata nell'atto di nascita, cosicché Pietro rimaneva senza neanche la madre (orfano figlio di "n.n."). Se invece anche Rosa era a sua volta moglie di Tito, allora, questi (in quanto marito) era il padre di Pietro ove fosse rimasto all'oscuro dell'adulterio. Se, invece, avesse saputo di non essere l'ascendente biologico di Pietro aveva due opzioni: poteva accettare Pietro come proprio figlio (magari per non dare pubblicità all'adulterio della moglie o per bontà verso il nuovo nato: molti mariti hanno agito così), oppure poteva chiedere il disconoscimento di paternità, nel qual caso Pietro sarebbe rimasto ancora una volta senza genitori.

Per superare la palese ingiustizia delle numerose situazioni del tipo delineato, la Riforma del 1975 ha dato maggior rilievo al *favor veritatis* che pone al centro la corrispondenza tra rapporto biologico e paternità: in questo senso *padre* è colui che risulta essere (all'analisi scientifica) l'ascendente biologico. Privilegiando la *verità* (ossia la corrispondenza tra l'aspetto biologico e quello giuridico) alla *legittimità* (la presenza del matrimonio) la legge assicura un padre a tutti i nati (anche a quelli in situazioni simili a quelle di Pietro). Nonostante le vivaci critiche, la riforma del 1975 ha avuto il merito di evitare inique discriminazioni tra i nati per via della diversa condizione di nascita e di chiudere quegli obbrobri che erano gli orfanotrofi.

### 6.c. *Le differenze fra criterio giuridico e criterio biologico*

L'accento posto sul *favor veritatis* ha tuttavia portato alcuni a credere che la riforma del 1975 sia venuta ad affermare il criterio *biologico* della paternità, al punto di richiedere la stretta *corrispondenza* tra rapporto biologico e rapporto giuridico. In questo senso il tribunale di Cremona nel 1994 ha osservato che il rapporto biologico di sangue «costituisce l'imprescindibile presupposto di ogni rapporto giuridico di filiazione». Se questo fosse vero, l'adozione sarebbe un istituto impossibile, visto che in essa i genitori non hanno alcun rapporto biologico col figlio. Ma proprio le controversie sull'Aid hanno portato a chiarire che – lungi dall'essere il criterio intrinseco di filiazione – la verità biologica è il *mezzo* attraverso il quale si può individuare l'uomo che ha compiuto un atto (sessuale), che ha causato certe conseguenze (una nuova nascita) di cui deve essere responsabile. La verità biologica non è quindi decisiva *in sé*, ma in quanto *mezzo* che consente di ascrivere la responsabilità a un uomo di un atto che ha causato la nuova nascita. Il criterio che informa la filiazione è quindi quello della «responsabilità per il nuovo nato»: *padre* è colui che avendo compiuto un atto da cui deriva una nuova nascita, ne ha la corrispondente *responsabilità*, per cui deve accollarsi i doveri genitoriali.

Chiarito questo, e avendo già riconosciuto che l'uomo ha la facoltà di *controllare* la generazione (e quindi anche di farsi *sostituire*), non ci sono ragioni *di principio* che gli vietino di richiedere l'aiuto di un terzo (il donatore). Né si può dire che questa dissociazione tra rapporto biologico e quello giuridico venga a scardinare il rapporto di filiazione, perché a ben vedere tale "dissociazione" è frutto della confusione tra il linguaggio *biologico* (l'essere "figlio" o "padre" nel caso dei gattini) e il linguaggio *giuridico* (esserlo nel caso degli umani). Nel diritto c'è sempre stata la "dissociazione" in proposito, perché da sempre *figlio* è colui che ha una speciale relazione *giuridica* con un adulto. Nel diritto precedente al 1975 questa relazione era determinata (soprattutto) dalla costanza di matrimonio, mentre dopo il 1975 dalla ascrizione di responsabilità per aver causato la nuova nascita.

A questo punto si tratta di sapere a chi debba essere ascritta la *responsabilità* della nuova nascita nel caso dell'Aid. La risposta più corretta è che tale responsabilità ricade su chi ha *deciso* di ricorrere all'Aid (ossia di richiedere l'aiuto di un donatore) per avere un figlio, perché senza tale decisione non sarebbe avvenuta la nuova nascita: questo è il *padre*, anche se non è l'ascendente biologico.

### 6.d. *Le conseguenze della fecondazione assistita sulla famiglia*

La *seconda obiezione* sottolinea che l'Aid distrugge l'unità della famiglia: come conferma si citano quei casi in cui, dopo la nascita a seguito di Aid, i coniugi hanno divorziato. L'Aid andrebbe quindi vietata perché minaccia l'unione familiare. Ma qualsiasi nascita (anche quando attuata naturalmente) è sempre fonte di difficoltà, perché rompe i vecchi equilibri e ne impone di nuovi. L'obiezione sarebbe valida se *di fatto* all'Aid quasi sempre o molto spesso seguisse il divorzio. Ma le statistiche rivelano il contrario: in Italia si calcola che dal 1984 al 2000 almeno 30.000 coppie siano ricorse all'Aid: di queste solo 3 sono giunte al divorzio (ossia 1:10.000), di fronte a circa il 30% delle famiglie normali (ossia 3:100). Poiché quando una coppia si rompe eventuali "segreti" diventano subito palesi, è ragionevole credere che altri eventuali casi di Aid oltre a quelli resi noti dalla stampa sarebbero diventati pubblici: questo dato conferma che, lungi dall'essere una minaccia per l'unità della famiglia, l'Aid rafforza l'unione familiare. Può darsi sia la dolorosa esperienza della sterilità a temprare la coppia-Aid, ma si deve riconoscere che di fatto è comunque più solida di quella che procrea naturalmente.

### 6.e. *I presunti "danni" al nato da fecondazione assistita*

La *terza obiezione* mette invece in luce come l'Aid possa creare una sorta di "danno" al nato che si troverebbe ad avere due "padri" e nasce in modo "innaturale". La prima parte dell'obiezione è dissolta da quanto detto circa la *paternità*. L'altra solleva un interessante problema: *come è possibile danneggiare qualcuno per il fatto di farlo nascere con modalità artificiali?* Qui si presentano due diversi interrogativi: in che senso si può danneggiare qualcuno facendolo nascere? Pare esserci qui un paradosso, sia perché non si capisce come si possa confrontare la non esistenza con l'esistenza, essendo i due stati tanto diversi; sia perché la stessa possibilità di danneggiare qualcuno presuppone l'esistenza (non si può infatti recare danno a chi non esiste), e quindi non è chiaro come si possa danneggiare qualcuno proprio facendolo esistere (in che senso la pre-condizione stessa del danno sia essa stessa un danno). Se si esclude che si possano dare tali confronti, l'intera obiezione si dissolve.

Se invece si dice che ciò accade quando il livello di qualità di vita del nuovo nato è tanto basso (è sotto lo zero) da far credere che per lui sarebbe stato meglio non nascere piuttosto che nascere e vivere in tali condizioni, allora si presenta l'altro interrogativo circa il danno specifico arrecato, che di per sé è indipendente dalla modalità (naturale o artificiale) della nascita. Infatti, tale eventuale danno potrebbe derivare da tre fattori diversi: dal tipo di vita biologica (gravi malformazioni, ecc.); dalle disastrose condizioni ambientali (stato di miseria, ecc.); o dalla presenza di aspetti avventizi come la rarità dell'evento o il segreto che lo circonda, ecc. I primi due fattori possono caratterizzare anche la fecondazione naturale, e non c'è ragione di credere che riguardino solo l'Aid. Forse il terzo tipo di fattori sono specifici agli interventi artificiali, ma questi riguardano tutti i casi di "nascita straordinaria" (i primi nati per parto cesareo o lungamente attesi, ecc.) in cui la novità dell'intervento può suscitare eccessive attenzioni che sono fonte di problemi psicologici per il nato. Queste situazioni sono però analoghe ad altre in cui c'è novità: anche il primo bambino nero in una classe di bianchi o il primo non battezzato in una classe di cattolici, ha difficoltà psicologiche, ma non sembra che siano tali da far credere che per lui sarebbe stato meglio non nascere. In via teorica potrebbe anche darsi il caso di qualcuno che non riesce ad accettare la situazione. Ma in pratica, di fatto, le migliaia di bambini nati grazie ad Aid conferma che tale pratica non arreca alcun danno al nato: il presunto danno dipende al fatto di continuare a presupporre implicitamente l'intrinseca immoralità dell'intervento assistito – ossia da una sopravvivenza culturale che permane anche nella prospettiva di chi ha accolto Aih.

Anche questa terza obiezione si rivela inconsistente e quindi non ci sono ragioni per proscrivere l'Aid – almeno per chi rifiuta il principio d'inscindibilità. È tempo di passare a considerare i problemi della gravidanza surrogata.

## 7. *I problemi morali della "gravidanza surrogata"*

La "gravidanza surrogata" è la pratica attraverso cui una donna ha la gravidanza al posto di un'altra, la quale diventa così madre senza aver avuto la gestazione. Ci sono due forme di gravidanza surrogata: nella prima la surrogata fornisce l'ovulo e la gravidanza, nell'altra solo la gravidanza: se Ada vuole un figlio ma non ha ovuli né può portare a termine una gravidanza, può chiedere a Enza di donarle un ovulo e avere la gravidanza al suo posto, oppure – se ha ovuli propri – può chiedere che l'embrione derivante dal proprio ovulo sia trasferito nel corpo di Enza, che porta a termine la gravidanza al suo posto. A volte, per questi interventi i giornali parlano di "utero in affitto", espressione che allude esplicitamente al pagamento in denari della donna che ha la gravidanza per conto di un'altra. Ma la gravidanza surrogata può essere attuata anche senza compenso e per pura benevolenza. In ogni caso il problema dell'eventuale compenso è diverso e indipendente dal problema della *moralità* della gravidanza surrogata in sé, unico aspetto qui considerato.

### 7.a. *Un caso esemplare*

Il seguente caso reale è stato sottoposto a una rivista femminile: Carla e Laura sono due sorelle di 37 e 32 anni. Carla è felicemente sposata con due figli e ricorda i periodi di gravidanza come un tempo di serenità: mentre alcune donne hanno nausea e disturbi vari, per Carla tutto era bello tanto da desiderarne ancora un'altra. Laura invece ha avuto serie difficoltà perché a vent'anni le è stato diagnosticato un tumore maligno: curato in tempo, dopo oltre dieci anni di incertezze è giunta la notizia della guarigione, che ha provocato un impulso di vitalità. Avendo ormai oltre trent'anni, Laura vorrebbe tanto avere un figlio da Tonio, il compagno con cui è stabilmente legata da anni. Ma la gravidanza potrebbe riattivare la patologia tumorale con risultati esiziali. Carla le offre con generosità l'aiuto: con la fecondazione *in vitro* Laura e Tonio possono avere un embrione proprio, e Carla porterà a termine la gravidanza per conto di Laura. Non è questa una situazione di ottimo-paretiano in cui tutti stanno meglio e nessuno sta peggio? Infatti, Carla è contenta di avere una nuova gravidanza portata a termine per spirito oblativo, Laura e Tonio saranno felici di poter avere un figlio, il quale nasce in condizioni tali da far credere che apprezzerà di essere venuto al mondo. Non ci sono denari o interessi economici: quali obiezioni *morali* possono essere addotte contro gravidanza surrogata in questo caso?

### 7.b. *Le obiezioni morali alla gravidanza surrogata*

Chi si appella al principio d'inscindibilità, può dire che l'intervento è illecito perché contrario alla (presunta) volontà di Dio inscritta nella natura stessa dell'essere umano. Ma quali argomenti restano a chi ha abbandonato tale principio? Alcuni sottolineano che la gravidanza surrogata è contraria alla *dignità* della donna, che viene così ridotta a una sorta di mera "incubatrice". Ma al di là dell'altisonante richiamo della parola "dignità", ci si deve chiedere: la *dignità* della donna dipenda dal *rispetto* della naturalità del processo procreativo o dalla *scelta autonoma* della donna? È evidente che quest'ultima è la risposta corretta: chi offre l'aiuto non è una povera sciocca strumentalizzata da poteri occulti, ma una donna (Carla, la sorella) che, dopo aver riflettuto, sceglie di offrire la propria generosa collaborazione.

Altri insistono nel dire che la richiesta di gravidanza surrogata presuppone l'idea sbagliata che ci sia un "diritto al figlio": al contrario i figli sarebbero un "dono", per cui ci si deve rassegnare quando non viene elargito. Invece di cercare di avere un figlio "a tutti i costi", mostrando un desiderio eccessivo e smodato, sarebbe meglio ricorrere all'adozione che fa del bene a bambini già nati. Ma perché l'idea del "dono" vale solo nell'ambito riproduttivo e non anche per le altre facoltà corporali? Perché non dire che anche il vederci bene è un dono, e chi è miope deve rassegnarsi ad accettare tale condizione naturale invece di avere lo smodato desiderio di volere vederci bene usando gli occhiali o altro? In passato lo si è detto: la cecità di Galilei è stata attribuita al fatto di aver voluto guardare nel cannocchiale! Basta questo per capire che anche questa obiezione è frutto di una sopravvivenza culturale.

Né è migliore la proposta di adottare, perché l'adozione non è una forma di procreazione. L'adozione tende *a risolvere i problemi di un bambino già nato per decisione altrui*, il quale ha bisogno di aiuto: compie un gesto nobile chi cerca di aiutare il nuovo nato a risolvere i problemi della vita adottandolo. Ma adottare non è procreare, ossia decidere di avere un figlio: la gravidanza surrogata (come gli altri interventi tecnici) tende invece a favorire la procreazione, ossia a *realizzare la decisione di avere figli anche grazie all'ausilio tecnico*. Poiché il desiderio di procreare non è un "frivolo lusso" ma un'esigenza profonda della persona, la procreazione assistita è lecita in quanto favorisce l'esercizio di un diritto umano fondamentale: il diritto di procreare.

### 7.c. *Le obiezioni psicologiche alla gravidanza surrogata*

Esaurite le obiezioni che pretendono di essere "morali", dobbiamo considerare quelle di carattere *empirico*, tese a sottolineare i (presunti) disastri provocati dalla gravidanza surrogata. Alcuni dicono che arrecherebbe un *danno* al nato derivante dal fatto di avere "due madri". Parte di quest'obiezione, però, dipende dalla confusione circa il concetto di "madre" (analoga a quella circa il "padre" e risolvibile allo stesso modo); un'altra parte ripropone il tema del senso in cui si può arrecare un danno a qualcuno facendolo nascere con modalità tecniche senza le quali non sarebbe mai nato; e un'altra parte ancora pone quello che chiamo il «Paradosso del danno da gravidanza», consistente nel fatto che non si capisce in che senso l'unico mezzo (la gravidanza) che consente a uno di nascere (fatto positivo e buono) possa diventare esso stesso fonte di danno.

Altri sottolineano che il danno non è al nato ma alla gestante, la quale durante la gravidanza si affezionerebbe al punto da non riuscire poi a "cedere" il nato come promesso. In generale quest'ultima considerazione è falsa visto che già oggi molte donne dopo il parto si avvalgono della facoltà di non essere menzionate nell'atto di nascita, rendendo il nato adottabile. Può darsi che in futuro questa tendenza aumenti, svuotando del tutto l'obiezione. Tuttavia, oggi per lo più le donne sviluppano un legame col feto che rende problematico il successivo abbandono. Ma neanche questa difficoltà deve essere esagerata, perché su migliaia di gravidanze surrogate attuate solo pochissimi casi hanno dato origine a problemi del tipo citato. Si deve riconoscere che la gravidanza surrogata è una pratica analoga al baliatico: come in passato alcune donne collaboravano con altre in fase *post-natale* fornendo il proprio latte senza il quale il nato sarebbe morto, così oggi altre donne possono collaborare in fase *pre-natale* fornendo la gravidanza senza la quale il nato non potrebbe venire al mondo. Come già capitava con la balia, anche nel caso della surrogata possono sorgere problemi psicologici derivanti dall'attaccamento della donna al nato. Di fatto queste difficoltà non sembrano essere così frequenti come spesso si paventa, ma non vanno sottovalutate – anche se da sole sembrano insufficienti a proscrivere la gravidanza surrogata.

### 7.d. *Le obiezioni economiche alla gravidanza surrogata*

Altra obiezione ricorrente è che la gravidanza surrogata va bene quando è fatta per scopi oblativi, ma non lo è se fatta per interesse economico, fatto che può portare allo sfruttamento della surrogata. Sono noti i casi di donne indiane che vivono in condizioni disagiate per le quali portare a termine gravidanze è diventato una sorta di lavoro per mantenere i figli propri a scuola o per comperare una casa più ampia. Che dire di questi possibili casi di sfruttamento?

Sicuramente lo sfruttamento di una persona è una riprovevole ingiustizia, ma nel caso in questione dove si annida l'atto ingiusto? Nella pratica della gravidanza surrogata in sé o nell'ingiusta retribuzione? Per chiarire questo punto può essere utile domandarsi se la gravidanza surrogata attuata per pura oblazione (ossia per generosità e senza alcun compenso) sia lecita e magari meritoria. Se la risposta è negativa, allora l'obiezione non è ai risvolti economici che la pratica può comportare, ma all'intervento in sé. Se invece la risposta fosse positiva, e si riconoscesse che ove fosse fatta per pura oblazione la gravidanza surrogata sarebbe perfettamente lecita, allora ci si deve chiedere: «Se un atto è lecito quando è compiuto gratuitamente, perché diventa illecito quando compiuto dietro un qualche compenso a prescindere dalla quantità dello stesso e dal fatto che sia o no equo?».

Se è giusto intrattenere il pubblico, cantare o recitare per esso, in modo gratuito per il solo gusto dell'esibizione, diventa lo stesso atto ingiusto per il solo fatto che lo stesso intrattenimento è fatto dietro un compenso? In che senso l'ingiustizia dell'atto dipende alla presenza del compenso? Gli esempi possono essere i più diversi: dal medico che cura una persona malata, all'insegnante che trasmette cultura, all'avvocato impegnato nella difesa del cliente, ecc. Il punto da chiarire è dove stia l'ingiustizia: se nell'atto in sé, nel compenso in sé, oppure nell'iniqua quantità di compenso (perché troppo esigua o eccessiva).

Se è lecita la gravidanza surrogata fatta per oblazione, allora la liceità permane e non viene di per sé intaccata dal fatto che l'atto sia fatto dietro compenso. Tuttavia, la presenza di compenso crea l'ulteriore e diverso problema circa l'equità del compenso da garantire. A volte, come è capitato con certi spettacoli o esibizioni sportive, il compenso appare eccessivo. Di solito comunque si ha il problema opposto, perché il compenso per il servizio è ingiusto in quanto troppo esiguo. Qui si insinua lo "sfruttamento" di un'altra persona, che consiste nel non dare il giusto compenso per la prestazione ricevuta.

La questione è sicuramente grave, ma non riguarda la pratica della gravidanza surrogata in sé, bensì le condizioni sociali entro cui la pratica può svolgersi e diffondersi. In questo senso, quello del rimborso spese o del compenso per la gravidanza surrogata è un problema sociale riguardante le condizioni economiche delle persone. Se donne in condizioni di indigenza (siano esse indiane o di altri paesi) si prestano a offrire il servizio senza adeguato compenso, l'ingiustizia prima sta proprio nella condizione di povertà che le spinge ad accettare il compito, il quale in sé è lecito. E lo sarebbe pienamente se il compenso fosse adeguato, mentre la liceità sarebbe come dimidiata ove si verificasse sfruttamento. Ma situazioni analoghe avvengono anche in altri campi: calzare scarpe non è illecito, ma se quelle scarpe sono state confezionate da bambini costretti a lavorare in situazione di sfruttamento, la liceità dell'atto è sicuramente oscurata. Ma il problema non sta nella scarpa, ma nelle condizioni sociali in cui si confezionano quelle scarpe.

## 8. *La gravidanza post-menopausa e la tecnica come vettore di eguaglianza*

Ultimo tema che qui intendo affrontare riguarda il problema della gravidanza post-menopausa. A fine agosto 2010 i media hanno lanciato la notizia che una celebre cantante italiana è rimasta incinta a cinquantaquattro anni. Stretto riserbo sulle modalità con cui si è giunta alla gravidanza, ma la notizia ha riproposto con forza la questione: è giusto che si forzi la natura in modo da far sì che una donna possa avere figli dopo la menopausa? E ciò può essere moralmente accettabile per un'artista e solo per lei, in virtù di una "licenza poetica" ossia il fatto che gli artisti hanno una vita speciale e fuori della norma? Oppure se vale per l'artista famosa, deve valere – *ceteris paribus* ossia a parità di condizioni – anche per chiunque? E che dire del figlio e del suo benessere? Il fatto che la gravidanza avvenga dopo la menopausa sarà fonte di danno per il suo benessere? Ed è rilevante, e quanto, quest'aspetto?

Come si vede, come sempre, gli interrogativi sono molti e complessi, e non possiamo pretendere di dare a tutti una risposta specifica. Importante è avere una linea di direzione per controllare la validità dei sentimenti ricevuti, che per lo più sono di sgomento e di disgusto. Meno chiare sono le ragioni che dovrebbero giustificare la reazione negativa: sono frutto di analisi razionali o solamente di sentimenti intensi ricevuti dalla tradizione o di tabù derivanti da considerazioni forse valide in condizioni storiche passate?

### 8.a. *L'argomento della violazione del limite naturale*

L'argomento principale addotto a giustificazione dell'atteggiamento critico e negativo è che la gravidanza post-menopausa viola il limite naturale inscritto nel corpo femminile. È sbagliata perché questo limite posto dalla natura costituisce le colonne d'Ercole oltre le quali è ingiusto andare, ed è ingiusto in sé ossia indipendentemente dalle eventuali conseguenze. Può darsi poi che si diano anche effetti negativi, perché sempre "la natura si vendica quando è violata", ma questi aspetti sarebbero marginali e successivi. Potrebbero anche arrivare così tardi da non essere subito visibili e quindi non sono da considerare. La discriminante è che il limite naturale della menopausa non deve essere violato da nessuno, punto e basta! E del tutto irrilevante è la condizione sociale, che sia artista o persona comune, donna ricca o povera, coi capelli biondi o castani, ecc.

Quello formulato è un argomento che rimanda all'etica della sacralità della vita e da questo punto di vista è corretto in quanto perfettamente coerente. Di solito, però, appare così strano che viene immediatamente scartato. Si osserva che innumerevoli sono state le critiche mosse all'appello alla natura e al diritto naturale che non vale più la pena di riprenderle. Contro questa tendenza, è invece opportuno vedere, sia pur brevemente, quali sono i limiti del discorso proposto.

La difficoltà principale sta nel fatto che non è più autoevidente né l'inviolabilità del limite naturale, né della concezione "metafisica" che la sostiene. Prima era scontata e non aveva bisogno di troppe riflessioni. Ora invece non è più così, e ci si può sensatamente chiedere: perché non dovrei superare le colonne d'Ercole della menopausa? Perché non forzare un poco la natura ove questa forzatura promettesse buone conseguenze? Chi propone il divieto dovrebbe sostenere che queste domande non solo sono semplicemente assurde e fuori luogo, ma anche che la loro assurdità è così palese da non meritare ulteriore considerazione. Di fatto, alcuni sostengono questo e che il resto è solo frutto di illusione o di complotto ordito da meschini mestatori.

La difficoltà di questa risposta sta nel fatto che, contrariamente all'assunto, le domande poste appaiono perfettamente sensate e anzi doverose. E che sia così è riconosciuto anche dal fautore dell'etica della sacralità della vita, il quale quasi mai replica nel modo sopra indicato, ossia rifiutando l'interrogativo. Di solito si appella a tre diversi tipi di risposta.

Il primo è il rimando a un'antropologia filosofica ossia a una concezione generale dell'uomo e del mondo. Si osserva che non si deve violare il limite naturale perché ciò comporta l'abbandono dell'idea di uomo ricevuta dalla tradizione, la quale è ritenuta essere buona in sé. L'argomento è valido perché rimane nel paradigma morale dell'etica della sacralità della vita. Ciò che in realtà si fa è spostare l'onere della prova dall'autoevidenza dell'inviolabilità dello specifico limite naturale alla immutabilità dell'antropologia filosofica assunta. Come abbiamo visto, di solito le persone si accontentano del primo rimando giustificativo e quindi l'appello all'intera concezione dell'uomo appare conclusivo. Quest'impressione è favorita sia dal fatto che l'immagine dell'uomo interiorizzata ha risvolti concernenti l'identità per cui ogni eventuale modifica viene percepita come un attacco al nucleo intimo del sé, sia dal fatto che è concettualmente difficile andare a controllare le reali implicazioni circa l'antropologia filosofica, compito che comporta un'elaborazione teorica articolata e talvolta non facilmente analizzabile e scomponibile. Ad ogni buon conto, pur riconoscendo che il rimando alla concezione dell'uomo è dal punto di vista formale (logico) corretto, esso non risolve la difficoltà perché ci si può ancora chiedere: «Perché dovremmo accettare l'antropologia filosofica tradizionale e invalsa?». Chi ha ammesso come sensato e ha accettato di rispondere al primo interrogativo richiamando l'antropologia filosofica, non può ora esimersi dal considerare sensato anche questo secondo interrogativo e dare a esso una risposta. Né può dire che l'antropologia invalsa va accettata perché è quella tradizionale o quella cristiana, perché ciò alla fine è solo un altro modo (forse più elegante e forbito) di dire che il limite naturale va accettato perché il limite è naturale punto e basta! Risposta che abbiamo visto è riconosciuta essere insoddisfacente. Ecco perché il rimando all'antropologia filosofica solitamente viene associato a un altro argomento.

Il secondo tipo di risposta alla richiesta di giustificazione del dovere di rispetto del limite naturale della menopausa è quello che fa appello al «Non tutto ciò che è tecnicamente possibile è per ciò stesso eticamente lecito!». La messa in campo di questo *presupposto dell'etica* da una parte rivela il riconoscimento che il rimando all'antropologia filosofica non è né risolutivo né esaustivo: non è e non può essere l'ultima tappa della giustificazione. Dall'altra parte rivela l'incertezza circa l'uso di questo presupposto. Infatti, già abbiamo visto (capitolo 3) come di solito il *presupposto* sia confuso e scambiato per un *principio* con un palese errore. Ma anche quando il rimando al presupposto fosse fatto in modo corretto non è chiaro in quale dei due seguenti modi esso sia interpretato:

1) per dire che è *impensabile* o *inimmaginabile* che si giunga a mettere in discussione o in crisi il presupposto dell'etica perché ciò comporterebbe la dissoluzione della moralità, punto che è al di fuori dell'orizzonte di ogni pensiero,

2) per dire che l'eventuale messa in discussione o in crisi del presupposto dell'etica avrebbe conseguenze tanto disastrose da essere immediatamente da scartare.

La prima interpretazione è in linea e coerente con l'etica della sacralità della vita ma, ancora una volta, risulta essere un altro modo di dire che il limite naturale non va violato punto e basta! Infatti, basta osservare che è perfettamente immaginabile la violazione del presupposto in questione, e che invece di avere la dissoluzione de *la* etica in sé o tout court si ha la dissoluzione di *una* particolare etica storicamente determinata. Solo chi è rinchiuso in gabbie mentali un po' rigide o dà per scontato il paradigma invalso non sa immaginare possibilità diverse. L'altra interpretazione, invece, rimanda alle conseguenze e quindi comporta un cambiamento di paradigma etico. Non è più compatibile con l'etica della sacralità della vita e prelude all'ultima risposta che solitamente viene data. L'incertezza rilevata è l'indice della posizione mediana di questa posizione tra la prima e la prossima.

Il terzo tipo di risposta, infatti, è che il limite naturale della menopausa va assolutamente rispettato perché in quel limite sta racchiusa la saggezza della natura, la quale saggezza può anche non essere subito colta dalla (limitata) ragione individuale, ma c'è e si rivela nel tempo. Magari non immediatamente, ma la violazione del limite naturale produrrà disastri notevoli che si ritorceranno di sicuro contro il trasgressore, perché la natura sempre "si vendica". È per questo tipo di considerazioni che la gravidanza post-menopausa risulterebbe immorale. Non entro nei dettagli di quest'argomento, ma osservo che chi lo propone opera un Gestalt switch e cambia di paradigma. Prima si muoveva in una prospettiva deontologica in cui si suppone si riesca in qualche modo a *conoscere* che la violazione del limite è sbagliato in sé, intrinsecamente, mentre ora si abbandona la prospettiva e si abbraccia il consequenzialismo per il quale la violazione del limite è sbagliata solo estrinsecamente per via delle cattive conseguenze che provocherebbe. Fatto il salto, si tratterà di andare a vedere quali sono i danni o disastri paventati, per vedere se essi siano reali. Né si può dire che sono sicuramente reali e si manifesteranno in un futuro lontano, perché allora non sono verificabili e diventano equivalenti a una mera espressione di auspicio.

In breve, l'argomento dell'inviolabilità della natura non funziona.

### 8.c. *L'argomento del benessere del figlio*

L'altro argomento è che la gravidanza post-menopausa reca danno al figlio, il quale verrebbe ad avere una mamma avanti nell'età e in una situazione sociale "strana". Quanto alla seconda obiezione si può dire subito che sempre e comunque i figli di persone importanti e di successo si trovano in una situazione sociale “strana”, perché la notorietà in qualche modo cambia i parametri dell’esistenza normale. A questo iniziale elemento, il figlio della cantante ne aggiunge un altro derivante dalle modalità di nascita. Ma basta questo a dire che per lui sarebbe meglio non nascere piuttosto che nascere nelle condizioni in cui nascerà e grazie alle modalità che l’hanno portato alla nascita? Sembra difficile sostenere che il danno arrecatogli sia tanto grande da credere che sarebbe stato meglio lasciarlo nella non esistenza. Non vale la pena soffermarsi a lungo sul problema del presunto danno al figlio, perché è davvero poco plausibile credere che la diversa modalità di nascita sia fonte di sofferenze maggiori di quelle che si hanno per figli nati naturalmente in situazioni sociali degradate. Chi lo sostiene è sviato dalle sopravvivenze culturali derivanti dalle abitudini invalse.

### 8.d. *L’argomento a favore: l’uguaglianza tra femmine e maschi*

C’è un potente argomento a favore della gravidanza post-menopausa che merita di essere ricordato. È moralmente giusto che una donna abbia una gravidanza in età avanzata e diventi madre se è giusto che un uomo diventi padre in età corrispondente. Altrimenti si creerebbe una discriminazione tra maschi e femmine. La tecnica amplia le capacità riproduttive della donna, promuovendo l’uguaglianza che la natura sembrava negare. Chi sostiene l’etica della sacralità della vita può affermare che va mantenuta la disuguaglianza posta dalla natura, ma questo è aspetto controintuitivo che milita contro la stessa etica della sacralità. Infatti, la natura fa sì che con l’età diminuisca la vista, ma non per questo crediamo sia giusto lasciare che il corso naturale abbia il sopravvento. Così abbondano gli occhiali, le lenti a contatto, ecc. per ampliare le capacità visive e consentire alle persone l’uguale godimento di una discreta visione. Analogamente, la natura fa sì che con l’età diminuiscano e cessino le capacità riproduttive, ma questo fatto non va accettato come destino inesorabile. Oggi la tecnica consente di ampliare le capacità riproduttive e consentire alla donna di prolungare le capacità riproduttive. D’altro canto, la vita della donna si è prolungata e quindi ci sono opportunità che anche il processo educativo possa essere sviluppato nelle modalità adeguate alle nuove circostanze.

## 9. *Conclusioni: il futuro della riproduzione umana e della famiglia*

L'avvento della fecondazione assistita comporta un profondo cambiamento delle modalità procreative e quindi della struttura della famiglia. Secondo alcuni proprio questo scardinamento della famiglia costituirebbe il male principale della fecondazione assistita nelle sue varie forme. Certamente la situazione futura della famiglia sarà molto diversa da quella tradizionale, ma altro è dire che la famiglia cesserà di esistere, altro è dire che continuerà in forme diverse rispetto a quella attuale, e che le nuove forme potrebbero essere migliori. Chi oggi tuona contro la fecondazione assistita, solo pochi anni fa prevedeva che l'avvento della "parità dei coniugi" avrebbe portato ad analoghi irreparabili disastri. Invece, l'abolizione del capofamiglia (il marito, ovviamente!) ha migliorato la qualità della vita familiare: perché non credere qualcosa di simile capiterà anche con la fecondazione assistita?

Si può osservare che le nuove forme di riproduzione umana liberano le persone dai noti vincoli naturali aprendo spazi inesplorati. La fecondazione assistita non è una sorta di terapia della sterilità limitata situazioni di incapacità generativa secondo le modalità naturali, ma è una nuova forma di riproduzione umana che cambia uno dei parametri fondamentali della convivenza umana. Forse anche per questo nel nostro tempo si aprono prospettive nuove anche per quanto riguarda gli orientamenti sessuali e le nuove forme di famiglie[2].

---

[2] Per un'analisi più dettagliata dei temi qui trattati rimando al volume scritto con Carlo Flamigni, uno dei pionieri della fecondazione assistita: C. FLAMIGNI-M. MORI, *La legge sulla procreazione medicalmente assistita. Paradigmi a confronto*, Net, Milano 2005. Altre informazioni si trovano in M. MORI, *La fecondazione artificiale: questioni morali nell'esperienza giuridica*, Giuffrè, Milano 1988; e in ID., *La fecondazione artificiale. Una nuova forma di riproduzione umana*, Laterza, Roma-Bari 1995.

# VI

# La clonazione e il progetto Genoma

## 1. *Uno sguardo ai problemi e distinzioni preliminari*

Negli anni '80 il tema di frontiera che incuteva timore e tremore era la fecondazione assistita. Dalla fine del secolo è la *clonazione* il *locus classicus* di chi vuole sostenere che la tecnoscienza sta ormai esagerando, per cui si richiedono precisi limiti al suo incessante avanzamento. Stante questa situazione non possiamo esimerci dal dire qualcosa su questo tema, cominciando come sempre col precisare che cosa si intende con "clonazione". Tale termine deriva dal greco "klon" ossia il "germoglio" o il "pollone" che si produce nelle piante che riproducono somaticamente o vegetativamente per talea: quando si prende un rametto di geranio e lo si pone in un vaso di terra, si ottiene una nuova pianta come la precedente: il termine "clonazione" è stato assunto ispirandosi a questo modello. In modo più preciso oggi con clonazione si intende la riproduzione *agamica* (naturale o artificiale) di individui unicellulari o pluricellulari uguali agli ascendenti.

Le considerazioni fatte mostrano che in natura la clonazione è comune negli organismi semplici che si riproducono agamicamente. Quando si passa agli organismi o animali più complessi e differenziati nei quali la riproduzione è sessuale (con la fusione di gameti maschile e femminile), il discorso va ulteriormente precisato. Vanno infatti distinte due forme (e due corrispondenti sensi) di clonazione riproduttiva: la *prima* è la "divisione embrionale" (embryo splitting), processo che avviene anche in natura ogni volta che nascono dei gemelli monozigoti. La sua frequenza in natura varia a seconda delle specie: nell'uomo è di più o meno una ogni circa

270 nascite. Tale processo può ora essere prodotto artificialmente (con una tecnica messa a punto nel 1993) per avere embrioni sovrannumerari.

L'*altra* forma di clonazione riproduttiva è attuabile solo artificialmente e consiste nel "trasferimento nucleare" (*nuclear transfer*): effettuata per la prima volta in Scozia da Ian Wilmut e colleghi questa tecnica ha permesso la nascita della pecora Dolly annunciata alla fine di febbraio 1997. La procedura consiste nel prendere il nucleo aploide da una cellula somatica adulta, che viene trasferito nell'ovulo di una femmina svuotato del proprio nucleo aploide, per ottenere una cellula che ha un corredo cromosomico identico a quello dell'individuo adulto iniziale. Lo schema può aiutare a vedere meglio la situazione:

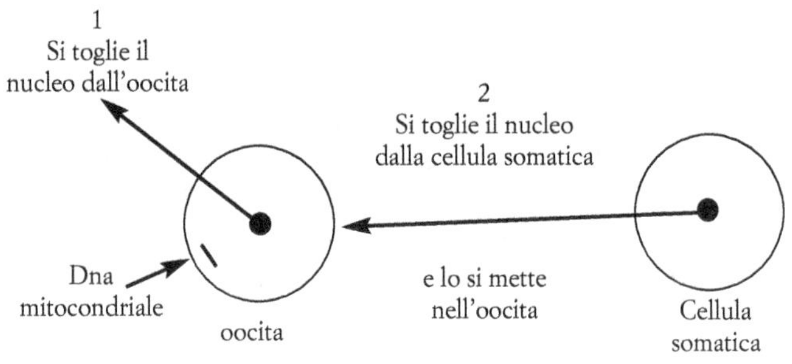


Figura 1. Rappresentazione stilizzata della procedura di trasferimento nucleare

Va ricordato che, diversamente da quanto spesso si dice, il nuovo individuo frutto di questa clonazione riproduttiva (il clone) non è l'esatta fotocopia dell'individuo originario, perché alla formazione del clone contribuisce anche il Dna mitocondriale presente nell'ovulo che accoglie il nuovo nucleo, e pertanto tra i due individui permangono alcune differenze *biologiche*. Non sono ancora precisamente note *quanto rilevanti e significative* siano queste differenze, ma sicuramente esse non vanno dimenticate. Assodato questo è bene cercare di chiarire alcune novità apportate dalla clonazione riproduttiva.

## 2. *L'importanza teorica della clonazione (trasferimento nucleare)*

La clonazione di Dolly è stata salutata da alcuni come evento paragonabile a quello di Galileo che nel 1609 ha puntato il cannocchiale verso la Luna vedendo che essa ha montagne e crateri come la Terra. L'aver mostrato la *natura terrestre* della Luna ha avuto conseguenze sconvolgenti, perché ha reso plausibile la somiglianza tra Luna e Terra (ritenuta assurda nella concezione tolemaica), e imposto il cambiamento di paradigma. Lo sgomento è stato immediato, come si evince dal messaggio inviato in patria dall'ambasciatore inglese a Venezia il giorno stesso della pubblicazione del *Sidereus Nuncius* (1610): «Invio alla Maestà Vostra ... la più strana notizia che mai sia apparsa al mondo. Si tratta del libro qui allegato del professore di matematica di Padova ... Costui ha rovesciato tutta l'astronomia e tutta l'astrologia ... L'autore potrà o diventare oltremodo famoso, o rendersi oltremodo ridicolo».

Qualcosa di simile è capitato con la clonazione di Dolly. Alcuni autorevoli scienziati per alcuni mesi hanno dubitato del reale trasferimento nucleare (ipotizzando invece un casuale e involontario scambio di cellule così che Dolly sarebbe stata frutto di un embrione "scappato" accidentalmente nella coltura). Di fatto, era opinione comune che la clonazione riproduttiva non potesse avvenire perché si riteneva che nei mammiferi questa pratica del "trasferimento nucleare" fosse inattuabile in quanto la loro complessità li dotava di una sorta di "servofreno" che avrebbe reso impossibile la riprogrammazione. Fenomeni analoghi di impossibilità fisica capitano anche in altre situazioni naturali (ad esempio in fisica dove la lunghezza della canna di un fucile deve rimanere entro certi parametri) e pertanto era plausibile anche l'idea che la clonazione fosse attuabile solo negli organismi più semplici (dove era già nota).

Inoltre, si giudicava impossibile il successo del *nuclear transfer* perché si riteneva che la differenziazione e la specializzazione delle cellule comportassero un processo irreversibile: le cellule somatiche frutto di *differenziazione* comportano modificazioni stabili e irreversibili, per cui sarebbe stato impossibile la *riprogrammazione* richiesta per tornare alla iniziale *totipotenza*, dove tale termine indica la condizione propria delle cellule embrionali che consente loro di diventare una qualsiasi cellula differenziata (ad esempio una cellula ossea o del sistema nervoso, o della placenta, ecc.) e anche di dare origine a un nuovo individuo.

La nascita di Dolly ci costringe a rivedere gli schemi al riguardo perché ha polverizzato la barriera che separava le cellule *germinali* dalle cellule *somatiche*. Se è possibile fare in modo che una cellula somatica ritorni allo stato innocente (indifferenziato) di germinalità, allora il tradizionale valore sacrale delle cellule germinali è sottoposto ad una sfida che impone una revisione profonda dei nostri quadri mentali ricevuti – proprio come la scoperta di Galileo ha imposto la revisione del modo diffuso di vedere gli astri. In particolare sul piano terminologico affiora l'urgenza di una più precisa distinzione tra "vita", "essere umano", "persona", ecc.; mentre sul piano culturale e sociale è facile che solleciti una diversa visione e valutazione delle cellule germinali e della sessualità: sinora a esse veniva conferito un valore del tutto particolare e speciale, essendo deputate a garantire la continuità tra passato e futuro, e palesare così una sorta di dimensione sovraindividuale o collettiva che sembrava giustificare uno speciale valore che – nel caso dell'uomo – si riverbera sulla famiglia, l'istituzione rivolta alla funzione riproduttiva.

Forse anche la stessa nozione di "procreazione" o di "riproduzione" deve essere rivista: secondo la nostra concezione comune, questi termini rimandano necessariamente a una *successione temporale*, per cui se Tizio è procreato da Caio, *vive dopo* Caio stesso. Questa "necessità" dipende dal fatto che per avere un figlio si doveva aspettare la differenziazione e maturazione delle cellule sessuali, per cui la differenza temporale tra procreante e procreato era fisicamente *imprescindibile*. Forse per questo oggi non si sa bene come parlare della clonazione, tanto che la Pontificia Academia Pro Vita la presenta come forma "eccessiva di procreazione artificiale".

Ma la clonazione è davvero una forma di riproduzione? Il problema già si pone col rametto di geranio che viene staccato dal geranio originario e piantato in altro vaso. Chiediamoci: è davvero un discendente del geranio iniziale o non è piuttosto una sua propaggine, cioè è lo *stesso* geranio che si è suddiviso nello spazio dando origine non a un discendente ma a un gemello? Supponiamo di scindere un embrione così da avere due diversi embrioni: Tizio e Caio. Sembra difficile sostenere che tale clonazione (per embryo splitting) sia una forma di *procreazione* perché non si sa quale sia l'ascendente e il discendente. In tal caso si hanno due gemelli monozigoti. Sino a poco tempo fa, i gemelli nascevano assieme e vivevano negli stessi anni, per cui la nozione di "gemelli" presuppone la contemporaneità. Possiamo dire di essere abituati ai gemelli *in orizzontale* ossia a quelli che vivono nella stessa epoca (in una freccia orizzontale del tempo). Ora è possibile farne nascere uno e tenere congelato l'altro: supponiamo che si faccia nascere Tizio e si trattenga Caio nell'azoto liquido, facendolo nascere e vivere mezzo secolo dopo Tizio. Questa possibilità è interessante perché mostra che oggi dei gemelli possono vivere anche in tempi diversi, cosicché dobbiamo prospettare l'idea di avere gemelli *in verticale*, ossia viventi in epoche successive. Supponiamo adesso di prendere una cellula somatica di Tizio, e – tramite clonazione – di far nascere Sempronio – il clone di Tizio. Per mera comodità supponiamo anche che Sempronio sia identico a Tizio (cioè che non ci siano le differenze derivanti dal Dna mitocondriale). Chiediamoci: Sempronio è discendente di Caio o un suo gemello in verticale al pari di Tizio ove questi fosse fatto nascere in un tempo successivo? A me pare che quest'ultima sia la soluzione corretta, per cui non si può dire che la clonazione sia una forma di "riproduzione": forse è più corretto dire che è una sorta di suddivisione spazio-temporale dello stesso organismo che dà origine a individui diversi.

Infine, la clonazione pone un'ultima grave questione: stante la capacità di riprogrammare il processo e farlo andare avanti e indietro, ci si deve chiedere se (e in che senso) si possa ancora parlare di teleologicità del processo biologico. In che senso si può dire che lo zigote è *finalizzato* alla riproduzione se, a seconda dei reagenti con cui lo mettiamo a contatto nella provetta, esso può andare nelle direzioni da noi volute e diventare tessuto nervoso, sangue, ecc. o anche un nuovo individuo? Davvero sono problemi complicati, che è difficile mettere a fuoco e capire subito le conseguenze.

### 3. *La "clonazione terapeutica" e i problemi connessi*

L'ultima osservazione fatta ci rimanda al problema della cosiddetta "clonazione *terapeutica*" ossia la nuova tecnica con cui si fa in modo che le cellule staminali vengano a creare specifici tessuti desiderati. Facendo reagire tali cellule con certe sostanze, esse vengono dirette a svilupparsi in un modo piuttosto che in altri. In questo senso si spera di riuscire a riparare o ricostruire i tessuti danneggiati: ad esempio riparare le ferite causate da un infarto, i danni inferti da un ictus, rigenerare le parti del tessuto neurologico compromesso dal morbo di Parkinson, e così via. Per ora si tratta ancora di progetti di ricerca, ma questi studi (sviluppati dopo la clonazione di Dolly) schiudono prospettive nuove e per certi versi entusiasmanti, tanto che alcuni sostengono che essi aprono una nuova fase della medicina, paragonabile o addirittura superiore alla rivoluzione introdotta dalla scoperta degli antibiotici. Per questo Gran Bretagna e Stati Uniti hanno investito ingenti risorse nel settore.

La prudenza insegna che forse è bene non illudersi troppo, perché la scienza procede a salti ed è imprevedibile: a volte in breve – quasi improvvisamente – trova qualcosa di inaspettato, mentre altre volte non riesce a procedere di un passo per molti anni. Nessuna illusione, quindi, per quanto riguarda la tempistica nella scoperta di nuove mirabolanti terapie. Tuttavia, la strada aperta è davvero significativa e prima o poi porterà frutti importanti. Tralasciando i problemi squisitamente scientifici, in questa fase chiaroscurale di incertezza tra speranze e delusioni le questioni principali riguardano le perplessità di ordine morale che circondano la ricerca scientifica per la clonazione terapeutica.

Le difficoltà nascono per il reperimento delle cellule staminali necessarie per gli esperimenti scientifici al riguardo. Si è fatto un gran lavoro con la ricerca sugli animali, e ora è tempo di passare alla specie umana. Si tratta di compiere esperimenti su embrioni nelle prime fasi, e i candidati più immediati sono gli embrioni soprannumerari rimasti inutilizzati dopo interventi di procreazione assistita. Altri propongono anche di creare embrioni ad hoc per la ricerca. Entrambe le proposte, tuttavia, suscitano vivaci opposizioni da parte di chi ritiene che il prodotto del concepimento sia una persona dalla fecondazione – sostenuti da rappresentanti della chiesa cattolica.

Costoro non negano la bontà dello scopo perseguito dalle ricerche, ma osservano che non è lecito fare un male per trarre un bene. Come alternativa propongono di utilizzare le cellule staminali da tessuto adulto che si trovano nelle varie parti del corpo come il sangue del cordone ombelicale, o in alcune parti del cervello, ecc. Questa è quella che è chiamata la "via italiana" per la ricerca sulle cellule staminali: si riconosce che questa via probabilmente porterà alla meta più tardi, perché sarebbe più agevole studiare utilizzando le staminali embrionali, ma si osserva che essa ha il merito di evitare le obiezioni "etiche" circa l'uso di embrioni umani.

Si controbatte che questa "purezza" della "via italiana" è illusoria per due ragioni: primo, perché le conoscenze richieste provengono da sperimenti che hanno utilizzato embrioni e pertanto si tratta di "conoscenza vietata" che non dovrebbe essere utilizzata (è facile lasciare che altri facciano la ricerca "sporca" e poi pretendere candore!); secondo perché la coltura richiede l'uso di corpi embrioidi che derivano da embrioni. Pertanto non si può dire che la "via italiana" eviti davvero ogni obiezione. Ma il difetto più grave è che probabilmente questa "via italiana" sarà più lunga e richiederà molto più tempo dell'altra, col risultato che migliaia di persone non potranno beneficare in tempo dei nuovi ritrovati. È giusta questa situazione o è un ritardo colpevole? Perché?

## 4. *Le critiche alla "clonazione riproduttiva"*

Anche se impreciso (e forse sbagliato), per comodità usiamo l'espressione ormai invalsa "clonazione riproduttiva" per indicare la creazione di un nuovo individuo geneticamente identico al precedente grazie al trapianto nucleare. Per ora non sembra si sia in grado di farla, ma ammesso che fosse possibile, è lecita questa pratica? Contro tale ipotesi ci sono svariate critiche. Leon Kass ha obiettato con eloquenza che

> La ripugnanza non è un argomento. Ci sono alcuni fatti che ieri suscitavano ripugnanza e che oggi sono accettati con tranquillità – anche se, si deve pur aggiungere, non sempre per il meglio. Ma in certi casi cruciali la ripugnanza è l'espressione emotiva di una saggezza profonda che va al di là del potere della ragione, la quale è incapace di articolare pienamente il discorso. [...] La ripugnanza verso la clonazione umana appartiene a questa categoria. Siamo atterriti e sgomenti all'idea di clonare esseri umani non per via della stranezza o della novità

> dell'impresa, ma perché intuiamo e sentiamo, immediatamente e senza argomenti di sorta, che vengono violate cose che noi giustamente riteniamo care. La ripugnanza, qui come in altri casi, si ribella contro gli eccessi della volontà umana, avvisandoci di non oltrepassare o trasgredire ciò che è insondabilmente e inesprimibilmente profondo.

Kass esprime così una posizione che già abbiamo considerato, ossia quella dell'appello ad atteggiamenti profondi che sono al di là dell'analisi razionale e palesano l'impotenza della ragione. Nonostante l'indubbia forza retorica della presentazione, non credo che questa prospettiva sia accettabile. Lo stesso Kass riconosce che molte tesi oggi comuni e scontate, un tempo apparivano ripugnanti e disgustose. Ad esempio, l'eguaglianza tra le persone (indipendentemente dalle differenze di condizione sociale, razza, sesso, ecc.) è una di queste. In passato (neanche troppo lontano) suscitava ripugnanza, mentre oggi è vero esattamente il contrario: quale delle due tesi è sostenibile?

Svanita la possibilità di fare l'appello a una presunta «saggezza profonda inesprimibile», non sembra migliore la soluzione che sottolinea il divieto generalizzato di clonazione umana presente nelle legislazioni vigenti, dal momento che queste potrebbero cambiare. Anzi, si potrebbe replicare che tali divieti sono stati frettolosi e promulgati sotto la spinta di momentanee forti emozioni. Una di queste dipende dall'idea che la clonazione comporti una "conoscenza vietata o pericolosa", ossia ci faccia conoscere troppo, portandoci a conoscenza di cose che sarebbe meglio non sapere: l'ignoranza consentirebbe a volte di conservare una sorta di innocenza originaria che verrebbe distrutta dall'aumento della conoscenza.

Ma è vero che esiste la "conoscenza vietata"? Non è che quest'idea dipende dal fatto che se da una parte l'aumento di conoscenza consente la soluzione di seccanti difficoltà, dall'altra comporta un aumento di responsabilità che ci farebbe comodo evitare? A volte l'aumento delle conoscenze impone anche un profondo cambiamento delle nostre abitudini e una riorganizzazione della nostra vita. Per questo il processo incontra una resistenza sociale: esperienza già capitata anche in passato. Ad esempio la rivoluzione astronomica ha alimentato un ampio processo culturale che ha minato alla radice la visione del mondo medievale, portando ai valori della modernità. Lungi dal credere che esista una "conoscenza cattiva" o "vietata", si deve dire che le difficoltà sono generate dalla mancanza di conoscenza (ignoranza), e che è sempre meglio avere più conoscenza che meno conoscenza. Si tratta, se mai, di esaminare le modalità di acquisizione di tale conoscenza prestando attenzione a che il processo sia lecito: ma questo solleva un problema tutto diverso dal precedente.

Un'altra obiezione è che la clonazione sarebbe sbagliata perché il clone che vive successivamente avrebbe già visto la sua vita essere vissuta da un altro e già conoscerebbe il proprio destino, cosicché verrebbe privato del futuro autentico. L'ignoranza degli effetti che il proprio genoma avrà sul proprio futuro sarebbe infatti condizione necessaria per una vita libera e spontanea oltre che per la costruzione di un autentico io. Come scrive Hans Jonas (1997), la clonazione è sbagliata perché fa venire «meno il diritto all'ignoranza che è qui condizione preliminare della libertà: cioè quella di divenire se stesso nell'incontro con la propria vita per la prima e unica volta». Quest'argomento solleva vari problemi, ma non è chiaro né in che senso si possa dire che la conoscenza del proprio "destino biologico" comporti un'*espropriazione* della propria esperienza di vita, né come mai l'ignoranza sia condizione preliminare della libertà individuale. Se fossimo davvero biologicamente determinati, l'ignoranza maschererebbe e velerebbe tale condizione illudendoci di essere liberi. Se invece non vale il determinismo biologico, allora l'aumento delle conoscenze non intacca la nostra libertà.

Altre volte si obietta che la clonazione è inaccettabile perché, come ha sottolineato la Pontificia Accademia per la Vita in un documento apposito,

> nel processo di clonazione vengono pervertite le relazioni fondamentali della persona umana: la filiazione, la consanguineità, la parentela, la genitorialità. Una donna può essere sorella gemella di sua madre, mancare del padre biologico ed essere figlia di suo nonno. Già con la Fivet è stata introdotta la confusione della parentalità, ma nella clonazione si verifica la rottura radicale di tali vincoli.

Tuttavia queste sono critiche spuntate, perché già abbiamo visto che la capacità di controllo della riproduzione porta a mutare radicalmente le relazioni familiari. Al di là dello sgomento e repulsione iniziali, è ancora da dimostrare che tali cambiamenti siano negativi o nocivi.

Più frequentemente si obietta che la clonazione è contraria alla *dignità umana*, che verrebbe violata e calpestata da tale pratica. So bene che "dignità umana" è ormai una sorta di parola magica capace di coagulare consenso e chiudere la discussione. Ma essa è troppo generica e vaga per sostenere il peso di tale condanna, perché la nozione può essere utilizzata nelle direzioni più diverse e portare a conclusioni opposte. Ad esempio, la dottrina cattolica giudica la contraccezione contraria alla *dignità umana* in quanto viola la «ordinazione essenziale della vita sessuale ai suoi frutti di fecondità» (*De abortu procurato*, n. 16), mentre altre prospettive (cristiane e non) la ritengono perfettamente dignitosa in quanto favorisce autorealizzazione della persona nella vita di coppia.

Maria Luisa Di Pietro precisa che la clonazione attacca la "dignità umana" perché priva la persona

> dell'unicità biologica. E se è pur vero che esseri identici da un punto di vista genetico non significa esserlo da un punto di vista ontologico e psicologico – dal momento che la cultura e l'ambiente portano al forgiarsi di personalità diverse anche per i gemelli monozigoti –, è altrettanto vero che *tale unicità biologica è fondamento della dignità e dei diritti della persona,* tra cui il diritto ad ereditare una costituzione genetica non alterata (corsivo aggiunto).

Di Pietro riconosce esplicitamente che la clonazione non comporta affatto l'identità *psicologica* (o *esistenziale*): questo ci consente di dire che, in assenza di conoscenze adeguate circa la condizione psicologica di un eventuale clone, facciamo fatica a prevedere quale sarà la sua situazione al riguardo. Ma non possiamo dare per scontato né che sia di «radicale sofferenza» né che comporti una compromissione della sua «identità psichica» (come invece sembra supporre la Academia Pro Vita).

Di Pietro, però, afferma anche che la clonazione fa venire meno la «unicità biologica [che] è il *fondamento* della dignità e dei diritti della persona». Questo passaggio davvero risulta incomprensibile: in che senso l'unicità biologica sarebbe il *fondamento della dignità umana*? La *dignità umana* potrebbe forse trovare fondamento nel fatto che la persona ha la capacità di manifestare le "doti superiori" (simbolicità, ecc.) rispetto ad altri enti naturali, ma non nella mera "unicità biologica". L'assurdità di tale affermazione diventa palese ove si consideri che – se fosse accolta – si dovrebbe concludere che anche i gemelli monozigoti (nati naturalmente) sono in una condizione tale da vedere compromessa la loro stessa dignità umana.

Quanto invece alla tesi che la clonazione violerebbe il «diritto a ereditare una costituzione genetica non alterata», il discorso diventa più complesso. Tale punto è spesso ricorrente in questi dibattiti, e tale "diritto" è addirittura incluso nella Convenzione Europea di Bioetica (1997) – il che conferma come a volte le leggi siano frutto di mediazioni politiche e non possono evitare di incappare in sopravvivenze culturali derivanti dalla sacralità della vita. Infatti, prima di tutto non è affatto chiaro il *contenuto* di questo presunto "diritto": se con "alterato" si intende *danneggiato*, allora sicuramente questo diritto è difendibile. La persona ha il diritto di non avere la costituzione genetica danneggiata *prima* di essere persona (quando ad esempio era in fase di gamete o di pre-embrione, ecc.), perché il danno compiuto *allora* ha conseguenze negative sulla vita *attuale* della persona stessa. Ma se con "alterato" si intende semplicemente "modificato", allora è dubbio che ci sia tale presunto "diritto": se la modifica alla costituzione genetica fosse tesa a correggere un difetto naturale causa di malattie, essa sarebbe benvenuta. Sarebbe da sciocchi far nascere persone con malattie genetiche che potrebbero essere corrette in fase iniziale. Neanche questa ragione sembra giustificare la condanna della clonazione. Né si può dire a questo punto che questi interventi "correttivi" sono in sé leciti, ma vanno evitati perché aprono la strada a eventuali interventi "migliorativi" che sono invece da condannare. Infatti, prima di tutto si può osservare che in questo modo dovremmo bandire anche tutti i coltelli, perché possono essere usati impropriamente per pugnalare le persone. Inoltre, non è affatto chiaro che cosa si intende con "migliorativo" in questi casi.

Queste considerazioni ci portano all'ultima obiezione da considerare, ossia quella che sottolinea come la clonazione comporti «la negazione della creaturalità umana», fatto questo che «lungi dall'esaltare la libertà dell'uomo, genera nuove forme di schiavitù, nuove discriminazioni, nuove e profonde sofferenze». In questo senso, la Pontificia Academia Pro Vita (*Riflessioni sulla clonazione*, 20) osserva che «il progetto della "clonazione umana" rappresenta la terribile deriva a cui è spinta una scienza senza valori ed è segno del profondo disagio della nostra civiltà, che cerca nella scienza, nella tecnica e nella "qualità della vita" i surrogati del senso della vita e della salvezza dell'esistenza». Perché la scienza biomedica possa mantenere e rafforzare la sua missione – continua l'Academia Pro Vita, «è necessario coltivare [...] uno "sguardo contemplativo" sull'uomo stesso e sul mondo, nella visione creazionale della realtà» dove con "sguardo contemplativo" si intende lo

> sguardo di chi vede la vita nella sua profondità, cogliendone le dimensioni di gratuità, di bellezza, di provocazione alla libertà e alla responsabilità. È lo sguardo di chi non pretende di impossessarsi della realtà, ma l'accoglie come un dono, scoprendo in ogni cosa il riflesso del Creatore e in ogni persona la Sua immagine vivente" (*Evangelium Vitae*, n. 83).

Quest'argomento varrebbe – se mai – solo per i credenti che accettano la nozione di "creaturalità" dell'uomo. Non è proponibile a chi crede che l'evoluzione proceda casualmente e non sia affatto frutto di un piano cosmico prestabilito da una mente sovrumana. Ma anche per chi ha una fede religiosa l'argomento non è chiaro e prova troppo: infatti sembra presupporre che siano ormai ben noti i progetti divini circa la conoscenza biologica, per cui non resta che accettare la condizione umana com'è. Quest'elogio dello "sguardo contemplativo", che dovrebbe portare ad accogliere la realtà *biologica* data come un "dono" da accogliere senza pretendere di apportare modifiche, richiama alla mente il discorso che in passato invitava i poverelli a non cambiare la propria condizione *sociale* e ad accettare le tribolazioni come prova della Provvidenza. Memori dell'errore storico compiuto in passato, si potrebbe dire che nessuno può avere la pretesa di conoscere i piani, e che è compito dell'uomo scrutare attentamente i "segni dei tempi" per capire la direzione in cui si può procedere. In questo senso si può osservare che ha dato all'uomo la ragione, e che invece di limitarsi ad accogliere come un dono l'attuale "ordine naturale", è compito precipuo dell'uomo cercare di andare al di là del dato e modificare la realtà attuale. Pertanto, neanche quest'argomento è adeguato.

Visto che le obiezioni sono inefficaci, è opportuno sgombrare il campo da alcuni fraintendimenti che sono presenti in materia. La clonazione riproduttiva incute spesso timore perché sembra essere l'intervento estremo con cui si controlla la "qualità biologica" della vita capace di portare una sostituzione della persona stessa: il clone sarebbe una persona del tutto identica alla prima e quindi la copia prolungata nel tempo. In questo senso, ci si immagina la creazione di migliaia di persone identiche (ad esempio tante copie di Hitler) che, dopo essere state "fatte in serie" verrebbero a gettare l'umanità stessa nella catastrofe.

È bene dire subito chiaramente che quest'immagine popolare è davvero un mito che dà corpo a paure ataviche, ma che non ha nulla di scientifico né coglie una realtà possibile. Ci sono varie ragioni per dire che la tesi è destituita di ogni fondamento, ma la principale è che la clonazione riguarda solamente il sostrato *biologico* e *corporale* della persona: tutto ciò che riguarda la componente *psicologica* e *culturale* resta diverso e dipendente dall'educazione. Da questo punto di vista, più che della "clonazione riproduttiva" dovremmo preoccuparci di quella che possiamo chiamare "clonazione psicologica", ossia la riproduzione di due tipi psicologici simili, che può essere attuata intervenendo sull'educazione e controllando i fattori cerebrali. Infatti, due cloni sono sicuramente diversi sia nel senso che proveranno emozioni diverse e avranno pensieri diversi, sia nel senso che saranno anche psicologicamente diversi se educati diversamente. Ad esempio, se Caio fosse cresciuto in Cina e Tizio in Italia, non solo parleranno lingue diverse, ma potrebbero anche essere fisicamente diversi (uno magro e l'altro più robusto) a seconda delle abitudini alimentari e altre condizioni ambientali.

Conosciamo ancora pochissimo delle influenze biologiche sul comportamento, e quindi possiamo dire poco sugli eventuali disagi o vantaggi che tale pratica potrebbe avere. Può darsi che dopo approfondita riflessione si scopra che davvero essa presenta degli svantaggi tali da renderla sconsigliabile. Ma non lo si può dire a priori. A solo titolo di provocazione intellettuale, avanzo qui una ragione che potrebbe giustificare in un caso la clonazione riproduttiva: supponiamo ad esempio che si scopra che una persona, Sempronio, abbia un corpo davvero eccezionale per il fatto di essere resistente alle radiazioni per cui può sopportarle fino a oltre un milione di volte più delle persone normali. Il suo patrimonio genetico è stato creato dalla casualità naturale e probabilmente non si presenterà più nella storia. La scoperta è stata fatta casualmente, ma essendo Sempronio ancora giovane gli si è chiesto di recarsi a Chernobyl per fare i lavori necessari per rimediare al disastro della centrale nucleare. Sempronio ha svolto tale lavoro con precisione e senza conseguenze fisiche. Tuttavia, pur avendo questa dote *fisica* eccezionale e straordinaria, Sempronio è un uomo come gli altri e morirà: non sarebbe un disastro perdere per sempre quello specialissimo genoma che potrebbe essere prezioso anche in futuro? Non sarebbe bene potere avere qualche clone di Sempronio in modo da potere riparare altri eventuali disastri nucleari simili a quelli tristemente noti?

Non si deve credere che i cloni di Sempronio siano "programmati" per far questo: nulla del genere! Semplicemente essi hanno una speciale "dote fisica", la resistenza alle radiazioni, che potrebbe essere poi messa appropriatamente a frutto nella vita sociale. Potrebbero anche non utilizzarla e scegliere altre professioni: già oggi ad esempio alcune persone che hanno speciali doti fisiche che le rendono idonee e portate a fare il giocatore di pallacanestro preferiscono fare dell'altro. Analogamente, la scelta finale resta alla persona stessa, la quale comunque – in forza della speciale dote fisica – ha una opportunità in più che potrebbe utilizzare. A volte questo capita già oggi in persone cui la natura ha casualmente elargito doti fisiche naturali, e in futuro potrebbe capitare per scelta intenzionale delle persone. Certamente questo solleva nuovi problemi nella distribuzione delle "opportunità" e delle "ricompense sociali", ma questo è un problema *sociale* diverso che deve essere affrontato a parte. Dobbiamo riconoscere che oggi la *giustizia sociale* parte dall'assunto che le doti fisiche siano distribuite casualmente dalla lotteria naturale, mentre in futuro (e in parte già oggi) non sarà più così. Questo impone un ripensamento delle attuali teorie della giustizia sociale, ma i nuovi problemi in materia non sono certamente una ragione contro la clonazione di Sempronio. Anzi, a me pare che sarebbe davvero una tragedia che quella particolare dote fisica fosse per sempre persa con la morte di Sempronio stesso.

Come ho detto, l'esempio discusso vuole essere una provocazione intellettuale, anche perché è sicuramente un caso raro, forse mai realizzato. Ma è bene tenerlo presente, perché mostra come ci possa essere qualche occasione in cui la "clonazione riproduttiva" potrebbe risultare consigliabile e buona. Il problema è importante perché apre le porte ad altre questioni più generali, quelle concernenti la giustizia sociale. Se Tocqueville agli inizi del XIX secolo diceva che il problema del futuro sarebbe stato quello della giustizia economico-sociale, oggi possiamo dire che sarà quello della giustizia biologica. A questo contribuiscono vari fattori, e non solo quello considerato della clonazione. Tra questi un ruolo centrale è giocato dalle nuove conoscenze genetiche, rese possibili dalla nuova conoscenza di quello che a volte viene chiamato "il libro della vita". Si tratta di esaminare le questioni etiche che si pongono al riguardo.

## 5. *La conoscenza del "libro della vita": orizzonti aperti dalla genomica e i nuovi problemi etici al riguardo*

L'espressione: "il libro della vita" è giornalistica, ma rende bene ciò che sta accadendo, non a caso la nascita della *genomica* è pressoché contemporanea alla nascita dell'*informatica*, in quanto entrambe le discipline si basano sul concetto di "sistema informativo". La vita è anch'essa un processo di trasmissione digitale di informazioni: nel computer il codice di trasmissione è binario (0 e 1, ossia i "bits"), mentre nella vita è quaternario (i "quits", che sono messaggi chimici invece che elettronici). Si può quindi dire che c'è un "libro della vita" nel senso che ci sono le informazioni che stanno alla base del processo vitale che sono "scritte" e che vanno decifrate e decodificate. Il cosiddetto "progetto Genoma" ha sviluppato questo programma di ricerca, compito che è stato reso possibile grazie ai computer impiegati per tenere in memoria le varie informazioni contenute nei geni.

Pur essendo ormai abbastanza frequente, il termine *genomica* non è ancora di uso corrente e spesso si usa ancora quello di *gene-*

*tica*, dal momento che quel termine indica la scienza che studia la *trasmissione dei caratteri ereditari*[1]. In questo senso la genetica ha a che fare con la riproduzione e la trasmissione della vita.

Tuttavia, i problemi *genetici* che qui intendiamo considerare non sono quelli che riguardano la riproduzione, bensì i problemi riguardanti la vita di una persona adulta. Infatti i geni controllano lo sviluppo della vita biologica, e le nuove conoscenze genetiche consentono due grandi novità:

- la conoscenza più fine del genotipo che abbiamo, ossia il genoma individuale;
- la possibilità di prevedere l'evoluzione nel tempo dell'individuo, e soprattutto di aumentare la capacità di prevedere l'eventuale insorgenza di malattie.

Quest'ultimo aspetto solleva interrogativi nuovi e di grande momento, emergenti dalla possibilità di avere i test di *suscettibilità*, attraverso cui è possibile sapere se la persona ha un significativo rischio di ammalarsi (magari tra 20 o 30 anni). Gli interrogativi che si pongono al riguardo sono molti, e i principali sono i seguenti:

i il problema dei falsi positivi e degli errori di diagnosi;
ii. il fatto che la conoscenza riguarda la frequenza media ma non il soggetto specifico (dire il 10% delle persone è suscettibile a contrarre una data malattia non implica dire che la persona specifica si ammalerà);
iii. il fatto che pur avendo individuato la suscettibilità alla malattia non si abbia alcuna terapia disponibile: non si rischia di creare un malato che magari non avrebbe mai neanche sofferto di tale remota malattia?
iv. Il problema che tali malattie spesso coinvolgono l'intera famiglia e non solo l'individuo
v. La titolarità delle conoscenza in materia: chi ha diritto a conoscere questi dati sensibili?

Di fronte a tali complessi problemi qualcuno propone l'idea di un "diritto all'ignoranza", per cui la persona può pretendere di restare all'oscuro su tutto quanto concerne questo ambito. Si può al-

[1] Questa è la definizione data dal biologo inglese William Bateson nel 1906 dopo che l'anno prima era stato proposto il termine "gene" per indicare i fattori ereditari.

tresì ribattere che una persona non può fare come lo struzzo e mettere la testa sotto terra, ma che ha un preciso dovere di conoscere la propria condizione biologica (genomica), esercitando così le scelte libere e responsabili verso gli altri e se stessa.

Non è ancora chiara quale sarà la soluzione adottata, ma è certo che problemi di questo genere diventeranno sempre più centrali nei prossimi anni sia per gli adulti sia per chi si accinge a procreare. Infatti è probabile che presto si riuscirà a fare la diagnosi pre-impianto del pre-embrione, e così riuscire a stabilire la qualità della vita biologica del nuovo nato. Questo ci porta a dire qualcosa circa l'eugenetica.

### 6. *L'eugenetica: spettro da condannare senz'appello o prospettiva da sottoporre a vaglio critico?*

Sembra importante e doveroso non esimersi dal compito di dire qualcosa sull'eugenetica, non foss'altro perché a volte il solo fatto di nominare tale parola è fonte di sgomento e di paura. Il pensiero corre subito ai progetti nazisti e all'idea di una razza pura, dove tutti sono allineati e perfetti, nonché somiglianti al Capo che cerca in tal modo di realizzare le pulsioni di megalomania conclamata. Insomma, l'eugenetica è davvero il male estremo da esorcizzare: per questo è un tema difficile da trattare, che di solito resta al di là del dibattito aperto, sereno e ponderato. Le brevi considerazioni seguenti sono tese ad aprire un varco per una discussione pacata e riflessiva, cominciando a sciogliere il gelo che si riscontra al riguardo[2].

In origine il termine proposto e usato non era affatto "eugenetica" ma "eugenica" che significa "di buona nascita", indicando un fatto che di per sé è positivo e da tutti auspicato: ogni genitore vorrebbe avere un figlio sano e "nato bene". Ogni adulto che si accinge a procreare ha anche un dovere morale di fare in modo che il nuo-

---

[2] Più ampio (e lodevole) tentativo in questo senso è il volume di CARLO A. DEFANTI, *Eugenetica: un tabù contemporaneo. Storia di un'idea controversa* (Codice edizioni, Torino, 2012), che in appendice contiene anche la traduzione italiana del controverso libro di K. BINDING e A. HOCHE, *Il permesso di sopprimere le vite non degne di vivere.*

vo nato sia "di buona nascita", intendendo con questo che abbia salute, bellezza, intelligenza e altre doti. Questa base di partenza non garantisce una vita felice, ma sicuramente ne fornisce un'opportunità. Per ottenere questo risultato si è pensato di selezionare i genitori come si è fatto dalla nascita dell'agricoltura. Ma sin dal 1910 gli scienziati avevano capito che questa procedura è inapplicabile all'uomo perché per selezionare un gene favorevole ci vorrebbero almeno 20.000 anni di continue selezioni.

Questo dato scientifico non è stato accolto però sul piano pubblico e così si è continuato per decenni (fino agli ultimi anni del XX secolo) ad intervenire con procedure di questo tipo alla ricerca di un miglioramento della specie umana distinguendo tra i caratteri ereditari favorevoli (o eugenetici) e quelli sfavorevoli (o disgenetici). Oltre a quello già visto, un problema grave che si pone è chiarire che cosa si intende con "miglioramento": ci sono infatti vari ideali di ottimalità, per cui non è chiaro come stabilire ciò che è migliore rispetto al livello di partenza. Ad esempio, sarebbe un "miglioramento" l'avere i figli con i capelli biondi e gli occhi azzurri? Il conseguimento di questo risultato, paradossalmente, renderebbe subito appetibile altri modelli di uomo come quello con capelli e occhi neri: questo caso semplice può essere ripetuto e mostrare come sia difficile proporre l'idea di un'eugenetica *positiva*, ossia tesa a selezionare caratteri precisi da perseguire.

Diverso è il discorso quando si considera la cosiddetta eugenica *negativa* che tende a discernere dei caratteri da evitare: oggi sembra che l'evitare certe malattie sia sicuramente un bene. In questo senso sembra moralmente buona la preoccupazione di quei genitori che cercano di evitare possibili malattie ai propri figli. Anzi, sembra che questo sia un dovere, per cui da una parte si diceva che era consigliabile e lodevole la cosiddetta "visita pre-concezionale" tesa ad accertare la presenza di eventuali malattie, e dall'altra va ribadito che la donna in gravidanza è meglio si astenga dall'uso eccessivo di alcol e altre sostanze che potrebbero compromettere la salute del nuovo nato.

Queste considerazioni sono ampiamente condivise e non suscitano particolari controversie. Il problema, tuttavia, è sapere *come* si possa giungere al risultato prospettato, ossia evitare la malattia o la condizione di svantaggio (fisico) per il nato. A questo punto le strade si separano e iniziano le controversie: il problema di fondo è sapere se l'uomo ha la facoltà di intervenire direttamente sul processo riproduttivo per selezionare le caratteristiche da evitare. I fautori dell'etica della sacralità della vita ritengono che tale intervento sia sempre illecito, perché la natura alla fine conosce il meglio e fa sempre bene. In questo senso è lecito evitare eventuali malattie ereditarie, ma ciò va fatto rispettando l'ordine naturale riproduttivo. Per i fautori dell'etica della qualità della vita, invece, è perfettamente lecito (ed anzi a volte doveroso) intervenire direttamente nel processo per evitare i tratti patologici indesiderati.

Ad esempio, è bene che due giovani prima di concepire accertino se sono portatori sani di talassemia mediterranea, al fine di evitare la nascita di figli portatori di tale terribile malattia. Ove la risposta fosse infausta, essi possono evitare lecitamente (per l'etica della sacralità della vita) il risultato tragico rinunciando al progetto procreativo (usando "metodi naturali", lasciandosi o vivendo come fratelli). Ma non è lecito attuare interventi che interferiscano con il processo riproduttivo. Per i fautori dell'etica della qualità della vita, invece, tali interventi diretti sono leciti per cui chi decide di procreare ha la facoltà di scegliere il da farsi e di controllare il processo procreativo. Nel caso specifico, i due giovani possono intraprendere il progetto procreativo e ricorrere alla diagnosi prenatale per evitare la nascita di soggetti malati.

Chiarito lo spartiacque cruciale tra le due etiche (se rispettare i finalismi naturali o controllare il processo naturale), per chi accetta l'etica della qualità della vita il problema vero sta nell'individuazione del legittimo titolare della scelta al riguardo. Secondo l'eugenica antica, tale scelta era operata dallo stato o dall'autorità di governo. Questo è l'aspetto esecrabile dell'eugenica: se si coniuga quest'aspetto di controllo centralistico con le inadeguate e poche conoscenze scientifiche circa la trasmissione dei caratteri ereditari, si deve riconoscere che sono pienamente giustificate le reazioni di profondo sdegno e di forte indignazione nei confronti dei vari programmi eugenetici perpetrati nel corso del XX secolo in diversi paesi occidentali (e non solo, purtroppo, nella Germania nazista)!

L'errore ingiustificabile e inaccettabile sta nell'uso della forza per imporre un certo predeterminato "modello d'uomo" a tutti i cittadini – senza tenere conto delle libere scelte delle singole persone. Così facendo vengono gravemente violati i diritti civili fondamentali delle persone di determinare la scelta riproduttiva, aprendo la strada ad abusi ben noti. Del tutto diversa è la prospettiva che oggi viene avanzata, dove la scelta è lasciata alla persona che ha deciso di diventare genitore: a lei spetta il compito di valutare quali sono le malattie che è preferibile evitare. In questo senso, si rispetta la libertà di scelta delle varie persone coinvolte, le quali possono avere opinioni diverse al riguardo – evitando così derive totalitarie.

Sicuramente l'onere umano che il tipo di scelta in questo campo viene a imporre alle persone è del tutto nuovo e non è privo di difficoltà. Si deve riconoscere che è necessaria grande circospezione e attenzione. Ma non si può misconoscere che – stante l'aumento delle conoscenze scientifiche – la scelta al riguardo diventa inevitabile. Pertanto il problema resta sapere se dobbiamo *scegliere* di lasciare fare alla natura oppure se possiamo pensare che le *scelte umane* nelle diverse situazioni possano portare a risultati migliori di quelli ottenuti lasciando fare al processo naturale.

Nelle pagine precedenti ho parlato di "eugenica" come controllo riproduttivo sulla base dei caratteri dei genitori e sulle loro probabilità di trasmissione. Oggi questo progetto di eugenica viene impropriamente chiamato "eugenetica" per ragioni complesse e non sempre ben chiare che non possono essere approfondite in questa sede: forse anche il cambiamento del nome ha contribuito a dare un'immagine cupa della pratica in questione.

# VII

## I trapianti

### 1. *Introduzione: un po' di storia e le distinzioni preliminari*

Con "trapianto" si intende l'operazione con cui si inserisce un nuovo organo nel corpo di una persona. I trapianti si distinguono dagli "innesti" che riguardano invece i tessuti (come la pelle), i quali non presentano problemi di vascolarizzazione. Anche il sangue è un tessuto, per cui una trasfusione è un innesto. Qui, comunque, "trapianto" è usato in senso ampio comprendente anche gli innesti.

La fantasia umana ha spesso ipotizzato la sostituzione di organi malati, e numerose sono le narrazioni di vicende straordinarie che si sono succedute nella storia. Così, nel III secolo dopo Cristo, certi Cosma e Damiano (fatti poi santi) avrebbero compiuto il miracolo di sostituire una gamba cancrenosa di un sagrestano con quella di un etiope da poco deceduto. Dal punto di vista scientifico la via dei trapianti è stata aperta nel 1902 dal chirurgo francese Alex Carrel che ha messo a punto la tecnica per suturare i vasi sanguigni. Ulteriore tappa è stata l'identificazione (fatta dall'inglese Peter Medawar negli anni 1940) della compatibilità genetica tra individui consanguinei, scoperta che ha poi portato a chiarire le cause del rigetto. Verso la metà degli anni 1950 sono iniziati i primi esperimenti di trapianto di rene e di cornea tra consanguinei, e il 3 dicembre 1967 è iniziata l'era dei trapianti con il primo trapianto di cuore eseguito da Christian Barnard in Sud Africa. Le speranze suscitate furono enormi, ma per oltre un decennio i trapianti sono stati fonte di cocenti delusioni, perché il rigetto dell'organo da parte del corpo sembrava porre difficoltà insormontabili. Solo negli anni '80, è stata scoperta la ciclosporina A, un farmaco con potente attività immunodepressiva del rigetto, che ha consentito di superare in parte l'ostacolo, rendendo il trapianto d'organi una possibilità terapeutica praticabile.

Ci sono vari tipi di trapianto: c'è l'*autotrapianto* che consiste nello spostamento di parti diverse del corpo di una stessa persona, come quando si prende una parte di pelle da una parte per inserirla nell'altra. Queste tecniche non suscitano problemi morali di sorta, e non saranno qui discusse. C'è l'*omotrapianto*, che consiste nel passaggio di un organo da un individuo umano a un altro, e di cui abbiamo due forme, a seconda che il donatore sia *vivente* o *cadavere*. Entrambe le forme sollevano svariati problemi morali da considerare. Infine, c'è lo *xenotrapianto*, ossia il passaggio di un organo da un animale all'uomo; e altre nuove forme derivanti dagli avanzamenti delle capacità di intervento, come lo xenotrapianto da animali transgenici appositamente creati e modificati in modo tale da essere istocompatibili col ricevente, o i trapianti di embrione.

## 2. *I problemi morali del trapianto d'organo da cadavere*

Solitamente quando si parla di "trapianto" si intende l'omotrapianto da cadavere. In questo caso il primo grande problema cui per lo più si pensa è quello della morte del donatore, considerata condizione essenziale dell'eticità dell'intervento stesso: se il donatore non è morto, il trapianto è illecito – in quanto il "Non uccidere!" non ammetterebbe ulteriori eccezioni (oltre a quelle già ammesse). In questo senso, negli anni 1970 un forte movimento scientifico e culturale ha portato al cambiamento della definizione tradizionale di "morte", e si è passati dalla morte *cardiaca* alla morte *cerebrale*. In questo modo è possibile operare l'espianto dopo la morte e avere organi ancora perfettamente efficienti e non intaccati dalla necrosi. Il cambiamento della definizione solleva interessanti problemi filosofici e pratici che esamineremo più avanti nell'ultima parte del capitolo. Qui importa sottolineare che la morte cerebrale non lascia adito a incertezze circa la cessazione irreversibile della vita.

Nonostante le solide ragioni a favore di questo, molti temono che la morte cerebrale non sia sufficientemente sicura e affidabile, e che a volte la morte del donatore sia come anticipata per favorire il trapianto (attuando una sorta di "predazione degli organi"). Le leggende metropolitane circa possibili risvegli dalla "morte cerebrale" sono varie, e gettano un serio discredito sulla liceità del trapianto stesso. Al riguardo, non si può far altro che ribadire che è un falso problema mettere in discussione la *certezza della morte*. Le capacità tecniche di accertare la morte cerebrale sono ormai così raffinate e precise da escludere ogni ragionevole dubbio: solo ataviche e irrazionali paure prive di fondamento scientifico continuano ad alimentare i timori di una sepoltura anzitempo o di un ormai impossibile successivo risveglio. Chi continua a insinuare timori tra l'opinione pubblica è un mestatore che fa appello a mere superstizioni e che travalica il limite concesso alla legittima diversità di opinione tra fautori di paradigmi etici diversi. Per questo, non affronto ulteriormente la questione della certezza della morte.

Poiché l'espianto da cadavere non comporta alcuno svantaggio per il *de cuius* (termine con cui nel linguaggio tecnico si indica il *deceduto*, il *morto*), in linea *di principio* il trapianto è sicuramente un intervento benefico (perché ridà la vita al ricevente). Il serio problema che resta riguarda la *validità del consenso* all'espianto: anche se il cadavere non ha il diritto alla vita, sembra ci siano altre ragioni che giustificano il divieto che esso sia "violato". Evitare la morte di un altro individuo è una buona ragione per intervenire sul cadavere, ma non è lecito farlo ove non sia stato autorizzato l'espianto stesso. In che cosa consiste tale "autorizzazione" e chi deve darla? Al riguardo ci sono tre diverse posizioni:

A. alcuni sostengono che l'autorizzazione richiesta consiste nel *consenso* all'espianto, e che tale consenso deve essere dato dai familiari del *de cuius* (dove "familiari" indica sia le persone con titolo legale sia anche i cari). Sembra che costoro abbiano un forte interesse circa le spoglie mortali del congiunto (analogo a quello per i beni e le proprietà che erano del congiunto), e quindi abbiamo anche titolo a decidere circa l'eventuale espianto. Questa è stata la soluzione prevalente nei primi tempi dell'era dei trapianti. Oggi è diventato chiaro che essa non è sostenibile. Sul piano psicologico, infatti, il momento in cui i familiari sono chiamati a dare il consenso è il meno opportuno: sono per lo più turbati e sconvolti per la improvvisa tragica morte del congiunto e quindi in una situazione sfavorevole a una decisione avveduta e ponderata. Inoltre, ci sono difficoltà sul piano giuridico quando i familiari hanno posizioni divergenti, come a volte accade. Infine, il difetto principale emerge sul piano *morale*, perché il cadavere è comunque destinato allo sfacelo fisico, e non si capisce in che senso i familiari possano pretendere di decidere sull'uso delle spoglie mortali ove il *de cuius* l'abbia già fatto. Solo la persona che ha abitato le spoglie mortali ha titolo ad autorizzare l'espianto: come ciascuno ha interesse a lasciare un buon ricordo di sé e ha diritto (entro certi limiti) a destinare i propri beni con il testamento, così ha la facoltà di decidere se acconsentire o no all'espianto. Le eventuali pretese dei familiari al riguardo sono del tutto irrilevanti.

B. Anche per la posizione oggi prevalente l'autorizzazione all'espianto sta nel *consenso dato a tale procedura* ma – a differenza della precedente – afferma che tale consenso deve essere dato dalla *persona stessa,* la quale, quando è viva, decide anche se consentire o no all'eventuale espianto. In varie parti del mondo sono state attivate delle Carte o Dichiarazioni – a volte chiamati *living will*, o testamento biologico ossia un testamento su questioni di vita invece che di carattere patrimoniale – per consentire alle persone di indicare la propria volontà al riguardo (come vedremo nel prossimo capitolo).

Agli inizi del dibattito in materia si metteva in discussione la validità del consenso dato "ora per allora", ossia oggi (in stato di salute) per una situazione futura tanto diversa da quella attuale: chi ci dice – si osservava – che la persona non cambierà idea una volta giunta al momento finale? La replica è che la domanda è insolubile, e che non c'è altra via d'uscita se non attenersi all'indicazione data fintanto che non è possibile modificarla: se Tizio soffre il mal di mare, può decidere di non salire su una nave; ma una volta che vi sia salito non può pretendere di ritirare tale consenso (magari perché una burrasca lo fa soffrire), se non al ritorno a terra. Analogamente, il consenso all'espianto rimane revocabile fintanto che la persona è in grado di farlo, ma non oltre.

Assodata la validità del consenso dato in precedenza dall'interessato, restano altre due gravi questioni. *Prima*: è giusto imporre a una persona il compito di lasciare il proprio esplicito consenso al riguardo, o già questa richiesta è una forzatura della libertà altrui? Supponi che Tizio non intenda pensare al problema né prendersi la briga di indicare per iscritto le proprie volontà: può pretendere di essere lasciato in pace e di fare come gli pare, o ci sono buone ragioni per costringerlo a riflettere e dare il proprio consenso? *Seconda* questione: che dire di quei casi in cui la persona non esprime le proprie volontà non tanto per espresso diniego, quanto per pigrizia e una sorta di inedia? Sappiamo tutti che compilare una Carta richiede un po' di tempo e assunzione di responsabilità, mentre è più facile lasciare che le cose vadano per conto loro: come interpretare la mancata risposta alla richiesta di consenso all'espianto? Come deve essere inteso il *silenzio* delle persone che non danno risposta all'interrogativo?

Alcuni osservano che tale silenzio indica il *diniego* all'espianto: se uno sta zitto è perché vuole che le cose vadano normalmente, cioè senza espianti. Solo il consenso esplicito giustifica l'espianto. Altri, invece, ribaltano la situazione osservando che il silenzio indica un *consenso tacito* all'espianto. L'onere della prova del contrario ricade quindi sui familiari che volessero sostenere che nel frattempo il *de cuius* aveva mutato opinione. Si ribatte che a volte sono semplici disguidi burocratici (il diniego non è arrivato per disguidi postali, ecc.) che impediscono di fornire tale prova, e che tale interpretazione è lesiva della libertà individuale.

Al di là del dibattito teorico, la legge italiana n. 91 del 1 aprile 1999 sui trapianti (approvata dopo circa 25 anni di dibattito!) prevede la regola del *silenzio-assenso*, per cui tutti i cittadini maggiorenni devono comunicare la propria volontà al riguardo e l'eventuale *silenzio* è interpretato come *assenso (tacito)* all'espianto. A distanza di ormai più di un decennio dall'approvazione, non è ancora stato elaborato il regolamento attuativo della legge che deve fissare numerose questioni aperte. Il medico-anestesista Mario Riccio, un esperto nel settore (oltre a essere stato il medico di Welby, come vedremo nel prossimo capitolo), osserva che è pressoché impossibile che il regolamento sia apprestato, dato il testo di legge approvato. Questa difficoltà costituisce un ulteriore segno delle vivaci controversie presenti al riguardo.

Chi fa dipendere la liceità dell'espianto dal *consenso* (esplicito o implicito) dato dalla persona deve affrontare tre ulteriori problemi. Il primo riguarda l'inevitabile divisione della società in *donatori* e *non-donatori*, divisione che potrebbe diventare fonte di discriminazione verso coloro che non assecondano la "scelta corretta" attesa dal contesto sociale. Per esempio, chi è non-donatore potrebbe essere additato come persona egoista e poco sensibile ai problemi altrui, e subire forme di discriminazione per tale scelta.

Un secondo problema riguarda il trattamento da riservare a chi è non-donatore: supponi che Tizio a 18 anni non dia il consenso all'espianto, e che quindici anni dopo per una patologia necessiti di un nuovo organo: ha diritto di essere inserito in lista d'attesa, lui che non era disposto a cedere l'organo ad altri? Dire di no sembra troppo duro, ma dire di sì è incentivare la prassi di vivere parassitariamente a spese della benevolenza altrui: fa comodo a tutti poter pretendere un "privilegio" (la possibilità del trapianto) senza alcun incomodo. Questo dilemma ci porta al terzo problema, che concerne la *motivazione* da dare ai cittadini che consentono all'espianto. Stante che il consenso all'espianto è (in qualche senso) un incomodo, perché una persona dovrebbe accollarsi tale onere? Che motivi lo spingono a tale gesto? Di solito ci si appella all'*altruismo* e alla *benevolenza* delle persone, sottolineando che, consentendo l'espianto, possiamo fare l'ultimo grande gesto di generosità, ossia riaccendere la vita di un nostro simile: una volta intervenuta la morte, per noi tutto è finito, ed è quindi indifferente che gli organi siano espianti e immessi in un'altra persona o lasciati marcire nella tomba.

L'appello all'altruismo della gente è la strada seguita dalle diverse legislazioni, le quali parlano di *donazione* degli organi. Ma i risultati di questo sistema non sono pienamente soddisfacenti: in Italia, come nel resto del mondo, migliaia di persone muoiono perché troppi organi non possono essere utilizzati per mancanza di consenso. Alcuni osservano che il sistema della *donazione* degli organi fallisce perché si basa sul (falso) presupposto che la benevolenza delle persone sia *universale* e pressoché *illimitata*. Al contrario, la benevolenza umana è specifica (e non universale): quando in Francia si è saputo che molti organi di francesi venivano trapiantati a italiani, il numero delle donazioni è drasticamente diminuito. È difficile avere una procedura che lasci alle persone la facoltà di dare indicazioni circa l'eventuale destinatario, perché è facile creare nuove ingiuste e inaccettabili discriminazioni (ad esempio qualcuno escluderebbe persone di razza o di sesso diverso, o anche i tifosi della squadra avversaria!). Ma non si può neanche continuare a supporre che la benevolenza umana sia universale.

Visto che la benevolenza non è illimitata, perché mai una persona dovrebbe spontaneamente dare il consenso all'espianto di un proprio organo visto che ciò gli richiede un (sia pur piccolo) incomodo o "costo"? Perché non fornire un qualche incentivo che aumenti la motivazione al riguardo? Non necessariamente dovrebbe consistere in denaro contante, ma potrebbe assumere altre forme, come ad esempio un aiuto per le spese della sepoltura o della cremazione. Si apre qui l'ampia e dibattuta questione della "assoluta gratuità" degli organi e dell'eventuale "mercato degli organi", un tema su cui torneremo tra poco.

C. Una terza posizione afferma che l'autorizzazione all'espianto non dipende affatto dal consenso (espresso o tacito) del *de cuius*, né tantomeno da quello dei familiari, bensì è questione di carattere sociale o di sanità pubblica. Con la morte cessano i diritti e gli interessi del *de cuius* sulle proprie spoglie mortali, e pertanto la società può destinarle come crede. L'analogia ricorrente col testamento non è valida, perché i beni (mobili o immobili che siano) rimangono anche dopo la morte e possono essere utilizzati dai propri cari, mentre il cadavere e gli organi si dissolvono. D'altro canto, le persone che necessitano di un organo sono in imminente pericolo, per cui si trovano in una situazione simile a quella di chi ha subito una improvvisa "calamità naturale": come in caso di terremoto o di alluvione la società ha un obbligo particolare e più stringente di soccorso, così lo ha anche nel caso di chi necessita di un trapianto.

Questa proposta ha il vantaggio di eliminare in un sol colpo tutte le difficoltà delle posizioni precedenti: ciascun cittadino diventa *ope legis* un potenziale donatore, evitando così i problemi connessi al consenso. A chi vede in questa soluzione un'inaccettabile intrusione nella libertà personale si replica che anche l'esclusione delle tombe perpetue (dopo 50 anni oggi tutte le tombe sono rimosse) o la regolazione dell'autopsia si muovono in questa linea: nessuno può opporsi all'autopsia, ove ne sia ravvisata la necessità.

Si controbatte che l'obbligatorietà dell'autopsia è giustificata dall'esigenza di evitare un possibile *male* per tutta la società: un'autopsia potrebbe consentire la tempestiva individuazione di un focolaio e la conseguente prevenzione di un'epidemia. Nel caso dell'espianto, invece, l'esigenza giustificante sta nel fatto che alcuni ricevano un *bene* (e non che si eviti un *male sociale*). Il punto controverso è sapere se chi necessita di un organo per sopravvivere possa avanzare il *diritto* (ossia la *pretesa valida*) di averlo, cosicché l'eventuale non disponibilità si configura come un *torto*; o se invece la mancanza dell'organo è sicuramente un *male*, ma analogo a quello che creato da una situazione di "sfortuna naturale" inevitabile: se uno nasce con i capelli ricci e li preferisce tesi, la sua condizione è di "sfortuna naturale", ma non può accampare il diritto di avere i capelli che desidera. C'è chi, invece, sostiene che – stante il fatto che gli organi del *dei cuius* sono destinati allo sfacelo – la mancanza di organi da trapianto non è una sfortuna naturale ma una vera e propria ingiustizia (sociale).

Sembra che nessuna delle posizioni presentate sia esente da problemi, e ciò conferma quanto siano difficili i problemi etici del trapianto da cadavere. È tempo di passare a quelli del trapianto da persona vivente.

## 3. *I problemi del trapianto da persona vivente*

Oltre al trapianto da cadavere c'è anche quello da vivente, di cui si hanno due forme: i trapianti autoplastici, o autotrapianti, che coinvolgono la stessa persona e che non comportano problemi etici particolari; e i trapianti omoplastici, ossia quelli che coinvolgono individui diversi della stessa specie. Visto che alcuni organi sono doppi (ad esempio il rene), ove ci sia l'istocompatibilità di due persone è possibile prelevarne uno dall'una e trapiantarlo nel corpo dell'altra. Il problema è sapere se tale intervento sia lecito e (eventualmente) a quali condizioni lo è.

Fino a qualche decennio fa, l'opinione dei moralisti cattolici era nettamente contraria: come scriveva il gesuita Giacomo Perico nel 1958:

> ogni "vera mutilazione" [...] per se stessa è sempre immorale, in quanto lede il dominio esclusivo di Dio sulla vita e sulle membra degli uomini. Noi ne siamo solo degli "amministratori", con poteri d'iniziativa limitata entro l'ambito degli scopi, che Dio ha tracciato alla natura delle singole membra. Nessun altro fine, per quanto nobile ed eroico, compreso il motivo di carità per il prossimo, può giustificare una mutilazione: *Non sunt facienda mala, ut veniant bona.* Quindi, rimangono esclusi i prelievi mutilatori, di qualunque genere ed estensione essi siano, in quanto le finalità del soccorso di terzi, pur essendo fine buono e ammirevole, esula dallo scopo sostanziale che le membra hanno avuto dalla natura, che è quello di servire l'individuo in cui sono.

Oggi, quasi più nessuno argomenta in questo modo, e si ritiene che la conformità ai presunti "scopi" della natura non sia vincolante, ed è opinione comune ritenere lecito l'espianto di un organo doppio in presenza del consenso di colui che cede l'organo. Assodato questo, il vero problema si sposta sulla motivazione a cedere un rene: perché una persona dovrebbe sottoporsi a un'operazione chirurgica per cedere un rene a un altro? Che fare poi se in seguito l'unico rene rimasto dovesse a sua volta ammalarsi? Sono interrogativi seri che meritano attenzione.

Per dare una risposta è opportuno non dimenticare qualche dato empirico: una persona sana può vivere bene anche con un solo rene, e i rischi dell'espianto (ove compiuto in strutture adeguate e da personale esperto) sono minimi. La difficoltà più seria consiste quindi nel rischio che una successiva malattia dovesse compromettere l'unico rene rimasto. Questo ostacolo potrebbe essere superato ove la "circolazione" degli organi aumentasse: nel caso capitasse tale sfortunata evenienza chi ha ceduto il rene potrebbe a sua volta riceverne un altro da altri. Ma perché una persona dovrebbe dare il proprio consenso all'espianto di un rene?

Nelle società occidentali oggi si fa appello all'*altruismo* delle persone, le quali fanno una *donazione*. Quando c'è un familiare stretto compatibile la pratica a volte funziona. Ma solo a volte, perché capitano casi in cui il familiare non è disponibile: celebre è quello di una sorella che non ha dato il consenso all'espianto di parte del midollo osseo, cosicché la sorella è morta. In generale, comunque, i risultati dell'appello all'altruismo sono desolanti: in Italia oltre 5.000 persone sono in lista d'attesa e molte muoiono; si raccontano "leggende metropolitane" di persone che sarebbero state narcotizzate, rapite e "predate" di un rene; o di traffici illegali di reni, (dove l'espianto è eseguito in condizioni igieniche precarie con risultati disastrosi per la salute delle persone coinvolte).

Stante questa sconsolante situazione, alcuni ritengono che un miglioramento è possibile solo dando *incentivi* alle persone che acconsentono a cedere l'organo: non necessariamente tali incentivi devono consistere in denaro contante, ma senza tale aspetto non sarebbe possibile ottenere quel livello di "circolazione" degli organi capace di risolvere i problemi odierni. Questa proposta di solito suscita nette reazioni di rifiuto, e anch'io sono contrario. Ma la chiusura aprioristica serve a poco, più importante è capire le *ragioni* che sostengono l'attuale pratica. Non basta dire: «è assurdo! Non voglio neanche pensarci!».

La ragione principale dell'opposizione è che la vita è sacra, per cui *di principio* il denaro e gli altri incentivi dovrebbero restare estranei a tale ambito ed esserne banditi, perché altrimenti si avrebbe una ripugnante "mercificazione della vita". Ma se davvero valesse questo principio, allora anche i medici e gli infermieri che realizzano l'operazione dovrebbero prestare servizio gratuitamente. Si deve invece riconoscere che l'assistenza sanitaria è un servizio che ha dei costi, e quindi è anch'esso soggetto alle regole economiche (come il servizi del trasporto pubblico, ecc.): come è giusto pagare e incentivare chi attua il trapianto, perché non dare un incentivo a chi fornisce la materia prima (il rene) che consente l'operazione?

A ben vedere, la pratica di dare incentivi per ottenere il consenso alla cessione di parti del corpo è già ben collaudata nel nostro paese, dal momento che la cosiddetta "donazione del sangue" è incentivata dal godimento di una giornata (retribuita) di riposo dopo il prelievo. Anche da noi non mancano molti che generosamente donano il sangue per puro altruismo, rinunciando alla giornata di riposo (come avviene in Gran Bretagna, dove i prelievi sono fatti di sabato e domenica), ma questo non toglie che già oggi nel nostro paese si diano incentivi al riguardo. Non si tratta di un incentivo in denaro contante (come peraltro avviene in altri paesi, ad esempio negli Stati Uniti), ma è pur sempre un "incentivo materiale": chi accetta l'attuale sistema della "donazione del sangue" non può avere obiezioni *di principio* alla proposta di fornire incentivi per stimolare il consenso alla cessione di un organo doppio.

Si può tuttavia dire che il "mercato degli organi" va condannato ed escluso per ragioni *empiriche* (e non *di principio*). Si osserva che la presenza di incentivi (soprattutto di denaro contante) di solito aumenta le difficoltà di gestione del sistema e diminuisce l'entusiasmo degli operatori, annullando così i vantaggi sperati. In questo senso, sembra preferibile insistere nel sostegno alla prassi della donazione, che inoltre aumenta la solidarietà tra la gente.

L'obiezione più diffusa contro il mercato degli organi è che esso non farebbe altro che favorire una nuova forma di sfruttamento che è più abietta delle altre in quanto riguarda chi è più indifeso e tanto povero da non avere nient'altro da vendere che le parti del proprio corpo. Ma in che cosa consiste qui lo "sfruttamento"? Poiché l'attuale situazione di forte disuguaglianza economica offusca il quadro del discorso, supponiamo di vivere in una società in cui non ci siano inique differenze tra ricchi e poveri, e tutti vivano in condizioni grosso modo "decenti". Avendo assunto che non valgono le obiezioni di principio, e che la benevolenza delle persone è limitata, in tale società la cessione di un organo a un prezzo equo non comporterebbe alcuno sfruttamento (ma solo l'incentivo adeguato alla transazione). Ad esempio, non ci sarebbe sfruttamento se una persona non indigente (impiegato comunale o infermiere) cedesse il proprio rene per avere la disponibilità necessaria per studiare e diventare avvocato (o medico), aumentando le proprie prospettive di vita: tale cessione sarebbe analoga a quella di chi accetta un secondo lavoro per scopi analoghi. Anzi, sembrerebbe che una preclusione di tale possibilità sia una limitazione dello spazio di crescita delle persone.

L'esempio esaminato mostra che lo sfruttamento cui allude l'obiezione sta nel fatto che oggi *solo* i poveri sono portati a cedere il proprio rene, e che per via della loro condizione di vulnerabilità lo cedono a *sottocosto*. Già questo consente una distinzione: altro è il problema *sociale* della diseguaglianza economica che rende i poveri più vulnerabili, altro è il problema della "giustezza" dell'incentivo da dare. Il primo pone una questione molto più generale sul come combattere la povertà – che non può essere affrontato qui. L'altro pone un problema più specifico circa l'individuazione del giusto incentivo e i modi per evitare che i poveri siano costretti a cedere a sottocosto. Al riguardo le proibizioni non aiutano, perché le pratiche illegali sono sempre a discapito del più debole. Ma non è facile individuare soluzioni positive che siano praticabili.

In attesa di più solide indicazioni, almeno fintanto che i traffici illegali sono limitati, prudenza consiglia di continuare con l'attuale regime basato sull'altruismo. Ma il problema esiste e va affrontato con franchezza, e forse con maggiore urgenza di quanto si creda. Già oggi, infatti, c'è il grave problema circa la giusta distribuzione dei pochi organi disponibili.

## 4. *Qual è il criterio giusto per l'allocazione degli organi?*

Stante la scarsa disponibilità di organi da trapiantare, con quale criterio distribuirli? In passato questo problema non esisteva: chi aveva il cuore (o i reni) poco malato doveva rassegnarsi alla sfortunata sorte. Oggi è possibile rimediare a tale condizione attraverso il trapianto, ma tocca all'uomo decidere come assegnare l'organo richiesto. Di certo ci sono vincoli fisiologici stabiliti dall'istocompatibilità, ma che fare ove vi fossero più richiedenti? Se valesse il "mercato" la risposta sarebbe immediata (anche se controintuitiva e forse ripugnante). Ma se escludiamo il mercato, dobbiamo individuare dei criteri (visto che non sembra sensato decidere in base al livello di simpatia, o all'amicizia col primario, o al colore di capelli, ecc.). I seguenti criteri generali sono spesso menzionati:

a. Il criterio del "primo arrivato, primo servito".
b. Il criterio della sorte, come nella lotteria.
c. Il criterio dell'età: va assegnato al più giovane.
d. Il criterio della gravità clinica: va assegnato a chi versa in più imminente pericolo di vita.
e. Il criterio del merito sociale.
f. Il criterio che combina assieme (in un mix) aspetti dei precedenti criteri.

Esaminiamoli alla luce di un caso verosimile: Tizio, Caio e Sempronio sono in lista d'attesa per il trapianto di cuore e c'è un solo cuore disponibile. Tizio è il più grave, per cui senza il trapianto è presumibile che muoia entro 7 giorni; Caio può attendere 21 giorni, e Sempronio 28. Sempronio però è stato il primo a essere inserito nella lista (perché si è ammalato prima). Se si segue il criterio del "primo venuto, primo servito", è Sempronio ad avere diritto al trapianto: ma l'essersi ammalato prima degli altri (o essere stato più rapidamente diagnosticato) giustifica davvero il conferimento di tale "diritto"?

Qualcuno potrebbe dire che – stante il pericolo di morte – è *giusto* dare la precedenza a Tizio, facendo aspettare Sempronio. Ma che dire se nei 21 giorni che separano il trapianto a Tizio da quello che toccherebbe a Sempronio non si presenta alcun donatore idoneo? Se si accetta il criterio della "imminenza di morte", lo stesso discorso varrà poi anche nel caso di Caio, così che le probabilità di Sempronio di ricevere il cuore di cui necessita diventano davvero minime. Per evitare queste difficoltà si può dire: lasciamo decidere alla sorte e tiriamo a caso. Ma è giusto che la vita o la morte di una persona sia decisa tirando a sorte? Qualcuno sottolinea che – al di là della sua durezza formale – esprime il senso dell'eguale dignità di ciascuna vita: stante l'incapacità di trovare una soluzione la si lascia (tragicamente) alla cieca sorte.

Altri credono che questo sia abdicare alle proprie responsabilità (sia un "non scegliere"), e introducono criteri sostanziali come ad esempio quello dell'età: va data la precedenza ai più giovani, perché – avendo vissuto di meno – a essi spetta l'opportunità di vivere più a lungo (In certi paesi non si effettuano trapianti su persone oltre i 60 o i 65 anni). Ma è davvero giusta questa soluzione o è una nuova forma di discriminazione dei vecchi? Come un tempo si discriminava in base alla razza (razzismo), e poi al sesso (sessismo), ora si discrimina in base all'età (in inglese *ageism* – termine che non ha ancora un equivalente in italiano). Perché la minore età deve conferire un diritto di precedenza per l'espianto? La vita da vivere non ha valore uguale per ciascuno degli interessati?

Inoltre, il criterio dell'età mette in campo una condizione *sociale*, concernente l'attesa e la qualità di vita, nonché gli interessi in gioco. Ma se diventano rilevanti anche le considerazioni sociali, perché allora non tenere conto anche dei *meriti sociali* delle persone? Supponiamo che Tizio abbia 55 anni e Sempronio 34. Secondo il criterio "dell'età" dovremmo dare la precedenza a Sempronio. Ma che dire se Tizio fosse un brillante scienziato candidato al Nobel da cui ci si aspettano scoperte fondamentali per l'avanzamento del sapere e il benessere dell'umanità, e invece Sempronio fosse una persona che vive ai margini della società e spesso in prigione: quest'aspetto *sociale* è rilevante per la precedenza al trapianto oppure no?

E che dire poi se la malattia che ha deteriorato l'organo è in gran parte il risultato di uno stile di vita seguito dalla persona, la quale ad esempio fuma o beve alcool, ecc. Il fatto che una persona abbia contribuito al peggioramento della propria salute diventa fattore escludente dal trapianto, o questa decisione è un'altra nuova forma di discriminazione? Supponiamo che Sempronio necessiti del trapianto perché ha vissuto in modo sregolato: questo fatto giustifica l'esclusione dalla lista d'attesa oppure no? E se fosse Tizio ad avere lo stile di vita sregolato che causa la malattia? I suoi meriti "scientifici" sono sufficienti a far passare in secondo piano la sregolatezza dello stile di vita?

Agli inizi sembrava facile rifiutare il criterio del mercato per allocare gli organi, ma gli altri criteri sollevano dilemmi davvero interessanti. I trapianti sono sicuramente uno degli avanzamenti più straordinari della medicina, ma l'equa distribuzione del nuovo bene costituisce una sfida posta alla nozione di giustizia.

## 5. *È lecito trapiantare qualsiasi parte del corpo o ci sono parti che è intrinsecamente sbagliato trapiantare?*

L'avvento dei trapianti ha mostrato che è possibile sostituire varie parti del corpo umano, e ci si deve chiedere se siano tutte sostituibili (come in un'automobile dove possiamo cambiare prima la batteria, poi il carburatore, la pompa della benzina, ecc.). Ammesso che lo siano, ci si deve chiedere se ci sono parti del corpo che è moralmente illecito trapiantare e, come sempre, per quale ragione.

Non va dimenticato che agli inizi dell'era dei trapianti alcuni avevano dubbi sull'eticità del trapianto perché ritenevano che l'innesto di tessuti o di organi fosse fonte di una permanete alterazione dell'identità personale, quasi che il sangue trasfuso o il cuore (o il rene) potessero di per sé modificare la personalità del ricevente. Oggi è chiaro che tali proposte sono mere superstizioni, anche se non vanno esclusi seri problemi psicologici esperiti dai riceventi. Ricevere da un altro l'organo necessario per continuare a vivere è senza dubbio un'esperienza toccante e profonda che deve essere attentamente preparata. A parte questo, è comunque chiaro che la sostituzione dei vari organi del corpo non intacca di per sé l'identità personale delle persone.

Assodato questo, resta il problema di sapere se le varie parti del corpo sono tutte equivalenti, oppure se ci sono parti che hanno un "valore speciale" tale per cui l'eventuale trapianto risulta essere intrinsecamente illecito. Al riguardo si può ricordare che negli anni 1920-30 si pensava al trapianto degli organi sessuali, ritenendo che ciò avrebbe portato nuovo vigore sessuale e riproduttivo. Tali interventi furono subito vietati per evitare eventuali insanabili confusioni nella "identità" da trasmettere alla progenie. Tuttavia, forse, se abbandoniamo l'aura di sacralità inviolabile che ancora circonda la sfera sessual-riproduttiva, al riguardo si dovrebbe distinguere tra le due diverse motivazioni.

La prima è quella che riguarda il trapianto di organi sessuali per ridare alla persona opportunità riproduttive. Infatti, in un senso importante si potrebbe dire che la fecondazione assistita con donazione di seme (la Aid esaminata nel capitolo 5) può essere considerata una forma di "trapianto" che consente di dare nuove opportunità riproduttive all'interessato. Invece di ricorrere alla sostituzione dell'organo si sostituisce solamente la funzione che produce gli stessi effetti. Il fatto che la riflessione sulla fecondazione assistita non abbia seriamente considerato questa ipotesi è un'ulteriore conferma della densità dei pregiudizi concernenti la sfera sessual-riproduttiva.

La seconda motivazione è quella che invece propone il trapianto degli organi sessuali per consentire alla persona una adeguata vita sessuale. Questo caso ci porta al problema del *transessualismo* ossia a quella condizione di persone che intendono cambiare il sesso. L'appartenenza al genere maschile e femminile non è sempre netta e precisa, ma è un continuum e ci sono persone che si trovano interiormente divise: fisiologicamente hanno i caratteri di un genere (maschile o femminile), ma si sentono fortemente appartenenti al genere opposto e desiderano riconquistare l'unità interiore. Ecco che le tecniche mediche vengono in ausilio e offrono l'opportunità a maschi di diventare femmine e anche (sia pure con difficoltà maggiori) a femmine di diventare maschi attraverso opportuni interventi chirurgici e ormonali. Il fatto che oggi sia possibile cambiare sesso è dal punto di vista teorico e concettuale di enorme rilevanza. Mostra infatti che anche il "genere sessuale" non è più un dato naturale e immutabile ma è il frutto di una scelta umana. Infatti, almeno di principio, ciascuno di noi può scegliere di che sesso essere, e se rimaniamo nel genere (maschile o femminile) è perché, in un senso, lo scegliamo perché in esso ci troviamo bene. Altrimenti, possiamo scegliere per il cambiamento di sesso. Un altro punto che mostra come le nuove possibilità aperte dalla Rivoluzione biomedica abbiano reso malleabile e plastica la cosiddetta "natura" che prima appariva fissa e immutabile, aprendo così nuovo spazio alla *scelta*: dove prima c'era un destino ineluttabile, oggi si dischiudono opzioni tra cui scegliere.

Altro ambito controverso riguarda la liceità del trapianto di parti esterne del corpo, come la mano, le braccia ecc.: un intervento che pone dei problemi particolari. Sino a pochi anni fa il trapianto era stato limitato alle parti vitali interne (cuore, polmoni, sangue, ecc.); ora, invece, la parte trapiantata può riguardare anche organi esterni e visibili, il che comporta una differenza significativa (perlomeno sul piano psicologico). Ancora più importante, poi, va ricordato che il trapianto di arti non è terapeutico: la mancanza di un arto è una "menomazione" che comporta uno svantaggio sociale, ma non è di per sé una malattia. Una persona può vivere per molti anni e bene anche senza un arto. D'altro canto, ove l'innesto non fosse perfettamente riuscito, la persona rischia di morire per infezione, e ci si chiede se sia eticamente consentita l'accettazione di tale rischio. Restano poi i problemi di allocazione delle risorse, in quanto ci si chiede se sia giusto investire tanti sforzi e denaro per ridare una migliore funzionalità motoria quando molte persone necessitano delle terapie minime salvavita.

Resta infine da considerare il cosiddetto "trapianto di cervello", ossia l'intera sostituzione degli emisferi cerebrali. Al riguardo va detto che per ora un simile intervento è ancora fantascientifico, e restano da superare enormi difficoltà tecniche. Supponendo tuttavia la possibilità di attuare tale trapianto, ci si deve chiedere se sia eticamente lecito farlo. Alcuni sostengono che tale intervento è illecito perché – per via della presunta inscindibilità tra dimensione corporea e dimensione spirituale – esso altererebbe radicalmente l'identità personale. Ma chiediamoci: è lecito sostituire a una persona dapprima il sangue, poi il cuore, i polmoni, il fegato, gli arti, ecc. con una serie di interventi, fino a sostituire tutto il corpo governato dallo stesso cervello? A parte i notevoli problemi tecnici e quelli di carattere psicologico, sembra che la sostituzione successiva delle varie parti del corpo non alteri radicalmente l'identità personale della persona. In questo caso, quindi, l'argomento della inscindibilità tra dimensione corporea e spirituale si rivela quindi invalido e fallace (se avesse una qualche minima plausibilità, anche la semplice trasfusione di sangue intaccherebbe inesorabilmente l'identità personale!). Assodato questo, ci si può chiedere dove stia la differenza tra il caso precedente in cui la sostituzione delle parti governate dal cervello è progressiva e il caso in cui tale sostituzione avvenga "di colpo". Sicuramente ci sono differenze sul piano psicologico, ma non sembra ci siano significative differenze sul piano etico.

Forse la questione diventa più chiara riformulando il problema in maniera corretta: di solito si parla di "trapianto di cervello", espressione che lascia intendere che il cervello è un organo del tutto equivalente agli altri cosicché con tale trapianto si cambia l'identità di un dato corpo. Ma in realtà l'espressione è fuorviante e i dubbi vengono fugati ove si parlasse di "trapianto di un corpo intero" su un dato cervello, dal momento che, in realtà, non si fa altro che innestare un intero nuovo corpo su un dato cervello.

## 6. *I trapianti d'organo nel futuro e le nuove questioni etiche*

La disamina precedente già ci ha portato a considerare situazioni che per ora sono fantascientifiche. Tuttavia è opportuno esaminare tali situazioni anche perché, come già abbiamo visto, l'avanzamento della scienza avviene "a salti" e quello che oggi appare futuribile domani potrebbe diventare realtà: l'esperienza fatta negli ultimi anni è una palese conferma di questo. Avendo esaminato i principali problemi etici che riguardano la pratica dei trapianti *oggi*, è giunto il momento di dare un breve sguardo ai problemi etici che si profilano nel futuro prossimo venturo (anche se è difficile fare previsioni circa quanto "futuro": potrebbe essere già *domani*).

Un primo problema riguarda la liceità dell'innesto di organi animali su umani. In qualche misura questo già accade per alcune piccole parti (tendini bovini vengono usati per rimpiazzare quelli danneggiati, o valvole cardiache di suino sostituiscono quelle umane, ecc.), ma restano gravissimi problemi di rigetto, per cui questi tentativi sono a tutt'oggi altamente sperimentali. Nel 1984 grande scalpore ha suscitato il caso di "baby Fae", una bambina a cui era stato trapiantato il cuore di un babbuino sopravvivendo per tre settimane. Alcuni obiettano che tali interventi sono illeciti osservando che il nuovo innesto sarebbe fonte di una presunta alterazione della personalità nel senso di portare a una sorta di "imbestialimento". L'obiezione è ridicola, e assomiglia alle superstizioni diffuse agli inizi del XIX quando si temeva che la vaccinazione (contro il vaiolo) potesse produrre tale effetto – e per questo venne proibita negli stati pontifici per evitare che, come scriveva Benedetto Croce, fossero mischiate «le linfe delle bestie con quelle degli uomini». Le difficoltà al riguardo sono due: la prima è che questi interventi sono ancora altamente sperimentali, e quindi danno scarse garanzie di successo, per cui ci si chiede se sia giusto sottoporre le persone a tali sacrifici avendo scarse possibilità di successo. L'altra riguarda la liceità dell'uccisione dell'animale a tale fine. Su questo problema già si è detto qualcosa, ma qui ricordiamo che alcuni ritengono sia eticamente ingiusto uccidere animali per scopi umani. In questo senso, il trapianto di parti animali in umani sarebbe eticamente censurabile per via dell'iniquo danno arrecato all'animale.

Ho ricordato quest'obiezione perché essa vale a maggior ragione anche in un altro caso che si profila nel prossimo futuro, ossia quello di trapianto da animale transgenico, quello geneticamente modificato in modo tale da renderlo istocompatibile con il soggetto in cui va innestato. Come abbiamo visto, il principale ostacolo al trapianto da animale all'uomo sta nei problemi di rigetto dell'organo, che potrebbero essere superati attraverso la modificazione genetica dell'animale. Chi ritiene che gli animali siano a totale disposizione e servizio degli umani vedrà questa possibilità come la soluzione del problema del reperimento di organi (facendo scomparire i problemi circa l'allocazione degli organi, visto che se ne potrebbero avere in abbondanza per tutti). Chi, invece, ritiene che ci siano speciali "diritti" degli animali (o doveri umani nei loro confronti), potrebbe criticare tale soluzione come lesiva degli interessi degli animali stessi – l'uso del condizionale è dovuto per via della complessità della questione e la varietà di possibili posizioni al riguardo.

## 7. *Brevi conclusioni sull'etica del trapianto d'organi*

La possibilità di trapiantare organi e tessuti è un progresso straordinario della medicina contemporanea, e tali interventi sono moralmente leciti (ove attuati alle condizioni esaminate) perché apportano grande beneficio all'umanità. Sono quindi in generale giustificati dal principio di *beneficenza*. Restano tuttavia problemi etici circa la *distribuzione* del possibile beneficio tra le persone, in quanto non è sempre chiaro quale sia il criterio *giusto* di allocazione degli organi. L'augurio è che l'avanzamento tecnico consenta presto di aumentare la disponibilità di organi in modo da superare l'attuale situazione di scarsità e riuscire a soddisfare tutte le richieste. Inoltre si deve ricordare che la possibilità di sostituire le varie parti del corpo apre la prospettiva di una sorta di "immortalità" realizzata grazie al trapianto delle parti malate o usurate. Questa aspirazione, comunque, sembra destinata a rimanere un sogno, dal momento che la morte è inevitabile per tutti gli organismi complessi. Tuttavia, è probabile che in futuro il *modo* di morire cambi profondamente per adeguarsi alle nuove esigenze emergenti nelle nuove circostanze storiche. Prima di passare a esaminare i problemi etici relativi al "fine vita" è opportuno delineare il quadro delle questioni circa la definizione di morte.

## 8. *Spunti di analisi dei principali problemi concernenti la definizione di "morte"*

Abbiamo visto che i trapianti pongono un serio problema riguardante la definizione di "morte", un tema che in parte si ripresenta poi anche con la questione dell'eutanasia. C'è una radicale differenza di contesto tra le due questioni, ma l'aspetto comune sta nel fatto che in entrambi i casi è coinvolto il principio «Non uccidere!»: si è infatti in presenza di una persona umana la cui vita viene terminata o troncata perché ci sono ragioni adeguate. Nel caso dell'eutanasia, come vedremo nel capitolo 9, alcuni richiedono una nuova eccezione al principio *prima facie*, mentre nel caso dei trapianti sembra comune il rifiuto dell'ampliamento delle eccezioni al "Non uccidere!", e si preferisce dichiarare "morta" la persona attraverso una nuova definizione di morte. Si tratta ora di esaminare alcuni dei principali problemi relativi alla definizione di morte per avere una visione ampia delle questioni in discussione.

### 8.a. *La morte non è un evento istantaneo ma un processo che si sviluppa nel tempo*

Con "morte" si intende la *cessazione irreversibile e definitiva della vita.* Essendo la morte la *negazione* della vita, è sbagliato dire che *è parte* della vita, come spesso si sente dire. Si dovrà, invece, se mai dire che la morte è la *negazione* della *vita individuale* ed è *parte* della *vita della specie* (o della vita complessiva) e che è funzionale a essa.

L'aspetto che più colpisce quando si esaminano i problemi al riguardo è che la morte è considerata essere la cosa più "naturale" che ci sia, per cui è di per sé strano il fatto che si debba discutere per stabilire quando giunge. Sembrerebbe essere uno di quei casi in cui non c'è nulla da discutere: è un dato ineluttabile, dato e preciso, su cui non ci sono problemi di sorta. Anzi, sembrerebbe essere uno di quelli in cui vale la cosiddetta "definizione *reale*", ossia quella che coglie la natura della cosa trattata (e non si pone come uno strumento concettuale che delimita l'ambito da studiare a seconda delle indagini da compiere, come accade in chi propone una "definizione *lessicale*" o una "definizione *stipulativa*"). Insomma, la morte costituirebbe una chiara smentita alla tesi di fondo sostenuta in questo libro che propone la presenza di due grandi e opposti paradigmi morali.

Che invece, ancora una volta, sia un'illusione l'idea della morte come un dato naturale emerge subito non appena si consideri che nella concezione "naturale", comune e ricevuta dalla tradizione, la morte è vista come un *evento* ossia qualcosa che accade in un *istante* o in un *attimo.* Così nell'immaginazione popolare la morte con la falce taglia con un colpo il filo della vita. Al contrario si deve riconoscere che in realtà il morire è un *processo* che richiede tempo e si sviluppa in un periodo più o meno ampio: non è il varcare la soglia di una porta in un istante, ma è piuttosto l'attraversare vari corridoi (gli *atria mortis*) più o meno lunghi. In passato, quando si era imboccata la porta del corridoio era rara la possibilità di un ritorno, mentre oggi i mezzi tecnici consentono ampie rivincite. Le tecniche di rianimazione da questo punto di vista hanno segnato una svolta netta, aspetto che diventa ancora più chiaro se si considera che in inglese il termine per la rianimazione è "*resuscitation*", parola che indica appunto la capacità di resuscitare o ritornare dalla morte. Nonostante i progressi compiuti, tuttavia, restano molte situazioni in cui è impossibile tornare: ma dove sta il punto di sicuro non-ritorno? A quale punto del corridoio cessa la vita individuale e si passa nella morte?

### 8.b. *La morte biologica e la morte cardiaca*

Prima dell'epoca moderna il problema sostanzialmente non era tematizzato. Quando una persona cessava di muoversi, lo si considerava morto e si provvedeva alle esequie. Si erano senz'altro verificati casi strani che suscitavano curiosità o anche sgomento (celebre, ad esempio, è stato quello di Alessandro Magno, il cui corpo non si decomponeva) e con la crescita della medicina, sempre maggiore attenzione è stata rivolta a come accertare con certezza la morte e il momento del morire. Nel secolo XVIII diffusa tra i medici è stata la *morte biologica* che pone il momento alla fine del corridoio quando si verifica la *putrefazione* del corpo, ossia la dissoluzione completa dell'organizzazione vitale. Come ha scritto un celebre medico di allora, J.B. Winslow (1740): «non si può giungere alla conclusione certa che un uomo sia davvero morto se non se ne può conoscere l'incipiente putrefazione del cadavere». Poiché il morire è un processo e si muore per gradi, e non esiste un segno unico certo della morte, si deve attendere l'inizio della putrefazione che attesta la avvenuta dissoluzione di *tutto il corpo*. Sulla scorta di quest'idea negli ultimi decenni del XVIII secolo sono stati anche costruiti appositi locali in cui i "presunti morti" erano posti su tavole con campanelli ai polsi e agli arti e sottoposti all'osservazione attenta di un guardiano fino a che non iniziasse la putrefazione. L'assenza di "risvegli" unita a ragioni igieniche connesse con la presenza dei cadaveri in stato di decomposizione hanno portato ad abbandonare la pratica dell'osservazione prolungata e assieme a essa la definizione della morte biologica.

Col XIX secolo è prevalsa con prepotenza una diversa prospettiva, quella secondo cui il corpo è una *totalità organica* le cui parti sono tra loro coordinate e governate da un *sistema critico* che presiede al mantenimento della integrazione necessaria alla vita. Per la morte non è più necessaria la dissoluzione di *tutto il corpo*, ma basta che sia dissolto il *corpo come un tutto*, ossia che sia cessato il *sistema critico*. Per accertare la morte, quindi, non si deve più attendere l'inizio della putrefazione, ma basta che si abbia la cessazione del sistema critico: avvenuta questa, si può dichiarare la morte anche se nel cadavere restano segni di *vita residua*, dal momento che per esempio ancora si riscontra la crescita della barba, delle unghie, ecc. In questo senso, la morte interviene *prima* che il processo vitale giunga fino alla fine del corridoio, ma può essere collocata in un punto intermedio.

Chiarita l'importanza cruciale del sistema critico, si è individuato questo centro nel cosiddetto *tripode vitale*, ossia l'insieme integrato composto da tre grandi organi: il cervello, i polmoni e il cuore. In particolare, l'osservazione delle morti naturali (quelle che avvengono senza la presenza di una visibile patologia) aveva portato a constatare che dapprima si ha la cessazione degli impulsi del cervello ai polmoni, a seguito della quale viene meno l'attività respiratoria, fatto che porta infine alla cessazione dell'attività cardiaca, e con essa la dissoluzione del tripode. Lo schema qui delineato può aiutare a capire il tipo di integrazione proprio del tripode, dove i tre organi sono tra loro collegati:

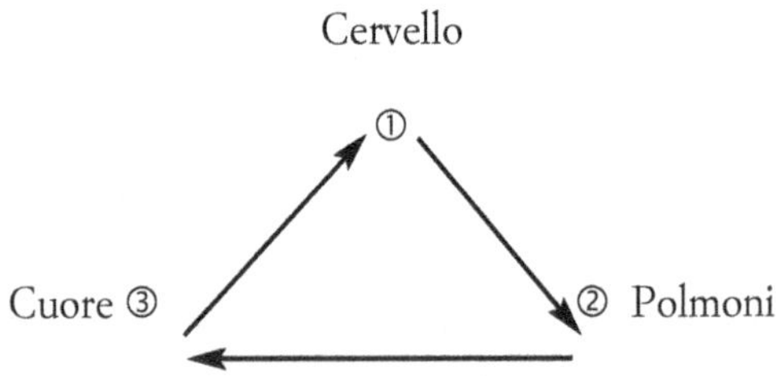


Schema 1. Rappresentazione del tripode

È sulla scorta di questa concezione di fondo che è prevalsa la cosiddetta *morte cardiaca* secondo cui il passaggio dalla vita alla non-vita è dato dalla cessazione delle funzioni *cardiache*. L'invenzione dello stetoscopio ha facilitato inoltre l'auscultazione del battito cardiaco e quindi anche l'eventuale accertamento della sua cessazione, rendendo dal punto di vista pratico più agevole l'accertamento della morte. Inoltre, dal punto di vista logico-concettuale, la cessazione del cuore costituisce il *segno* della avvenuta dissoluzione del tripode. In questo senso il cuore è davvero l'*ultimum moriens* del sistema critico. La morte cardiaca è quindi una morte *poliorganica* in quanto la cessazione del battito cardiaco indica l'avvenuta disintegrazione del tripode vitale, il sistema critico, che comporta la morte del corpo come un tutto (integrato), lasciando solo residui di vita.

Possiamo cercare di rappresentare quanto detto in una figura schematica:

Schema 2. Il corridoio della morte

La linea tratteggiata a sinistra indica la vita attiva e normale, magari con qualche malattia, ma sempre sicuramente vita. Il punto $M^b$ indica la "morte biologica" che è posta alla fine del corridoio. Prima di essa, abbiamo la $M^{ca}$, ossia la "morte cardiaca", che anticipa l'altra nel corridoio.

Per circa un secolo e mezzo la morte cardiaca ha sicuramente prevalso, fino a quando, negli anni '50, l'avvento della rianimazione (cardiaca) ha messo irrimediabilmente in crisi la concezione. Infatti, se è possibile far ripartire il battito cardiaco o far riprendere l'attività del cuore, allora la cessazione delle funzioni cardiache non può più indicare l'avvenuta dissoluzione definitiva del tripode vitale. Viene infatti meno la base essenziale della nozione di morte, ossia la *definitività* e *irreversibilità* della situazione: la rianimazione consente la ripresa della circolazione dei fluidi e quindi la morte cardiaca diventa problematica.

La situazione è diventata insostenibile a partire dal 3 dicembre 1967, ossia da quando a Città del Capo in Sud-Africa, il chirurgo Christian Barnard ha eseguito il primo trapianto di cuore da una persona a un'altra. Se è possibile sostituire il cuore di una persona, come si può sostenere che la cessazione del battito cardiaco comporta la morte della stessa, ossia la sua fine definitiva? La possibilità di sostituire l'organo con una ripresa della vita toglie l'irreversibilità della morte (cardiaca). Ma c'è anche un altro e forse più importante interrogativo che si profila sul piano pubblico e morale. Se la morte della persona fosse determinata dalla cessazione del battito cardiaco, allora dal punto di vista pratico perché l'intervento abbia successo, è necessario che il cuore da trapiantare sia ben funzionante e non intaccato da necrosi, per cui deve essere prelevato *prima* che si abbia la morte cardiaca. Ma proprio qui si insinua il problema etico e sociale: poiché si richiede che quello nuovo da trapiantare sia un cuore battente, il trapianto comporta o no una anticipazione della morte del donatore? In parole più crude: il trapianto di cuore comporta che si uccida il donatore un po' prima che intervenga la sua morte cardiaca, oppure si deve dire che il donatore è già morto prima dell'espianto?

### 8.c. *La morte cerebrale e i nuovi problemi teorici che essa solleva*

Entrambi i termini dell'alternativa sopra posta devono essere considerati con attenzione e non scartati subito come se il primo fosse semplicemente assurdo. Si può osservare che il «Non uccidere!» è un principio *prima facie* ossia che già ora ammette eccezioni. Si potrebbe dire che nel caso del trapianto di cuore è giustificata una nuova eccezione che consente di anticipare di qualche istante la morte di un donatore che ormai è inesorabilmente entrato nel tunnel della morte. In questo senso, la situazione del donatore è irreversibile e definitiva anche se, da un punto di vista formale, la morte cardiaca non è ancora intervenuta: la possibilità di ridare nuova vita a un'altra persona grazie al trapianto è una ottima ragione per giustificare la nuova eccezione al divieto e dichiarare lecita l'anticipazione della morte di qualche istante. È quasi certo che una simile soluzione incontri resistenze sul piano pubblico, ma dal punto di vista teorico e concettuale è perfettamente plausibile.

L'altra alternativa è invece quella di cambiare la definizione di morte in modo tale che si possa dire che il donatore è già morto prima dell'espianto. Poiché non si può uccidere chi è già morto, viene così esclusa a priori, *per definizione*, l'introduzione di una nuova eccezione al «Non uccidere!», avanzando una posizione più consona al senso comune in cui l'idea stessa di una nuova eccezione appare tanto assurda e bizzarra da non essere neanche presa in seria considerazione. Può darsi che qualche lettore condivida questa linea di pensiero, anche perché gli atteggiamenti ricevuti al riguardo sono così profondi e densi da rendere difficile una visione diversa.

Questa è stata comunque la via seguita dalla Commissione della Università di Harvard che nell'agosto 1968 ha proposto la *nuova* definizione di *morte cerebrale* secondo cui il sistema critico del corpo umano sta nel cervello: una volta cessate le funzioni di tutto il cervello è intervenuta la dissoluzione del *corpo come un tutto*. Si è così sottolineato che la nuova nozione di morte cerebrale è semplicemente una conseguenza dell'avanzamento scientifico che ha reso disponibile tecniche molto più raffinate per l'accertamento della morte. In questo senso, la nuova definizione non comporterebbe alcun significativo cambiamento sul piano concettuale, ma solo un affinamento tecnico. A favore di questa posizione negli anni '70 e '80 militava il fatto che, una volta accertata la morte cerebrale, la respirazione e le altre funzioni dell'organismo potevano essere sostenute artificialmente solo per pochi giorni, sostanzialmente quelli richiesti per individuare il donatore compatibile. Le macchine erano viste come tese a mantenere vigorosi gli ultimi residui vitali in modo da mantenere freschi gli organi fino all'espianto, ed era già molto se si riusciva a conseguire l'obiettivo avendo il sopravvento sulla dissoluzione ormai incombente.

Anche questa considerazione ha sostenuto la morte cerebrale che, sull'onda dell'entusiasmo per le nuove possibilità aperte nel campo dei trapianti, è stata accolta con grande favore dalla comunità scientifica. Non sono però mancate significative reazioni, soprattutto in alcuni paesi tra cui spicca il Giappone in cui il rapidissimo progresso tecnico scientifico è avvenuto in una cultura caratterizzata da radicate convinzioni religiose. In pochi anni, comunque, la definizione di morte cerebrale si è diffusa e ha informato molte legislazioni, compresa quella italiana, e oggi è sicuramente la nozione predominante nel panorama medico e sociale.

Nonostante l'amplissima diffusione, vanno segnalati almeno tre problemi teorici sollevati dalla nuova nozione di morte. Il primo, messo in luce con finezza da Hans Jonas, è che il cambiamento di una definizione ha ricadute molto importanti nell'intero sistema concettuale e quindi deve essere considerato con enorme attenzione. Sviluppando questa linea di pensiero, altri hanno ricordato che è una scorciatoia senza sbocco quella che pretende di risolvere un problema morale per mezzo di una definizione. Nel caso specifico, invece che affrontare l'incombente dilemma morale si è cercato di risolverlo cambiando la definizione di morte.

Il secondo problema teorico è che la nuova definizione vale solo per le persone umane e non per gli altri mammiferi. Mentre la morte cardiaca si applica anche per accertare la morte di un cavallo o di un cane, la morte cerebrale manca di questa generalità, creando un'eccezione che dal punto di vista strettamente biologico non è giustificata, essendo l'uomo un mammifero. Né si può dire che l'eccezione si giustifica per l'esigenza di legittimare i trapianti d'organo, perché ciò creerebbe una circolarità nella questione. Pertanto la questione resta aperta.

Il terzo problema emerge se si considera un aspetto concernente il tripode vitale e le modalità di una sua eventuale disintegrazione. Abbiamo visto, infatti, che nella morte cardiaca la cessazione del battito cardiaco indica l'avvenuta dissoluzione del tripode vitale, cosicché il cuore è l'*ultimum moriens* ossia è l'ultimo organo del tripode che cessa le proprie funzioni. Si può dire quindi che la morte cardiaca individua una nozione di morte *poli-organica* (o *pluri-organica*) nel senso che il venire meno del battito cardiaco presuppone la fine o la morte del centro critico che è composto da più organi, il tripode vitale appunto. Quando, invece, si passa alla morte cerebrale, si deve riconoscere che il cervello è il *primo* organo del tripode a cessare il funzionamento: se è sufficiente la cessazione di questa funzione, si deve concludere che basta la dissoluzione di un *solo* organo a determinare la morte del corpo come un tutto. Il sistema critico che prima era costituito da tre grandi organi viene ora come concentrato tutto in un solo organo, il cervello, per cui la morte cerebrale individua una nozione di morte *mono-organica*.

Dal punto di vista concettuale questo fatto costituisce un cambiamento di decisiva importanza, punto che emerge ancor più chiaramente ove si osservi che il cervello non è un organo semplice, ma è composto di parti dotate di una certa relativa indipendenza. Si presenta quindi l'ulteriore problema di stabilire quale sia la parte del cervello rilevante per l'accertamento di morte, ove il danno irreversibile riguardasse l'una ma non le altre parti. Di qui l'origine di nuove altre definizioni di morte da precisare con attenzione.

### 8.d. *La morte cerebrale, la morte troncoencefalica e la morte corticale*

Il cervello è l'organo più complicato del corpo umano e ancora in gran parte inesplorato. Per cogliere i problemi sopra esaminati è utile una figura che schematizzi le struttura del cervello (termine invalso nel linguaggio comune per indicare ciò che in termini tecnici è l'encefalo). Come si vede nella figura sotto riportata, il cervello è formato da due grandi parti:

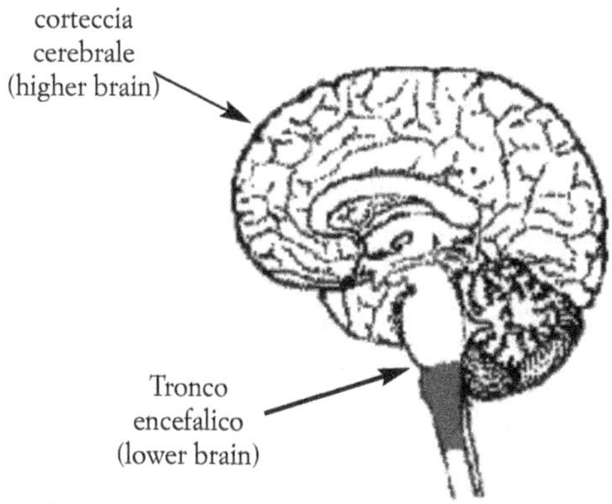


Schema 3. Rappresentazione delle due parti rilevanti del cervello

Sopra ci sono gli emisferi cerebrali (in inglese: *higher brain*), alla cui superficie sta la corteccia cerebrale in cui hanno sede le "funzioni superiori" (la coscienza) e i centri sensoriali e percettivi. Tralasciando qui il cervelletto che ha funzioni diverse, consideriamo invece il troncoencefalico o tronco dell'encefalo (in inglese: *lower brain*) che è la conclusione della colonna vertebrale entro la scatola cranica. Tale parte è a sua volta suddivisa in due sezioni:

a) la parte superiore del troncoencefalico in cui hanno sede i centri che controllano la "accensione" degli emisferi cerebrali (e quindi lo sviluppo della coscienza);

b) la parte inferiore, in cui hanno sede i centri che controllano la respirazione e l'omeostasi del corpo (pressione e temperatura).

Queste poche nozioni di carattere fisiologico bastano per individuare almeno tre diversi tipi di morte riguardante il cervello:

A) la *morte cerebrale* vera e propria, ossia quella proposta nel 1968 dalla Commissione di Harvard e ripresa da molte legislazioni, che richiede la dissoluzione delle funzioni di *tutto il cervello*, (emisferi e tronco dell'encefalo). È la definizione che viene rappresentata con l'elettroencefalogramma piatto e che viene a volte chiamata la "morte americana" perché elaborata in modo articolato dalla President's Commission nel 1991.

B) la *morte troncoencefalica*, che richiede invece solo la cessazione di tutte le funzioni del tronco dell'encefalo. Va sottolineata la necessità che manchino entrambe le parti, perché a volte capita che venga meno la funzionalità dell'una o dell'altra creando situazioni diverse che considereremo più sotto. Questa nozione viene a volte chiamata la "morte inglese" perché è quella sostenta dal neurologo inglese Christopher Pallis e accolta nel Regno Unito. In un senso, questa nozione è equivalente alla precedente perché la dissoluzione della parte inferiore del tronco dell'encefalo fa cessare la respirazione autonoma, mentre quella della parte superiore assicura che gli emisferi cerebrali risulteranno per sempre inattivi e quindi "morti".

C) la *morte corticale* che richiede invece solo la cessazione della corteccia cerebrale ossia delle funzioni "superiori" o della parte superiore del tronco dell'encefalo. A volte capita che gli emisferi cerebrali non siano irrorati di sangue per un certo tempo cosicché la corteccia viene irreversibilmente danneggiata mentre il tronco encefalico, che è più resistente, può poi anche riprende a funzionare. Altre volte, accade che a essere danneggiata è solo la parte superiore del tronco dell'encefalo, così che continua la respirazione autonoma ma cessano per sempre le funzioni superiori.

Sulla scorta delle considerazioni fatte possiamo perfezionare lo schema sopra tracciato e vedere che il corridoio della morte si presenta molto più ricco del precedente. Le concezioni di morte sono diverse, mostrando quanto sia falsa l'idea diffusa che porta a considerare la morte come fatto univoco e ben determinato:

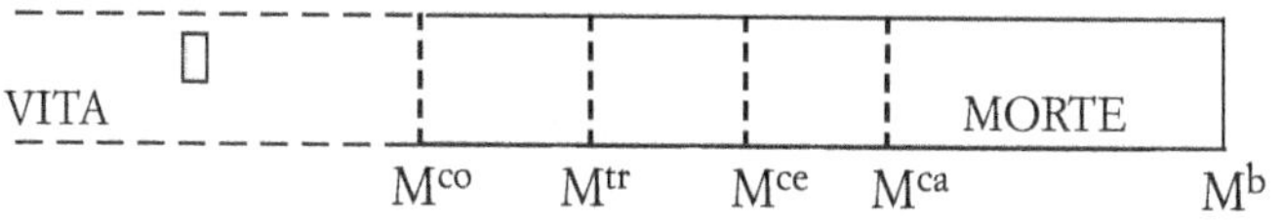


Schema 4. Il corridoio della morte

Lo schema tracciato mostra che ci sono ben cinque diverse nozioni di morte. Già abbiamo visto le due più antiche e concentriamo l'attenzione su quelle che riguardano il cervello. La morte *cerebrale* ($M^{ce}$) è *estensionalmente* equivalente alla morte *troncoencefalica* ($M^{tr}$) nel senso che per ora la prima situazione corrisponde grosso modo all'altra. Infatti, come abbiamo visto, in entrambi i casi, l'organismo ha definitivamente perso la capacità di respirare in modo autonomo e di avere le funzioni superiori. La differenza sta nel fatto che la morte americana presuppone che l'assenza di impulsi elettrici sia la prova della cessazione degli emisferi cerebrali, punto che è difficile da provare. Si deve riconoscere che il discorso al riguardo è solo induttivo, e che in proposito basta accertare la distruzione della parte superiore del tronco dell'encefalo per giungere alla medesima conclusione.

Di fatto, questa soluzione risulta così affidabile e solida da essere quella che in pratica viene comunemente adottata per l'accertamento della morte. Tuttavia, la differenza sul piano teorico resta e potrebbe in futuro dare origine a conseguenze importanti che avremo modo di considerare. Per ora va messo in luce che le due concezioni esaminate si differenziano dalla morte *corticale* ($M^{co}$), in cui invece l'individuo respira da solo, è caldo e continua le varie funzioni fisiologiche per cui dal punto di vista *biologico* è vivo, pur avendo definitivamente perso le funzioni superiori, ossia le capacità *personali* dal momento che non avrà mai più la capacità di movimento autonomo, di provare dolore o piacere, né tantomeno di esperire funzioni coscienziali. Il cosiddetto *Stato Vegetativo Permanente* che ha caratterizzati i casi Terri Schiavo ed Eluana Englaro è la versione più nota della morte corticale.

In nessun paese al mondo si riconosce la morte corticale, la quale comunque solleva problemi nuovi che vanno esaminati.

### 8.e. *I problemi posti dalla morte corticale*

Una delle difficoltà principali poste dalla morte corticale sta nelle difficoltà presenti per il suo accertamento. Per arrivare a dichiarare lo Stato Vegetativo Permanente si richiede un'osservazione attenta ed esperta di oltre un anno, un periodo estremamente lungo. Ci sono poi forti reazioni emotive derivanti dal fatto che si fa davvero fatica a considerare "morto" un organismo che respira da solo in maniera autonoma: sembra una contraddizione in termini. Tuttavia, a ben considerare la cosa, quest'ultima obiezione vale anche per la morte cerebrale che, come abbiamo visto, si applica solamente all'uomo e non anche agli altri mammiferi. Se il sistema critico della vita di una persona umana sta nel cervello, allora la morte interviene quando viene meno quella parte dell'encefalo che consente le funzioni superiori.

Quest'aspetto assume un'evidenza intuitiva ove si consideri che negli ultimi anni è avvenuto un altro significativo cambiamento in questo campo: sono cresciute le capacità tecniche di sostenere le funzioni vitali degli individui in morte *troncoencefalica* così che oggi è possibile tenerli in quella condizione per diverse settimane e anche mesi. I casi più celebri al riguardo sono quello di Erlangen (Germania) e un altro simile accaduto in California: dopo che le donne protagoniste di questi casi erano finite (per ragioni diverse) in morte cerebrale, si è scoperto che erano gravide. Sono state tenute in stato di morte tronco encefalica per diverse settimane in attesa che crescesse il feto e potessero partorire: in Germania non sono riusciti ad arrivare alla nascita di un feto vitale, ma in California sì. A prescindere dall'esito di questi tentativi e di altri simili, si può osservare che come sembra una contraddizione in termini dire che è morto un individuo che respira autonomamente, così sembra altrettanto assurdo dire che una donna morta da settimane possa partorire un nato vivo. Queste considerazioni sono tese solamente a mostrare che le categorie concettuali tradizionali sono sottoposte a tensione e quindi non possono più essere assunte come criterio di riferimento solido.

In questa linea, gli esempi citati fanno emergere l'importanza di una domanda: che differenza c'è tra l'individuo in morte *troncoencefalica* le cui funzioni siano vicariate da una macchina e l'individuo in stato vegetativo permanente? Si dirà che nel primo caso la respirazione è possibile solo per l'ausilio della macchina, mentre nell'altro caso è autonoma: ma che rilevanza ha questo fatto? Basta questo a giustificare la tesi che l'uno è morto e l'altro no? Certamente no, perché in molti altri casi i pazienti sono aiutati da macchine per svolgere altre funzioni (ad esempio i *pace-makers* per certe forme di cardiopatia, o la dialisi), e ciò non basta a farli considerare morti. Ma anche venendo alla funzione specifica, la capacità di respirazione autonoma, essa è irrilevante ove ci fossero le funzioni superiori. A questo riguardo esemplare è la vicenda di Rosanna Benzi, che ebbe una certa risonanza pubblica per la commozione suscitata negli ultimi anni del secolo scorso: Rosanna era una signora affetta da una rara malattia che ha bloccato il funzionamento dei centri respiratori della parte inferiore del tronco dell'encefalo costringendola a vivere per più di tre decenni nel polmone d'acciaio, che a quei tempi era uno strumento di grandi dimensioni ed estremamente invasivo. L'intervento era perfettamente giustificato perché, pur non potendo respirare in modo autonomo, Rosanna aveva una vita intellettuale e affettiva di notevole vivacità tanto che dirigeva una rivista e svolgeva molte altre attività. Pertanto, la differenza tra l'individuo in morte troncoencefalica e quello in morte corticale non può consistere nel fatto che l'uno ha perso la capacità di respirazione autonoma e l'altro invece l'ha conservata.

A conferma della conclusione, immaginiamo che si riesca a mettere a punto un metodo o uno speciale *chip* capace di svolgere le funzioni della parte inferiore del tronco dell'encefalo. Un simile rimedio sarebbe risolutivo per persone come Rosanna Benzi, ma diremo che va applicato agli individui in morte troncoenfalica in modo da farli passare a forme di Stato Vegetativo Permanente? La domanda è importante perché rivela le ragioni dell'intervento. Se, infatti, la risposta fosse positiva, allora dovremmo dire – per coerenza – che già oggi si dovrebbe fare sempre tutto il possibile per prolungare l'esistenza degli individui in morte troncoencefalica e non limitarsi ai giorni necessari per trovare il donatore compatibile. Se, invece, diciamo che non c'è affatto alcun dovere di prolungare al massimo lo stato di morte troncoencefalica, allora implicitamente riconosciamo che, a prescindere dalla "definizione", riconosciamo che la situazione è tale per cui non è più dovuto l'impegno e lo sforzo a prolungare le funzioni vitali (siano esse residui di vita o vita vera e propria).

## 8.f. *Conclusione sulla definizione di morte*

Siamo partiti osservando che la morte appare come la cosa più naturale e immutabile che ci sia. Abbiamo mostrato come ci siano invece almeno cinque definizioni diverse, e che la morte cardiaca è entrata in crisi con la rianimazione. Infatti, prima il problema era prendere atto che il battito cardiaco era cessato, mentre ora il problema è se si deve intervenire o no per fare riprendere il battito cardiaco ossia se impegnarsi per richiamare alla vita oppure lasciare morire. Dal piano descrittivo in cui si rileva un dato empirico stabilito in riferimento a una definizione si è passati al piano prescrittivo in cui si deve scegliere e decidere se rianimare o no in base a certi valori. Nella pratica clinica i gravi dilemmi morali che si presentano sono affrontati direttamente, senza pensare che possano essere risolti da definizioni accettate.

Anche per favorire l'accettazione del trapianto di cuore, si è introdotta la nuova definizione di morte cerebrale come morte di tutto l'encefalo. Tuttavia, questa definizione presuppone che il sistema critico rilevante sia quello che consente le "funzioni superiori". Pertanto, data la complessità dell'encefalo, le parti realmente rilevanti sono gli emisferi cerebrali. Questo comporta che la morte cerebrale rimanda alla morte corticale. In altre parole: una volta abbandonata la morte cardiaca come segno della dissoluzione di un sistema *poliorganico* (il tripode), e assunto che la morte interviene con la dissoluzione di un solo organo, si deve riconoscere che la parte significativa e rilevante dell'encefalo da considerare è la *corteccia cerebrale* in cui si svolgono quelle "funzioni superiori" della coscienza che sembra distinguano la persona dagli altri mammiferi. Dissolta la corteccia cerebrale, si è disintegrato il corpo come *totalità personale* – e una definizione di "morte" che accetti di essere limitata agli umani non può ignorare quest'aspetto.

Tuttavia, oltre alle difficoltà circa la diagnosi di Stato Vegetativo Permanente, la morte corticale incontra forti ostacoli per la sua palese controintuitività. Si può allora riconoscere che la nuova definizione di morte cerebrale non riesce a risolvere i problemi per cui è stata pensata, ossia consentire la liceità del trapianto. Inoltre la nuova definizione viene a sollevarne numerosi altri. In questa situazione guadagna credito la tesi che sia una facile scorciatoia quella che pretende di risolvere i dilemmi morali ricorrendo a una definizione. Si può allora osservare che sul piano descrittivo resta ancora valida la tradizionale definizione cardiaca di morte, e che il problema morale concernente l'espianto per giustificare il trapianto va affrontato sul piano prescrittivo, forse riconoscendo una nuova eccezione al «Non uccidere!». In questo senso si può sostenere che quando l'individuo è entrato negli *atria mortis* ha comunque ormai varcato la soglia del non-ritorno per cui ha ormai inesorabilmente perso le funzioni superiori, per cui – avendo il suo consenso – può essere lecito in quella situazione speciale anticipare la morte per consentire ad altri di riguadagnare la vita.

# VIII

# Il consenso informato e il testamento biologico

## 1. *"Bioetica di frontiera" e "bioetica quotidiana": la Rivoluzione silenziosa nella pratica clinica e il riemergere della contrapposizione paradigmatica*

I temi morali trattati sinora hanno riguardato questioni di quella che Giovanni Berlinguer ha chiamato la «*bioetica di frontiera*», ossia quella parte della bioetica che affronta le questioni che suscitano clamore, meraviglia, sgomento e controversie nell'opinione pubblica. Per lo più si tratta di temi nuovi come quello della fecondazione assistita, della clonazione, dei trapianti o anche dell'uso di embrioni umani per la ricerca scientifica, tema che per un verso si ricollega all'aborto ma per un altro solleva questioni nuove non essendo più coinvolta la donna e la sua scelta. Alcuni hanno osservato che solo su questi temi nuovi della bioetica di frontiera emerge l'acuto dissenso e il forte contrasto che sostiene l'idea che la nostra società sia abitata da stranieri morali. Quando invece si passa alla «*bioetica quotidiana*», in cui si trattano i problemi che quotidianamente si presentano alle persone comuni, si riscontrerebbe un sostanziale accordo che fa emergere invece la solida base di valori condivisi. Anche in forza di quest'osservazione taluni sono propensi a credere che la contrapposizione paradigmatica tra etica della sacralità ed etica della qualità della vita che sta alla base di questo testo sia da sfumare molto o addirittura sbagliata.

In questo capitolo esaminiamo una questione che dovrebbe appartenere alla bioetica quotidiana: anzi forse è il suo tema centrale, quello su cui l'ampia convergenza di valori condivisi dovrebbe emergere in forma chiara e senza incertezze. È noto come sia nella pratica difficile stabilire quali siano effettivamente i valori condivisi in una società per via della discrepanza tra ciò che si dichiara e ciò che si pratica (e viceversa): a volte persone che dichiarano di condannare l'aborto, lo praticano poi tranquillamente all'occorrenza, e, viceversa, persone che dichiarano di approvarlo di fronte all'occorrenza lo evitano o comunque sono interiormente dilaniate, segno di un atteggiamento contrario a quanto dichiarato. Nonostante queste difficoltà se c'è un tema della bioetica quotidiana su cui dovrebbe emergere un'ampia convergenza questo è quello del *consenso informato* ossia la pratica di chiedere all'interessato l'approvazione dell'intervento da attuare. Prima dell'intervento l'interessato viene messo a conoscenza in modo adeguato della verità circa lo stato della propria salute, delle ragioni che richiedono l'intervento o la terapia, delle prevedibili conseguenze da esso derivanti, e delle eventuali alternative esistenti, in modo tale da poter decidere se accettare quell'intervento o qualcuno alternativo o anche rifiutarli tutti e optare per cure palliative o altro ancora.

L'idea che il consenso presupponga l'informazione è così diffusa che l'espressione stessa *consenso informato* a volte appare ridondante. Ma non solo il riscontro di una certa ridondanza comunicativa del termine, ma anche l'indignazione provata alla notizia che ancora oggi persone subiscono operazioni chirurgiche senza sapere per quale ragione sia stato attuato l'intervento, sembra confermare l'ampia convergenza su questo valore condiviso solido e forte.

Ebbene, almeno sul piano teorico per qualche tempo tra gli studiosi di bioetica è sembrato che in effetti ci fosse un'ampia convergenza sul consenso informato, tanto che una decina di anni fa, all'inizio del secolo, Mariella Immacolato parlava di una «*Rivoluzione silenziosa*» avvenuta nel nostro paese nel corso del decennio precedente: senza suscitare clamori e discussioni, questa Rivoluzione silenziosa ha scavato in profondità nel senso comune cambiando gli atteggiamenti radicati circa la propria salute con effetti immediati sul modo di gestire l'assistenza sanitaria. Osservava come solo qualche decennio prima l'opinione prevalente fosse radicalmente diversa, in quanto si riteneva che, una volta rispettate le regole dell'arte, il medico non avesse il compito di informare il paziente circa la natura e lo scopo degli eventuali interventi. In questo senso la sentenza della corte d'appello di Milano del 16 novembre 1964 con tono solenne affermava che

> risponde ai criteri di ragionevolezza che devono caratterizzare la valutazione dei fatti umani, oltre l'astrattezza e il formalismo delle norme, che il chirurgo taccia al malato la gravità del suo male e il rischio che un'operazione comporta, criterio sanzionato da una prassi tramandata a noi da tempi antichissimi, e consacrata nei principi deontologici, secondo cui il celare all'ammalato la nuda verità è precipuo dovere, forse il più nobile, del medico cui spetta di vagliare ciò che il paziente debba sapere e quanto debba essergli nascosto.

Ed ancora nel 1975 uno dei più autorevoli esperti nel settore, Rolando Riz, scriveva che «il consenso si può considerare validamente prestato solo quando il paziente, che ha la capacità di consentire, sia stato informato del trattamento medico» e l'opinione che

> il medico sarebbe pure obbligato a segnalare eventuali altri tipi di cura o a chiarire che il trattamento potrebbe essere eseguito anche con metodi diversi [...] non ha fondamento [...] *il paziente può anche non essere informato della diagnosi.* [...] Quando il medico ha chiarito la natura e l'entità del trattamento terapeutico, rendendo edotto il paziente della condotta che intende eseguire e delle sue conseguenze, egli ha esaurito il suo compito di informazione.

Le due citazioni fatte mostrano come ancora negli anni '80 nel nostro paese fosse prevalente l'idea che al medico spettasse il cosiddetto *privilegio terapeutico* ossia la facoltà di dare o di non dare l'informazione circa la diagnosi. Infatti, come recita un'altra sentenza del 1968, «il medico quando interviene sul paziente, *avendogli taciuto la natura del suo male*, può invocare, in ogni caso, lo stato di necessità, avendo egli operato pur sempre al fine di evitare gesti inconsulti da parte del paziente stesso, e dunque per evitare un "danno grave alla persona"». Il massimo cui si poteva giungere era il chiarimento della natura dell'intervento.

Questa situazione è radicalmente cambiata negli anni '90 soprattutto in seguito alle tre sentenze (tutte conformi) sul caso Massimo, un allora celebre chirurgo che è stato condannato per avere operato al di là di quanto richiesto dalla paziente non adeguatamente informata sul proprio male. Il punto sorprendente è che le sentenze sul caso Massimo hanno subito impresso un nuovo corso alla pratica sanitaria. A volte capita che addirittura delle leggi restino pressoché inapplicate o siano disattese per anni perché in contrasto con gli atteggiamenti diffusi. Invece la pratica del consenso informato ha avuto un seguito sicuramente maggiore di quanto previsto in ambito sanitario. Un segno tangibile degli effetti profondi di questa Rivoluzione silenziosa sta nel fatto che ormai la pratica del consenso informato è uno dei parametri con cui viene valutata la qualità del servizio sanitario prestato da un'azienda sanitaria, ossia uno dei criteri in base al quale essa può acquisire eccellenza e quindi richiedere adeguati riconoscimenti economici. Non solo la giurisprudenza ma anche la medicina legale assume come scontato che il consenso informato sia il *fondamento della pratica sanitaria*: la base di partenza senza la quale neanche si comincia l'assistenza sanitaria. Ecco perché la pratica del consenso informato sembrerebbe mostrare la presenza di un valore tanto condiviso da far dubitare della correttezza della contrapposizione paradigmatica sopra presentata tra laici e cattolici. L'accordo sul consenso informato sembrerebbe fornire il punto archimedeo per fondare un'etica comune e condivisa da porre alla base della bioetica quotidiana.

Riconosco che, a prima vista, la convergenza sul consenso informato sembrerebbe costituire un chiaro controesempio fattuale alla prospettiva proposta in questo libro. A una più attenta riflessione, però, si deve riconoscere che, lungi dall'essere un controesempio, il caso del consenso informato è un'ulteriore conferma della presenza della contrapposizione tra etica della sacralità ed etica della qualità della vita. Dopo un iniziale periodo di relativa calma, dovuta forse all'entusiasmo unito alla confusione tipica di ogni stato nascente, la contrapposizione che covava sotto la cenere con la questione del rifiuto della trasfusione di sangue da parte dei testimoni di Geova è riemersa con forza in almeno tre casi paradigmatici che hanno coinvolto l'opinione pubblica e suscitato vivaci controversie:

a. il caso della signora Maria, la donna che nel 2004 a Milano ha negato il consenso informato per l'amputazione di una gamba affetta da gangrena preferendo una morte prematura all'intervento ritenuto da lei troppo aggressivo e per lei inaccettabile;

b. il caso di Piergiorgio Welby, che nel 2006 ha chiesto di essere anestetizzato prima della sospensione della terapia ventilatoria che lo teneva in vita, negando così il consenso informato al proseguimento della terapia;

c. il caso di Eluana Englaro giunto a conclusione nel 2009 dopo una decina d'anni di battaglie giuridiche, in cui la negazione del consenso informato era stata data dall'interessata in anticipo anni prima.

Una attenta considerazione dei tre casi citati, assieme ad altri che hanno avuto minore rilievo mediatico ma non meno importanti, ci consente di dare una risposta al problema dell'iniziale contrasto tra la diffusa presenza di almeno un forte valore condiviso sul consenso informato e la contrapposizione paradigmatica. Infatti, il grande interesse e favore della gente a sostegno del consenso informato rivelano la presenza sul piano sociologico di un valore comune proprio dell'etica della qualità della vita. Tuttavia, quel valore non è ancora né completamente assodato né scontato, e i vivaci contrasti suscitati sui casi ricordati sono il segno che la contrapposizione paradigmatica è ancora forte e che siamo ancora nel mezzo della transizione. Anzi, possiamo dire che i casi sopra citati hanno risvegliato di soprassalto i custodi della tradizione ippocratica da una breve pennichella, richiamando la loro attenzione sull'importanza del tema che, forse, agli inizi era stato sottovalutato. Si è così visto che quella che sembrava essere una Rivoluzione silenziosa è in effetti una vera e propria Rivoluzione aperta e profonda: acquisita questa nuova consapevolezza della situazione i custodi della tradizione stanno ora lavorando per cercare di riguadagnare il terreno perduto sul piano sociologico riguardante l'opinione pubblica diffusa.

Che ci riescano o no è questione da vedere. Ma i segnali che sul tema è in corso una nuova battaglia sono molti, il più importante dei quali coinvolge anche il mondo della politica. La prima edizione di questo libro andava alle stampe mentre alla Camera era in discussione il disegno di legge (ddl) Calabrò, già approvato con ampia maggioranza al Senato il 26 marzo 2009, teso a dare le «Disposizioni in materia di alleanza terapeutica, di consenso informato e di dichiarazioni anticipate di trattamento». Come già bene dice il titolo, il nuovo ddl si proponeva di dare disposizioni *prima* sull'alleanza terapeutica, poi sul consenso informato (visto come aspetto di quell'alleanza) e infine sulle dichiarazioni anticipate di trattamento, tema su cui torneremo tra breve. Conclusa la legislatura è difficile prevedere quale sarà l'esito di quel ddl e quali saranno i nuovi equilibri politici e culturali. Quanto accaduto col ddl Calabrò resta comunque importante sul piano culturale in quanto costituisce un tentativo di "mini-Restaurazione" della tradizionale etica della sacralità della vita contro la spinta innovativa avvenuta a partire dagli anni '90 che sul tema ha fatto transitare all'etica della qualità della vita. Si tratta di una mini-Restaurazione perché nelle condizioni attuali è impossibile tornare al nuovo "Ottantotto", cioè a due anni prima la prima sentenza Massimo (1990). L'obiettivo minimo della futura legge è di impedire l'allargamento della falla aperta dal consenso informato a favore dell'etica della qualità della vita, limitando il valore del consenso informato a situazioni ben precise nel contesto dell'alleanza terapeutica e sottolineando che esso non vale in tutte le situazioni e per tutti gli interventi. In questo modo si lascia almeno il pungiglione simbolico che rimanda alla tradizione della sacralità della vita in attesa di tempi migliori per ristabilire l'ordine antico oggi in discussione.

Un'operazione simile è già stata attuata con la legge 40/2004 e anche con un certo successo, visto che per qualche tempo in Italia la pratica della fecondazione assistita è stata come screditata sul piano della risonanza pubblica. Ora si ritenta con il problema del consenso informato, e questo mostra che il ddl Calabrò costituisce una conferma della contrapposizione paradigmatica tra etica della sacralità ed etica della qualità della vita. Chi, lasciandosi guidare dal proprio cuore rileva l'atteggiamento molto diffuso favorevole al consenso informato, può a prima vista affermare che esso è un controesempio che falsifica la posizione qui sostenuta. Ma una più attenta osservazione rivela invece proprio il contrario. Pertanto, anche la presunta distinzione tra una bioetica di frontiera su cui c'è il conflitto e una bioetica quotidiana su cui c'è il consenso si dissolve. Nelle prossime pagine mostro che non c'è alcuna terza via intermedia (simile a quella di Tycho Brahe al tempo della Rivoluzione astronomica) per cercare una convergenza tra i due paradigmi contrapposti. A questo punto non ci resta che cercare di capire dove sta il contrasto sul consenso informate.

## 2. *Due modi di intendere l'approvazione dell'atto medico da parte del paziente: il consenso e il consenso informato*

Il punto di partenza per capire dove sta il contrasto sul problema in esame è cominciare a riconoscere che da sempre e per tutti l'atto medico può essere lecitamente attuato col consenso del paziente. Fin qui, lo ripeto, sono tutti d'accordo. Ma si consideri che si è parlato di "consenso", e non di "consenso informato": un aspetto da tenere presente e su cui tornerò tra breve. Anche nel paradigma ippocratico, quindi, l'intervento medico è lecito solo col consenso dell'interessato. Non sarebbe questo il segno dell'accordo unanime? No. Non necessariamente. Perché nella tradizione ciò viene inteso nel senso che, salvo i casi di malattia contagiosa socialmente pericolosa perché mette in pericolo terzi e salvo qualche altro caso particolare, nessuno ha la facoltà di andare a casa del malato e costringerlo (magari con la forza fisica) a prendere un farmaco o a subire un intervento chirurgico. È fin qui che l'accordo è pieno, unanime e senza incertezze. Se un malato non vuole essere curato e se ne sta a casa sua, nessuno va a cercarlo per imporgli terapie, interventi o cure di sorta: la sua libertà e autonomia è piena. Al massimo si potrà dissentire e anche criticare questa scelta di vita del malato, si potrà dire che non è la scelta migliore, e cercare di dissuaderlo, ma non c'è alcun dovere morale specifico e perfetto (salvo casi particolari) di sottoporsi a cure e, soprattutto, certamente non c'è un obbligo morale di terzi a costringere il malato ad accettare cure. A maggior ragione non c'è alcun obbligo giuridico.

Riconoscere la convergenza sul valore condiviso nel senso sopra indicato è comunque una vera e propria banalità, perché quando oggi le persone stanno male di solito non restano a casa affidandosi a rimedi domestici. Può darsi che un tempo fosse così, perché in effetti in passato le persone si curavano spessissimo da sole, non andavano del medico, sia perché i medici erano pochi e costosi sia perché non c'era un servizio sanitario adeguato. Nelle passate situazioni storiche può darsi, quindi, che fosse significante e pregnante garantire al cittadino la libertà di rimanersene a casa senza essere soggetto a cure obbligatorie. Ma oggi questa libertà è banale, perché la situazione è cambiata: c'è un efficiente sistema sanitario e quando hanno problemi di salute le persone di solito si recano dall'operatore sanitario e chiedono assistenza. Anzi, questa richiesta ha fatto sì che negli anni l'assistenza sanitaria sia cresciuta molto tanto che ormai infiniti sono i presidi possibili, e la Rivoluzione biomedica li sta aumentando a dismisura. È nel momento in cui il cittadino entra a contatto con l'assistenza sanitaria che si creano i problemi circa il modo con cui è dato il consenso ed emergono le divergenze circa il suo valore. Vediamo perché.

### 2.a. *Il consenso nel paradigma ippocratico*

Forse per via della mancanza di un'assistenza sanitaria pubblica, il medico ippocratico parte dall'assunto che, per il fatto stesso che il paziente si rechi da lui, questo atto sia già una sorta di consenso *implicito* alla cura. Anzi, sembra che l'atto di andare dal medico sia molto più loquace di qualsiasi parola o scritto con cui l'interessato dichiara la propria volontà: con tale atto infatti mostra *esplicitamente*, in modo concreto e fattivo, la volontà di affidarsi al medico che ha scelto e da cui si è recato. È in questo atto iniziale che è contenuto il consenso, e grazie a esso la responsabilità della cura e di quant'altro passa al medico, il quale nella sua azione è ovviamente mosso dalla deontologia medica, che non è solo una sorta di galateo per medici ma una *speciale etica* propria della medicina, il cui compito precipuo è il servizio alla vita (in questo paradigma).

Come già abbiamo visto nel capitolo 1, la scienza medica fornisce i dati sui finalismi vitali che individuano i divieti fondamentali circa la vita che il medico è tenuto a rispettare. Essi sono come i "binari" della professione e, in senso più ampio, della vita, in quanto che sono come le rotaie su cui scorrono i valori che scandiscono le tappe fondamentali che informano l'esistenza umana e la stessa attività sanitaria. L'immagine dei binari è interessante perché consente di chiarire anche il rapporto tra la "libertà" (del medico e rispettivamente del paziente) e la "verità" (morale). I binari rappresentano la *verità* morale che sarebbe data e inscritta nel processo vitale, cosicché la "autentica" o "vera" *libertà* della persona (del medico come del paziente) starebbe solo nello scegliere di restare sui binari seguendo gli scambi previsti. Come il treno è (veramente) libero solo quando viaggia sui binari e rispetta gli scambi, così l'uomo (medico o paziente) è autenticamente libero solo quando segue la verità morale, ossia rispetta i divieti assoluti stabiliti dai "binari della vita". Come il treno nega la propria libertà ove pretendesse di uscire dai binari, fatto subito visibile perché il deragliamento produce disastri, così capiterebbe con la persona (o la società): la "autentica o vera" libertà del medico e del paziente è quella che non trascura mai la verità morale, per cui il consenso è lecito e valido solo riguardo a queste pratiche. Dimenticare questo, pretendendo di creare nuovi valori (o binari) in nome di una libertà pura e non qualificata da aggettivi, porterebbe a catastrofi simili a quelle che capitano in ambito ferroviario quando il treno esce dai binari.

D'altro canto, poiché il medico conosce meglio del paziente quali sono i binari della vita, poiché sa anche che la vita è buona perché satura d'essere e che suo compito specifico è aiutare la vita, il medico conosce già qual è il "bene del paziente" e lo conosce meglio dell'interessato. Di qui quello che viene oggi chiamato il *paternalismo medico* ossia l'atteggiamento secondo cui il medico conosce il bene del proprio paziente e può scegliere al suo posto, proprio come il buon padre di famiglia conosce il bene dei propri figlioli e delle proprie figliole al punto da scegliere per loro la professione che essi devono intraprendere o il partner che essi devono sposare. Come il padre può anche non dire ai figli perché ha scelto per loro una data professione invece che un'altra o un dato partner invece che un altro, così il medico ha il "privilegio terapeutico" ossia la discrezionalità di informare o di non informare il paziente del tipo di malattia.

Nel suo operare, il medico ippocratico informa la sua azione a due grandi principi: il celebre: *primum non nocere*, che però non significa affatto il generico: "non fare di danni" o "non fare del male" come equivalente a "non causare dolore". Per capirne il significato bisogna partire dal fatto che le conoscenze erano scarse e che qualsiasi intervento era molto rischioso, per cui era più facile far dei danni intervenendo che lasciando il compito terapeutico alla *vis medicatrix naturae*, la forza risanatrice della natura – rivelatrice, peraltro, dei binari della vita. Se si tiene conto di questo, allora il *non nocere* indica un dovere del tipo: «quando prescrivi farmaci o fai un intervento, devi stare attento a far sì che la tua azione non intralci la *vis medicatrix naturae*, alla quale altrimenti sarebbe meglio lasciare il compito terapeutico» o faccia meglio di essa.

L'altro grande principio tradizionale è quello dell'azione fatta in "scienza e coscienza", termini che anche in questo caso vanno ben specificati. Infatti, con "scienza" non si intendono le conoscenze scientifiche di biochimica e altre oggi diffuse, ma la conoscenza dei finalismi e dei rimedi per favorirli. Ancora con "coscienza" non si intende affatto le opinioni profonde che una persona può aver maturato nel proprio intimo, qualunque esse siano, bensì l'atto finale del processo decisionale che, sulla scorta dei principi (oggettivi e assoluti) determinati dalla "scienza", individua il da farsi nella situazione concreta. C'è quindi un margine di discrezionalità in alcuni casi, e qui il giudizio in "scienza e coscienza" diventa determinante, ma questi sono limitati e non si deve credere che la clausola "in scienza e coscienza" potesse dare al medico il salvacondotto per giustificare qualsiasi scelta o acconsentire a qualsiasi richiesta. Anzi, è proprio vero il contrario: poteva al massimo giustificare un comportamento in alcuni casi eccezionali, riaffermando la solidità dell'impianto a sostegno della vita. Ecco quindi che, proprio la clausola "in scienza e coscienza" imponeva al medico il dovere di prescrivere solo le terapie o gli aiuti ai finalismi, evitando ogni cosa contraria a essi. E soprattutto imponeva al medico il dovere di rifiutare eventuali richieste contrarie ai finalismi, come ad esempio quelle di contraccettivi o di veleni per chiudere la vita in bellezza. Invece di essere un porto sicuro per giustificare qualsiasi scelta, la clausola "in scienza e coscienza" proteggeva il medico dalle richieste di interventi contrari alla deontologia in base all'idea che né il paziente può chiedere quel che vuole, né il medico può darglielo. Ma è il medico che in base ai dettami della scienza, decide il da farsi.

Le brevi considerazioni fatte ci consentono di spiegare come mai una delle lamentele oggi più frequenti da parte di molti medici è di essere diventati dei meri dispensatori di medicine e di interventi, e nulla più. Quasi degli impiegati o semplici professionisti a disposizione dei desideri del paziente, il quale chiede o addirittura pretende le cose più strane, e si lamenta se non si riesce ad accontentarlo. Possiamo inoltre spiegare perché, ancora negli anni '80, il medico poteva anche non informare il paziente. Il fatto stesso di andare dal medico costituiva il consenso implicito, e la conoscenza dei binari della vita dava al medico tutto quanto era richiesto per l'azione, per cui al medico non restava altro da fare che prodigarsi per risolvere i problemi posti dalla malattia. Ecco perché l'informazione al paziente e le altre richieste di consenso diventavano discrezionali: il paziente aveva un'infinita fiducia nel curante, e spettava al medico capire che una qualche informazione avrebbe potuto favorire la terapia. A sua discrezione, poteva anche dare qualche informazione o partecipare al paziente qualcosa circa eventuali interventi. Ma per il resto, la richiesta di consenso o il dare informazioni poteva risultare un'inutile perdita di tempo o anche qualcosa di dannoso. L'unica cosa importante era che il paziente obbedisse agli "ordini del dottore", mostrando così coerenza con l'iniziale scelta fatta e buon carattere.

Può darsi che qualcuno trovi un po' strano (o forse anche "assurdo") questo modo di fare, ma esso era comune e ricordo che era visto come positivo e benefico. Il medico era guardato con straordinario rispetto e quasi una venerazione tanto che, come il sacerdote, era circondato da una sorta di aura sacrale. D'altra parte il paziente sembrava come pendere dalle sue labbra cosicché la sua parola non era mai messa in dubbio. E per onore di correttezza storica si deve dire che il sistema non era affatto percepito come oppressivo o prevaricatore della libertà: almeno sul piano pubblico le persone accettavano volentieri che il medico seguisse la propria scienza e si adattavano alle esigenze imposte dai limiti dell'esistenza.

### 2.b. *Il consenso informato*

A partire dagli anni '80 al termine "consenso" si è aggiunto l'aggettivo *informato*, all'inizio senza capire bene perché. Anzi, sembrava che fosse un'aggiunta pleonastica e ridondante perché, si diceva, non è possibile consentire senza conoscere ciò su cui si consente. È forse anche per questo che, all'inizio, la pratica del consenso informato è parsa pienamente legittima e non ha suscitato serie obiezioni da parte dei custodi della tradizione ippocratica. Dopo qualche tempo, però, i problemi han cominciato ad affiorare.

Se il medico ha il dovere di informare prima dell'intervento, questo significa che ha perso il privilegio terapeutico e soprattutto che l'andare dal medico non è più un atto di consenso implicito con cui si cedono tutti i diritti: il paziente mantiene almeno quello di essere informato circa le proprie condizioni di salute. A prima vista sembra un cambiamento da poco e quasi normale, ma gli effetti sono notevoli. Perché il paziente vuole essere informato? Come lo si deve informare? Gli si deve dire proprio tutto? E che cosa capisce poi, visto che ne sa poco o nulla di medicina? Che cosa se ne fa poi dell'informazione? La nuova richiesta implica forse una perdita di fiducia nel medico?

Sgombriamo subito il campo dalla questione psicologica: la fiducia nei medici non è affatto diminuita, anzi se mai è aumentata. Non è un problema psicologico di relazioni umane, ma di cambiamento di paradigma teorico, del modo di impostare il rapporto con la salute e col mondo sanitario. Il punto è che la Rivoluzione biomedica fa sì che anche per quanto riguarda la medicina il nostro modo di vedere sia tale per cui la presenza dei finalismi biologici diventi moralmente irrilevante, dissolvendo l'ultima roccaforte del diritto naturale. Come osservato da Benedetto XVI, «in un mondo formato dalla scienze naturali il concetto metafisico della legge naturale è quasi assente, incomprensibile [... come lo è] il fatto, cioè, che l'essere stesso porta in sé un messaggio morale e un'indicazione per le strade del diritto» (5 dicembre 2008).

Le persone si fidano eccome dei medici e per questo accedono al servizio sanitario ma, se non ci sono più i binari della vita, pretendono di essere informate circa le proprie condizioni di salute perché esse sono i titolari del contenuto di quell'informazione. Vogliono essere informate in modo adeguato, con precisione e con completezza, con cortesia e in modo comprensibile, anche se questi circa la modalità di informazione sono, in un senso, problemi secondari perché di carattere pratico. Il punto decisivo è che l'interessato vuole sapere la verità per decidere lui quali tra le svariate cure disponibili siano quelle appropriate o anche inappropriate. La richiesta di informazione sottintende quindi l'affermazione di sovranità sul proprio corpo e sulla vita, sovranità che ha come presupposto primo appunto la conoscenza delle condizioni fisiche.

Resta vero che, per decisioni così importanti come quelle riguardanti la salute, la nascita e la morte, il consiglio del medico ha ancora un notevole peso ed è di fatto spesso richiesto, tanto che frequentemente i medici si sentono chiedere: «Lei, dottore, che cosa farebbe?». Questo aspetto può far credere che poco o nulla sia cambiato rispetto al passato e che alla fin fine in pratica è sempre il medico che decide, proprio come in passato. Riconosco che su questioni come queste il cambiamento sul piano operativo è più lento di quanto si prospetti in teoria, ma le difficoltà pratiche non esimono dal dire che nel momento in cui si ammette il consenso informato, si riconosce che l'informazione data serve all'interessato per decidere sul da farsi e che poi si deve fare quanto da lui scelto. È l'interessato che deve scegliere ciò che intende sia fatto sulla propria persona. In questo senso, il consenso informato ha due conseguenze importanti:

a. il passaggio di titolarità decisionale, che prima spettava al medico ora passa all'interessato;

b. il riconoscimento che l'interessato ha sovranità sul proprio corpo e sulla propria vita, punto che giustifica il passaggio di titolarità decisionale.

Per queste ragioni diventa quasi fin troppo facile osservare che l'affermazione del consenso informato diventa l'analogo del diritto di cittadinanza e di voto: come grazie al diritto di voto il cittadino ha conquistato la sovranità sul piano politico, così grazie al consenso informato il cittadino conquista la sovranità sul piano biomedico. Come il diritto di voto con l'acquisizione della sovranità sulla vita politica è diventato possibile in seguito allo smantellamento dei "binari della vita sociale" ritenuti essere inscritti nella grande catena dell'essere, così il consenso informato con l'acquisizione della sovranità sul piano biomedico diventa possibile grazie allo smantellamento dei "binari della vita biologica" ritenuti inscritti nei dinamismi biologici del corpo umano.

Qui sta il passaggio paradigmatico, che a volte prende corpo in due diverse formulazioni. Per il vitalismo ippocratico il consenso del paziente è una *condizione* dell'intervento sanitario non il suo fondamento, in quanto il fondamento dell'attività sanitaria è il *servizio* o *aiuto* alla salute e alla vita. In quanto condizione può esserci o non esserci a seconda delle circostanze, ma questo non preclude la legittimità dell'assistenza sanitaria. Nell'altro paradigma, invece il consenso informato è il *fondamento* dell'attività sanitaria, e come tale imprescindibile. Se non si riscontra in atto, si deve trovare un modo per ricostruirlo, altrimenti l'attività stessa diventa illegittima.

Riconosciuto il salto paradigmatico si potrà anche discutere sui problemi di quando l'interessato è *competente* nel senso di avere la capacità decisionale. E si potrà discutere se ha o no le conoscenze adeguate, o se invece è confuso, o altro. Questi sono problemi analoghi a quelli affrontati anche circa il voto e chi ne avesse titolo: se solo coloro con un certo censo, con un grado di istruzione, se solo i maschi, a quale età, ecc. Problemi sicuramente molto importanti dal punto di vista pratico, ma che non intaccano il cambiamento paradigmatico avvenuto riguardante il passaggio di titolarità della decisione dal medico al paziente. Questo comporta che il bene del paziente è stabilito da lui e da nessun altro. Si perde l'oggettività del bene: prima era dato dal semplice viaggiare sui binari della vita; ora *è scelto*, ossia stabilito dalla decisione del paziente. Invece di essere un treno che viaggia su binari prefissati, il cittadino è diventato un fuoristrada anfibio che può andare nelle direzioni più diverse e forse anche, in futuro, un elicottero capace di librarsi nel cielo.

Questo cambia tutto. Non ci si è subito accorti del passo compiuto, sia per la confusione che normalmente accompagna lo stato nascente; sia perché agli inizi il consenso informato è apparso uno scudo protettivo contro l'invasività della tecnica biomedica che creava situazioni tanto difficili da far credere che davvero il paziente potesse chiedere la sospensione delle cosiddette terapie straordinarie o sproporzionate; sia perché si pensava che il consenso informato fosse limitato alla sola sospensione delle terapie straordinarie; perché sembrava che riguardasse solo le questioni di salute senza intaccare quelle di vita/morte. In questo si è forse stati sviati dal fatto che le parole "salute" e "vita/morte" sembrano indicare entità diverse. Invece, il grado zero di "salute" equivale alla "morte", per cui se il consenso informato è il *fondamento* dell'attività sanitaria che assegna al paziente il controllo della salute, allora questo spostamento di attenzione ha implicazioni dirette anche sulla vita/morte.

Infatti, già oggi si nota una forte tendenza a chiedere anche la sospensione di terapie ordinarie o proporzionate, come ad esempio la trasfusione di sangue o la terapia ventilatoria. Il caso Welby sopra citato è illuminante, in quanto esso ha comportato al medico due richieste:

1. l'intervento anestetizzante per evitare la sofferenza delle ultime fasi;
2. l'intervento sospensivo della terapia respiratoria in atto che,

oggettivamente, non sembrava comportare una grande invasività, ma era diventata soggettivamente insopportabile.

Il dottor Mario Riccio, che ha raccolto il consenso informato di Welby al riguardo e ha soddisfatto le sue richieste, ha rischiato l'arresto visto che alcuni vitalisti l'hanno subito accusato di aver prestato assistenza a una presunta forma di suicidio/omicidio vietata dalla legge. Tuttavia, dopo oltre un anno di discussioni, si è chiarito che Riccio ha svolto con competenza e professionalità il proprio dovere di medico, che è prima di tutto quello di rispettare il consenso informato delle persone malate, avvallando e confermando la tendenza in atto che considera il consenso come *fondamento* della pratica clinica[1]. Inoltre, si profila all'orizzonte la richiesta di essere assistiti nel suicidio, e anche all'idea di consentire a interventi attivi che aiutino a morire accelerando la morte. Per ora quest'idea vale solo per chi è affetto da malattia terminale, ma potrebbe estendersi anche a chi, stanco di vivere, volesse e chiedesse un aiuto per por fine alla propria esistenza.

Queste conclusioni sono ovviamente del tutto inaccettabili per i fautori dell'etica della sacralità della vita. Diventa così chiaro che il consenso informato rimanda subito alla contrapposizione paradigmatica qui proposta. Neanche su questo punto, quindi, a ben vedere c'è un valore condiviso e comune. La controversia è così vivace che i custodi del vitalismo ippocratico stanno tentando una mini-Restaurazione cercando di raddrizzare la barca in modo da farle riprendere la rotta tradizionale. È questo il significato dell'azione politica che sta alla base del ddl Calabrò approvato dal Senato nel marzo 2009 e ora in discussione alla Camera. Data la sua centralità nel programma del governo Berlusconi dedichiamo ad esso qualche osservazione.

### 2.c. *Digressione breve sugli aspetti bioetici del ddl Calabrò*

Non intendo qui entrare nelle svariate e specifiche questioni giuridiche circa il ddl Calabrò, ma si impone una riflessione sul suo ruo-

---

[1] Per un ottimo resoconto dell'intera vicenda, cfr. M. RICCIO-G. MILANO, *Storia di una morte opportuna. Il diario del medico che ha fatto la volontà di Welby*, Sironi, Milano 2008.

lo storico e sui concetti bioetici usati. In via preliminare, inoltre, è opportuna una parola sulla genesi del ddl, dal momento che fino al 2008-2009 i fautori del vitalismo ippocratico erano contrari a una legge che regolasse in modo specifico la pratica. Una legge, qualunque essa sia, comporta sempre un riconoscimento pubblico della pratica. Anche quando poi la legge dovesse negarne la liceità, il riconoscimento dato è fonte di problemi perché comporta pur sempre una sorta di legittimazione. Meglio sarebbe stato non avere alcuna legge com'era in passato, lasciando la tradizione indisturbata. Fare una legge è, quindi, sempre una sconfitta o comunque un segno di debolezza per il tradizionale vitalismo ippocratico, perché ciò che prima era un non detto tanto scontato da non richiedere alcun esplicito divieto, ora deve essere esplicitamente vietato, con l'onere poi di darne un'adeguata giustificazione. Questo lo si era già capito al tempo della legge 40/2004 sulla fecondazione assistita, materia su cui si è dovuti intervenire per evitare che la pratica prendesse ulteriormente piede. Qualcosa di analogo capita ora con il ddl Calabrò, il cui intervento è stato sollecitato dal clamore suscitato dal caso Englaro.

Che il ddl Calabrò sia un tentativo di operare una mini-Restaurazione emerge subito dal titolo e dall'impianto stesso del testo. Mentre le precedenti proposte di legge riguardavano il "testamento biologico", come già abbiamo visto, il ddl Calabrò si intitola: «Disposizioni in materia di alleanza terapeutica, di consenso informato e di dichiarazioni anticipate di trattamento». Già nell'impianto, il consenso informato è posto nel quadro della cosiddetta *alleanza terapeutica*, un modo diverso per indicare che il rapporto medico-paziente non è e non deve essere di carattere contrattuale e paritario. La nozione di "alleanza" è biblica e designa il patto che Dio ha col suo popolo prediletto, Israele. È vero che è un patto buono e favorevole al popolo eletto (almeno si suppone), ma è Dio che indica i termini del patto lasciando a Israele il compito di accettarli. Già la scelta di quella parola per indicare il rapporto medico-paziente è significativa perché dà l'idea del tipo di rapporto che si vuole instaurare, caratterizzato da una radicale asimmetria che riafferma la supremazia del medico. Oggi l'idea dell'alleanza terapeutica ha avuto un certo sostegno in ambito sanitario anche contando su interessi corporativi che fanno leva sulla perdita di status della classe medica. Resta che è inadeguata a concettualizzare il rapporto medico-paziente.

L'inadeguatezza diventa ancora più palese se si considera che l'art. 1 del ddl Calabrò, riguarda la «Tutela della vita e della salute» stabilisce subito quali sono i termini dell'alleanza. Subito il comma 1 afferma che la presente legge «riconosce e tutela la vita umana, quale diritto inviolabile e indisponibile, garantito anche nella fase terminale dell'esistenza e nell'ipotesi in cui il titolare non sia più in grado di intendere e di volere, fino a morte accertata nei modi di legge». Il comma 3, «riconosce che nessun trattamento sanitario può essere attivato a prescindere dall'espressione del consenso informato [...] fermo il principio per cui la salute deve essere tutelata come fondamentale diritto dell'individuo e interesse della collettività». E subito il comma 4 precisa che la legge «impone l'obbligo al medico di informare il paziente sui trattamenti sanitari più appropriati [...] riconoscendo come prioritaria l'alleanza terapeutica tra il medico e il paziente, che acquista peculiare valore proprio nella fase di fine vita». In questa linea il comma 5 subito «vieta [...] ogni forma di eutanasia e ogni forma di assistenza o di aiuto al suicidio, considerando l'attività medica nonché di assistenza alle persone esclusivamente finalizzata alla tutela della vita e della salute nonché all'alleviamento della sofferenza». Il comma 6, infine, «garantisce che in casi di pazienti in stato di fine vita o in condizioni di morte prevista, il medico debba astenersi da trattamenti straordinari non proporzionati».

Stabiliti così i termini di fondo della alleanza terapeutica, che vedono il rispetto della vita in sé e la supremazia del medico rispetto alla volontà dell'interessato, con l'art. 2 il ddl stabilisce il valore del consenso informato che deve essere «esplicito e attuale [...] prestato in modo libero e consapevole». In questo senso, data la prevalenza assegnata all'alleanza terapeutica, il comma 9 stabilisce che «il consenso informato al trattamento sanitario non è richiesto quando la vita della persona incapace di intendere o di volere sia in pericolo per il verificarsi di un evento acuto». Clausola che assegna totale discrezionalità al medico e potrebbe portare a un completo svuotamento della pratica del consenso informato. Infatti, quasi sempre alla fine della vita le persone sono incapaci, e se nel caso di eventi acuti non vale il consenso informato dato in precedenza, allora il medico ha carta bianca. Ecco in che senso si cerca di operare una Restaurazione della situazione precedente all'avvento del consenso informato.

L'articolo 3 riguarda le *Dichiarazioni anticipate di trattamento* (abbreviata con Dat), parola che, come si legge in un documento del Movimento per la Vita Italiano «è stata pensata proprio per contrastare il linguaggio "testamento biologico", che fa pensare a un atto di disposizione (quindi vincolante) sulla vita». Infatti, la terminologia internazionale parla di *Advance Directive* o *direttiva anticipata* oppure di *living will*, termine americano intraducibile perché gioca sull'ambiguità tra "testamento vivente e sul vivente" o sulla propria vita, solitamente tradotto con *testamento biologico.* Per evitare in partenza l'idea che l'interessato possa lasciare una qualche *direttiva* o *disposizione* anticipata che sia vincolante, già si è pensato a chiamare *dichiarazione anticipata* la manifestazione di volontà fatta in precedenza. Una semplice "dichiarazione" infatti, non ha valore vincolante per terzi, punto subito sottolineato al comma 1: con la Dat «il dichiarante esprime il proprio orientamento in merito ai trattamenti sanitari in previsione di un'eventuale perdita futura della propria capacità di intendere e di volere». Dopo aver sottolineato che la Dat non può contenere indicazioni circa l'aiuto al suicidio o l'eutanasia (comma 5), si stabilisce anche che «l'alimentazione e l'idratazione, nelle diverse forme in cui la scienza e la tecnica possono fornirle al paziente, sono forme di sostegno vitale», per cui, non essendo *terapie mediche*, ma appunto *interventi di sostegno vitale* «non possono formare oggetto» di Dat. Infine, dopo aver precisato minuziosamente le clausole di validità della Dat, il comma 6 dell'art. 4 stabilisce che: «In condizioni di urgenza o quando il soggetto versa in pericolo di vita immediato, la dichiarazione anticipata di trattamento non si applica»: una previsione analoga a quella già vista sopra che completa lo svuotamento dell'istituto che a parole si pretende di regolamentare.

Ho esposto solo l'impianto del ddl, ma basta questo per rilevare che il disegno centrale è ristabilire la sacralità e l'indisponibilità della vita custodita dalla supremazia del medico visto come il sacerdote della vita che è il fulcro dell'alleanza terapeutica col paziente. In questo quadro il consenso informato diventa una *condizione* tra le varie, e non il *fondamento* dell'attività sanitaria. Come specifica il comma 3 dell'art. 1 il consenso informato va richiesto all'interno del «principio per cui la salute deve essere tutelata come fondamentale diritto dell'individuo e interesse della collettività». Questo significa che compito del medico è quello di consigliare sempre le terapie appropriate e di non essere un neutrale osservatore che rispetta la scelta meditata dell'interessato (che certamente è stato consigliato). Non è chiaro se di fronte al persistere dell'interessato il medico debba alla fine acconsentire alla richiesta di sospensione o se anche in questo caso sia preferibile il ricorso all'obiezione di coscienza. Resta poi il punto sopra rilevato per il quale il consenso informato non è richiesto quando c'è pericolo di vita, clausola che lascia la totale discrezione al medico. Diventa così chiaro in che senso, lungi dall'essere un valore condiviso, già il consenso informato si rivela essere un caso cruciale su cui si decide la scelta del corrispondente paradigma etico.

Quest'aspetto diventa ancora più importante quando si passa a esaminare il tentativo di svuotare il nuovo istituto del *testamento biologico*. Questo proposito emerge soprattutto in tre punti. Primo quando si parla di *dichiarazioni anticipate* invece che di *direttive anticipate* in modo da escludere subito in partenza l'idea che la disposizione lasciata in anticipo dall'interessato possa avere un carattere vincolante per l'operatore sanitario. Secondo, quando si esclude la nutrizione e alimentazione artificiale dai possibili contenuti del testamento biologico. Questo punto è interessante perché viene fatto definendo quell'intervento come *forma di sostegno vitale* contro il parere di tutte le principali società scientifiche competenti. Il Parlamento cerca di legiferare contro la scienza, caso che conferma lo scontro paradigmatico. Infine, terzo, il tentativo di svuotare il nuovo istituto si manifesta negli infiniti lacci e laccioli previsti per la sua esecuzione, punto su cui ho voluto risparmiare al lettore i particolari che a volte sfiorano il ridicolo.

## 3. *Perché la battaglia proprio sul testamento biologico?*

Avendo chiarito che il ddl Calabrò non è affatto un tentativo di normare il nuovo istituto del testamento biologico, quanto piuttosto quello di svuotarne la portata ridimensionando e rimettendo in discussione il valore dello stesso consenso informato, ci si può chiedere come mai si sia giunti ora a questa battaglia politica e culturale. Come sempre, ovviamente le ragioni sono molte, alcune legate al contesto politico e alla maggioranza conservatrice che governa il paese. Ma, se si prescinde dall'aspetto strettamente politico, e si considera il ddl Calabrò come il frutto di un ampio movimento culturale di Restaurazione del vitalismo ippocratico sostenuto anche da esponenti dell'opposizione al governo, si deve osservare che il tema è diventato il *casus belli* o "caso cruciale" perché il testamento biologico comporta l'estensione del consenso informato. Si tratta quindi di bloccare il movimento di espansione del consenso in questa fase cruciale, prima che si diffonda ulteriormente diventando incontrollabile. Il progetto è simile a quello già portato a termine con la legge 40/04 sulla fecondazione assistita: come allora, mentre la nuova pratica stava diffondendosi, si è approvata una legge che limitasse al massimo le opportunità di ricorrere alle nuove tecniche, così ora, mentre il consenso informato ha una fase di espansione nel testamento biologico, si cerca di approvare una legge per limitare al massimo l'istituto.

### 3.a. *Che cos'è il testamento biologico*

Con *testamento biologico* si intende un documento scritto in cui, in anticipo e magari molti anni prima, quando è sano, consapevole e capace, l'interessato lascia non solo disposizioni circa la propria fine nel caso essa avvenga quando ha perso la capacità decisionale, ma anche indica un fiduciario che decida per lui ove si presentassero situazioni non previste nel testamento. In questo senso il testamento biologico è una forma particolarmente solenne della *direttiva anticipata* ossia la disposizione lasciata anche in forma orale ad amici o persone di fiducia circa i trattamenti di fine vita.

Per ora, in Italia direttive anticipate e testamento biologico non hanno valore giuridico, e quindi il medico a sua discrezione può tenerne conto oppure no. L'eventuale riconoscimento giuridico del testamento biologico costituirebbe una conferma e un consolidamento del consenso informato, e forse anche una sorta di trionfo. Ove ciò avvenisse, diventerebbe difficile contrastare il movimento che assegna all'interessato la sovranità della vita. Ecco perché per il fautore del vitalismo ippocratico diventa urgente opporsi al testamento biologico come tappa iniziale da cui partire per ricostruire poi una "cultura della vita" orientata secondo i criteri tradizionali. D'altro canto si tratta di capire come mai sia affiorata l'esigenza del testamento.

## 4. *Il fondamento etico e filosofico del testamento biologico*

L'esigenza del testamento biologico si basa su due considerazioni di fondo.

A. Il fatto che la scienza medica ha fatto emergere un nuovo continente al termine della vita. In passato le persone morivano in breve tempo e non c'era pressoché nulla da fare, mentre oggi il morire può richiedere anni e innumerevoli decisioni. Chi le prende e in base a quale criterio?

B. L'idea che il consenso informato sia il fondamento dell'attività sanitaria comporta che *sempre* ci vuole tale consenso informato, per cui quando la persona non è più capace si deve in qualche modo ricostruirlo per evitare che altrimenti l'assistenza sia illegittima. Né si può dire che è implicito e dato dall'indisponibilità della vita, dal momento che nel mondo secolarizzato non si può più dare per scontato che tale valore abbia rilevanza pubblica.

La sinergia dei due fattori indicati ci porta a dire che il testamento biologico è uno strumento che amplia, estende o allarga il consenso informato e la libertà individuale da esso garantita anche alla nuova situazione che si crea alla fine della vita in cui, per le più diverse ragioni, il cittadino non è più in grado di manifestare le proprie scelte e decisioni. Per farlo non gli resta che ricorrere a un documento scritto redatto in anticipo in cui sono lasciate indicazioni di massima e la delega di un fiduciario che decida al suo posto, o ad altre forme di direttive anticipate.

Il fondamento di questa duplice estensione, sia nel tempo anticipando il consenso sia nello spazio delegando terzi a decidere al proprio posto, sta nell'uguaglianza dovuta alle persone. Se la persona capace (*competent*) ha il diritto di dare il consenso informato che è vincolante per l'operatore sanitario, non si capisce come mai perda il diritto con la perdita della capacità. La nuova condizione di incapacità impedisce la manifestazione attuale del consenso informato, che appunto con preveggenza e prudenza è stato lasciato in precedenza. Privare il cittadino della facoltà di lasciare testamento biologico è creare una palese discriminazione (morale) tra chi è cosciente e capace e chi invece ha definitivamente perso queste caratteristiche. Il primo, infatti, ha la facoltà e il diritto di decidere circa gli interventi concernenti la propria vita, e come Welby, far valere la libera scelta per la sospensione della terapia ventilatoria, mentre l'altro avrebbe perso anche questo diritto. Perché? Cambia forse la perdita della capacità decisionale lo status del cittadino al punto da privarlo del diritto di far sentire in qualche modo la sua voce e far valere le sue scelte su cose che lo riguardano in maniera personalissima?

Non si può dire che la perdita della capacità decisionale sia qualcosa di analogo alla perdita di capacità professionali che giustificano un ruolo. Ad esempio non si discrimina se non si consente a chi non ha la capacità di suonare in modo eccellente o l'ha persa di essere il primo violino al teatro della Scala di Milano. Senza la capacità viene meno il ruolo, perché l'eccellenza della prestazione è il criterio per l'attribuzione del ruolo, il cui compito è soddisfare gli interessi di terzi, il pubblico. Ma nel caso del consenso informato la perdita della capacità di darlo non fa perdere il ruolo, perché in questo caso non c'è alcuna eccellenza da dimostrare essendo gli interessi in gioco sempre quelli dell'interessato che resta il titolare della decisione sugli stessi sia quando ha la capacità sia quando l'ha persa. Né si riesce a capire chi altro possa essere se non l'interessato a decidere in materia. Se questi è cosciente e capace, dà il consenso informato direttamente, se, invece, ha perso la capacità decisionale e la coscienza lo dà indirettamente attraverso il testamento biologico o altre forme di direttiva anticipata.

Come sottolineato dal Movimento per la Vita Italiano in un documento diffuso ai parlamentari, ci sarebbero «due grandi differenze tra chi è cosciente e chi è incosciente [... per cui] non si possono trattare in modo uguale situazioni diverse». La *prima* consisterebbe «nel fatto che con il soggetto capace di intendere e di volere è possibile e doveroso il colloquio, mentre con il malato in coma ciò non è possibile». Questa differenza sarebbe decisiva perché dovere primo dell'operatore sanitario sarebbe quello di «convincere alla cura», in ottemperanza al principio che l'attività terapeutica è sempre prima di tutto al servizio della salute e della vita, e solo poi considera la libertà individuale manifestata col consenso informato. L'autodeterminazione è vista quindi come una manifestazione dell'individualismo che isolerebbe il malato «da un contesto umano più vasto, in cui il valore principale è la vita», contesto in cui un'autentica alleanza terapeutica unita a un caloroso sostegno familiare porterebbe sempre e comunque a «convincere alla cura» e a sostenere la vita.

È fin troppo facile rilevare che l'idea che l'operatore sanitario abbia come compito prioritario quello di «convincere alla cura», anche se in forme rispettose della dignità della persona e quindi non coattive, rivela un atteggiamento paternalista che porta a considerare gli altri come dei minori bisognosi di essere indirizzati e diretti. Dopo tanti anni di malattia sopportata con coraggio e pazienza, aveva forse Welby bisogno di essere "convinto alla cura"? I cittadini non sono in stato di minorità né sono degli irresponsabili che non sanno quali siano le conseguenze di certe scelte, e non hanno bisogno di operatori sanitari che facciano di tutto per "convincerli alla cura", desistendo solo dopo pertinace (ed eroico) diniego. La sola proposta che attui un'opera di convincimento appare un modo di sfruttare la fragilità creata dalla malattia per riaffermare la posizione tradizionale. Le persone sanno quel che fanno, e se giungono a dare una direttiva anticipata è perché è il frutto di una decisione, per quanto amara possa essere la scelta.

La *seconda* differenza tra chi è cosciente e chi non lo è starebbe nel fatto che

> la persona "competente" può, nell'ambito della sua libertà, cambiare volontà. Invece chi ha perso la capacità di intendere e di volere non è in grado di "cambiare". [...] *Chi è veramente libero può cambiare le sue decisioni.* Se una scelta precedentemente fatta diventasse irrevocabile ed egli fosse costretto a rispettarla anche quando non l'accetta più egli non sarebbe più libero.

Questa facoltà di cambiamento, tuttavia, non vale sempre, e certamente non quando la scelta coinvolge anche interessi di terzi, come capita nei contratti. La situazione, però sarebbe diversa ove coinvolgesse solo l'interessato. Infatti,

> se la scelta riguarda solo lui stesso (ad esempio: fare un viaggio, vestirsi in un certo modo, scegliere un programma di studio, organizzarsi la giornata, ecc.) la decisione può essere mutata, e se questo divenisse impossibile, la libertà sarebbe perduta. Chi ha manifestato una sua scelta riguardo a possibili trattamenti sanitari, può sempre cambiare opinione. Ma se è divenuto "incompetente" non lo può più. Egli ha perso la sua libertà. Diventa incongruo farlo morire in nome della libertà. È una esperienza comune quella del malato che la sera invoca la morte e al mattino successivo invoca di essere curato. Se durante la notte egli cade in coma, deve essere considerato rispetto della sua libertà attuare quanto da lui invocato la sera? In conclusione il principio di eguaglianza non giustifica l'attribuzione di un effetto vincolante alle c.d. dichiarazioni anticipate di trattamento.

L'argomento è invalido perché, prima di tutto, è ovvio che chi sottoscrive testamento biologico non perde la facoltà di cambiarlo finché ne è capace. Una volta persa la capacità, si dà per scontato che valga l'ultima volontà dichiarata anche perché non si può fare altro. Se poi ci fossero solide prove di un cambiamento all'ultimo momento, l'onere della prova spetta a chi sostiene il mutamento d'opinione, tenendo presente che è possibile sbagliare in entrambe le direzioni e che gli errori sono egualmente gravi.

Appellarsi invece a un principio di libertà come costante e illimitata possibilità di mutare le proprie scelte riguardanti se stessi per sostenere l'inapplicabilità dell'eguaglianza tra il competente e chi ha perso la competenza è una forzatura grossolana del concetto di libertà, forzatura priva di base razionale. Infatti, anche quando non coinvolge terzi, qualsiasi scelta libera in un senso è irrevocabile e può essere mutata solo se le condizioni lo permettono ed entro certi limiti, altrimenti non si può far altro che accettarne le conseguenze. Anche gli esempi citati nel passo citato lo confermano: se scelgo di fare un viaggio in Patagonia per due settimane e appena arrivato cambio idea e voglio tornare, primo non posso cancellare il viaggio che, come tale, è irrevocabile. Inoltre, posso attuare la nuova scelta solo a patto che ci sia un volo, un posto disponibile, i soldi per il nuovo biglietto, ecc. e comunque è difficile (forse impossibile) possa farlo all'istante. Lo stesso dicasi per la scelta dei vestiti, dei programmi di studio ecc., che dipende dagli indumenti o dai libri disponibili, dalla possibilità di cambiarsi o di studiare, ecc. Lungi dall'essere il segno della presunta perdita o negazione di libertà questi vincoli sono il sigillo che coniuga la libertà con la responsabilità per le conseguenze derivanti dalla scelta anche riguardante solo se stessi. Da giovane ho scelto di fare l'insegnante di filosofia quando avrei potuto cercare di diventare un violinista, un chirurgo o un giurista: la scelta fatta a suo tempo è irrevocabile perché ora non ho più la possibilità di cambiare professione e diventare chirurgo o violinista, e sono costretto a rispettare la mia scelta iniziale anche se non l'accettassi più. Questa impossibilità non mostra che non sono più libero come pretende la tesi in esame[2], ma al contrario è il sigillo della mia libertà esercitata a tempo debito: se sono contento delle conseguenze derivanti dall'esercizio di quella libertà, bene, altrimenti non resta che cercare di cavarsela alla meglio, come fanno in molti. Lasciare intendere che l'essere costretti al rispetto delle conseguenze della propria scelta comporti una perdita o la negazione della libertà è proporre un'idea sbagliata e fuorviante di libertà che non ha alcun riscontro nelle situazioni comuni. Il fatto che sia proposta per le situazioni sanitarie porta a credere che essa risulta convincente per chi è così coinvolto nel paradigma dell'etica della sacralità della vita da essere portato a considerare l'ambito della vita come qualcosa di separato e di radicalmente diverso dalle altre situazioni dell'esistenza.

Abbiamo mostrato che invalidi sono gli argomenti tesi a mostrare che la perdita della capacità decisionale segnerebbe una differenza tanto grande da far ritenere sbagliata l'applicazione del principio di uguaglianza a due situazioni tanto diverse. Al contrario si opererebbe una discriminazione se non si consentisse all'interessato di ampliare il consenso informato anche alla situazione in cui ha perso la competenza decisionale, perché le ovvie differenze esistenti tra le due condizioni sono irrilevanti per quanto riguarda la tutela dei propri interessi e non sufficienti a giustificare la perdita del diritto di autodeterminazione e la libertà di scelta circa i trattamenti sanitari da ricevere o no. Anzi, proprio perché la perdita di

---

[2] Cfr. la citazione sopra: «Se una scelta precedentemente fatta diventasse irrevocabile ed egli fosse costretto a rispettarla anche quando non l'accetta più egli non sarebbe più libero».

capacità decisionale comporta una situazione di fragilità, la persona deve aver garantito il diritto di poter estendere la possibilità di dare il proprio consenso informato in via indiretta anche in quelle circostanze attraverso il testamento biologico o altre forme di direttiva anticipata. Avendo individuato il fondamento etico e filosofico del testamento biologico possiamo ora passare a esaminare alcuni problemi pratici che esso presenta.

## 5. *Le difficoltà del testamento biologico*

È opportuno riconoscere subito che il testamento biologico, come ogni strumento umano, non è perfetto. Un problema che presenta è che, pur essendo un portato dell'uguaglianza dovuta ai cittadini, l'esperienza fatta in vari paesi del mondo mostra che solo una minoranza delle persone (tra il 15 e il 20% al massimo) si preoccupa di sottoscrivere il proprio testamento biologico. Se vale l'analogia sopra proposta con il diritto di voto si può dire che anche questo ha incontrato notevoli difficoltà, e che forse la diffusione della nuova pratica non è poi tanto deludente. Altri, tuttavia, avrebbero auspicato risultati ancora più incoraggianti e osservano che la scarsa diffusione del testamento è il segno che risponde a un'esigenza poco sentita.

Quella indicata non è l'unica difficoltà del testamento biologico che, come strumento piuttosto recente, richiede sicuramente di essere affinato e migliorato. Può darsi che ancora per qualche tempo dovrà essere integrato con altre forme di direttive anticipate. Tuttavia, il testamento biologico sembra essere per ora lo strumento più valido per consentire ai cittadini l'estensione del diritto di autodeterminazione che prende corpo nel consenso informato.

Al contrario, i custodi del vitalismo ippocratico fissano l'attenzione sulle varie difficoltà per concludere che il testamento biologico è inutile o addirittura inapplicabile. Anzi questa fase iniziale in cui i contorni della nuova pratica sono ancora incerti sembra essere quella più propizia per poterla affondare. Diventa quindi opportuno esaminare questo tipo di obiezioni prima di tutto per individuarle con precisione distinguendole, e poi per saggiarne la plausibilità.

### 5.1. *L'obiezione concernente il testo scritto*

Una prima obiezione al testamento biologico riguarda il testo scritto ossia la modalità specifica di attuazione di questa forma di direttiva anticipata. Al riguardo i rilievi mossi sono due. Il primo riguarda le garanzie di autenticità e di non contraffazione del testo oltre a quelle di riservatezza. Si osserva che solo personale altamente qualificato può offrire tali garanzie, per cui il testamento biologico viene equiparato ai normali testamenti patrimoniali fatti spesso con l'ausilio di notai o di istituti similari. Sempre in questa prospettiva garantista, si rileva che al fine di evitare formule imprecise o generiche, il testo andrebbe redatto con l'ausilio e la supervisione di un medico, col risultato di richiedere la collaborazione contemporanea di ben due professionisti: notaio e medico. Alcuni richiedono anche che solo il testamento biologico redatto per iscritto nelle modalità previste dalla legge abbia valore e che in assenza di testamento valido la scelta spetti al medico. A volte, infine, si prevede che dopo un certo numero di anni (3 o 5) il testamento biologico scada e debba essere rinnovato.

Le complessità burocratiche indicate sembrano fatte apposta per condannare al fallimento il nuovo istituto. Le esperienze compiute in diversi paesi (tra cui l'Olanda) hanno mostrato che il ricorso al notariato o istituzione corrispondente risulta essere un disincentivo tanto forte da vanificare la pratica. Se poi fosse richiesta la collaborazione contemporanea di un medico e di un notaio è prevedibile un ulteriore notevole calo di partecipazione, che raggiungerebbe livelli massimi ove si richiedesse la riconferma dopo scadenza dei termini.

L'errore di questa posizione che prevede tante garanzie sta nel considerare il testamento biologico in modo esattamente analogo al testamento patrimoniale. Si osserva che il "bene vita" è anche più prezioso dei "beni patrimoniali" per cui ci vorrebbero garanzie ancora più stringenti. Come senza un preciso testo scritto redatto nelle forme dovute non c'è testamento patrimoniale, così non ci sarebbe – e a maggior ragione – né testamento biologico né tantomeno altra possibilità di lasciare direttive anticipate. In questo senso, ad esempio, si osserva che in assenza di un testo scritto del tutto illegittima sarebbe stata la ricostruzione della volontà di

Eluana Englaro circa la fine della propria vita.

È vero che in entrambi i casi si parla di *testamento*, ma il diverso oggetto non è senza rilievo, e anzi cambia radicalmente il modo in cui intendere la direttiva anticipata circa la propria vita. Infatti, quando si ha a che fare con patrimoni e beni materiali, si richiede un preciso testo scritto perché il lascito può essere goduto dagli eredi, i quali sono pronti a liti e lotte infinite pur di accaparrarselo. È necessario un testo scritto per evitare il più possibile che costoro si lancino in furiosi litigi socialmente disturbanti e pericolosi. Quando invece si ha a che fare con il "bene vita", la situazione è radicalmente diversa perché nessun altro può godere quel bene se non il titolare, il quale peraltro ha diritto di decidere al riguardo. Pertanto, le procedure dovrebbero agevolare il più possibile l'esercizio di questo diritto, senza appesantirlo di troppi fardelli burocratici.

### 5.2. *L'obiezione circa l'"ora per allora"*

Una seconda obiezione riguarda il fatto che (come si dice nel giuridichese) l'interessato dia *ora per allora* una direttiva anticipata. Questo significa che il testatore dà *ora*, quando è sano e magari anche giovane, una disposizione riguardante un tempo futuro (magari lontano) quando sarà malato o comunque debilitato al punto di non essere più in grado di esercitare la propria capacità decisionale. Si osserva che questa previsione per il futuro è inaccettabile per almeno due ragioni: in primo luogo perché l'interessato nel tempo trascorso potrebbe aver cambiato idea, e quindi bisogna premunirsi per evitare questa eventualità. Questo problema diventerebbe quanto mai acuto nei casi di stato vegetativo permanente come Eluana Englaro, in cui il lungo lasso di tempo richiesto per effettuare la diagnosi rende la questione davvero significativa. In secondo luogo la scelta *ora per allora* non vale perché chi è sano (e forse giovane) non ha titolo di prendere decisioni circa la situazione di malattia, non avendone una concreta esperienza.

Le due obiezioni sono di tipo diverso e vanno esaminate separatamente. La prima è di carattere pratico ed è facilmente risolvibile osservando che il testamento biologico non esclude affatto la possibilità di cambiare idea fintanto che sia mantenuta la capacità di comunicarlo. La sua validità inizia quando questa capacità è perduta, per cui non si può far altro che affidarci all'ultima volontà dichiarata. Il critico non può presupporre che ci siano cambiamenti di volontà in assenza delle basi documentali al riguardo, né può appellarsi a una sporadica smorfia come prova del cambiamento. Può darsi che si verifichino casi in cui si possano documentare eventuali cambiamenti e ad essi va prestata la massima cura. Ma questi non possono essere presupposti come regola. Questo discorso vale soprattutto nel caso del vegetativo permanente, situazione in cui l'interessato ha definitivamente perso la capacità di decisione. Pertanto, in assenza di ulteriori successive decisioni, si deve concludere che vale l'ultima lasciata. Non possiamo fare altro, essendo il pericolo di sbagliare esattamente simmetrico nelle due direzioni.

Non riuscendo questa prima obiezione a centrare il bersaglio, il critico può ricorrere all'altra che è di tipo diverso in quanto mette in dubbio la capacità di dare un autentico consenso informato in condizioni diverse da quelle di malattia. Chi è sano, quindi, non potrebbe dire nulla su ciò che vorrà in situazione di malattia ed è per questo che la clausola *ora per allora* non avrebbe giustificazione alcuna e dovrebbe essere esclusa. L'obiezione è interessante perché capovolge un luogo comune, ossia quello per il quale la condizione di malattia debiliterebbe al punto da non consentire un giudizio lucido cosicché il malato non sarebbe in grado di dare un valido consenso informato. Qui invece capita l'esatto contrario: la malattia sarebbe ottima scuola di vita, tanto che solo il malato sarebbe in grado di dare un autentico consenso o di redigere un adeguato testamento biologico. Questo repentino capovolgimento della situazione a favore della malattia suscita perplessità circa eventuali non detti. A parte questo, non si capisce come mai si rifiuti la possibilità di fare testamento biologico da giovani e sani, prevedendo situazioni che non sono state sperimentate in prima persona ma che sono state magari viste o vissute tramite l'esperienza di altri. Ove il testatore avesse la possibilità di sperimentare sulla propria pelle la malattia e cambiasse idea, manterrebbe la facoltà di farlo. Ove invece, per qualsiasi ragione, questa possibilità fosse preclusa, vale quella lasciata in precedenza. Dichiararne l'invalidità solo perché affermata in tempo di salute non è altro che un modo per annullare la titolarità decisionale operando una sorta di "sequestro di persona".

Ove il testamento risalisse a molti anni prima, la disposizione acquisirebbe ancor maggior valore e validità, essendo stata confermata dagli anni in assenza di smentita. La situazione sarebbe cioè analoga a quella di chi si sposa da giovane e resta felice con il coniuge: la duratura convivenza è una solida conferma della fermezza della decisione iniziale. Analogamente, chi non cambia le disposizioni del proprio testamento biologico è perché mantiene ferma la decisione presa e non abbiamo ragioni di credere il contrario. Anche quest'obiezione cade.

### 5.3. *L'obiezione circa il fiduciario*

La terza grande obiezione al testamento biologico riguarda la delega al fiduciario. Si osserva che questi può essere a volte incapace di indicare le volontà del testatore, fatto ritenuto sufficiente a precludere la validità dell'intera operazione. La questione del fiduciario in effetti è delicata per due ragioni. Prima di tutto perché sembra una figura necessaria in quanto la variabilità di situazioni possibili è tanto ampia da escludere che si possano prevedere tutti i casi da trattare. Ci vuole quindi il fiduciario che dica l'ultima parola nei casi in cui manchi una disposizione precisa. In secondo luogo la figura del fiduciario è delicata perché amplia notevolmente la dottrina del consenso informato, che sino a questo punto ha riguardato solamente l'interessato. In altre parole, sinora l'autodeterminazione sembrava valere solo per sé, ossia per il titolare. Ora invece si consente anche il trasferimento di titolarità a terzi, un passo che richiede cautela, anche perché non sempre poi il fiduciario è all'altezza della situazione.

Riconosco che si diano problemi, ma insisto nel dire che la soluzione del fiduciario è quella che meglio si attaglia alla situazione. Non saprei, infatti, quale altra proporre. Gli operatori sanitari devono avere qualcuno di riferimento con cui interloquire, ed è auspicabile che sia una persona di fiducia indicata dal testatore che ne conosca i valori e i piani di vita. Forse le difficoltà circa il fiduciario nascono dal fatto che invece di essere visto come valido collaboratore è percepito come una sorta di antagonista da cui guardarsi. Questo ci rimanda alla prossima obiezione.

### 5.4. *L'obiezione circa la vincolatività del testamento per il medico*

La quarta novità riguarda la vincolatività per il medico delle disposizioni testamentarie lasciate per iscritto o al fiduciario. È il medico tenuto a rispettare scrupolosamente le volontà espresse dal testatore oppure queste possono essere trascurate? Sul tema c'è grande dibattito, perché i critici vedono in questa clausola una aperta svalutazione della professione medica, che verrebbe così ridotta a una sorta di funzione impiegatizia con una perdita di status. Solo il medico, infatti, saprebbe qual è il bene del paziente, per cui vincolarlo alla volontà del testatore sarebbe uno stravolgimento della professionalità medica. Anche per questo, si è trovato il termine "dichiarazione anticipata" invece del più comune "direttiva anticipata", in modo da escludere in partenza ogni forma di vincolatività per il medico. Le direttive sono disposizioni che vincolano terzi, mentre le dichiarazioni sono al più mere espressioni d'intenti o di orientamento senza alcuna forza vincolante.

Anche in questo caso mi limito solo all'essenziale. Sicuramente la questione del testamento biologico è centrale e cambia il compito e il ruolo del medico. Si tratta di sapere se, come scriveva Luigi Gedda (già citato nel capitolo 3), «medico vuol dire sacerdote della vita» e il suo compito e dovere è «quello di facilitarla, di difenderla e di salvarla», o se invece compito del medico è servire la persona e le sue esigenze. Nel primo caso il medico presume di conoscere il bene del paziente ponendosi al servizio della vita intesa come processo generale. Può darsi che nelle condizioni storiche del passato questo atteggiamento abbia dato buoni frutti, ma oggi sembra eccessivamente astratto. Il medico che si pone al servizio delle persone concrete sa bene che il modo migliore di farlo è quello di rispettare la volontà dell'interessato, anche perché in questo modo si guadagna la fiducia indispensabile per continuare relazioni di cura tanto fondamentali. In questo senso, come è vincolante il consenso informato, così sono le direttive anticipate indicate nel testamento biologico. Lungi dall'essere un atto di svalutazione della professionalità medica sono un gesto di collaborazione teso a facilitare l'impegno del medico nella cura di un paziente che si sente rispettato nelle proprie scelte circa le terapie che lo riguardano in maniera personalissima.

### 5.5. *L'obiezione circa il contenuto della volontà*

Quest'ultimo punto è quello che contiene il non detto che sta alla base delle obiezioni precedenti. Si osserva infatti che all'inizio i testamenti biologici prevedevano solamente la sospensione delle terapie sproporzionate, ponendosi solamente come inutile appesantimento burocratico di ciò che il medico avrebbe fatto da sé. Ma già in breve tempo hanno allargato l'ambito delle previsioni in modo tale da includere nelle disposizioni testamentarie anche la sospensione della nutrizione e alimentazione artificiali. Secondo alcuni questo porterebbe ad ammettere anche una forma di "eutanasia per abbandono", dal momento che la causa di morte sarebbe determinata dalla denutrizione e non già dalla precedente patologia che può esprimersi dopo la sospensione delle terapie ormai diventate sproporzionate. A breve è previsto un ulteriore passo che includerà nelle disposizioni testamentarie anche l'eutanasia (attiva) ossia l'atto teso ad accelerare la morte compiuto su richiesta dell'interessato. Diventerà così chiaro che il testamento biologico non è altro che un cavallo di Troia per introdurre l'eutanasia. Dopo aver consolidato l'autonomia o autodeterminazione, e assegnato all'interessato la signoria sulla propria vita e sul proprio corpo, il passaggio alla liceità dell'eutanasia diventerà automatico e inevitabile. Ecco perché le obiezioni precedenti, altro non sarebbero che escamotage per evitare il pericolo paventato di eutanasia.

Le questioni sollevate da questa critica sono diverse e vanno esaminate separatamente. La prima riguarda l'idea che l'includere la sospensione della nutrizione e idratazione artificiali sia un primo passo verso l'eutanasia proposta per ora nella forma "passiva" o "per abbandono". Questa tesi sembra eccessiva e non giustificata per almeno due ragioni diverse. La prima è che le Società scientifiche di tutto il mondo considerano la nutrizione e idratazione artificiale una terapia medica analoga ad altre terapie, e quindi come tale sottoposta al consenso informato. In questo senso è fuori luogo e fuorviante insistere nel dire che la sospensione comporta una forma di "eutanasia". L'altra ragione è che quand'anche non fosse una terapia medica, la nutrizione e idratazione artificiale comporta pur sempre un intervento sul corpo di una persona e come tale richiede il sua consenso. Nessuno, infatti, senza il mio consenso, ha la facoltà di tagliare una ciocca dei miei capelli, anche se tale intervento è indolore e fatto per il mio bene. Ancora una volta, quindi, non si tratta di indebito allargamento delle normali previsioni, ma di una semplice acquisizione di tesi ormai assodate tanto da essere già incluse nella Costituzione repubblicana (come in altre Costituzioni europee, inclusa quella tedesca).

La seconda questione riguarda l'idea del testamento biologico come cavallo di Troia per sdoganare l'eutanasia (attiva). A prescindere per ora dal giudizio morale circa l'eutanasia, si deve osservare che *dal punto di vista storico* la connessione non è affatto così immediata come l'obiezione tende a far credere. Infatti, la California è stata il primo Stato al mondo ad avere una legge sul testamento biologico ma ha poi bocciato due decenni dopo la proposta di ammettere il suicidio assistito. La realtà è che la storia ha dinamiche proprie, non sempre coincidenti con gli schemi logici: può capitare che, assicurando la sospensione dei trattamenti, il testamento biologico dia garanzie più che sufficienti per assicurare la dignità dei morenti senza spingere alla ricerca di ulteriori ampliamenti. Tuttavia si può riconoscere che *dal punto di vista logico* ci sia una connessione tra la pratica del testamento biologico e quella dell'eutanasia. Infatti, come abbiamo visto, è vero che il testamento biologico comporta un'estensione nel tempo del consenso informato, fatto che costituisce un'ulteriore garanzia e rafforzamento della signoria sulla vita da parte della persona. Da questo punto di vista si può dire che il testamento biologico è il sigillo che certifica il primato dell'autodeterminazione sulla vita biologica, portando a compimento il processo iniziato col consenso informato. Questo significa che, ove le circostanze lo richiedessero, come oggi il testatore ha la facoltà di richiedere la sospensione di ogni intervento per essere lasciato morire in pace, così in futuro avrà la facoltà di chiedere di essere aiutato a morire per giungere a risultati analoghi ai primi. Poiché la distinzione tra fare/lasciar accadere è sfumata, se è lecita la sospensione per lasciar morire, allora *ceteris paribus* (ossia a parità di condizioni) sarà lecita anche l'azione che provoca la morte. Può darsi che qualcuno sia sconvolto e terrorizzato da questa possibilità, ma per chi è pronto a mettere da parte i tabù e disposto a sottoporre a vaglio critico le varie opinioni ricevute, va presa sul serio anche l'eventualità di ammettere l'eutanasia. Anzi può darsi che il testamento biologico sia davvero uno strumento che favorisca l'affermazione di questa possibilità. Nell'Italia di oggi il tema sembra quasi innominabile, ma può darsi che in pochi anni la situazione culturale cambi e che sia possibile discorrerne in modo più sereno. D'altro canto nel resto d'Europa l'atteggiamento al riguardo sta rapidamente mutando o è già mutato, e non è da escludere un qualche provvedimento normativo dell'Unione europea che solleciti cambiamenti a questo proposito.

## 6. *Conclusione breve*

I critici del testamento biologico cercano di farlo passare come un ulteriore fardello burocratico che appesantirebbe in modo negativo la pratica clinica. Come ogni strumento umano, anche il testamento biologico presenta difficoltà pratiche e applicative. Ma ciò non toglie che esso consenta proficue forme di collaborazione tra operatori sanitari e cittadini, e che comporti una crescita di civiltà consentendo l'ampliamento dell'esercizio della libertà individuale anche alla fine della vita dopo la perdita della capacità decisionale. Si può osservare che il consenso informato è l'analogo del diritto di voto: come col voto il cittadino afferma la sovranità sulla vita politica così col consenso informato il paziente la afferma sulla vita biologica. Se vale l'analogia proposta, allora il testamento biologico come allargamento del consenso informato è un importante strumento per la conquista della sovranità sulle fasi finali della propria vita. Come i legittimisti si opponevano alla "dottrina anarchica e antisociale" della sovranità popolare circa la vita politica, così oggi i neo-legittimisti si oppongono al consenso informato e al suo consolidamento nel testamento biologico. Ci vorrà forse qualche anno, ma nonostante gli sforzi restauratori oggi in atto da parte della attuale maggioranza politica e della gerarchia della chiesa cattolica romana, l'aratro della rivoluzione culturale attuata dall'avvento della bioetica ha scavato in profondità e farà in modo che verranno riconosciute versioni ragionevoli di testamento biologico.

# IX

# Eutanasia

## 1. *Introduzione: il cambiamento delle circostanze del morire*

I vari avanzamenti tecnici hanno fatto sì che nel giro di pochi anni siano radicalmente cambiate le modalità del morire: coniugato con fattori socio-culturali questo fatto ha contribuito a mutare anche gli atteggiamenti profondi verso le ultime fasi della vita. Ancora nel 1632 il poeta inglese John Donne scriveva:

> al Signore Iddio appartengono le uscite della morte, cioè la disposizione e la maniera della nostra morte. Quale che sia il tipo di uscita [...] che avremo noi da questo mondo, che sia essa preparata o improvvisa, violenta o naturale, in perfetto sentire o invece sconvolti dalla malattia, [...] comunque si muoia, preziosa è ai suoi occhi la morte dei suoi santi, ed a Lui spettano le uscite della morte: le vie e i modi della nostra dipartita da questa vita sono nelle sue mani (*Il duello della morte* 1632).

Questo atteggiamento faceva sì che la gente sperava di evitare la morte improvvisa: «a morte subitanea libera nos Domine» (perché essa non dà il tempo per il pentimento dei peccati). Grande impulso allo studio dei diversi atteggiamenti nei confronti della morte è stato dato dallo storico francese Philippe Aries: anche se le sue tesi non sempre sono corrette, ha sottolineato che dagli anni Sessanta del XX secolo la morte sia stata come cancellata e rimossa, tanto che la semplice menzione sia diventata sconveniente. Mentre nell'era vittoriana i bambini sapevano tutto di come si muore e nulla di come si nasce, i bambini della seconda metà del XX secolo sanno tutto della nascita e del sesso, ma nulla della morte e del trapasso. Riprendendo una espressione del sociologo inglese Goffrey Gorer, che per primo ha esaminato il fenomeno (1955), si dice che oggi è diffusa una sorta di *pornografia della morte*.

Come abbiamo visto nel capitolo precedente, negli ultimi due decenni sembra affiorare con prepotenza un nuovo atteggiamento, perché oggi le persone vogliono conoscere la diagnosi che le riguarda e decidere in prima persona le strategie terapeutiche. Anzi, quello di sapere e di decidere al riguardo è diventato un *diritto fondamentale* della persona: i parenti, che prima sostituivano l'interessato in tutto, ora non hanno più alcun titolo né a sapere né a decidere. Il *consenso informato* dato dall'interessato è ora la chiave di volta della relazione terapeutica – almeno fintanto che il paziente è *competente* (dall'inglese *competent*, ossia "capace di intendere e volere"). Per le situazioni in cui il paziente ha perso la *competenza*, si richiede il testamento biologico o si lasciano disposizioni attraverso forme di direttive anticipate.

Sia la diffusione di questi documenti sia l'attenzione crescente dedicata ai temi del morire mostra come oggi non si possa più parlare di un atteggiamento generalizzato che porta alla "rimozione della morte". Di fatto, sembra si stia diffondendo un modo nuovo di accostare la questione: lungi dal negare la morte o cercare di rimuoverla, molti sembrano prendere atto della sua ineluttabilità, ne parlano apertamente pretendendo di decidere sul da farsi – anche fino a richiedere il *suicidio assistito* (la pratica con cui si forniscono all'interessato i mezzi acconci per causare la propria morte, cosicché la persona compie da sé l'atto) o l'*eutanasia volontaria* (la pratica in cui a compiere l'atto che causa la morte è una terza persona che agisce dietro richiesta esplicita dell'interessato date le condizioni terminali). Una conferma della nuova tendenza è fornita da una indagine sociologica svolta a Roma nel 1998, la quale ha messo in luce che (come dicono gli autori), «contrariamente a quanto ci aspettavamo, l'inchiesta ha rivelato che l'eutanasia è in Italia un problema quantitativamente rilevante: il 13,9% dei medici e degli infermieri intervistati ha avuto almeno una richiesta eutanasica negli ultimi tre anni». Questo dato è interessante sia perché proviene da fonte non sospetta di avere gonfiato il problema, sia perché le persone richiedenti l'eutanasia non erano affatto persone abbandonate e sole o disperate, cioè persone senza nessuno che si prendesse cura di loro, ma erano persone di cultura medio-alta e ben seguite da familiari e amici. Negli ultimi anni altre ricerche sono state fatte, tutte che confermano la crescente richiesta di decidere anche circa la propria fine. Di fatto, dopo l'Olanda e il Belgio che ormai da anni hanno legalizzato l'eutanasia[1], e la Svizzera in cui è consentito il suicidio assistito, anche altri paesi europei hanno cominciato a pensare a legislazioni più accondiscendenti o a modificare la normativa in questa direzione. È prevedibile che, con l'aumento del numero di persone anziane, nel prossimo decennio quello del come morire diventi il tema principale.

I fattori che stanno alla base del nuovo atteggiamento sono sicuramente molti, ma non va dimenticato che fino a pochi decenni fa la morte era nella stragrande maggioranza dei casi:

1. *prematura*, perché colpiva per lo più persone ancora giovani che avrebbero potuto vivere bene e più a lungo;

2. *imprevista* per la mancanza di diagnosi certe (e quindi con conseguenti frequenti successive "guarigioni prodigiose") – si pensi una indagine svolta prima della Seconda guerra mondiale ha mostrato che circa il 70% delle diagnosi era sbagliato;

3. *breve* perché l'agonia non durava a lungo (al massimo qualche giorno – nove erano i giorni fatidici per la polmonite);

4. *improcrastinabile* (cioè non poteva essere ritardata) perché sul piano tecnico non si era capaci di sostenere il processo vitale ormai compromesso dalla malattia.

Oggi, la situazione è radicalmente trasformata per varie ragioni: mentre un tempo le persone morivano per lo più a casa, oggi oltre l'80% di esse muore in ospedale, cioè in un contesto medicalizzato dove il trapasso comunque avviene dopo una serie di scelte oculate.

---

[1] Per una storia e discussione della vicenda olandese si veda: S. MORATTI, *L'eutanasia in Olanda tra etica e diritto*, Vicolo del Pavone, Piacenza 2010.

## 2. *Il vitalismo medico: la posizione tradizionale che sta sullo sfondo. Le critiche di Pio XII e la distinzione tra mezzi "ordinari" e "straordinari"*

Il punto da cui partire per capire i vari problemi del fine-vita è il *vitalismo medico*, la prospettiva per cui il dovere primo e precipuo del medico è fare sempre tutto il possibile per prolungare la vita fisica e procrastinare la morte. Come scriveva Augusto Murri, uno dei maestri della medicina italiana, nel 1908:

> Noi [medici] siamo come il capitano della nave che affonda: finché la punta di un albero sta sopra al livello dell'acqua, noi ci arrampichiamo fino alla cima, e ci avvinghiamo ad essa per tenere alta la bandiera. [...] Fra noi e il malato sta, tacito ma sacro, il giuramento che, *fino all'ultimo suo respiro, noi combatteremo per sottrarlo alla morte.*

E Luigi Ferranini incalzava scrivendo nel 1936:

> il medico ha l'altissimo dovere [...] di *utilizzare sempre tutte le risorse dell'arte sua per rianimare la fiamma che minaccia di spegnersi.* [...] Per noi *la morte è il nemico irriconciliabile*, e noi siamo per combatterlo sempre, non per agevolarne il trionfo. Prima o dopo essa ci vince, ma [...] il medico si sacrifica, non si arrende [...] non si dà per vinto, *non rinunzia mai alla speranza di strappare al cielo il fuoco che deve ravvivare la vita!*

Come il medico ha il dovere di fare sempre e comunque tutto il possibile per prolungare la vita e procrastinare la morte senza badare né a fatiche o sacrifici (né a spese), così il paziente (coi suoi familiari) ha l'obbligo di ubbidire scrupolosamente agli "ordini del dottore" affidandosi ciecamente a lui senza pretendere delucidazioni sull'operato né tantomeno di discuterlo. Come il padre sa qual è il bene dei propri figli, così il medico conosce il bene dei propri pazienti.

Il *vitalismo medico* è una dottrina composta da due parti diverse:

a. la *tesi assiologica* (che riguarda il *valore*, ossia ciò che è "buono") secondo cui la vita biologica è sempre buona in sé (un valore prioritario) e la morte è sempre il peggiore dei mali;

b. la *tesi deontologica* (o *imperativo vitalista*) secondo cui il *do-*

*vere primo e precipuo del medico è fare sempre tutto il possibile* (e forse anche l'impossibile) *per prolungare al massimo la vita e posticipare il più possibile la morte del paziente.*

L'imperativo vitalista sembra dipendere (logicamente) dalla tesi assiologica, perché solo assumendo che la vita fisica sia sempre buona in sé si può giustificare il dovere prioritario di fare sempre tutto il possibile per sostenerla e prolungarla. Può darsi che nelle circostanze storiche del passato – data la brevità della vita e le scarse capacità a disposizione per contrastare la morte – il vitalismo fosse plausibile: gli interventi possibili erano pochi, (relativamente) poco gravosi, e su persone (abbastanza) giovani, per cui poteva essere davvero sensato intervenire sempre. Infatti, ove l'intervento avesse avuto successo, il "beneficio" sarebbe stato notevole in quanto venivano ridati anni di vita buona a persone ancora abbastanza giovani; ove, invece, l'intervento non avesse avuto esito positivo, il "costo" del tentativo sarebbe stato comunque (relativamente) poco oneroso.

A partire dalla fine della Seconda guerra mondiale, comunque, i dubbi sulla validità del vitalismo sono emersi con forza e hanno trovato espressione nella risposta data da papa Pio XII a una domanda posta dal dr. Bruno Haid, capo della sezione di anestesia nella clinica universitaria di Innsbruck, nel 1957, in cui si osservava che certamente esiste il dovere

> di adottare le cure necessarie per conservare la vita e la salute. [...] Ma esso non obbliga, generalmente, che all'impiego dei mezzi ordinari (secondo le circostanze di persone, di luoghi, di tempo e di cultura), ossia, di quei mezzi che non impongono un onere straordinario per se stessi o per altri. Un obbligo più severo sarebbe troppo pesante per la maggior parte degli uomini, e renderebbe troppo difficile il raggiungimento di beni superiori, più importanti. La vita, la salute, tutta l'attività temporale, sono, infatti, subordinate a fini spirituali. D'altra parte, non è proibito di fare più dello stretto necessario per conservare la vita e la salute, a patto di non mancare a doveri più gravi.

Con queste parole Pio XII distingue tra i *mezzi ordinari,* che sono sempre doverosi e obbligatori, e i *mezzi straordinari,* che sono invece facoltativi e possono essere omessi (o rifiutati). Tali termini, però, sono apparsi ambigui, perché "straordinari" farebbe pensare ai mezzi eccezionali cui si ricorre solo raramente, mentre "ordinari" a quelli più comuni e usati di routine. Per evitare questo possibile fraintendimento, la Congregazione per la Dottrina della Fede nella *Dichiarazione sull'eutanasia* (1980) ha introdotto una nuova terminologia parlando di mezzi *proporzionati* o mezzi *sproporzionati*, espressione che sembra evitare la difficoltà sopra rilevata e chiarire meglio il senso in cui può esserci discrezionalità circa il tipo di intervento: sempre obbligatorio è l'uso del mezzo proporzionato, facoltativo (a seconda delle circostanze) è invece l'uso del mezzo sproporzionato. Per poter dare una precisa risposta operativa, comunque, andrebbe chiarito il criterio di *proporzionalità* in base al quale distinguere i due casi, un aspetto che sinora non è sufficientemente precisato.

Sul piano *teorico* (cioè per gli studiosi), già la risposta di Pio XII ha inferto un colpo mortale al vitalismo medico. Tuttavia, per quanto riguarda l'opinione pubblica, i difetti del vitalismo sono diventati palesi per le lunghe e interminabili agonie del Generalissimo Franco in Spagna (morto nel 1975) e del maresciallo Tito nella ex-Yuguslavia (morto nel 1980). In tutti questi casi erano coinvolte persone molto anziane, la cui morte *non* era affatto né *prematura* né *imprevista*: di fatto c'erano diagnosi precise e accurate che escludevano qualsiasi possibilità di "guarigione miracolosa". Eppure, la morte è stata posticipata di molti giorni tenendo queste persone in condizioni pietose. È vero che in tali casi c'erano precise ragioni politiche che giustificavano gli sforzi tesi a posticipare l'ora della morte, ma la gente si è accorta che qualsiasi cittadino avrebbe potuto essere sottoposto a tali interventi, invece di essere lasciato morire in pace.

Le morti di Franco e Tito hanno mostrato all'opinione pubblica che il vitalismo medico porta inesorabilmente al cosiddetto *accanimento terapeutico*, ossia quell'intervento che prolunga la vita del paziente e assieme a essa anche uno stato di grave, persistente e inevitabile dolore (senza la ragionevole speranza di potere tornare a situazioni di normalità). In altre parole, è diventato chiaro che – giunti a un certo punto – l'impegno proteso a fare tutto il possibile per prolungare la vita e procrastinare la morte risulta essere un vero e proprio *danno* per il paziente, perché l'intervento (che pretende di essere "terapeutico") non fa altro che aumentare il dolore del paziente. Con una battuta si potrebbe dire che l'acquisita consapevolezza che gli sforzi di prolungare la vita possono portare all'accanimento terapeutico ha fatto morire il vitalismo medico. Di fatto, oggi più nessuno sostiene la dottrina vitalista – anche se, purtroppo, la *pratica* clinica informata al vitalismo è ancora sovente seguita sia per via di "sopravvivenze" dure a morire sia per via delle difficoltà di previsione dell'evoluzione delle patologie esistenti nel caso singolo. Supponi che una persona arrivi in rianimazione: stante l'urgenza lo si "intuba" e poi si aspetta l'evoluzione del processo. In molti casi l'intervento ha un esito fausto, e tutto finisce bene. Ma in altri casi è necessario un ulteriore intervento e così, passo dopo passo, pressoché involontariamente ma fatalmente, si giunge all'accanimento terapeutico. Tuttavia, almeno sul piano teorico, il vitalismo medico è morto – indipendentemente dalle convinzioni religiose. C'è infatti un accordo unanime sull'idea che l'accanimento terapeutico è sbagliato e che le situazioni terminali vanno trattate con modalità diverse rispetto a quelle elaborate per la terapia delle altre malattie (acute o croniche). Questo nuovo atteggiamento ha dato vita a un movimento prima e a un cambiamento istituzionale poi, che merita attenzione.

## 3. *La "medicina palliativa" e la nuova attenzione ai problemi di fine della vita come crescita di civiltà. Le implicazioni della critica del vitalismo*

Conosciamo tutti (per esperienza diretta o per averlo visto in qualche immagine) la scena di pazienti che per giorni o mesi sono costretti a vivere tra macchinari complicati, in un ambiente sterile e senza spifferi d'aria ma freddo e impersonale, accuditi solo da infermieri esperti ma che non hanno tempo di conversare o di stringere la mano. Grazie a queste condizioni può darsi si riesca anche a prolungare la vita fisica di qualche tempo, ma molti si chiedono se ne valga davvero la pena: è giusto che le persone passino gli ultimi giorni in tale condizione di privazione e dolore, invece che poter stare con familiari e amici prima del trapasso? A partire dagli anni '70 si è cominciato a dire che invece di cercare di aggiungere "anni alla vita" è doveroso tentare di aggiungere "vita agli anni". Arrivati a un certo stadio della malattia gli sforzi devono essere diretti alla creazione di un'atmosfera serena e familiare, che consenta alla persona di vivere nel migliore modo possibile le fasi finali della vita. Infatti, anche quando non è più possibile *guarire*, resta pur sempre ampio spazio per la *cura* e ci si deve *prendere cura* del paziente fino alla fine in modo da consentirgli una "buona morte".

Questa nuova concezione ha portato a far sì che negli ultimi decenni si sviluppasse una nuova branca della assistenza sanitaria, la cosiddetta *medicina palliativa*, la quale interviene con le *cure palliative*, ossia una serie di interventi integrati che hanno come obiettivo quello di garantire una morte dignitosa e serena (per quanto possibile). Deve essere quindi tenuto sotto controllo il dolore causato dalla malattia e i vari sintomi, ma grande attenzione va rivolta anche alle relazioni sociali e agli interessi esistenziali coltivati dalle persone, cosicché la medicina palliativa si avvale di competenze e di figure diverse (psicologi, infermieri, volontari, ecc.) capaci di dare una risposta alle varie esigenze della persona. Dati empirici sembrano mostrare che il ricorso alle cure palliative garantisce alle persone un periodo di sopravvivenza ("quantità di vita") pressoché eguale (se non addirittura superiore) a quello che si avrebbe insistendo con le terapie aggressive, ma con il grande vantaggio di non avere gli effetti collaterali di queste. Come è noto, ogni medicinale per un verso ha un'azione terapeutica ma per un altro produce effetti sgradevoli più o meno grandi: quando si è giunti a un certo punto l'azione terapeutica ("positiva") è pressoché nulla, ma rimangono gli effetti sgradevoli (di qui l'*accanimento terapeutico*). Se invece di insistere nella terapia si provvede a garantire una buona "qualità di vita", in termini di sopravvivenza la situazione non cambia, ma diminuisce sensibilmente la quantità di dolore e di sofferenze (psicologiche, spirituali, ecc.) per tutte le persone coinvolte.

L'avvento della medicina palliativa è quindi un grande avanzamento per la medicina, che per la prima volta nella sua storia rivolge una particolare attenzione alla "buona morte" intesa come morte senza sofferenze e senza perdita di dignità. Tale nuovo movimento ha portato alla fine del cosiddetto *dolorismo*, ossia la dottrina secondo cui anche il dolore terminale sarebbe buono o perché indicativo di intrinseca fortezza d'animo oppure perché comporterebbe una diminuzione degli anni di purgatorio. Anche la chiesa cattolica oggi riconosce che «la prudenza umana e cristiana suggerisce per la maggior parte degli ammalati l'uso dei medicinali che siano atti a lenire o a sopprimere il dolore, anche se ne possano derivare come effetti secondari torpore o minore lucidità» (*Dichiarazione sull'eutanasia*, 1980, n. 3).

Considerato l'amplissimo (pressoché unanime) consenso sul rifiuto del vitalismo, è forse opportuno ricordare che la nuova concezione ha due presupposti interessanti:

A) nel momento in cui si rifiuta il vitalismo, si riconosce una essenziale differenza qualitativa tra il dolore *terminale* (quello che affligge una persona affetta da patologia inguaribile e prossima alla morte o derivante dalla realizzazione di uno stato di indegnità esistenziale) e il dolore *entro* la vita (ossia quello che tutti noi conosciamo e che a volte affligge una persona sana o comunque con ampio margine di vita davanti a sé). Anche il dolore *entro* la vita è qualcosa di "negativo", dal momento che sarebbe meglio non averlo: il "paradiso" è senza dolore! Ma si può dire che tale dolore entro la vita ha un senso ed è utile perché stimola l'individuo a uscire da una situazione sgradevole per passare a un'altra che offre la speranza di una compensazione della sofferenza subita. Anzi, può darsi che la situazione *ottimale* sia quella del "paradiso", cioè della totale assenza di dolore; ma per noi mortali c'è un senso in cui una limitata quantità di dolore *entro* la vita può esser vista come qualcosa di "positivo" e tale da poter essere considerata come il "sale della vita": tale dolore costituisce il "prezzo" richiesto per conseguire l'obiettivo che offre la speranza di compensazione. Ma il dolore *terminale* – per definizione – non prevede tale speranza né offre la possibilità di una compensazione: quando già si sa che la vita non può offrire altro che mero dolore, allora sembra che esso diventi inutile, senza senso e contrario alla dignità della persona. Può darsi che alcuni eroi o santi riescano a dare un senso anche al dolore terminale, ma certamente questa è impresa riservata a pochi: di fatto, l'accanimento terapeutico viene visto come una sorta di inutile crudeltà (frutto di errori tecnici o di avventatezza morale) ed è temuto con angoscia.

B) L'altro presupposto è il rifiuto dell'assiologia vitalista: se non si deve sempre fare tutto il possibile per evitare la morte, è perché non è vero che la vita sia sempre un bene e la morte sempre il peggiore dei mali. Nel momento in cui si riconosce che – giunti a un certo punto – è bene smettere con la terapia per evitare l'accanimento terapeutico, diventa chiaro che la vita (biologica) non è sempre buona in sé, ma è buona per i *contenuti positivi che può offrire e fintanto offre tale possibilità*: quando non restano che contenuti negativi, la vita porta a una condizione che è *peggiore* della morte (caratterizzata da assenza di dolore).

Le due considerazioni fatte ci consentono di individuare quella che chiamo la *condizione infernale* ossia la situazione caratterizzata da persistenti dolori terminali (o da una situazione che potremmo chiamare di "indegnità esistenziale" essendo venuti meno per sempre gli aspetti coscienziali che caratterizzano la persona) in cui è persa ogni ragionevole speranza di ritornare a uno stato normale, cosicché per il paziente è meglio non-esistere (morire) piuttosto che continuare a esistere in tale condizione. Può darsi che – stante la novità della condizione e la mancanza di esperienze empiriche al riguardo – in certe circostanze i contorni di tale nozione siano sfumati e difficili da precisare, ma l'idea di fondo è chiara e non mancano esempi concreti che la illustrano: l'accanimento terapeutico è un intervento che provoca la condizione infernale. Possiamo così esplicitare la ragione per cui è illecito: viola il principio morale di beneficenza, causando al paziente un ingiustificato danno.

In passato la *condizione infernale* si verificava pressoché solo nel caso in cui una persona fosse sottoposta a tortura, ossia in seguito a una pratica ritenuta giustificata, e quindi non sollevava problemi morali particolari. Oggi, invece, tale condizione può essere inflitta con interventi che pretendono di essere "terapeutici", e questo fatto inedito solleva problemi. In particolare, impone una radicale revisione dell'assiologia vitalista: mentre un tempo si poteva tranquillamente dire che la morte era sempre il peggiore dei mali, oggi non è più così perché c'è almeno una situazione *peggiore* della morte, la *condizione infernale*. Mentre in passato si poteva plausibilmente sostenere che nessuno può determinare il valore o il non valore della propria vita o di quella di un altro, oggi di fatto queste valutazioni – lo si voglia o no – sono inevitabili, perché solo attraverso tali valutazioni possiamo stabilire se un mezzo è proporzionato o sproporzionato e quindi cercare di evitare le situazioni di accanimento terapeutico.

Uno schema può aiutarci a capire meglio il tipo di cambiamento in corso. I punti "n" (nascita) e "m" (morte), sono rappresentati all'inizio e alla fine dell'ascissa che individua lo zero, ossia lo stato indifferenza (assenza di sensazioni). Poiché inoltre sappiamo che nel paradigma vitalista la morte è sempre il peggiore dei mali, ne consegue che la vita fisica è di per sé sempre un bene, qualcosa di positivo (rappresentato nella zona del +). I dolori *nella* vita vanno quindi intesi come una "sottrazione" a uno stato di maggiore positività, per cui – sempre nella zona *positiva* della vita – possiamo tracciare poi una linea tratteggiata che indica la "indifferenza vitale" sopra la quale sta lo stato di benessere (felicità) e sotto cui sta quello di malessere, stato che comunque è superiore della *indifferenza assoluta* costituito dalla morte in quanto "peggiore dei mali". è lo stato in cui si giunge allo 0:

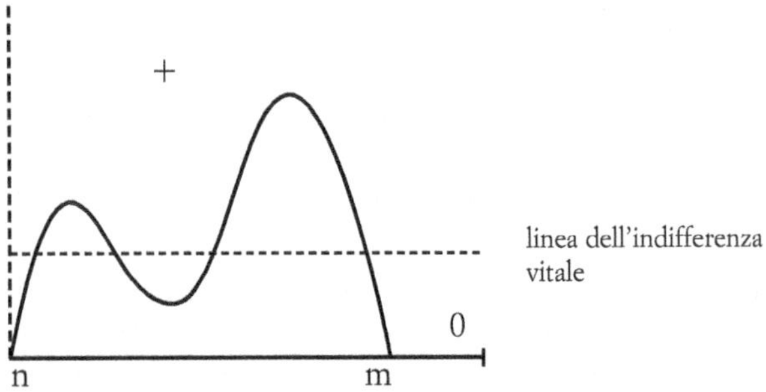


Figura 1. L'assiologia vitalista

La presenza della condizione infernale fa sì che la morte non sia più il *peggiore* dei mali, per cui – restando fermo che la morte (cessazione dell'esistenza) come la situazione prima della nascita è lo stato di "neutralità" (lo zero) – la nuova situazione può essere convenientemente rappresentata nel modo seguente:

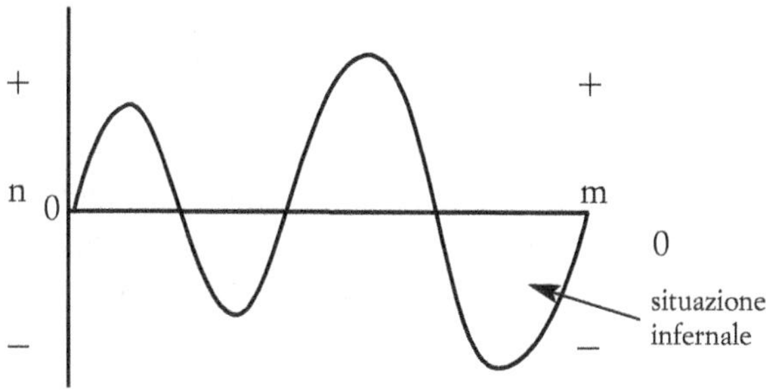


Figura 2. L'assiologia non vitalista

Come si vede, qui la morte non è il peggiore dei mali, e la vita è buona se i contenuti che offre sono positivi. Esistono situazioni a contenuto "negativo" (il dolore *entro* la vita), che vengono sopportate in vista della *possibilità* di situazioni future a contenuto "positivo" che bilanciano la perdita precedente. Quando capita che, per via di una malattia, la vita sarà *sempre* e *soltanto* a contenuto "negativo" e si sa che non potrà più offrire altro, allora la persona si trova in uno stato *peggiore* della non-esistenza: questa è la condizione infernale, perché l'unico modo per migliorare la situazione è uscire dall'esistenza.

La critica al vitalismo e l'avvento delle cure palliative segnano non solo una svolta nella sensibilità verso le fasi finali della vita, ma anche un profondo cambiamento dell'assiologia sottesa all'intervento sanitario in materia. Tutti sembrano condividere il rifiuto del vitalismo, ma non sono ancora ben chiare le implicazioni di tale passo sul piano deontologico, ossia per quanto riguarda ciò che è lecito o illecito fare in tali situazioni. Al riguardo si scontrano due posizioni: da una parte c'è chi – pur condannando recisamente l'accanimento terapeutico – afferma che la morte volontaria (suicidio assistito o eutanasia) non è mai moralmente ammissibile; dall'altra chi invece ritiene che anche tali atti siano leciti ove si verifichi la condizione infernale sopra delineata e ci sia l'esplicita richiesta dell'interessato. È tempo di esaminare in maniera più ravvicinata le due posizioni.

## 4. *Prima posizione: la proposta dello "accompagnamento dei morenti" o di "umanizzazione della morte" e i suoi presupposti teorici*

Alcuni osservano che il vitalismo medico va rimpiazzato dalla posizione che propone lo "accompagnamento dei morenti" o la "umanizzazione della morte". La difficoltà più appariscente e palpabile del vitalismo è l'accanimento terapeutico, per cui la soluzione sta nell'evitare che si creino situazioni di tal fatta. Purtroppo, l'atteggiamento ancora diffuso di "rimozione" della morte (sottolineato da Aries) favorirebbe quella sorta di "entusiasmo risanatore" che a volte porta il medico a pensare più a quanto previsto dal protocollo clinico che alle esigenze reali del paziente. Per evitare i difetti del vitalismo e rispettare l'etica, dovrebbero quindi essere rispettate le seguenti condizioni:

a. evitare l'accanimento terapeutico, e lasciare che la natura faccia il proprio corso portando il paziente a morte (naturale);
b. accompagnare il morente con simpatia e affetto nell'ultimo viaggio, senza frapporre ulteriori artifici tecnici per ritardare il processo naturale;
c. evitare ogni atto teso a causare artificialmente (e intenzionalmente) la morte, anche ove questo sia richiesto e sollecitato dall'interessato.

Le cure palliative sono viste come *la* soluzione capace di dare una risposta etica ed efficace ai problemi di fine-vita. Per questo sono sostenute dalla maggior parte delle Associazioni mediche del mondo e dalla chiesa cattolica romana.

Dal punto di vista teorico, questa posizione sembra attraente e plausibile perché fa appello ai seguenti presupposti che sono comunemente accettati. *In primo luogo,* risponde all'idea secondo cui c'è una *differenza essenziale* (che secondo alcuni sarebbe addirittura di carattere "ontologico") tra il "fare" e il "lasciar accadere", ossia tra l'"uccidere" e il "lasciar morire": nel primo caso (il "fare") la causa della morte dipende da una "azione dell'uomo", mentre nell'altro (il "lasciare accadere") essa dipende da una "azione della natura" (la malattia) e l'uomo si limita a lasciare che la natura faccia il proprio corso.

*In secondo luogo*, risponde all'opinione ricevuta secondo cui tale differenza tra l'"uccidere" e il "lasciar morire" sia *moralmente si-*

*gnificativa*, cosicché l'uccidere sarebbe sempre *peggiore* del lasciar morire. In questo senso sarebbe sempre illecito uccidere, ma lecito lasciare che la natura faccia il proprio corso portando a morte il paziente. Ove l'agonia comportasse grande dolore sarebbe lecito lenirlo, pur restando sempre illecito causare la morte.

*In terzo luogo,* la posizione sembra accogliere l'idea diffusa secondo cui le eventuali richieste di essere "aiutati a morire" avanzate da pazienti terminali vanno sempre "interpretate" come richiesta di qualcos'altro, cioè come richiesta di simpatia e affetto, e *mai* come manifestazione di una reale volontà di concludere l'esistenza. Altre volte si osserva invece che tale richiesta può essere avanzata solamente da un paziente che si trova nella più nera disperazione (e quindi non va ascoltato).

*In quarto luogo*, la posizione risponde all'idea tradizionale che compito del medico è solo quello di guarire, mai di uccidere. La medicina – si osserva – non è una semplice professione "tecnica" come altre, in cui le competenze possono essere usate per soddisfare le esigenze del paziente (cliente): un avvocato, ad esempio, può mettere a disposizione del cliente la propria competenza, per vedere come ottenere un obiettivo senza incorrere nei rigori della legge (anche nel caso in cui lo scopo non sia né nobile né buono!). La medicina, al contrario, è una professione con una sua intrinseca moralità da cui non si può deflettere né derogare, per cui è lecito lenire le sofferenze ma non uccidere.

*In quinto (e ultimo) luogo*, la posizione sembra garantire ai cittadini la fiducia necessaria in ambito sanitario, perché ove si ammettesse la "morte volontaria" i pazienti avrebbero sempre il timore di essere eliminati. Spesso al riguardo viene ricordata l'esperienza nazista, dove appunto i cittadini non erano sicuri della propria incolumità fisica. In breve: l'ammissione della "morte volontaria" avrebbe conseguenze disastrose sul piano sociale.

Chi sostiene la posizione dell'accompagnamento dei morenti osserva che cure palliative ed eutanasia sono pratiche *alternative*: l'una esclude l'altra. D'altro canto, gli altri sottolineano che, lungi dall'essere tra loro *alternative,* cure palliative e morte volontaria sono *complementari*: dapprima si interviene con le cure palliative, ma – ove ciò non bastasse per evitare la condizione infernale – è ammessa anche la richiesta della morte volontaria. Solo in questo modo si garantisce la "buona morte". Il fatto poi che tale possibilità sia utilizzata dipenderà da fattori empirici come il tipo di patologie diffuse e l'atteggiamento delle persone. È tempo di passare a esaminare la nuova posizione.

## 5. *Seconda posizione: la "buona morte" richiede la possibilità del "suicidio assistito" o della "eutanasia volontaria" nelle situazioni estreme*

La critica mossa alla posizione che propone l'accompagnamento dei morenti è che essa rifiuta il vitalismo sul piano *assiologico* senza però trarre le debite conseguenze sul piano *deontologico*. L'errore sta nel sopravvalutare la distinzione tra "fare" e "lasciare accadere" al punto di credere che la nostra *responsabilità* (morale) sia limitata alla sola *azione dell'uomo* (il "fare" che causa un dato effetto), e non si estenda anche alla *azione della natura* (il "lasciare che la natura faccia il proprio corso" causando l'effetto dato). Per capire questa critica è opportuno precisare che con "natura" si intendono tutti gli eventi che – avendo «in se stessi il principio del movimento» (Aristotele) – nascono, si sviluppano e muoiono in base a leggi che non sono poste né sono modificabili dall'uomo.

C'è un senso in cui la distinzione in esame è certamente necessaria e legittima, perché non siamo responsabili di eventi ineluttabili che non possiamo né prevedere né evitare né modificare. Ad esempio, se improvvisamente in Italia arrivasse un uragano di eccezionali proporzioni, la responsabilità dei danni causati andrebbe ascritta alla "azione della natura", perché la forza devastatrice non è controllabile ed era imprevedibile. L'esempio è illuminante perché mostra che la distinzione in esame non è *assoluta*, ma vale solo in condizioni di *imprevedibilità* e di *immodificabilità* del processo naturale. Prendiamo il caso del crollo di una casa: se è avvenuto in seguito allo scoppio di una carica di tritolo, la responsabilità è da ascrivere a chi l'ha piazzata ("azione dell'uomo"). Ma che dire se il crollo è avvenuto in seguito a una scossa di terremoto? Di chi è la responsabilità in questo caso? È giustificata la tesi che la responsabilità è del terremoto, perché l'uomo non ha fatto altro che lasciare che la natura facesse il proprio corso? Sembra difficile difendere questa posizione: anche se non riusciamo a controllare i terremoti, oggi *conosciamo* le zone sismiche e sono prevedibili i movimenti tellurici, per cui non si ha responsabilità solo quando siano stati rispettati i vincoli di sicurezza elaborati al riguardo. Altrimenti, l'uomo è *responsabile* anche per i disastri causati dal terremoto ("azione della natura") – come se l'uomo "usasse" la natura per causare disastri (prevedibili).

Le considerazioni precedenti mostrano che c'è un altro senso in cui – in presenza di adeguate conoscenze e capacità di controllo dei fenomeni – la distinzione tra "fare" e "lasciare accadere" sfuma. Questo è quanto sta accadendo in ambito biomedico dove, nel corso di pochi anni, la situazione è radicalmente mutata. Sempre più frequentemente oggi la morte avviene in ospedale, per cui le fasi finali della vita non sono più "naturali" nel senso sopra indicato (impreviste e incontrollabili), ma a ben vedere sono "artificiali" in quanto conseguenze prevedibili di scelte precedenti (ossia di precedenti "azioni dell'uomo"). In questo senso, lungi dall'essere netta e chiara, la differenza tra "uccidere" e "lasciar morire" diventa sempre più simile alla situazione di un bicchiere riempito a metà, di cui si può dire che è "mezzo pieno" o "mezzo vuoto" a seconda dei punti di vista (e delle aspettative avute).

Per capire meglio questo aspetto, consideriamo un caso "di scuola", ossia un caso in cui la situazione è semplificata in modo da far emergere le diverse questioni in gioco. Supponiamo che Tizio, un uomo di 90 anni sostanzialmente sano, si ammali di polmonite acuta cosicché la situazione è la seguente: se assume i debiti farmaci, guarirà, se invece si astiene dal farlo (lascia che la natura faccia il suo corso), la malattia lo porterà a morte in nove giorni. Che fare se Tizio decidesse di non far niente? Il suo rifiuto sarebbe valido o andrebbe interpretato come richiesta di qualcos'altro (maggiore affetto, ecc.)? Senza rispondere a tali interrogativi, ricordo che dal *punto di vista giuridico* nessuno può imporre a Tizio di assumere i farmaci. In proposito ci sono controversie, ma l'orientamento prevalente è quello indicato, dal momento che l'articolo 32 della Costituzione afferma che «nessuno può essere obbligato a un determinato trattamento sanitario se non per disposizione di legge» (e non c'è nessuna legge che impone di assumere farmaci per la polmonite). I casi dei testimoni di Geova che rifiutano la trasfusione di sangue che potrebbe salvare la vita sono l'esempio paradigmatico al riguardo – anche se a molti tale scelta appare "assurda".

Stante che il rifiuto dei farmaci nel caso in esame è *giuridicamente* permesso, ci si può chiedere se, dal punto di vista *etico*, tale gesto si configuri come un lecito *rifiuto di terapie sproporzionate* da tutti ammesso, oppure come una forma di *eutanasia passiva* (in quanto la morte è causata da una "omissione") condannata da chi ritiene che nelle circostanze specifiche il fosse un mezzo proporzionato che Tizio doveva assumere. Non approfondisco oltre questo problema perché esso ci porta nei meandri concernenti il criterio di proporzionalità. In generale si può osservare che, dal punto di vista "formale", Tizio ha semplicemente lasciato che la natura facesse il proprio corso astenendosi dal fare alcunché e accettando la morte come evento naturale. Da un punto di vista più "sostanziale", però, Tizio *ha fatto* qualcosa (non si è semplicemente astenuto dal fare), perché l'effetto del processo era *previsto* e avrebbe potuto *essere modificato*, per cui non fare niente equivale a usare la natura per conseguire un dato scopo (la morte). Questo conferma la tesi circa la difficoltà di distinguere tra "azione dell'uomo" e "azione della natura".

Modifichiamo adesso il caso in modo tale da chiarire i problemi concernenti la controversia in esame. Supponiamo che Caio sia, come Tizio, un uomo di 90 anni. Supponiamo anche che, diversamente da Tizio, sia affetto da un tumore ormai metastatizzato e tale per cui già oggi (il giorno 3 del mese) si sa che a partire dal 25 prossimo inizierà una terribile agonia di dodici mesi il cui dolore non sarà controllabile e tale da generare la condizione infernale. Supponiamo che il giorno 18 Caio ammali di polmonite acuta del tutto simile a quella di Tizio e quindi curabilissima. Ha Caio – nella situazione specifica – il dovere (morale) di assumere i farmaci per curare la polmonite? Stanti le circostanze, sembra proprio di no! Anzi, curare la polmonite si configurerebbe come un ingiusto intervento sproporzionato che dà origine all'accanimento terapeutico che pone il paziente nella condizione infernale. Su questo l'accordo è unanime. Eppure, rifiutando i farmaci, in un senso, Caio "vuole" o "decide" la propria morte, accettando che sia causata dalla polmonite. Ma nessuno si sognerebbe di dire che il rifiuto della terapia da parte di Caio va "interpretato" come richiesta di maggiore calore umano: purtroppo le circostanze sono tanto tragiche che anche un supplemento di calore umano non basterebbe a evitare la *infernalità* della situazione. Si deve riconoscere che – pur nella tragicità della situazione – Caio è un uomo fortunato, perché la sua scelta è condivisa da tutti e la polmonite lo porterà serenamente a morte il 24, risparmiandogli la condizione infernale.

Supponiamo adesso che Sempronio sia nelle identiche condizioni di Caio, ma che non ammali di polmonite: diremo che non gli resta altro che sopportare la condizione infernale inflittagli dalla natura? Se chiedesse di essere aiutato a morire, la sua richiesta dovrà essere "interpretata" come richiesta di maggiore affetto? Perché nel caso di Caio tale "interpretazione" era superflua, mentre qui diventa indispensabile? Perché per Caio è perfettamente legittimo rifiutare le terapie (e accettare la morte per polmonite) per evitare la condizione infernale, mentre per Sempronio sarebbe inammissibile la richiesta di anticipare artificialmente la morte per evitare la stessa condizione infernale? L'eventuale differenza tra i due casi non dipende da un'indebita sacralizzazione della natura? La condizione infernale non è egualmente *infernale* che sia provocata dall'artificio o dalla natura? Se è sbagliato provocarla artificialmente con l'accanimento terapeutico che non lascia morire "naturalmente", perché dovrebbe essere illecito evitarla quando provocata dalla natura anticipando la morte "artificialmente"?

Sono interrogativi difficili. Essi ci portano a capire una volta di più la incertezza della distinzione tra "fare" e "lasciare accadere". Questo suggerisce un'ulteriore considerazione: solitamente crediamo che l'uccidere sia peggiore del lasciare morire. Ma stante il fatto che a volte la natura porta a morte in tempi lunghi e con grandi sofferenze, si potrebbe sostenere che è *moralmente* preferibile l'intervento umano attuato da persone competenti. In questo senso, – stanti le circostanze tragiche – è meglio il "fare" che il "lasciare accadere". Per fare questo sembra sia opportuno l'aiuto di chi sa come funzionano certi farmaci, e pertanto del medico.

A questo punto l'obiezione è che il "dare la morte" è contrario alla deontologia medica e all'etica medica tradizionale, in cui il compito del medico è limitato allo sforzo di "guarire". Ma l'appello alla tradizione (al "si è sempre fatto così") non è di per sé sufficiente a giustificare il divieto di un atto, perché altrimenti non cambierebbe mai nulla. Basta l'appello alla tradizione ippocratica in cui (come abbiamo visto) il medico abbandonava il morente al proprio destino, o alla tradizione vitalista in cui il medico faceva tutto il possibile per guarirlo, per risolvere il problema? Può darsi che la norma deontologica tradizionale fosse adeguata nelle circostanze storiche passate, e che diventi obsoleta in quelle attuali. D'altro canto il medico tradizionale non prescriveva i contraccettivi (ritenuti essere "contronatura"), mentre oggi tali prescrizioni fanno parte della pratica medica corrente. Neanche quest'argomento sembra quindi cogente.

L'ultima obiezione è quella che mette in campo il pericolo che l'ammissione della nuova pratica porti a conseguenze sociali disastrose. Al riguardo va detto subito che questa è un'obiezione *empirica*, ossia che fa riferimento a fatti (che possono verificarsi o meno), ed è diversa dalle altre. Chi si affida a quest'obiezione già riconosce che *di principio* non ci sono ragioni per condannare la pratica della "morte volontaria", e quindi – che lo sappia o no – ha già dato ragione all'avversario sul piano strettamente *etico*. In altre parole, ha già ammesso che eticamente è *giusto* accettare la richiesta di morte volontaria avanzata da Sempronio. Obietta solo che, nonostante questo, se la pratica dovesse diffondersi, i risultati sarebbero socialmente disastrosi.

In questa prospettiva di solito si paventa il pericolo di un ritorno a una situazione analoga a quella perpetrata dai nazisti, dove il "disastro sociale" sta nel fatto che la gente aveva perso la sicurezza minima per la propria incolumità in quanto poteva essere "eutanasizzata" in ogni momento. Il grave errore di questa prospettiva, comunque, sta nel non riconoscere che chiamare "eutanasia" la pratica perpetrata dai naziste è semplicemente un eufemismo, perché in realtà era semplicemente l'uccisione programmata di persone che non erano né consenzienti né tantomeno malate terminali. Il disastro nazista dipende soprattutto dalla concentrazione di un potere dispotico nelle mani di alcuni che potevano permettersi di violare la libertà altrui senza dover rendere conto a nessuno. Del tutto diversa è la richiesta di eutanasia avanzata oggi, dove con eutanasia si intende quella attuata su *richiesta dell'interessato che si trova nelle condizioni tragiche di fine della vita, dopo che è stata accertata una malattia terminale.* Il fatto che la procedura sia volontaria, pubblica e controllabile dovrebbe essere garanzia sufficiente per evitare eventuali abusi. Pertanto quest'obiezione dell'*argumentum ad Hitlerum* è sciocca.

Più interessante, invece, è l'obiezione che richiama gli eventuali maggiori rischi di una "burocratizzazione della morte" e di una "emarginazione o segregazione" degli anziani connessi all'ammissione della morte volontaria. Se la pratica in discussione favorisse tali processi, questo costituirebbe una seria difficoltà. Ma si può osservare che i fenomeni paventati possono verificarsi indipendentemente dalla diffusione della morte volontaria. In una certa misura già oggi sono realtà, e quindi il problema è sapere se la eventuale diffusione della nuova pratica aumenti o diminuisca il rischio al riguardo. Si fa fatica a fare previsioni precise, perché tali cambiamenti comportano una più generale ristrutturazione della vita sociale con la conseguente difficoltà di andare a individuare le esatte conseguenze.

## 6. *Eutanasia e fede cristiana*

Invece di sottolineare la centralità dell'argomento razionale e delle ragioni addotte pro o contro una soluzione, alcuni osservano che la diversa soluzione proposta dipende dall'adesione a una qualche "prospettiva antropologica" o una "visione del mondo" di carattere generale, cosicché chi assume una visione *religiosa* del mondo (ossia ammette l'esistenza un ente trascendente) la rifiuterebbe. Già ho detto qualcosa e ancora tornerò sul problema nell'ultimo capitolo, ma al riguardo va osservato che secondo alcuni chi ha fatto la *scelta cristiana* dovrebbe rifiutare categoricamente l'eutanasia per aderire alla "sacralità della vita".

Al riguardo, tuttavia, si deve riconoscere che nel cristianesimo ci sono almeno due diverse prospettive. C'è la posizione della chiesa cattolica romana secondo cui «la morte volontaria ossia il suicidio [...] costituisce [...] da parte dell'uomo, il rifiuto della sovranità di Dio e del suo *disegno di amore*» (*Dichiarazione sull'eutanasia*, n. I). Ho messo in corsivo le parole "disegno di amore" per sottolineare che la condanna della morte volontaria dipende dall'assunto che ci sia un "disegno divino" conoscibile e da rispettare. Altri cristiani, comunque, negano recisamente che i piani di Dio siano così facilmente conoscibili. In questa prospettiva Dio è il "totalmente altro" e quindi non si può presumere di conoscere con certezza (come pretende l'attuale magistero ecclesiastico cattolico) il suo *disegno* sull'uomo, soprattutto in situazioni tanto difficili e tragiche come quelle di fine della vita. Anzi, può benissimo darsi che Dio abbia affidato all'uomo il compito di capire quale sia la soluzione migliore in tale circostanza. Per questo molte chiese cristiane hanno un atteggiamento problematico o anche favorevole all'eutanasia, e in proposito merita di essere ricordato i seguente passo del teologo metodista Leslie Weatherhead:

> sinceramente, credo che i nostri posteri si meraviglieranno molto del perché sulla Terra noi teniamo vivo un essere umano contro la sua volontà anche quando tutta la dignità, la bellezza e tutto il significato della vita sono ormai completamente svaniti: quando ormai è chiaramente impossibile un qualche minimo vantaggio per qualcuno, e quando verremmo puniti dalla Stato se tenessimo vivo un animale in simili situazioni fisiche.

Come si vede, anche all'interno del cristianesimo ci sono divergenze, per cui non è chiaro che l'appello alla fede cristiana riesca a risolvere la controversia. È difficile prevedere come si concluderà il dibattito in materia. Una ipotesi è che, dopo aver attuato il controllo dell'ingresso nella vita, si passerà ad avere anche il controllo dell'uscita dalla vita. Mentre John Donne nel 1632 scriveva che «al Signore appartengono le uscite della morte, cioè la disposizione e la maniera della nostra morte», può darsi che nel 2032 le uscite, la disposizione e la maniera della nostra morte dipendano dalla volontà umana degli individui interessati. Questo sarebbe un cambiamento epocale che comporta nuovi problemi etici, problemi che impegneranno la riflessione etica dei prossimi anni.

# X

## L'ALLOCAZIONE DELLE RISORSE SANITARIE E IL DIRITTO ALLA SALUTE

### 1. *Un problema nuovo: la scelta di priorità*

Un'opinione ampiamente diffusa afferma che quando si ha a che fare con la salute non si deve *badare a spese*: i costi *economici* – si dice – non vanno affatto considerati, perché altrimenti si verrebbe a operare una *mercificazione della vita umana*, che invece non avrebbe prezzo. Può darsi che quest'idea fosse accettabile in passato, quando il medico era una sorta di "artigiano" che controllava ogni aspetto dell'intervento sanitario avvalendosi dei pochi strumenti che potevano essere contenuti nella caratteristica "borsa del dottore". Essa, tuttavia, non vale più oggi, dal momento che l'assistenza sanitaria è diventata una vera e propria "impresa industriale" in cui il medico è parte di una più ampia organizzazione che comprende laboratori per la ricerca scientifica, la produzione di farmaci e di strumenti, la commercializzazione, ecc.

Grazie a tale nuova organizzazione la medicina ha ottenuto i successi strabilianti che sono davanti a tutti. Ma ogni medaglia ha sempre il rovescio, e anche in questo caso sono emersi nuovi problemi. Da una parte, l'aumento della *quantità* e dell'*efficacia* degli interventi capaci di sostenere il processo vitale ha portato alla possibilità di creare l'accanimento terapeutico: se si intervenisse sempre davvero non si farebbe altro che aggiungere solo anni alla vita – magari creando situazioni infernali.

Dall'altra parte, le nuove capacità tecniche hanno favorito una dilatazione del concetto stesso di "salute", la quale oggi non è più limitata alla sola dimensione fisica, ma ha acquisito una valenza sociale e psicologica: la salute non riguarda più il mero "sopravvivere", ma comporta lo "star bene". Esempio classico di questa tendenza è la definizione di salute come «lo stato di completo benessere psico-fisico dell'individuo» data dall'Organizzazione Mondiale della Sanità. Ciò significa che è aumentata anche la *qualità* degli interventi sanitari, in quanto la correzione chirurgica di un difetto fisico (ad esempio un brutto neo sulla guancia) può evitare angosce e sofferenze. Ma interventi di tal fatta sono *terapeutici* (tesi a risanare), oppure sono *migliorativi* della qualità della vita? Sono più simile a un farmaco salvavita, o a una nuova acconciatura (o a un vestito nuovo) che rende più belli e affascinanti?

Chi sostiene che la medicina deve limitarsi alla sola *terapia* fisica in senso stretto sembra sottovalutare il bagaglio di sofferenza provocata dai difetti fisici e da altre imperfezioni. A volte si critica la tendenza a dare rilievo anche agli aspetti non strettamente fisiologici dicendo che ciò comporta un cedimento alla *medicina dei desideri* ossia una medicina prona a soddisfare le bizze delle persona. Anche se non basta evocare un termine sfavorevole per cancellare un'esigenza diffusa, si può osservare che il ricorso alle tecniche biomediche per favorire l'aumento della qualità della vita delle persone incontra un serio ostacolo nel problema dei costi economici di tali interventi. Infatti, aumenta sempre più il numero di interventi possibili e la qualità degli stessi, e ci si trova di fronte al fatto che diventa impossibile avere risorse per dare tutto a tutti. In base a quali criteri è possibile stabilire quali interventi fornire e quali no, e a chi?

## 2. *Contro le scelte di priorità: evitare gli sprechi e le spese frivole*

Alcuni replicano che i problemi posti dalle scelte di priorità non emergerebbero se fossero evitati gli enormi sprechi di risorse spesso denunciati dai media: ospedali iniziati e mai finiti, macchinari inutilizzati, ecc. Una migliore gestione amministrativa delle risorse dissolverebbe tutti questi problemi.

È sicuramente auspicabile una forte diminuzione degli sprechi (l'Italia, comunque, è nella norma europea al riguardo: non peggiore di altri paesi ritenuti più efficienti!), ma quand'anche avessimo evitato tali sprechi, il problema delle priorità resterebbe. Al reparto maternità vogliono più culle di terapia intensiva per i neonati, al reparto di geriatria si lamentano per l'assenza di letti e di personale, al pronto soccorso vorrebbero un secondo elicottero per le urgenze, ecc. Le richieste sono sempre crescenti e pressoché infinite: di qui l'inevitabilità delle scelte di priorità.

A questo punto si controbatte che alla sanità andrebbero devolute le risorse oggi impiegate per attività inutili come le spese militari o le attività sportive o altri divertimenti (ad esempio scandalizzano le cifre date ai calciatori o ai divi dello spettacolo, ecc.). Se i soldi disponibili fossero utilizzati per la sanità le scelte di priorità non emergerebbero. Anch'io credo sarebbe molto meglio non avere guerre né criminalità da combattere, ecc., e anch'io condivido che sarebbe molto meglio se le persone stessero a studiare bioetica o altri campi del sapere. Ma questo è un auspicio personale, perché la vita personale e sociale è composita, e ci sono svariate esigenze da soddisfare – incluse quelle che a noi appaiono superflue. Qui, comunque, emerge un problema cruciale, che riguarda il posto della salute nella vita personale e sociale.

La società, infatti, deve senz'altro tutelare la salute dei cittadini, ma deve anche provvedere all'educazione dei giovani (la scuola), alla cultura e alla ricerca scientifica (teatri, ecc.), all'amministrazione della giustizia (tribunali, carceri, ecc.), alla difesa del territorio (esercito e polizia); deve inoltre garantire le infrastrutture (strade, porti, aeroporti, ecc.), e anche sostenere le attività ricreative (sport, stadi, discoteche, ecc.), perché la gente vuole anche svagarsi e divertirsi; deve garantire la pensione agli anziani e un tenore di vita accettabile anche a chi è più debole e indifeso (garantendo la sussistenza anche agli immigrati ecc.). Tutte queste diverse esigenze vanno oculatamente bilanciate. Viene quindi da chiedersi se l'obiezione in esame non presupponga una forma di *ipocondria*, ossia di eccessiva attenzione alla salute.

Tutti noi sorridiamo con bonaria sufficienza dell'ipocondriaco, che è troppo preoccupato delle proprie condizioni di salute. Per paura di ammalarsi considera ogni possibile causa di malattia: mangia solo ciò di cui conosce la provenienza, evita ogni spiffero d'aria e cerca di non sudare mai, non frequenta luoghi o persone insalubri, ecc. Rivolgendo *eccessiva* attenzione alla salute, l'ipocondriaco rende triste e infelice l'esistenza propria e di chi gli sta accanto. La salute, infatti, è *un bene* importante e fondamentale, ma non è l'*unico* bene, né è il bene supremo: essa vale non in sé ma perché consente altri obiettivi. L'obiezione considerata è sbagliata perché non considera che la vita sociale richiede il bilanciamento delle varie richieste.

Ove si riconosca che è una forma di ipocondria la sopravvalutazione della salute, si deve riconoscere che non è più possibile dare tutta l'assistenza sanitaria richiesta a tutti: la scelta *di priorità* tra i vari possibili interventi diventa inevitabile.

### 3. *I diversi tipi e livelli in cui avviene la scelta di priorità*

La scelta di priorità riguarda due diversi *livelli*: 1) il livello *macroallocativo* e 2) il livello *microallocativo*. Il primo è quello che riguarda il medico del pronto soccorso che ha un solo letto di rianimazione disponibile e due pazienti da curare contemporaneamente: chi scegliere? A volte la risposta immediata è: «il più grave, perché si deve prestare più attenzioni ai bisognosi». Ma supponiamo che Tizio sia in condizioni disperate per cui non si sa se riuscirà a cavarsela neanche con la rianimazione, e che Caio sia grave e non ce la farebbe senza la rianimazione ma (quasi) certamente – nulla è certo in medicina! – riuscirebbe a cavarsela con l'ausilio della rianimazione: è davvero saggio e valido un principio che rischia di portare ad avere due morti invece che uno salvo?

In base a quale criterio scegliere? Il primo arrivato? Il più giovane? Che fare se arrivassero assieme e avessero la stessa età? Ma il criterio dell'età non genera una forma di discriminazione verso i più anziani – una forma di *ageism*, analogo a *racism* (razzismo) e *sexism* (sessismo)? Infatti, la vita è egualmente cara a tutti, indipendentemente dall'età. E perché il primo arrivato dovrebbe avere la precedenza? Che fare quando i due criteri fossero in conflitto? Supponiamo che Tizio abbia 20 anni, Caio 23 e che un altro letto di rianimazione sia già occupato da Sempronio che ne ha 87: il criterio dell'età giustificherebbe anche la sospensione della rianimazione a Sempronio (lasciandolo morire) per avere quel posto che consente a Tizio e Caio di ricevere le cure adeguate e sopravvivere?

Poiché tali dilemmi appaiono insolubili, a volte si osserva che potrebbero essere evitati se ci fossero scelte più oculate a livello *macroallocativo*: nel nostro caso se il pronto soccorso avesse maggiori risorse (e quindi più letti di rianimazione). Ma questa soluzione dimentica che tutti i reparti hanno problemi analoghi: anche alla maternità, alla lungodegenza, ecc. vogliono più risorse. Tutti possono vantare di avere a che fare con la vita e la morte o strazianti sofferenze, per cui si torna al dilemma iniziale e al problema dell'ipocondriaco.

La difficoltà sta nel fatto che oggi l'investimento di risorse mediche in un settore comporta la sottrazione in un altro settore, ossia che alcuni vivano e altri muoiano o patiscano gravi sofferenze: la decisione di potenziare il servizio di pronto soccorso favorisce quei pochi che richiedono interventi urgenti per risolvere problemi sanitari improvvisi e acuti ma sottrae risorse agli altri (magari più numerosi) che richiedono terapie costanti (gli ammalati cronici anziani o anche i bambini che richiedono "prevenzione"). In base a quale criterio si stabilisce di dare agli uni e togliere agli altri? Perché chi ha un incidente stradale deve ricevere più attenzioni e risorse di chi ha una malattia cronica? È vero che i dilemmi del pronto soccorso saltano subito agli occhi e ci coinvolgono profondamente, ma anche in altri reparti si hanno dilemmi strazianti e altrettanto tragici – anche se forse sono spesso più velati. A parte queste differenze esteriori, a chi spetta la scelta di allocare le risorse sanitarie su un dato territorio? Al direttore generale dell'ospedale nominato per via burocratica o ai cittadini che devono usufruire dei servizi? È questa una decisione tecnica di carattere *medico* o è una decisione di carattere *politico*? E in quest'ultimo caso è una decisione analoga a tante altre (ad esempio stabilire il piano regolatore di una città, ecc.) o coinvolge problemi *specifici* e del tutto *particolari* per cui merita procedure particolari (ad esempio tali decisioni richiedono la maggioranza qualificata)?

Ovviamente, chi deve decidere come allocare le risorse *entro* l'ospedale dirà che questa scelta è *microallocativa* in quanto dipende dalla precedente decisione presa in Regione: *se* le risorse assegnate all'ospedale fossero maggiori, non si porrebbe il dilemma se potenziale il pronto soccorso o la lungodegenza per gli anziani. A loro volta in Regione, diranno che la loro decisione di assegnare un certo budget all'ospedale in questione è *microallocativa*, dipendendo a sua volta dai fondi assegnati dal Parlamento alla sanità, e così il circolo (vizioso o virtuoso) si chiude. Come si vede ci sono come vari *livelli* o *strati* in cui interviene la scelta. Si tratta di sapere se le scelte da prendere siano di *tipo* diverso a seconda del livello considerato, cioè se ciascun livello abbia o no criteri regolatori specifici e diversi tra loro.

Questi sono problemi nuovi per l'umanità. Il fatto che siano inediti è già di per sé fonte di disorientamento. Inoltre, la loro soluzione urta contro atteggiamenti prestabiliti. Essi non nascono dalla malvagità della tecnica, ma dai successi della medicina: quando in passato le persone erano *sole* ad affrontare la malattia e la morte, il problema della distribuzione delle risorse sanitarie non c'era, perché ciascuno si arrangiava come poteva. Oggi, le persone *cooperano* nella lotta contro le malattie, e questa cooperazione ha enormemente aumentato le capacità di intervento. Stanno però emergendo i problemi di *giustizia* (distributiva) che sempre si presentano quando vari individui cooperano a una certa impresa dando contributi diversi (o per quantità o per qualità). Problemi analoghi sono emersi per la distribuzione della ricchezza prodotta grazie all'industria (il problema della giustizia *sociale*), e ora si pongono in ambito sanitario (il problema della giustizia *sanitaria*). Quest'ultimo problema sembra ancora più difficile del precedente perché si tratta di sapere se la salute sia un bene di tipo speciale rispetto ad altri e quale sia la caratteristica differenziale.

## 4. *Un esempio classico di allocazione di risorse sanitarie*

Nel 1943, nel pieno della guerra d'Africa, le truppe italo-tedesche guidate da Rommel stavano cercando di sfondare il fronte britannico per andare in Egitto e di lì ai pozzi petroliferi del Medio Oriente. Tra le truppe inglesi c'erano molti soldati feriti in battaglia e altri con malattie veneree contratte nei bordelli durante la libera uscita. Fino a pochi anni prima, questa situazione era immodificabile: i medici potevano solo stare a fianco dei feriti registrando eventuali miglioramenti o vederli morire. Ma nel 1943 cominciava a essere disponibile la penicillina – un nuovo farmaco scoperto qualche anno prima dall'inglese John Fleming – che poteva far guarire in fretta la malattie veneree e aiutare efficacemente i feriti. Le dosi a disposizione erano poche, per cui si poneva il problema: a chi dare il nuovo farmaco? Ai feriti in battaglia o ai soldati malati di infezioni veneree?

I medici di campo avrebbero voluto riservare le dosi disponibili ai feriti: sembrava giusto cercare di curare i feriti in battaglia, anche se l'esito era incerto (molti sarebbero morti nonostante il farmaco) e comunque l'eventuale guarigione avrebbe richiesto tempi molto lunghi. L'Alto comando però decise di assegnare la penicillina agli altri ammalati, perché in questo caso la guarigione era certa e rapida, e i soldati risanati sarebbero tornati presto al fronte. È facile che questa decisione susciti una certa sorpresa, per non dire un moto di immediato disgusto: chi era stato ferito mentre compiva il proprio dovere si vedeva negato il farmaco per assegnarlo a chi aveva contratto una malattia venerea andandosi a divertire nei bordelli! Può darsi che qualcuno si scagli contro la mentalità "utilitarista" che bada solo al conseguimento dello scopo prefissato, osservando come tale soluzione sarebbe impensabile entro etiche deontologiche.

Al di là dell'iniziale moto di sdegno si deve riconoscere che il *diritto* alle cure mediche non è un diritto *assoluto*, ma è *prima facie*. Chi è stato ferito ha diritto alla cura, ma tale diritto non prevale su tutti gli altri diritti: chi è stato ferito non ha diritto a tutte le attenzioni possibili, perché anche il suo diritto alla cura va coordinato con altri diritti. Nel caso specifico, ad esempio, va tenuto presente il *diritto* dei soldati al fronte di avere adeguati rinforzi e di non essere lasciati allo sbaraglio (a morire). La scelta che si presenta è indubbiamente tragica, ma può darsi che il bilanciamento dei *vari diritti in conflitto* porti alla conclusione che è giusto risanare i meno gravi per rispedirli subito al fronte. Dicendo questo non intendo affatto dire che la soluzione adottata sia stata davvero *effettivamente* giusta, ma solamente offrire uno spunto di discussione al riguardo e trarre una modesta conclusione metodologica: non sempre la decisione morale e saggia dipende dalla prima impressione! Come non sempre il vino più buono è quello della prima osteria, così anche la decisione *giusta* può richiedere riflessione e ponderazione.

Può darsi che a questo punto l'interlocutore replichi che il di -

scorso fatto è valido *perché* l'esempio riguardava uno stato di guerra, ossia una situazione eccezionale. In guerra, come in altre situazioni di emergenza (di catastrofe naturale, ecc.), possono essere sospese le usuali regole morali e giuridiche. Ad esempio, a volte viene limitata la libertà individuale di circolazione (il "coprifuoco"), diventa obbligatoria la donazione di sangue a tutti gli adulti, si fornisce assistenza sanitaria a coloro che sono facilmente salvabili, trascurando i feriti lievi (che possono aspettare) e i feriti gravi (che richiederebbero troppe attenzioni e risorse). Si può pensare che la soluzione adottata dall'Alto comando britannico sia giustificabile per queste ragioni.

Ma l'eccezionalità che caratterizza le situazioni di emergenza consiste nella *scarsità del rimedio* rispetto alla richiesta. In caso di guerra, di calamità naturale, ecc., questa condizione si realizza per cause esterne. Situazioni analoghe, comunque, si creano anche in circostanze normali (di pace, ecc.) ogniqualvolta la disponibilità di un rimedio è scarsa rispetto alle richieste. Stante che le malattie sono il dato che tutti vogliono evitare, la situazione di scarsità si verifica ogni volta che *abbiamo*, o *potremmo avere*, i mezzi per risolvere la questione ma la disponibilità di tali mezzi risulta inferiore alla richiesta. È per questo che decisioni tragiche simili a quelle prese dall'Alto comando britannico oggi sono all'ordine del giorno e impongono la scelta di priorità.

## 5. *Un altro esempio di priorità: quali criteri di allocazione?*

A conferma di quanto appena affermato si può esaminare un altro caso celebre di scelta di priorità. Agli inizi degli anni Sessanta, il nefrologo B.H. Scribner dell'università di Seattle (Washington) ha inventato una cannula che consentiva di fare la dialisi, ossia la procedura che consente di "filtrare" il sangue sostituendo così le funzioni dei reni. La prima dialisi è stata eseguita il 9 marzo 1960, e il 1 gennaio 1962 veniva aperto lo *Seattle Artificial Kidney Center*, un nuovo ospedale costruito per soddisfare le esigenze dello stato di Washington, ossia prevedendo da 5 a 20 pazienti per milione di abitanti. Ma la voce della nuova prodigiosa terapia si è sparsa in un baleno e malati giungevano a da tutte le parti d'America: anche lavorando ininterrottamente notte e giorno non si riusciva a soddisfare le richieste: come stabilire chi ammettere alla dialisi?

Al riguardo si è formata una Commissione, che subito è stata ribattezzata come *God Commission*: decidendo l'ammissione alla dialisi stabiliva chi far vivere e chi lasciar morire. Un articolo di Shana Alexander pubblicato sulla rivista «Life» nel novembre 1962 dava la notizia col titolo: «Decidono chi vive e chi muore. Il miracolo della medicina pone un onere morale su un piccolo comitato». Mentre in passato era la natura a stabilire chi dovesse vivere o morire, ora ciò dipendeva da una *scelta umana* demandata a una Commissione (ai cui membri non era consentita l'astensione, ma richiesto il sì o il no). Alcuni obiettano che così facendo l'uomo esagera perché assume il ruolo di Dio e viene a "giocare la parte di Dio" ("playing God"), pretendendo di sostituirsi a Lui. Ma ora che c'è la dialisi (e le altre capacità di sostegno vitale), la scelta umana al riguardo è inevitabile: se anche si lasciasse fare alla natura, questa sarebbe pur sempre una decisione umana, e la natura farebbe il proprio corso perché l'uomo vuole e decide di lasciare che così accada.

Un altro fatto nuovo caratteristico della *God Commission* è la sua composizione: sette persone, di cui due soli erano medici non nefrologi, mentre gli altri provenivano dalla società civile (uno era un pastore protestante, un commerciante, un giurista, un conciatore di pelli e un geometra). Secondo alcuni è stato un gravissimo errore assegnare la responsabilità della scelta a persone estranee alla medicina, perché solo i medici avrebbero la competenza a decidere al riguardo. Ma è proprio vero che le scelte allocative (come quella della ammissione alla dialisi) sono di esclusiva competenza medica?

È chiaro che ai medici spetta il compito di dare giudizi circa il probabile "successo medico": se un solo paziente (tra vari) ha il gruppo sanguigno compatibile con la sola sacca di sangue a disposizione, il giudizio medico risolve il problema dell'allocazione di tale risorsa (perché sarebbe sciocco non fare la trasfusione a quello). Ma se tutti i possibili riceventi (o anche solo due) fossero compatibili, il criterio del "successo medico" risulta del tutto inadeguato. In questo caso, un eventuale giudizio medico nasconde *altri* fattori di carattere "extra medico" (ossia valori), che non sono di competenza specifica. In questo senso, l'idea di non limitare la responsabilità al riguardo ai soli medici mi pare saggia e significativa.

Ma in base a quali criteri è possibile operare tale scelta? È ovvio che tale scelta non può essere lasciata alla discrezionalità delle persone: non si può giustificare la scelta dicendo: «questo mi è simpatico, l'altro no!», oppure «questo si perché mi ha fatto un regalo, l'altro no perché mi ha risposto sgarbatamente ieri!». Si richiedono dei criteri generali e pubblici da applicare poi alle varie situazioni.

## 6. *Scegliere in base ai "meriti sociali" o alla casualità? I Qaly*

La *God Commission* ha adottato dei criteri molto empirici e rudimentali per ammettere alla dialisi: esaminava il *curriculum vitae* degli aspiranti e valutava i *meriti sociali* del candidato, scegliendo il più meritevole. Ad esempio, una persona sposata con due figli piccoli e attività di servizio civile o di volontariato avrebbe avuto la precedenza rispetto a uno scapolo con precedenti penali. Il filosofo Nicholas Rescher ha difeso questo criterio "utilitarista" osservando che «la società "investe" una risorsa scarsa su una persona invece che su un'altra, e ha pertanto tutte le ragioni di considerare quale sia il probabile "ritorno" che può derivare dal suo investimento».

Si è obiettato che dal punto di vista *pratico* tale criterio fatalmente viene a riproporre i valori sociali della classe media, e che da quello *teorico* è sbagliato e fuorviante perché non rispetta l'eguale dignità di tutte le persone. Tale eguale dignità impone di considerare come egualmente significativa la vita di tutti, a prescindere dai diversi meriti sociali. Solo la scelta casuale garantisce tale valore della eguale dignità, e il modo in cui lo si attua è il ricorso alla *lotteria*. Anche questo criterio può incontrare difficoltà a livello *pratico*, perché di fatto i pazienti arrivano serialmente (uno dopo l'altro) ed è quindi difficile organizzare la "lotteria" (che presuppone una convergenza simultanea). Ma mentre prima le difficoltà pratiche dipendevano da un errore teorico (la negazione dell'eguale dignità delle persone), qui quest'aspetto è salvaguardato.

Il teologo cristiano Joseph Fletcher ha replicato che il ricorso alla lotteria è «letteralmente irresponsabile, è un rifiuto del compito di scegliere e un non volere essere razionali». Lasciare decidere al caso è pretendere di evitare una scelta che è inevitabile. Poiché non ci si può esimere dalla scelta di priorità, alcuni economisti sanitari hanno escogitato il Qaly (*Quality Adjusted Life-Year*), ossia la misura del valore di una data situazione di salute ottenuta bilanciando la qualità di un anno di vita. Invece di fornire assistenza sanitaria in base ai meriti sociali, essa va al candidato che ottiene un più alto "punteggio Qaly".

Tale punteggio viene determinato sulla scorta di due assunti. Il primo è che un anno di vita sana valga +1, e che un anno di vita con malattia valga meno di +1, con un valore decrescente in proporzione al peggioramento della qualità di vita fino a giungere allo 0 (zero) della morte (o della perdita di coscienza) – con possibili situazioni negative in caso di accanimento terapeutico. Il punteggio viene assegnato considerando le prognosi di vita e valutando "situazioni tipo" ben precise e pubbliche (come l'essere allettati, in carrozzella, l'essere capaci di mangiare da soli, ecc.) che sono attese. L'altro assunto è che, potendo scegliere, ciascuno di noi preferisce un periodo di vita più breve ma con maggiore qualità della vita a un periodo più lungo ma con minore qualità. In questo senso, dopo aver assegnato i vari punteggi Qaly alle situazioni conseguenti un dato intervento sanitario, esso viene assegnato al candidato che ha maggiore punteggio, perché questo è quello che trae maggiori benefici.

Alcuni riconoscono che i criteri per assegnare il punteggio sono ancora rozzi e imperfetti, e che oggi il Qaly sembra essere uno strumento grossolano. Ma questa è la via giusta da seguire. Altri replicano che è invece sbagliata perché cerca di mettere a confronto due situazioni disomogenee: è possibile confrontare la bontà di due mele, stabilendo quale sia più buona dell'altra. Ma non è possibile confrontare la bontà di una mela con quella del kiwi (o della pera), perché c'è disomogeneità. Tale difficoltà cresce quanto più disomogenee sono le situazioni da confrontare, e ciò capita nel caso del Qaly, dove il confronto riguarda due aspetti tanto diversi come la lunghezza della vita e la sua qualità.

Dopo oltre trent'anni di studi, le difficoltà del Qaly sono ancora vistose. Alcuni osservano che si spreca tempo a ricercare in tale direzione e sottolineano che la soluzione del problemi a circa le scelte di priorità va ricercato approfondendo il cosiddetto "diritto alla salute".

## 7. *La nozione di "diritto" e di "diritto alla salute"*

Quando si mette in campo la nozione di "diritto" (a right) ci si richiama a ciò che è *giusto*, prendendo le distanze da ciò che è meramente *utile* (e dall'utilitarismo). In questo senso con *diritto* si intende una *pretesa valida (o un titolo valido) che giustifica la richiesta ad altri di fare una certa azione o di astenersi dal farla.* L'atteggiamento di chi avanza un diritto non è quello di chi supplica o impetra un favore o anche cerca un utile, ma di chi domanda ciò che gli è dovuto. Pertanto, l'eventuale violazione del diritto di Tizio costituisce un *torto*, e non è soltanto fonte di una situazione spiacevole o sfortunata. Quando si dice che Tizio ha un diritto a X non si vuol dire che Tizio trae dei benefici da X, né che è auspicabile che abbia X. Si dice invece che ha una valida ragione per pretendere di avere X.

Un diritto è *condizionato* quando dipende da precedenti accordi o dal ruolo ricoperto da una persona: ad esempio, se Caio promette a Tizio una certa ricompensa per un servizio, allora Tizio ha diritto di avere la ricompensa pattuita; oppure se Sempronio è padre di Lilli , allora ha certi diritti derivanti dal ruolo. Un diritto è *universale* quando è indipendente da precedenti accordi o ruoli specifici ed è proprio di ciascuno in quanto uomo. Ancora si discute se esistano, e come vadano intesi, i diritti *universali.*

I diritti si dicono *negativi,* quando impongono il dovere di non fare azioni che interferiscono con la pretesa avanzata; e *positivi* quando impongono il dovere di fare azioni che favoriscono la pretesa in questione. Il diritto allo studio, ad esempio, è positivo in quanto impone non solo che non si impedisca a uno di studiare ma anche che si costruiscano scuole per far sì che le persone possano agevolmente accedere agli studi. I diritti di questo tipo sono chiamati "diritti sociali", o "di seconda generazione" perché sono quelli sostenuti nella seconda parte della *Dichiarazione universale dei diritti dell'uomo* del 1948; e si distinguono dai cosiddetti "diritti di libertà", o "di prima generazione" – affermati dalla *Dichiarazione dei diritti dell'uomo e del cittadino* del 1789 – i quali sono invece diritti negativi (garantiscono solo la non interferenza).

Infine, i diritti possono essere affermati sul piano *morale* o su quello *giuridico*. Poiché non è chiaro se il diritto alla salute possa essere affermato sul piano giuridico, qui lo considero come diritto morale. Chi sottolinea il *diritto alla salute* lo afferma come diritto *universale* (proprio di tutti gli umani in quanto tali) e *positivo* (ingiunge ad altri il dovere di fare atti che possano ripristinare la nostra salute). L'affermazione del "diritto alla salute" impone l'obbligo di creare l'opportunità che tutti possano *accedere all'assistenza sanitaria*. Ciò non implica il "godimento della buona salute", perché nonostante tutti gli sforzi fatti la salute di una persona potrebbe rimanere malferma e incerta, ma la possibilità di ricevere le cure adeguate per tutti. In questo senso, il diritto alla salute eliminerebbe le scelte di priorità.

## 8. *L'egualitarismo: c'è il diritto alla salute*

Chi afferma il diritto alla salute difende una prospettiva egualitarista secondo cui l'accesso all'assistenza sanitaria deve essere garantito a qualsiasi persona semplicemente perché è una persona. Il diritto alla salute è un diritto analogo al diritto che ciascun cittadino ha di accedere all'urna elettorale, di avere un giusto processo, di ricevere un grado di istruzione, ecc. Come questi, anche quello alla salute è un diritto che spetta a tutti gli uomini indipendentemente dal censo o dalla condizione sociale perché senza la possibilità di votare, senza la salute, ecc. la persona è come deprivata di caratteristiche fondamentali che le sono proprie. Per questo lo Stato deve assicurare a ciascuna persona l'accesso all'assistenza sanitaria: il modo più efficace di garantire il rispetto del diritto alla salute sembra sia l'istituzione di un sistema *pubblico* di assistenza sanitaria aperto a tutte le persone e capace di soddisfare i vari bisogni di cura dei cittadini. Attraverso le imposte, tutti contribuiscono a finanziare questo sistema pubblico di assistenza sanitaria che *ridistribuisce poi i costi pagati in termini di servizi sanitari resi* a coloro che necessitano di assistenza.

In via generale sembra che l'idea del diritto alla salute sia stata accolta e affermata dalla Costituzione della Repubblica (1948), il cui art. 32 recita: «la Repubblica tutela la salute come fondamentale diritto dell'individuo e interesse della collettività, e garantisce cure gratuite agli indigenti». È questa l'unica volta in cui nella Costituzione compare il termine "individuo", e va ricordato che quest'articolo introduce un aspetto nuovo nella vita sociale italiana. In precedenza si riteneva che lo Stato non dovesse interessarsi al diritto alla salute, perché – come chiariva un autorevole giurista d'inizio secolo – «è evidente che a ogni singolo spetta di vegliare da sé medesimo alla conservazione della propria salute, non essendo compito dello Stato di surrogarsi all'individuo e di provvedere a tutti i bisogni di lui».

Quest'affermazione non implica affatto che lo Stato possa *disinteressarsi* della salute dei cittadini. Tutt'altro, lo Stato ha un preciso e forte interesse alla salute dei singoli, ma questo *perché* cittadini sani garantiscono la potenza e floridezza dello Stato medesimo. Lo Stato si occupa quindi della tutela della "salute pubblica" (con l'igiene e altre misure di profilassi come la quarantena obbligatoria in caso di malattie infettive, ecc.), intervenendo ogniqualvolta la mancanza di salute dei cittadini è di ostacolo o di impedimento alla crescita dello Stato o alla realizzazione di un qualche suo obiettivo. Ma lo Stato non si preoccupa della *salute in sé* dei singoli cittadini, perché questo è compito che spetta a ciascun individuo.

L'approvazione dell'art. 32 della Costituzione ha cambiato radicalmente questa prospettiva tradizionale. Tuttavia, l'interpretazione di questo diritto è stata controversa ed è ancora oggi oggetto di vivaci discussioni. Negli ultimi anni, poi, anche in Italia – come altrove – l'egualitarismo è rimesso in discussione perché – come abbiamo visto – non è (economicamente) possibile dare a tutti tutta l'assistenza sanitaria possibile. Ci si chiede se sia possibile modificare l'egualitarismo in modo da mantenere almeno il nucleo fondamentale o se invece lo si debba abbandonate per abbracciare il cosiddetto *libertarismo*.

## 9. *Il libertarismo: non c'è alcun "diritto alla salute"*

Se agli inizi del XX secolo si riteneva non fosse compito dello Stato occuparsi della salute dei cittadini, oggi – dopo le varie esperienze di "Stato sociale" – i libertari osservano che è moralmente sbagliato che lo Stato se ne occupi. La dignità e l'autonomia della persona fan sì che questa abbia il diritto di controllare e possedere tutto ciò che riesce ad acquisire attraverso scambi volontari e non coatti: lo Stato deve rimanere estraneo a tale attività, e ogni interferenza pubblica è una intollerabile violazione dei "diritti di libertà" che consentono alla persona di estrinsecare le proprie capacità e i propri piani di vita. Quest'idea fondamentale vale prima di tutto per i beni di consumo (le proprietà) ma anche per la salute. Pertanto, l'accesso alla assistenza sanitaria va lasciato alla volontà e iniziativa dei singoli, i quali – se vogliono – provvederanno a procurarsi tale servizio in vari modi (ad esempio attraverso assicurazioni).

Il filosofo texano Tristram Engelhardt ha sostenuto una versione di libertarismo osservando che nel mondo post-moderno è ormai scontata l'assenza di una risposta giusta circa la *vita buona* (o la *giustizia*). Persone di religioni e tradizioni culturali diverse ne danno definizioni opposte e inconciliabili, per cui si deve riconoscere che non c'è modo di giungere a un accordo su questioni di sostanza. Poiché l'allocazione delle risorse sanitarie inevitabilmente presuppone una qualche visione sostantiva della *vita buona* (o della *giustizia*), diventa impossibile conciliare il diritto alla salute (come diritto universale) col diritto alla libertà. Infatti, l'assistenza sanitaria influenza in modo profondo e drammatico tutti i passaggi importanti della vita, dalla riproduzione e nascita alla sofferenza e morte, per cui la dichiarazione di un diritto sociale all'assistenza sanitaria valido per tutti implica l'affermazione di una specifica e concreta moralità a discapito di altre, imponendo ad alcuni di fare azioni giudicate inaccettabili od obbrobriose.

Ad esempio, se il sistema pubblico di assistenza sanitaria prevede l'aborto gratuito, un antiabortista si trova a dover *pagare* anche per questo servizio che giudica ripugnante e col quale non vorrebbe avere nulla a che fare. D'altro canto, un cittadino che ritenesse giusta e doverosa l'interruzione della gravidanza in caso di gravi malformazioni del feto, si troverebbe a dover *pagare* per gli ulteriori costi sanitari richiesti in questi casi ove la donna per ragioni di coscienza avesse evitato di interrompere la gravidanza. Problemi analoghi si presentano al termine della vita, dove le spese sanitarie possono diventare davvero ingenti. In tale ambito il rispetto della libertà e dignità delle persone deve lasciare a esse la facoltà di chiedere i trattamenti desiderati, pagando i relativi costi. Così, chi ha simpatie vitaliste e volesse terapie straordinarie fino all'ultimo respiro, stipulerà un'assicurazione che garantisce tali interventi (pagando probabilmente un premio molto alto); chi invece propendesse per l'accompagnamento del morente e accetta solo le terapie ordinarie, stipulerà un'assicurazione corrispondente con un premio più basso; chi infine non si cura delle fasi finali, preferendo godersi i soldi ora, stipulerà un altro tipo di assicurazione (con un premio ancora più basso), accettando di avere solo l'assistenza sanitaria "corrente" ed evitando la costosa assistenza terminale in età avanzata. In breve: il diritto alla salute impone un'intollerabile interferenza nella libertà e dignità delle persone.

Questa proposta è sicuramente ardita, ma siamo in tempi di grandi cambiamenti ed è bene che ci siano studiosi che "pensano in grande" e lancino idee provocatorie che stimolano la riflessione. Può darsi che alla fine esse risultino errate o siano comunque abbandonate, ma – al di là di una certa iniziale "sorpresa" – la disamina critica della posizione migliora la qualità del dibattito. Può darsi, però, che qualcuno osservi che tale proposta è bizzarra e va scartata semplicemente perché è irrealizzabile nella pratica. L'esempio del trattamento circa la fine vita lo mostrerebbe in modo palese, dal momento che è pressoché impossibile stabilire *oggi* (quando devo decidere che polizza assicurativa stipulare) quale tipo di trattamento sanitario vorrò ricevere tra cinquant'anni, e ancora più difficile pensare che una persona mantenga fede alla scelta autonoma fatta in precedenza senza gravi rimostranze.

È probabile che Engelhardt replicherebbe che una difficoltà analoga si presenta già oggi per le scelte *entro* la vita: quando un giovane sceglie la facoltà universitaria, decide la propria professione futura dal momento che sarà poi molto difficile cambiare lavoro (a meno di gravi dequalificazioni). Ad esempio, supponiamo che un giovane scelga la facoltà di giurisprudenza credendo di potere così far trionfare la giustizia, e che poi – diciamo dopo una decina d'anni – si accorge che il suo obiettivo non è raggiungibile, rimanendone profondamente deluso. Vorrebbe cambiare lavoro, ma molto difficilmente riuscirà, a meno di gravissimi costi, perché è difficile mantenere l'alto livello di qualificazione richiesto per il cambiamento di lavoro (Per evitare queste difficoltà in passato, nel "mondo chiuso", i giovani non avevano la libertà di scegliersi il lavoro ritenuto più consono, ma seguivano le indicazioni dei genitori). Come *già oggi* le persone accettano le conseguenze delle scelte *autonome* fatte *entro* vita, così possono accettare anche quelle delle scelte autonome *sulla* vita.

Ma Engelhardt sa bene che alcuni (forse molti) rinnegherebbero la scelta autonoma fatta, creando la difficoltà *pratica* ricordata. Non solo riconoscerebbe la facoltà di cambiare idea, ma può darsi sarebbe anche disposto a *pagare* (in certa misura) per soddisfare le nuove eventuali richieste. Deve però essere chiaro che il servizio sanitario fornito dipende dalla *beneficenza* e non dal "diritto alla salute". Il libertario non è contrario all'idea che nella società ci siano istituti che forniscono assistenza sanitaria a chi non può pagare i costi richiesti, ma tale servizio va lasciato agli atti *benevoli* (alle opere *di carità*, si potrebbe dire, oppure alle libere elargizioni) che i cittadini più facoltosi fanno a chi è meno abbiente o ha cambiato idea – non deriva da un precedente "diritto". L'idea che ci sia un "diritto alla salute" come diritto alla assistenza sanitaria è quindi del tutto infondata e pericolosa. Infondata perché si basa sull'assunto (falso) che ci sia un'unica nozione di giustizia; pericolosa perché comporta che necessariamente ad alcuni vengano imposti stili di vita o visioni della *vita buona* che non gli sono propri.

## 10. *Le posizioni intermedie*

Quasi sempre, quando ci sono due *paradigmi* opposti (e forse "incommensurabili") emergono anche varie posizioni intermedie, che in qualche modo cercano di attenuare o conciliare le divergenze. Nel nostro caso l'intento è far sì che un sistema di assistenza sanitaria *pubblica* (teso a garantire il "diritto alla salute") possa coesistere con un sistema *privato* (che nega tale diritto), con un *mix* di funzioni che – pur non dando la piena soddisfazione a nessuno –

giunga almeno a un livello decente per tutti.

Alcuni ribattono però che questi tentativi intermedi non fanno altro che peggiorare la situazione iniziale: inquinando il quadro teorico caratteristico delle singole posizioni porta a compromessi che producono mostri che rendono più difficile e confusa la vita. Quest'aspetto emerge ad esempio non appena si consideri che i medici migliori tenderanno a impegnarsi di meno nel pubblico per andare a guadagnare di più nel privato, con effetti inaccettabili per entrambe le prospettive: i libertari perché devono mantenere nel pubblico medici poco impegnati (che in regime di concorrenza verrebbero subito eliminati); e gli egualitari perché devono riconoscere che i due sistemi di assistenza forniscono servizi di qualità diversa, creando una grave diseguaglianza tra i cittadini.

Sembra tuttavia che la ricetta vincente stia nel trovare l'adeguato *mix* di pubblico e privato, cosicché grazie a una concorrenza "a pendolo" (che prevede un'oscillazione che avvantaggia per poco ora l'uno ora l'altro fattore) si viene a trovare quell'equilibrio che garantisce la migliore assistenza sanitaria possibile al maggior numero di persone. Lungi dall'essere un mostro è un ibrido più resistente alle avversità. Di fatto la necessità di tale mix sembra riconosciuta da tutti: per evitare certi eccessi di crudezza della loro posizione, vari libertari sono disposti ad ammettere anche qualche moderata tassazione per garantire un minimo di assistenza pubblica: il problema, ovviamente, sta nel determinare il livello minimo previsto. D'altro canto gli egualitaristi riconoscono che è praticamente impossibile garantire la soddisfazione di tutti i bisogni sanitari, perché il sistema sanitario sarebbe un "buco nero" che risucchia troppe risorse. Il "diritto alla salute" garantisce quindi la soddisfazione dei soli bisogni sanitari *fondamentali*, mentre il cittadino può richiedere al sistema privato di soddisfare eventuali altre *opzioni* sanitarie.

Ancora una volta, inizialmente questa soluzione sembra accettabile, ma ben presto mostra una difficoltà: com'è che possiamo distinguere tra "bisogno sanitario *fondamentale*" e semplice "*opzione* sanitaria"? A prima vista la risposta sembra chiara: ad esempio, se un paziente necessita di una trasfusione di sangue, questo è un bisogno *fondamentale* (perché altrimenti muore), mentre se richiede un intervento di chirurgia estetica per diventare più bello, questa è una *opzione* (perché si può vivere egualmente anche essendo meno belli: l'essere belli o brutti è un problema *sociale* e non *sanitario*!).

Ad una disamina più attenta, però, emergono seri problemi. Supponiamo ad esempio che sia disponibile del "sangue artificiale", *mille* volte più costoso di quello "naturale", ma accettabile anche ai testimoni di Geova: quel sangue "artificiale" (più costoso) soddisfa un *bisogno fondamentale* o una mera *opzione sanitaria*? Se si dice che è una mera *opzione*, allora neanche la trasfusione di sangue soddisfa più un *bisogno fondamentale* e viene meno la distinzione stessa. Se, invece, si dice che soddisfa un bisogno *fondamentale per il testimone di Geova*, allora si apre la strada all'uso generalizzato del sangue "artificiale" e non si riesce più a limitare i costi. Infatti, se tale sangue va garantito al testimone di Geova, perché rifiutarlo a un cittadino che dichiarasse di avere una "repulsione" per il sangue naturale? Ciascuno potrebbe avanzare una qualche ragione per pretendere il nuovo sangue, e quindi non sarebbe raggiunto l'effetto desiderato di limitare i costi.

Difficoltà analoghe si presentano anche nell'altro caso (la chirurgia estetica o altri interventi migliorativi). Infatti, l'essere di bassa statura non è una malattia: dovremmo pertanto negate l'ormone della crescita a quei bambini destinati a rimanere di bassa statura, quando potrebbero invece raggiungere una statura normale? Per questi bambini l'ormone della crescita soddisfa un bisogno *fondamentale* o una mera *opzione*? Essere più bassi della media è una "malattia" o semplicemente una "condizione naturale" che può comportare disagi sociali? Non intendo dare una risposta a queste domande, che pongo per mostrare come oggi la distinzione in questione è sempre più sfumata, tanto da sembrare arbitraria ed essere praticamente inservibile. Questo costituisce davvero una sfida per il diritto alla salute.

Stanti i frequenti dilemmi che si presentano in materia, sembra che il modo migliore per descrivere i problemi concernenti l'allocazione delle risorse sanitarie sia quello di ricorrere alla metafora usata dal medico e filosofo inglese Raanan Gillon, per il quale ci troviamo in una situazione analoga a quella del giocoliere che fa roteare in aria tre o quattro birilli, riuscendo nell'esercizio per qualche tempo fino a quando un birillo sfugge alla presa e cade costringendo a una pausa. Ma il bravo giocoliere riprende prontamente il birillo caduto e riprova a tenerli tutti in aria contemporaneamente. Così avviene nella società in cui ci si deve destreggiare tra pretese diverse e spesso configgenti.

# XI

# Diritti umani, bioetica e diritti animali

## 1. *Introduzione: i diritti umani come base comune per la bioetica*

Già in varie occasioni abbiamo esaminato la tesi di Engelhardt che la società contemporanea è popolata da *stranieri morali,* ossia persone che parlano lingue morali diverse perché hanno concezioni inconciliabili della "vita buona". In altre parole, piaccia o no (e a Engelhardt non piace affatto, ma dice che non si può sottovalutare il fenomeno!) è irrimediabilmente venuta meno la concezione sostantiva della "vita buona" che nelle società tradizionali forniva il criterio di moralità e il collante della vita sociale, per cui va abbandonata la pretesa di avere una morale unica, ossia valori morali con contenuti condivisi. Dobbiamo riconoscere che solo la libertà delle persone garantisce la dignità e consente il mantenimento della pace sociale.

Alcuni criticano questa prospettiva osservando che essa presuppone un individualismo estremo, che peraltro non sarebbe così diffuso come supposto da Engelhardt. Sottolineano che anche dal punto di vista empirico la tesi esposta è dubbia (se non addirittura palesemente falsa), perché di fatto i *diritti dell'uomo* (o *diritti umani*) possono fornire e forniscono un punto di riferimento solido e stabile per individuare almeno una base comune capace di risolvere i nuovi problemi da affrontare. In questo senso i *diritti umani* costituiscono una sorta di *lingua franca* o di *esperanto* che consentirebbe agli stranieri morali di parlare tra loro, o la stella polare che consente l'orientamento nel lavoro di ricomposizione del collante sociale.

Secondo la prospettiva considerata, i diritti umani riuscirebbero, quindi, a fornire il criterio dirimente degli attuali dilemmi etici perché presentano le seguenti importanti caratteristiche:

- sono diritti fondati nella *dignità umana* quale espressione dell'eguale valore proprio di ogni essere umano in *quanto uomo* – e non in quanto "capace" di fare qualcosa o avente un qualche status sociale;
- il fatto che si riconosca il valore sommo e peculiare dell'uomo è decisivo perché i cristiani osservano che tale *dignità* «ha le sue radici nell'intimo legame che [...] unisce [l'uomo] al suo Creatore» (EV. n. 34), mentre i "laici" assumono questa premessa come una sorta di "postulato" senza il quale non è possibile la convivenza civile;
- i diritti umani sono radicati nella *natura umana*, e spettano all'uomo in quanto appartenente alla specie umana;
- poiché i diritti umani valgono per tutti gli uomini *indistintamente*, a prescindere da razza, sesso, cultura, condizione sociale, religione, ecc., la dignità umana propria di ciascun uomo è *senza gradazioni* connesse alle eventuali maggiori o minori "capacità";
- il radicamento dei diritti umani nella "natura umana" fa sì che l'interpretazione "individualistica" dei diritti dell'uomo (che mette in primo piano la scelta e l'autonomia del singolo individuo) sia estranea al concetto originario dei diritti dell'uomo;
- il *diritto alla vita* è la base di ogni altro diritto umano: titolare del diritto alla vita è ciascun essere umano;
- il diritto alla vita vale in ogni fase della vita umana, dalla fecondazione alla morte naturale: mentre sinora il processo storico ha portato a un'estensione dei diritti dell'uomo secondo una linea *orizzontale* tendente a riconoscere la eguale dignità di tutti gli esseri umani indipendentemente dalla razza, dal sesso, ecc., ora diventerebbe urgente estendere i diritti umani anche in linea *verticale* riconoscendo l'eguale dignità a tutti dal concepimento alla morte naturale. Infatti, la formulazione datane dalla *Dichiarazione universale* è tale che tale diritto vale dalla nascita e non dal concepimento (o fecondazione), cosicché la fase prenatale non è protetta dalla formulazione attuale dei diritti dell'uomo.

Insistendo sull'urgenza di colmare questo vuoto circa la fase prenatale, si sottolinea che, comunque, già ora i diritti umani costituirebbero una solida base per affrontare le nuove sfide che si presentano in ambito biomedico. Si tratta di vedere prima di tutto se la tesi sopra esposta sia accettabile.

Questo compito richiede sia una disamina del problema dal punto di vista *storico* che consideri le discussioni suscitate negli ultimi secoli dall'affermazione dei diritti dell'uomo, sia una attenta considerazione dal punto di vista *teorico* dei vari problemi che ancora oggi restano aperti – problemi che riguardano le controversie circa l'*interpretazione* dei diritti umani. Quest'analisi ci porterà a considerare alcune questioni *interne* alla dottrina dei diritti umani, e quindi le diverse interpretazione che di esse sono date. Tuttavia, non va dimenticato che non mancano critiche *esterne* ai diritti umani, mosse da chi sottolinea che la nozione stessa di "diritti umani" è frutto di una concezione ristretta e obsoleta dell'etica che porta a gravi e inaccettabili discriminazioni. Dovremo così considerare problemi molto concreti che tuttavia sollevano questioni di carattere teorico generale circa la natura dell'etica e il suo ambito di applicazione. Partiti con un bagaglio di attrezzi per capire il "gioco dell'etica", abbiamo affrontato una serie di questioni pratiche, e ci stiamo avviando ora a tornare a questioni generali che aprono la strada ai problemi del senso della vita e del perché impegnarsi nel mondo, temi che affronteremo nel prossimo capitolo.

## 2. *I problemi "interni" alla dottrina dei diritti umani*

Come già abbiamo visto in altre occasioni, una disamina storica circa lo sviluppo del problema affrontato può essere d'aiuto per lumeggiare gli aspetti della questione da affrontare. Questo vale anche nel caso dei diritti dell'uomo, per cui è bene cominciare proprio da considerazioni di carattere storico.

### 2.1. *Lo sviluppo storico dei diritti umani e le controversie da essi suscitati*

L'idea che ci siano dei "diritti fondamentali" comuni a tutti gli uomini è antica e ha trovato forma in alcuni documenti storici come la *Magna Charta libertaum* (1215) e altri. Ma il passo cruciale è avvenuto il 26 agosto 1789 con la *Dichiarazione dei diritti dell'uomo e del cittadino*. I cosiddetti *principi dell"89* hanno avuto un effetto dirompente perché hanno affermato i diritti dell'*uomo*, ossia quei diritti che sono propri di tutti gli uomini e che originano dall'uomo. Come osservava Alessandro Manzoni, la *Dichiarazione* americana del 1776 non aveva «per oggetto né di stabilire le basi della loro costituzione, né di definire e di raccogliere in un complesso tutti i principj di diritto anteriori a ogni legge e a ogni convenzione, e sui quali deva fondarsi ogni costituzione diretta al bene pubblico: che furono i due fini che l'Assemblea Nazionale di Francia si propose nel compilare la sua Dichiarazione dei diritti dell'uomo». In questo senso, la *Dichiarazione* americana «era un manifesto di indipendenza nazionale, e non una norma di governo interiore»[1] come invece ha preteso di essere quella francese del 1789.

Assieme ad altri fattori, la *Dichiarazione dei diritti dell'uomo e del cittadino* ha davvero cambiato il mondo, gettando le basi per una nuova forma di coesistenza sociale. Tra i vari effetti apportati dal vasto processo storico che si riannoda ai diritti dell'uomo sta la garanzia dell'incolumità personale, le leggi scritte e note a tutti, il giusto processo, e soprattutto l'affermazione della libertà e dell'uguaglianza. Per noi oggi può essere difficile cogliere la novità insita nell'affermazione della libertà e dell'eguaglianza, e forse ci vuole un po' di sforzo intellettuale: ma ad esempio la stessa libertà di movimento era problematica e ancora di più era l'eguaglianza. Gli uomini di fatto sono *diseguali*: alcuni sono più forti e robusti di altri, altri più intelligenti, alcuni sono maschi, altri femmine, alcuni nascono in famiglie ricche, altri in condizioni di povertà, ecc. Queste differenze prendono forma in istituzioni sociali che consolidavano (e ancora consolidano) la disuguaglianza *fisica*, che viene poi addotta come argomento per giustificare la diseguaglianza *normativa*. Come ha osservato il filosofo italiano Demetrio Neri, mentre oggi è ovvia e scontata l'idea che tutti gli uomini siano, in linea di principio, uguali tra di loro e liberi,

[1] A. MANZONI, *La Rivoluzione Francese del 1789 e la Rivoluzione Italiana del 1859*.

> fino a non molti anni fa era invece comune e scontata l'opinione opposta. Gli uomini non erano considerati tutti uguali, perché la natura stessa faceva rigide distinzioni. C'era chi nasceva di rango superiore e chi di rango inferiore: e tali restavano per tutta la vita. Neppure la libertà era un diritto appartenente a tutti; anzi era considerato un fatto normale che molti uomini fossero schiavi. Per la verità, i principi di eguaglianza e libertà erano conosciuti fin dai tempi antichi. Il Cristianesimo, ad esempio, aveva annunciato che tutti gli uomini hanno eguale valore e dignità. Ma da questo principio, i cristiani non trassero conseguenze pratiche; l'eguaglianza fu intesa solo come eguaglianza spirituale: tutti gli uomini, schiavi o liberi, sono uguali di fronte a Dio e alla sua legge. Potevano però restare profondamente disuguali sulla terra e di fronte alla legge umana. Soltanto nel XVII secolo, dal principio di eguaglianza si trasse la conseguenza rivoluzionaria che ogni uomo doveva avere uguali diritti nella società e nello Stato[2].

Infatti, in un senso la struttura sociale era tale per cui era come se l'individuo scomparisse «nel gruppo o nella comunità alla quale apparteneva per nascita. Se godeva di diritti, questi erano non suoi propri, ma della comunità» o del gruppo di appartenenza. La dichiarazione dei diritti dell'uomo ha contribuito allo sgretolamento di questo assetto, affermando che – essendo propri di ogni uomo – tali diritti esistono prima ancora che l'uomo entri a far parte di una data struttura o assetto sociale (per questo a volte si dice che tali diritti sono *naturali*, dove tale termine indica che sono precedenti al "contratto sociale" contrapponendoli ai diritti *sociali*, ma non sono "naturali" in quanto *conformi alla natura biologica o fisica* che viene *riconosciuta* avere una forza normativa).

Il nuovo assetto costituzionale derivante dalla *Dichiarazione* è diventato il vanto e l'orgoglio del mondo moderno e contemporaneo. È un fatto che la *Dichiarazione* ha avuto un successo straordinario e che la sua forza di penetrazione nell'opinione pubblica è diventata irresistibile. Tuttavia non si deve credere che la strada per l'affermazione dei diritti umani sia stata facile. Durissime sono stare le opposizioni, tra cui possiamo qui ricordare quelle mosse dal gesuita Secondo Franco, nel volume *Risposte popolari alle obiezio-*

---

[2] D. NERI, *La libertà dell'uomo*, Editori Riuniti, Roma 1980.

*ni più comuni contro la religione* che nel 1861 era alla terza edizione:

> *Conquiste dell'ottantanove.* Il primo errore in questa materia è lo stesso nome che si dà a que' principii: imperrocchè l'appellarli *conquiste* è falsare subito l'opinione intorno ad essi, dar ad intendere che sono un vantaggio e chiamare male il bene e bene il male. Infatti, che cosa sono quei tanto vantati principii? Per quella parte che hanno di nuovo sono una applicazione alla società dei principii che l'eresiarca Lutero aveva applicati alla Chiesa, sono una ribellione contro *ogni autorità legittima*; sono con ogni rigore di verità l'espressione *dell'odio formale contro il cristianesimo*; ed il progetto studiato di schiantarlo se fosse possibile dalla terra. [...] Restava dopo tanto abbattere che si era fatto di principii cristiani, che si scrivesse un nuovo codice per uso degli uomini, [...] e fu la così detta *Dichiarazione dei diritti dell'uomo.* In essa con altrettanti articoli fu fatta l'applicazione mostruosa di quei mostruosi diritti. In essa fu rinnegato ogni diritto acquisito dei privati, oppure della famiglia; in essa atterrata e resa impossibile per sempre ogni sovranità, in essa proclamato il diritto di tutto dire e di tutto fare, in essa formulato l'ateismo legale, in essa sotto varie forme stabilito il santo diritto della rivolta, e con un colpo di scure abbattuti i diritti secolari di innumerabili famiglie, in essa tolta affatto l'autorità dei padri sopra i figliuoli, dei padroni sopra dei servi, in una parola, fu distrutta la famiglia, la società, la religione cristiana, e tornato l'uomo al paganesimo più feroce, con questa sola differenza, che il paganesimo salvava in molte parti almeno i diritti più sacrosanti della natura, la famosa Dichiarazione intaccò anche questa, e dove venisse applicata a rigore, il mondo riuscirebbe impossibile.
> Ecco quel che sono i principii dell'ottantanove in tutta la loro verità. Sono il deismo o l'ateismo in religione, sono il materialismo ed il razionalismo in filosofia, sono l'anarchia in politica, sono in ogni cosa l'odio di Gesù Cristo. Il perché chiamatele pure *conquiste*, se volete, ma sono conquiste del male sopra il bene, del disordine sopra l'ordine, dell'irreligione sopra la religione, dell'empietà sopra la pietà, della carne sopra lo spirito. [...] Conceduto anche [... che] la nobiltà abusava dei suoi diritti [... e] dato ancora che gli abusi fossero oltre ogni misura gravissimi, è chiaro che il rimedio preso dalla rivoluzione non era adatto. Distruggere tutti i diritti perché alcuni abusano dei diritti, è tagliare le viti perché altri non si ubbriachi. Levare la pietà per impedire la superstizione, è correggere i peccati coi sacrilegi. Levar dal mondo il principio di autorità perché alcuni abusano dell'autorità, è

uccidere un infermo per farlo risanare più presto. I veri abusi che esistevano allora non furono tolti dalla rivoluzione, ma furono smisuratamente aggranditi.

Ho riportato questo ampio ed eloquente passo per mostrare le principali critiche dei contemporanei ai principi dell'89 ritenuti essere:

- una ribellione aperta contro ogni autorità legittima;
- un'espressione dell'odio formale contro il cristianesimo;
- un'affermazione del diritto di rivolta;
- un attacco ai diritti secolari [legittimi] di innumerabili famiglie;
- un rifiuto dell'autorità dei padri sopra i figli, dei padroni sopra i servi, in una parola la distruzione della famiglia;
- una rivendicazione della libertà di parola (il diritto di tutto dire);
- un generale sovvertimento dei valori, che pretende di giustificare la prevalenza del male sopra il bene.

Pur riconoscendo la decisa opposizione mossa dalla Chiesa cattolica per ben due secoli ai diritti dell'uomo, alcuni osservano che quest'atteggiamento dipendesse dal fatto che la libertà *di* religione era vista come una libertà *contro* la religione, per cui la contrapposizione era soprattutto contro gli articoli 10 e 11 della Dichiarazione del 1789, articoli «che pongono tutte le confessioni e le ideologie sullo stesso piano di libertà nell'ordinamento statuale. Ciò toccava il principio ecclesiale della differenza di valore – e di trattamento da parte dello Stato – tra la dottrina cattolica e le altre confessioni o ideologie, *e non tanto i direttamente i diritti dell'uomo in quanto tali*».

Quest'interpretazione, forse, sottovaluta l'importanza che a quel tempo aveva la libertà di religione: stante che la religione impregnava ampie sfere della vita sociale, l'affermazione della libertà religiosa aveva effetti generali su tutto l'assetto sociale. Ma la controversia storica su questo punto va lasciata aperta.

Più opportuno è invece ricordare che i diritti dell'uomo sono stati oggetto di durissime critiche anche da parti delle classi popolari, le quali li consideravano un espediente dei ricchi "borghesi" per tutelare i loro interessi. In questo senso, ad esempio, una legge francese del 1791 proibiva come «attacco alla libertà e alla dichiarazione dei diritti dell'uomo» ogni tentativo dei lavoratori di associarsi in società operaie (o in sindacati) e di ricorrere allo sciopero per ottenere un aumento di salario. Questi atti erano considerati «come un ritorno indiretto al vecchio sistema delle corporazioni»[3]. Questa diffidenza verso i diritti dell'uomo è stata ben espressa dal giovane Karl Marx (*Sulla questione ebraica*, 1843), per il quale

> nessuno dei cosiddetti diritti dell'uomo oltrepassa dunque l'uomo egoistico, l'uomo in quanto è membro della società civile, cioè l'individuo ripiegato su se stesso, sul suo interesse privato e sul suo arbitrio privato, e isolato dalla comunità. Ben lungi dall'essere l'uomo inteso in esso come specie, la stessa vita della specie, la società, appare piuttosto come una cornice esterna agli individui, come limitazione della loro indipendenza originaria. L'unico legame che li tiene insieme è la necessità naturale, il bisogno e l'interesse privato, la conservazione della loro proprietà privata e della loro persona egoistica.

Per i socialisti i diritti dell'uomo erano insufficienti perché limitati ad affermare l'eguaglianza formale e astratta tra gli uomini: il conseguimento dell'eguaglianza politica e libertà politica costituisce senza dubbio un importante passo in avanti ma, come diceva Marx, «non è però la forma ultima dell'emancipazione umana in generale». Infatti, l'uomo in quanto membro della società civile è un individuo privato ed egoista (dotato dei diritti umani), mentre in quanto membro della società politica e dello Stato deve instaurare rapporti comunitari con altri, trovandosi così a vivere una sorta di "doppia vita". Detto in altre parole, come sintetizza Neri, la critica socialista ai diritti dell'uomo sottolineava che «mentre la libertà era stata ampliata al massimo, l'eguaglianza era stata tradita e la fraternità, soprattutto nei suoi aspetti economici-sociali, quasi del tutto messa da parte». In generale le critiche socialiste ai diritti dell'uomo mosse nel XIX e nella prima parte del XX secolo hanno contribuito all'affermazione dei cosiddetti diritti di "seconda generazione", ossia quelli tesi a garantire le adeguate condizioni eco-

---

[3] J. MARITAIN, *L'uomo e lo stato*, Marietti, Genova 2003.

nomiche e sociali che sono necessarie per l'esercizio delle "libertà civili" (diritto di parola, ecc.) – i diritti civili di *prima generazione* affermati dalla *Dichiarazione* del 1789.

Giungiamo così all'altra grande tappa dei diritti umani, ossia la *Dichiarazione universale dei diritti dell'uomo* approvata il 10 dicembre 1948 dalla Assemblea generale dell'Onu. In questo caso le condizioni storiche erano molto diverse dalle precedenti. Era appena finita la terribile Seconda guerra mondiale e c'era la speranza e l'impegno di costruire un mondo migliore. Il consenso sui diritti umani era in generale notevolmente cresciuto, pur permanendo le forti riserve da parte dei paesi socialisti (con a capo l'Unione Sovietica). Più che i «diritti dell'uomo e del cittadino», questi giudicavano più importanti i «diritti dell'uomo lavoratore concreto», ritenendo che l'"uomo-cittadino" fosse un "uomo astratto". La preoccupazione era che la *Dichiarazione universale* fosse destinata a rimanere pur sempre un documento "borghese" contenente un mero elenco di "buone intenzioni" vista l'assenza di concreti strumenti giuridici per farli poi valere. Tuttavia, nonostante queste riserve, l'idea che ci fossero dei "diritti umani" fondamentali sembrava ampiamente condivisa, e questo fatto ha senz'altro favorito la *Dichiarazione universale*, la quale – come ricorda sempre Demetrio Neri – nasce in un «clima di relativo ottimismo sul futuro del mondo che si era creato all'indomani della Seconda guerra mondiale» caratterizzato dalla convinzione che i problemi della ricostruzione materiale e morale potevano essere affrontati solo con una più stretta cooperazione internazionale e con «la rinuncia alla guerra come mezzo per risolvere i conflitti». Per giungere a questi obiettivi «era necessario che gli Stati membri delle Nazioni Unite fossero tutti d'accordo sul significato dell'espressione: diritti dell'uomo. Il problema non era di facile soluzione. E infatti solo la preparazione della lista dei diritti costò quasi tre anni di lavoro».

La *Dichiarazione universale* è stata subito salutata come «una delle più importanti pietre miliari della civiltà» destinata a esercitare una grande influenza morale in tutto il mondo. Ma ancora una volta non sono mancate difficoltà e dure critiche. Dal punto di vista *pratico* la "guerra fredda" tra Stati Uniti e Unione Sovietica ha come congelato per quasi due decenni l'attenzione al riguardo ritardando lo sviluppo della dottrina dei diritti umani, mentre dal punto di vista *teorico* è da registrare la critica mossa dalla chiesa cattolica romana.

In questo caso non si trattava più di rifiutare qualcuno dei singoli "diritti", ma la critica riguardava la questione del *fondamento* dei diritti umani. Come ha ricordato in un passo diventato subito molto noto Jacques Maritain – uno dei massimi sostenitori della *Dichiarazione universale* – in una riunione di commissione ci si era meravigliati che «si fossero trovati tutti d'accordo, nel formulare la lista di Diritti, vari campioni d'ideologie violentemente avverse. – Sì, risposero, noi siamo d'accordo su questi Diritti, *ma a condizione che non ci si domandi il perché*. Col perché comincia la disputa».

Maritain – che, come già abbiamo visto, è forse stato il massimo filosofo neotomista del XX secolo e ambasciatore di Francia in Vaticano dal 1944 al 1948 – sottolineava l'importanza di quest'aspetto osservando che poiché quella dei diritti umani era una

> finalità pratica, l'accordo degli spiriti può avvenire spontaneamente, non su un comune pensiero speculativo, ma su un comune pensiero pratico, non sull'affermazione di una uguale concezione del mondo, dell'uomo e della conoscenza, ma sull'affermazione di uno stesso corpo di convinzioni concernenti l'azione. *Senza dubbio ciò è poco, ma è l'ultimo resto dell'accordo degli spiriti. È abbastanza tuttavia per intraprendere una grande opera, e sarebbe già molto poter prendere coscienza di questo corpo di comuni convinzioni pratiche* (corsivo nostro).

Tuttavia questa tesi non era per niente condivisa in Vaticano e da altri, i quali richiedevano condizioni più stringenti. Quest'aspetto è diventato palese dopo che la delegazione brasiliana suggerì di includere nell'art. 1 la formula: «gli uomini sono creati a immagine e somiglianza di Dio», proposta subito ritirata a seguito delle sollecitazioni della delegazione britannica preoccupata di incontrare l'opposizione dei paesi socialisti. Così fu accettata l'attuale formulazione dell'art. 1: «Tutti gli esseri umani nascono liberi ed eguali in dignità e diritti». La notizia dell'approvazione di quest'articolo suscitò l'immediata critica vaticana in un corsivo de «L'osservatore Romano» (15 ottobre 1948, p. 1) intitolato: "Lo Statuto dell'Onu. L'ostracismo a Dio": dopo aver ricordato che la dizione definitiva dell'art. 1 confermava il collegamento tra i principi dell'89 e la nuova *Dichiarazione universale*, si osserva come anche in quest'ultima «ad ammonire gli esseri umani ch'essi son liberi ed eguali, e dotati di coscienza e di intelletto, e tenuti a considerarsi fratelli, non è più Dio ma l'uomo. Sono cioè essi medesimi che si autoinvestono di prerogative di cui si potranno ad arbitrio spogliare».

Qualche giorno dopo, il 31 ottobre 1948, «L'osservatore Romano» riprendeva il tema sottolineando che esperienza simile a quella dell'Onu era stata fatta anche alla «Costituente italiana, quando Giorgio La Pira propose che la Costituzione fosse emanata "in Nome di Dio", e il gruppo [...] affine a quello oppositore dell'Onu, esortò a rinunziarvi per non dividere l'assemblea nel voto finale». «L'Osservatore» continuava ribadendo che, l'abolizione del riferimento a Dio per ritrovare una unità politica aveva fatto sì che

> nella resultante espressione unificatrice, è l'uomo che legifera come nell'89. Non riconosce secondo il concetto cristiano, non prende atto, non accetta, non dichiara quel ch'è fuori, è prima, è sopra di lui. Decreta. Decreta d'arbitrio suo ciò che di suo arbitrio potrà mutare. E lo muterà, prima o poi, anche perché, decretando così, intrinsecamente si sbaglia. Sbaglia perché *in rerum natura* gli uomini son, sì, dotati di intelletto e di coscienza, ma non tutti in modo eguale. Se libertà, dunque, se dignità, se dovere scendessero di qua, alla pari per ciascuno, la promessa vien meno; la deduzione cade. [...] «Gli uomini sono creati ad immagine e somiglianza di Dio», dichiarava la formula brasiliana che riconosce nell'uomo una creatura di Dio, che lo inserisce nella società munito di questa premessa reale e giuridica, la qual previene e sovrasta la convivenza civile, altrimenti capace di decidere della sorte delle libertà e dei diritti individuali a discrezione come a discrezione ha preteso di costituirli.

I passi citati esplicitano con grande chiarezza le ragioni del lungo silenzio calato sui diritti dell'uomo dalla chiesa cattolica romana durante il pontificato di Pio XII. Tuttavia, col pontificato di Giovanni XXIII e soprattutto a partire dall'enciclica *Pacem in terris* (1963), la chiesa cattolica ha cambiato atteggiamento nei confronti dei diritti dell'uomo, rivolgendo maggiore attenzione e apprezzamento. Paolo VI nel 1965 è andato alle Nazioni Unite, e Giovanni Paolo II – pur ricordando che in proposito restano «fondate riserve» – ha riconosciuto che la Dichiarazione Universale è «una pietra miliare posta sul lungo e difficile cammino del genere umano» (2 ottobre

1979), e che essa costituisce «una delle più alte espressioni della coscienza umana del nostro tempo» (5 ottobre 1995).

La questione del fondamento dei diritti umani, comunque, resta aperta e si tratta di sapere se la formulazione scelta sia frutto più del peculiare «contesto politico del dopoguerra» (e quindi una sorta di "incidente di percorso" contingente e facilmente rimediabile), oppure sia un aspetto essenziale di tali diritti (per cui il contesto politico ha manifestato lo spirito del tempo). Non è questa la sede per dare una risposta a tale quesito. Ma a ogni buon conto la disamina fatta consente di trarre un'importante conseguenza sul piano *storico*.

Come osserva Norberto Bobbio (*L'età dei diritti*, 1990), ci sono tre modi di fondare il valore:

> il dedurli da un dato obbiettivo costante, per esempio la natura umana [che manifesterebbe un "progetto divino" come richiesto da chi afferma il fondamento teista]; il considerarli come verità di per se stesse evidenti; e infine lo scoprire che in un dato periodo storico sono generalmente acconsentiti [la prova, appunto, del consenso].

Considerato il fatto che è stato scartato il fondamento teista e che nella *Dichiarazione universale* è l'uomo che legifera di propria iniziativa: non *riconosce* né *scopre* i diritti umani, ma li *decreta*, si deve concludere che la *Dichiarazione universale* rifiuta il primo modo di fondare il valore, accettando uno dei due rimanenti. A giudizio di Bobbio il favore va all'ultimo, e in questo senso afferma che la grande novità della *Dichiarazione* del 1948 sta proprio nel fatto di porre il suo fondamento nel consenso dato a essa:

> non so se ci si rende conto sino a che punto la Dichiarazione universale rappresenti un *fatto nuovo nella storia*, in quanto *per la prima volta nella storia* un sistema di principi fondamentali della condotta umana è stato *liberamente ed espressamente accettato,* attraverso i loro rispettivi governi, dalla maggior parte degli uomini viventi sulla terra. Con questa dichiarazione un sistema di valori è (*per la prima volta nella storia*) *universale*, non in principio ma *di fatto*, *in quanto il consenso* sulla sua validità e sulla sua idoneità a reggere le sorti della comunità futura di tutti gli uomini è stato *esplicitamente dichiarato*.

Questa osservazione è fondamentale per il nostro discorso *perché* chi ricerca nei diritti umani la stella polare per orientarsi nella giungla delle varie teorie deve riconoscere che la *Dichiarazione universale* dà al riguardo una risposta che esclude una sola posizione: quella di tipo *giusnaturalistico.*

In questo senso, palesemente falsa è la tesi secondo cui i diritti umani sarebbero radicati nella "natura umana", per cui estranea al concetto originario dei diritti dell'uomo sarebbe l'interpretazione "individualistica" dei diritti dell'uomo – ossia quella che mette in primo piano la scelta e l'autonomia del singolo individuo. Assodato questo, possiamo passare a esaminare i nuovi problemi che riguardano l'interpretazione dei diritti umani.

## 2.2. *Le controversie attuali circa l'interpretazione dei diritti umani*

Approvati da 48 paesi, con l'astensione dell'Arabia Saudita, il Sud Africa e sei paesi socialisti e nessuna opposizione, i diritti umani col tempo sono diventati uno "scrigno" che racchiude il magistero morale dell'umanità. Accettare i diritti umani è diventato un "titolo di civiltà", ossia titolo capace di accreditare l'ingresso nella "comunità civile". C'è ancora molto lavoro da fare, ma come osserva Bobbio, «l'attuale dibattito sempre più ampio, sempre più intenso, sui diritti dell'uomo, tanto ampio da aver ormai coinvolto tutti i popoli della terra, tanto intenso da essere messo all'ordine del giorno delle più autorevoli assise internazionali, può essere interpretato come un "segno premonitore" (*signum prognosticum*) del progresso morale dell'umanità».

Non a caso Bobbio osserva che la nostra può essere chiamata la *età dei diritti:* non accettare i diritti umani è essere come screditati presso l'opinione pubblica internazionale. Per questo si preferisce occultare eventuali violazioni dei diritti umani, che negare il loro valore. Questo significa che – per la sua *universalità* – col tempo la *Dichiarazione universale* è diventata una vera e propria fonte del diritto internazionale che, in un senso, fissa i criteri per valutare il grado di conformità di un ordinamento giuridico nazionale ai principi stabiliti nella *Dichiarazione* stessa.

C'è ancora della strada da fare perché i diritti dell'uomo non restino meramente degli ideali. Un passo importante è stato compiuto con l'istituzione della Corte europea dei diritti dell'uomo con sede all'Aja. Altri passi sono stati compiuti negli anni '80 e '90 con il peso che il movimento dei diritti umani ha avuto nell'Est Europa, sia per le iniziative promosse dall'Onu per lo sviluppo e la specificazione dei diritti umani. A questo riguardo va ricordato che – nonostante difficoltà e crisi – l'Onu è cresciuto e conta ormai oltre 25 agenzie specializzate dedicate ai diritti umani che impiegano oltre 50.000 funzionari di svariati paesi. Questo significa che nell'opera di promozione e sviluppo dei diritti umani si intersecano questioni *pratiche* concernenti l'organizzazione delle varie attività, e questioni *teoriche* circa il modo di intendere i diritti umani stessi. Questi problemi sono emersi con chiarezza in varie occasioni che è bene esaminare separatamente.

La prima occasione riguarda una serie di attività promosse nel corso degli anni '90 da diverse organizzazioni variamente collegate all'Onu che hanno portato alle Conferenze de Il Cairo (1994), di Pechino (1995), ecc. dedicate soprattutto ai problemi della famiglia, della riproduzione e della donna. Qui il contrasto tra le due interpretazioni dei diritti umani – quella che mette da parte la questione del fondamento rivendicando la centralità della "natura umana" e quella che invece propone una concezione evolutiva a seconda dei nuovi contenuti di "dignità umana" – è diventato pubblico e palese. L'opposizione si è concentrata sui cosiddetti "diritti riproduttivi", che per il Vaticano sono inesistenti e ambigui, mentre per gli organismi dell'Onu sono una specificazione dei diritti umani. L'effetto finale di tale scontro è che nell'enciclica *Evangelium Vitae* (1995), Giovanni Paolo II parla di «una oggettiva "congiura contro la vita" che vede *implicate anche Istituzioni internazionali*, impegnate a incoraggiare e programmare vere e proprie campagne per diffondere la contraccezione, la sterilizzazione e l'aborto» (n. 17). Come ha commentato il teologo Lino Ciccone «il Papa non indica chi sono i "congiurati", ma lo fanno [...] studiosi che attingono a documenti di prima mano: in testa a tutti la stessa Onu e organismi variamente con essa collegati, con la *leadership* degli Stati Uniti» (*La vita umana*, Ares, Milano, 2000).

La seconda occasione è fornita dalla *Convenzione sui diritti dell'uomo e la biomedicina* promossa dal Consiglio d'Europa e presentata ufficialmente a Oviedo (Spagna) il 4 aprile 1997, più nota come *Convenzione europea di bioetica*. Questo è il primo documento internazionale approvato in materia di bioetica, documento che tenta di armonizzare la normativa attraverso una Convenzione-quadro che sarà poi precisata da specifici ulteriori protocolli. L'idea di fondo è quella di continuare la Convenzione sui diritti dell'uomo degli anni '50 che tanta importanza ha avuto al riguardo. Tuttavia, il dibattito è ancora in corso: la Germania e l'Irlanda hanno dichiarato che non l'accetteranno perché troppo liberale e lassista – in quanto non vieta la sperimentazione su embrioni umani; mentre la Gran Bretagna e l'Olanda non sono propense ad accoglierlo perché troppo conservatrice e restrittiva.

A parte questo qualcuno ha sottolineato che tale documento rispecchia la "cultura europea" informata alla solidarietà contrapponendola alla "cultura (nord)americana" informata invece alla autonomia. Ma se così fosse, allora non si capirebbe dove sta il consenso sui diritti *umani* – che sono tali a prescindere dal continente di appartenenza (Europa o America che sia). D'altro canto, a parte l'accordo sull'art. 5 concernente il consenso informato dato dall'interessato per qualsiasi intervento medico, una più attenta disamina della *Convenzione* mostra una persistente insoddisfazione sui seguenti punti:

– il silenzio circa l'assistenza al morente, perché alcuni avrebbero voluto una esplicita condanna dell'eutanasia mentre altri un preciso sostegno;

– il vuoto circa la fecondazione assistita, che vieta solo la selezione del sesso con l'eccezione di quando è richiesta per evitare malattie trasmissibili, lasciando la soluzione alle varie legislazioni nazionali;

– la distinzione tra "essere umano" e "persona umana" insita nella formulazione dell'articolo 1, che fa pensare a una diversa protezione giuridica al riguardo;

– l'ambiguità dell'articolo 18 concernente la ricerca sugli embrioni *in vitro*, che lascia la soluzione alle legislazioni nazionali.

Come si vede non sono aspetti di poco conto, perché la decisione in proposito determina la direzione del documento. Per ora il dibattito è in corso, e si fa fatica a prevedere quale sarà l'orientamento prevalente: si deve prendere atto che a tutt'oggi i diritti umani non riescono a fornire quella base comune di accordo per una *Convenzione* di tale portata.

La terza occasione riguarda la proposta di "aggiornare" la *Dichiarazione universale* stessa nel suo 50° anniversario (1998): si pensava che dovessero essere precisati i diritti concernenti la "genetica" (che a volte costituiscono i diritti di *quarta generazione* – essendo quelli di *terza* i diritti dell'ambiente), ma il tentativo è fallito. Non c'è stato il consenso necessario per eventuali modifiche e integrazioni. Le ragioni sono facilmente individuabili a una lettura della *Dichiarazione universale*: non può non sfuggire che in essa i termini "essere umano", "individuo umano", e "persona umana" ricorrono come sinonimi. Mezzo secolo fa questa sinonimia era irrilevante e non creava pressoché problemi, mentre oggi, come abbiamo visto nei capitoli precedenti, non è più così. Di qui una ragione del fallimento del tentativo di una revisione della *Dichiarazione universale* stessa.

### *2.3. Bilancio e futuro dei diritti umani*

La ricorrenza del 50° anniversario ha sollecitato anche una più serrata disamina della situazione generale della dottrina dei diritti dell'uomo, che la giurista cattolica americana Mary Ann Glendon ha con delusione e disappunto descritto come «la Babele dei diritti: l'idea dei diritti universali all'alba del terzo millennio»[4]. A suo giudizio, infatti, l'estensore della *Dichiarazione universale* – il giurista francese René Cassin (premio Nobel per la pace nel 1961) – aveva previsto una bilanciata armonia tra i diritti di libertà e i diritti sociali, anche proteggendo con specifici diritti alcune strutture intermedie della società civile come i gruppi religiosi (art. 18), i sindacati (art. 23 e 4), e soprattutto la famiglia – che era tutelata da diversi articoli (16, 23, 25, 26) tanto da giustificare la tesi che la *Dichiarazione universale* fosse un documento orientato alla famiglia (family friendly document).

Tuttavia, con l'andare degli anni l'equilibrio tra le varie parti secondo Glendon sarebbe venuto meno dietro la spinta di vari fattori:

- prima di tutto, l'influenza di lobby che controllano le varie or-

---

[4] «Gregorianum», 79 (1998), n. 4, pp. 611-624.

ganizzazioni deputate alla promozione dei diritti umani;

- in secondo luogo, l'influenza della giurisprudenza nord-americana che vede la *Dichiarazione universale* non come una costruzione armonica per cui vale la "indivisibilità" dei diritti nel senso che l'uno implica l'altro, ma come un mero elenco di "pretese" tra loro separate per cui è possibile lo stile del "scegli e prendi quel che ti pare" senza tenere conto degli altri impegni previsti dal sistema;
- infine dalla nefasta influenza della concezione individualista della vita che mette in primo piano l'autonomia individuale affermando così «una *concezione della libertà* che esalta in modo assoluto il singolo individuo, e non lo dispone alla solidarietà, alla piena accoglienza e al servizio dell'altro» (*Evangelium Vitae*, n. 19).

La sinergia di questi fattori – continua Glendon – porterebbe a una linea di tendenza che diventa particolarmente visibile nel caso della famiglia che, da formazione sociale tutelata da specifici diritti umani, viene progressivamente ridefinita. Così, in diversi documenti delle maggiori organizzazioni internazionali, la famiglia è dapprima considerata come una unità sociale fondamentale, ma si passa poi subito a osservare che «il potere della famiglia è e deve essere limitato dai diritti umani fondamentali degli individui che la compongono. La protezione e l'assistenza riservate alla famiglia devono rispettare questi diritti» e possono essere fornite solo fintanto che sono rispettati questi diritti individuali. La famiglia viene così ridefinita «fino a includere virtualmente qualsiasi situazione di coabitazione consensuale». Di qui il nuovo grande risalto dato ai diritti delle cosiddette *famiglie di fatto*, ossia alle persone che convivono in modo stabile senza matrimonio, oppure ai diritti delle *famiglie omosessuali* – che pretendono eguaglianza di trattamento per evitare ingiuste discriminazioni; oppure alle *famiglie monoparentali*, che ricorrendo alle tecniche di fecondazione assistita prescindono da rapporti eterosessuali per formare una famiglia, ecc. Per Glendon questa tendenza è sconsolante perché comporterebbe un vero e proprio tradimento del "quadro originario" dei diritti umani.

Lo sconsolato bilancio di Glendon è interessante perché conferma due punti importanti. Il primo riguarda la famiglia che è diventata il campo dello scontro tra i due opposti paradigmi morali individuati in questo libro. La secolarizzazione primaria ha cambiato gli assetti e le gerarchie della società civile, e ora la secolarizzazione secondaria sta cambiando gli assetti e le gerarchie familiari, con ripercussioni sulla nascita e la morte. Sin dal capitolo sull'aborto è emersa la centralità del cambiamento concernente la famiglia, aspetto che si rivela ora anche sul piano dei diritti umani.

L'altro punto importante del bilancio di Glendon riguarda invece il tipo di critiche mosse dalla giurista americana alle tendenze in atto sui diritti dell'uomo, critiche che sarebbero appropriate se i diritti umani fossero fondati sulla (immutabile) *natura umana*. Ma abbiamo visto che questa tesi è *storicamente* falsa, tanto da essere alla base del netto rifiuto e della dura opposizione di Pio XII alla *Dichiarazione universale*. In seguito si è cercato di minimizzare l'importanza di quelle che sono indicate come le «fondate riserve» circa il *fondamento* dei diritti umani, quasi che queste riserve fossero superabili. Ma ora si deve riconoscere che aveva visto bene Pio XII quando osservava che ove l'uomo non si limita a riconoscere, ma pretende di decretare verrà a stabilire il proprio volere: quando l'uomo «non prende atto, non accetta, non dichiara quel ch'è fuori, è prima, è sopra di lui. Decreta. Decreta d'arbitrio suo ciò che di suo arbitrio potrà mutare. E lo muterà, prima o poi». Dopo alcuni decenni la previsione fatta si sta avverando, dal momento che i diritti umani evolvono, crescono e vengono aggiornati. Infatti, la nozione di "dignità umana", come abbiamo visto, non è fondata in natura ma sul voto di qualche Assemblea competente. In questo senso, è facile che in futuro siano viste come violazioni dei diritti umani tutti gli ostacoli posti sia alle nuove forme di famiglia (monoparentale, di fatto, omosessuale, ecc.), sia alle tecniche che favoriscono l'esercizio dei "diritti sessuali e riproduttivi", ossia le nuove forme di contraccezione e di fecondazione assistita, ecc. Questo significa che, per esempio, la fecondazione assistita con donazione di gameti, che ora è espressamente vietata dalla legge italiana 40/2004, sarà giudicata in contrasto coi diritti umani in quanto contraria al diritto di «fondare una famiglia». Già ci sono indicazioni che lasciano presagire un'evoluzione in questo senso. Che ciò avvenga o no dipende da svariati fattori, tra cui la direzione generale della cultura e della riflessione bioetica, la votazione favorevole delle Assemblee competenti composte perlopiù da politici, e l'influenza della elaborazione giuridica prodotta dall'apparato burocratico e istituzionale che si occupa appunto dei diritti dell'uomo.

## 2.4. *Breve conclusione sui diritti umani*

Siamo partiti osservando che a volte si propongono i diritti umani come la lingua franca condivisa da tutti e capace di trovare un punto di convergenza comune che sconfigge la tesi secondo cui il mondo contemporaneo è abitato da stranieri morali. Abbiamo brevemente ripercorso le tappe della dottrina dei diritti dell'uomo e abbiamo visto come sia falso credere che *storicamente* i diritti umani siano fondati nella *natura umana*: non sono i "diritti previsti dal diritto naturale riguardanti l'uomo", ma sono i "diritti *dell'*uomo" ossia i diritti *stabiliti* o *decretati* dall'uomo. Anche i diritti dell'uomo, quindi, sono una istituzione sociale e storica, come l'etica della qualità della vita. Per questa ragione sembra difficile riuscire a trovare in essi la stella polare di orientamento capace di dirimere le controversie morali e accontentare tutti. Chi sostiene l'etica della sacralità della vita, come abbiamo visto, si lamenterà e protesterà vivacemente contro l'evoluzione dei diritti umani, vista come un tradimento dell'ispirazione originaria.

Questo punto affiora chiaramente sui temi propri della bioetica, come quelli concernenti la famiglia ma anche il *diritto alla vita*. Tutti concordiamo su questo diritto che tutela e garantisce l'incolumità fisica delle persone da aggressioni ingiuste. Ma l'accordo cessa ove si vada al di là di quell'ambito e dà origine ad aspre divergenze perché alcuni osservano che quel diritto vale dal concepimento alla morte naturale. Mentre in passato l'estensione alla vita prenatale era aspetto pressoché marginale e tale da poter essere messo in secondo piano, ora la questione diventa centrale non solo per i problemi sollevati dalla ricerca sugli embrioni umani, ma anche per il conflitto aperto che si crea con altri diritti umani, ossia i "diritti riproduttivi" che ascrivono agli individui la facoltà di controllare il processo riproduttivo. Qualcosa di simile accade anche per quanto riguarda le fasi finali della vita: in passato il problema dell'eutanasia quasi non si poneva, mentre ora diventa centrale. In questo senso alcuni osservano che il diritto di libertà religiosa porta a vivere secondo le proprie convinzioni morali e quindi anche a decidere quando e come morire: il divieto di eutanasia (in certe condizioni) sarebbe in contrasto coi diritti umani. Più in generale, lo stesso diritto alla libertà religiosa viene a evolvere: in un mondo profondamente secolarizzato e caratterizzato dal pluralismo etico può darsi che anche la pubblica esibizione di simboli religiosi sia vista come pratica contraria alla dignità di chi ha fedi religiose diverse o non ha alcuna religione.

Lungi dall'essere un terreno solido capace di offrire un sicuro orientamento, anche i diritti dell'uomo sono attraversati dalle divisioni e lacerazioni che coinvolgono l'etica e che sopra abbiamo delineato. Infine, la dottrina dei diritti umani non solo presenta difficoltà "interne" derivanti per lo più dalle divergenze circa il loro *fondamento*, ma non vanno per nulla trascurate le obiezioni "esterne" che criticano la limitazione dei diritti al solo ambito *umano*, considerando questo un fatto gravissimo derivante da una visione ristretta ed elitista, analoga a quella che ha caratterizzato alcuni pregiudizi diffusi come quelli che hanno alimentato il razzismo e i sessismo. È tempo di accennare, sia pure brevemente, anche a quest'altra posizione.

## 3. *Le critiche "esterne" alla dottrina dei diritti umani: i "diritti animali" e il movimento di liberazione animale*

Sinora abbiamo esaminato le controversie "*interne*" al dibattito sui diritti umani, ossia quelle che condividono l'assunto che i diritti dell'uomo siano davvero fondati sulla nozione di *dignità umana*. Le osservazioni fatte sinora erano tese a mostrare la genericità e l'ambiguità di tale concetto. La *Dichiarazione universale* fornisce un criterio *minimo* e *comune* (in quanto riconosciuto tale) per risolvere le controversie morali più macroscopiche, ma va integrata con altre considerazioni per affrontare le questioni nuove come quelle esaminate sinora.

Giunti a questo punto, comunque, si deve riconoscere anche che alcuni criticano la dottrina dei diritti dell'uomo osservando che non solo la nozione di "dignità umana" risulta generica e ambigua, ma anche che essa a ben vedere è priva di senso e del tutto vuota. Non indica niente, ma è solo un nome inventato per mascherare una presunta "superiorità" della specie umana sulle altre specie e giustificare così il suo spietato *dominio* su di esse. Perché mai l'appartenenza a una specie di per sé dovrebbe conferire un titolo valido per vantare una speciale "dignità" e un valore superiore ad altri animali? Non è questa pretesa simile a quella avanzata fino a non molti anni fa anche dai nobili che pretendevano di avere speciali privilegi semplicemente perché appartenenti per nascita a un dato gruppo sociale? Come il principio di eguaglianza affermato dai diritti dell'uomo ha mostrato la vacuità del pregiudizio aristocratico portando all'eguaglianza di tutte le persone (indipendentemente dalla razza, dal sesso, dallo status sociale, ecc.), così lo stesso principio di eguaglianza ci costringe a estendere la sfera dell'ambito morale anche agli altri animali, indipendentemente dall'appartenenza alla specie.

Quest'idea è stata affermata chiaramente dal filosofo inglese Jeremy Bentham (1748-1832) – un critico dei diritti dell'uomo da lui giudicati astratti – il quale nel 1789 affermava:

> *Possa venire* il giorno in cui anche il resto della creazione animale riuscirà ad acquisire quei diritti che non avrebbero mai potuto essere rifiutati se non per mezzo della tirannide. I Francesi hanno già scoperto che il nero della pelle non è una buona ragione per abbandonare senza rimedio un essere umano al capriccio di un tormentatore. Possa accadere che un giorno venga riconosciuto che il numero delle gambe, la villosità della pelle o la terminazione dell'*os sacrum* sono ragioni egualmente insufficienti per abbandonare un essere senziente allo stesso destino. Che cosa altro c'è che potrebbe tracciare il limite? È la facoltà della ragione, o forse la capacità di parlare? Ma anche un cavallo o un cane adulto è senza confronto un animale più razionale e loquace di un infante di un giorno o di una settimana o anche di un mese. Ma se anche non fosse così, che importerebbe? La domanda non è: «possono essi *ragionare*?», né tantomeno: «Possono *parlare*?», ma è: «Possono *soffrire*?».

Il germe positivo insito nella teoria dei diritti umani – l'eguaglianza presa seriamente – porta ad andare oltre i diritti umani stessi, e impone il compito di apprestare modalità di esistenza e assetti sociali che siano rispettosi di tutti i senzienti.

### 3.1. *La replica alle critiche dell'animalismo e i doveri verso gli animali*

La replica usuale alle affermazioni sopra riportate segue due linee direttrici: la prima sottolinea le difficoltà di carattere *pratico* connesse al cambiamento di prospettiva. Com'è che si fa a vivere ampliando l'attenzione anche agli animali non umani? La vita diventerebbe impossibile! si osserva. Senza dubbio le difficoltà sarebbero molte e non trascurabili. Ma dovrebbero essere affrontate ove si rivelasse che la giustizia impone di farlo: anche l'abolizione dei privilegi nobiliari ha comportato enormi difficoltà di ordine pratico, ma esse sono state in parte superate: si può quindi pensare che qualcosa di analogo potrebbe capitare anche nel caso dell'ampliamento dell'ambito morale agli animali non umani.

L'altra replica è più interessante perché considera il piano *teorico*, e di solito si avvale di due argomenti distinti:

a) l'ordine gerarchico delle creature secondo la dottrina della "scala degli esseri" che giustifica il "dominio" dell'uomo sugli esseri viventi;

b) la differenza radicale tra l'uomo (in quanto composto di anima spirituale e di corpo) e l'animale (in quanto solo corpo), che confermerebbe la tesi precedente.

La congiunzione di questi due argomenti ha dato origine a due posizioni diverse: la prima è quella chiaramente esposta dal gesuita inglese John Rickaby (*Moral Philosophy*, 1901) per il quale

> non ci sono doveri di carità né doveri di altro tipo verso gli animali inferiori, come non li abbiamo verso i pali e verso le pietre. Tuttavia abbiamo dei doveri *circa* le pietre, di non gettarle nelle finestre dei nostri vicini; e analogamente abbiamo doveri *circa* le bestie brute. Non dobbiamo danneggiarle quando sono di proprietà del nostro vicino. [...] I bruti sono *cose* nei nostri confronti; fintanto che essi ci sono utili, essi esistono per noi, ma non per se stessi; e noi agiamo correttamente nell'usarli senza riguardo per i nostri bisogni e per i nostri interessi, anche se non per la nostra crudeltà.

Tesi simile è esposta in un altro famoso manuale di filosofia morale scritto dal teologo Victor Cathrein (1913): l'uomo non ha alcun dovere *verso* i bruti, ma cionondimeno

> egli ha dei doveri, *oggetto* dei quali sono creature irragionevoli, non già dei doveri verso le medesime. Così sarà un dovere di economia domestica il tener conto degli abiti, ma non un dovere *verso* gi abiti stessi, come se il vestito fosse il termine del dovere e potesse lagnarsi, se avesse ragione. L'uomo non ha, in generale, obbligo alcuno verso gli esseri irragionevoli.

Oggi queste posizioni appaiono forse eccessive (e un po' crudeli), e si propende per tesi simili a quelle sostenute da Immanuel Kant (*Lezioni di etica*, 1782): essendo gli animali

> dei semplici mezzi, privi di una coscienza di sé [...] non vi sono verso di essi doveri diretti, ma solo doveri che sono doveri indiretti verso l'umanità. [...] Chi [...] facesse uccidere il proprio cane, non essendo questo più in grado di guadagnarsi il pane, non agirebbe affatto contro i doveri riguardanti i cani, i quali sono sprovvisti di giudizio, ma lederebbe nella loro intrinseca natura quella socievolezza e umanità, che occorre rispettare nella pratica dei doveri verso il genere umano. Per non distruggerla, l'uomo deve mostrare bontà di cuore già verso gli animali, perché chi usa essere crudele verso di essi è altrettanto insensibile verso gli uomini. Si può conoscere il cuore d'un uomo già dal modo in cui egli tratta le bestie.

Ci sono dubbi sull'ultima osservazione kantiana: a volte chi è buono con gli animali si è mostrato crudele con le persone. Tuttavia, oggi la posizione prevalente è in questa linea: come ha ribadito recentemente un editoriale di «La civiltà cattolica» (1999, I, 20 marzo) della rivista dei gesuiti italiani, secondo la visione cristiana,

> 1) l'uomo, in quanto immagine di Dio, ha il dominio su tutti gli esseri viventi e senzienti, dei quali può servirsi secondo le sue necessità materiali e spirituali; 2) l'uomo non è padrone dispotico, ma amministratore e custode della natura, che perciò non può né danneggiare né distruggere [...]; 3) quanto agli animali [...] l'uomo deve trattarli con cura speciale: se deve servirsi di essi sia per il suo nutrimento, sia per il suo lavoro, sia per altri fini, deve evitare loro sofferenze inutili e non necessarie. D'altra parte, se non deve distruggerli inutilmente – qui si pone il problema della moralità della caccia, fatta non per necessità ma per divertimento, e dell'uccisione degli animali per cavarne lussuose pellicce –, non deve neppure spendere per essi somme enormi (si par-

la di 500 miliardi spesi ogni anno in Italia per dare a cani e gatti cibi prelibati). Queste sono esagerazioni inaccettabili.

### 3.2. *Controreplica alla posizione tradizionale: l'accusa di specismo e l'argomento dei casi marginali*

Possiamo prendere atto che dal punto di vista pratico anche l'antropocentrismo può ammettere un trattamento benevolo degli animali. Il problema è sapere se esso sia teoricamente accettabile. Per stabilirlo è indispensabile esaminare i due argomenti citati. Una lunga tradizione metafisica sostiene l'idea che esista un «ordine gerarchico delle creature, voluto dal Creatore, [che] ha posto l'uomo re e quindi proprietario e usufruttuario di tutti gli esseri inferiori» (voce "animali", *Dizionario di teologia morale* (1961) diretto dal cardinale F. Roberti). Questa prospettiva presuppone che la natura (fisica e organica) risponda a un progetto intenzionale cosmico, tesi che sembra contraria alle conoscenze scientifiche: la natura procede casualmente, cercando poi di riequilibrare la situazione. In un mondo post-darwiniano, quest'ultima sembra la visione corretta. L'idea che il mondo sia organizzato in maniera *gerarchica* rimanda a visione aristocratica del mondo in cui i subordinati sono *qualitativamente* diversi da coloro cui sono sottoposti. In questo senso il darwinismo viene a rompere questo schema producendo una sorta di *democratizzazione* dell'intera sfera biologica con un conseguente ampliamento dell'*eguaglianza* di tutti i soggetti coinvolti.

Inoltre, il darwinismo ci ricorda che anche le persone umane sono animali, e che la differenza tra animali umani e non umani è solo *quantitativa* e non *qualitativa*. Ma quest'affermazione ci rimanda dall'argomento precedente della gerarchia degli esseri a quello della (presunta) differenza netta tra l'uomo e l'animale. Questo punto è stato difeso con brio in una recente «risposta agli animalisti» dalla rivista «La civiltà cattolica» (1999, II, 5 giugno, p. 479), di cui è bene riportare un passo saliente:

> Soggetto di diritti è solamente l'uomo, non in quanto è l'essere vivente più forte, più bello, più capace, più industrioso – altri esseri viventi lo superano in forza, in bellezza, in capacità e in industriosità –, ma

perché è un essere spirituale dotato di coscienza, di libertà e di responsabilità: tre caratteri che nessun altro vivente sulla terra possiede e che ne fanno un essere "a parte", un essere "diverso" non per grado, ma per natura, nel senso che l'uomo non si situa in un grado superiore a quello degli altri animali in quanto "più" intelligente o "più" capace di essi, ma nel senso che è diverso "per natura" da tutti gli altri viventi. Certamente, sotto l'aspetto fisico e (in parte) psichico, non ci sono differenze essenziali tra l'uomo e gli animali superiori; anzi, sotto tale aspetto, le differenze tra l'uomo e le scimmie antropomorfe sono minime. La "diversità di natura" sta nel fatto che l'uomo, in quanto è uno spirito (incarnato in un corpo), ha doti e caratteri che nessun animale possiede. Tali sono: l'intelligenza raziocinante (nessun animale è capace di ragionamento); la coscienza (nessun animale ha coscienza di se stesso e può dire "Io"); la libertà [...]; la responsabilità [...]; il linguaggio simbolico [...]. Proprio la sua radicale diversità dagli altri animali nel campo spirituale fa sì che l'uomo abbia una "dignità" che gli altri devono rispettare e onorare: dignità che è la fonte dei suoi diritti. Il negare perciò che soltanto l'uomo è soggetto di diritti è misconoscere la sua dignità, la sua natura di "uomo". Per conseguenza, affermare che gli animali hanno diritti significa attribuire agli animali una "dignità" umana che essi per natura non possono avere.

Ho citato questo ampio brano perché illustra bene come oggi venga difesa la posizione tradizionale circa la differenza tra l'uomo e l'animale. L'argomento consiste di due passi:

A) l'affermazione di una netta differenza "di natura" o "qualitativa" derivante dal fatto che la persona è un essere composto di anima (spirituale) e corpo (materiale);

B) l'elencazione delle doti o caratteristiche che sono proprie della persona umana ma non dell'animale, e che distinguono l'uomo dall'animale.

A prima vista i due passi sembrano consecutivi e complementari, ma a ben vedere non è così: vediamo perché. Dapprima si parte affermando che l'uomo è diverso dall'animale «*per natura*», ossia *non perché ha doti o qualità superiori* (maggiore intelligenza, ecc.) *ma perché è un essere di "tipo" diverso* – è «uno spirito (incarnato in un corpo)». Quest'affermazione presuppone una concezione *sostanzialista* dell'anima umana, ossia una concezione in cui l'anima è intesa come una speciale *sostanza spirituale* propria dell'uomo, che è *qualitativamente* diversa dalla *sostanza materiale* costitutiva degli altri oggetti fisici e organici, e *irriducibile* a essa[5]. Chi afferma questa concezione assume un *dualismo sostanzialistico* per il quale la realtà è costituita da due *sostanze fondamentali* e irriducibili: la materia e lo spirito. Dicendo che l'uomo è diverso "per natura" si assume che la presenza dell'anima sia *di per sé* ragione sufficiente a giustificare la "dignità" della persona, in quanto tale sostanza *spirituale* è l'indice di appartenenza a un mondo diverso da, e superiore a, quello materiale – a prescindere dall'eventuale capacità di adeguate *funzioni* o di determinate *caratteristiche.*

Questa tesi ci è familiare perché siamo abituati sin da bambini a considerare l'uomo come diverso dal resto della natura (ad esempio ci sono termini diversi – "gambe" e "zampe" – per indicare le parti omologhe), ma chiediamoci: in che cosa consiste esattamente questa asserita differenza "*di natura*"? Dire che consiste nella presenza dell'anima come sostanza *spirituale* non aiuta, perché nel mondo secolarizzato ciò rimanda all'idea di *ghost in the machine* (fantasma nella macchina), mostrando di essere una risposta vuota – se non ridicola. A volte si protesta ribattendo che l'immagine dell'anima come *ghost in the machine* è connessa al dualismo *cartesiano* che concepisce materia e spirito come realtà opposte e antitetiche, ma non vale in una visone *aristotelica* in cui lo spirito è la dimensione più "raffinata e purificata" della materia, pur essendo diverso e irriducibile a essa. Tuttavia queste proteste sono vane: il dualismo sostanzialistico (comunque sia formulato) risulta obsoleto perché è inimmaginabile l'idea di sostanze spirituali che fluttuano al di fuori dello spazio e tempo.

Stante l'improponibilità del dualismo sostanzialistico, la mera affermazione di una differenza "di natura" risulta una vera e propria *petitio principii* – ossia una versione di quell'errore logico consistente nel presupporre essere vera la tesi affermata invece di dimostrarla essere tale in base a ragioni indipendenti dalla tesi stessa. Dire che l'uomo è diverso "di natura" è semplicemente *assumere*

---

[5] Con "sostanza" si intende qui quella "cosa" che non dipende da nient'altro: nel mondo molte cose dipendono da altre, ad esempio l'ombra "dipende" dal corpo di cui è ombra. Esiste una "cosa" che non dipende da nient'altro e "sta di per sé"? Questa è la *sostanza.*

o *presupporre* che ci sia la diversità senza spiegarla, non dare una ragione che la dimostri. Anzi, quando ci si appella a diversità "di natura" a volte sembra si voglia dire che la differenza sia *inspiegabile* – aggravando così la situazione.

A questo punto un modo per chiarire l'affermazione è dire che la diversità "di natura" dipende dall'appartenenza alla specie umana (intesa come classe biologica). Ma allora, l'argomento in esame incorre nello *specismo*, termine coniato in analogia ai più noti *razzismo* e *sessismo*: come il razzista discrimina in base all'appartenenza a una data *razza*, e il sessista in base all'appartenenza a un dato *sesso*, così lo specista discrimina ingiustamente in base all'appartenenza a una data *specie*. Anche i razzisti (e i sessisti) affermano che è la differenza "di natura" che giustifica la differenza di trattamento da riservare ai bianchi (o maschi). Anche i nobili accampavano una diversità "di natura" che li distingueva da chi non avesse "lignaggio" (i popolani) – prescindendo da doti o caratteri. Per questo l'appello a una presunta diversità "di natura" non basta.

Tuttavia, nel brano in esame si avverte la necessità di chiarire la differenza in questione: si spiega infatti che «*la "diversità di natura" sta nel fatto che l'uomo, in quanto è uno spirito (incarnato in un corpo), ha doti e caratteri che nessun animale possiede*». Così facendo, però, si abbandona la precedente tradizionale concezione *sostanzialista* dell'anima, per passare a una nuova concezione *funzionalista* in cui l'anima è intesa come *capacità di avere speciali funzioni o di manifestare certi caratteri* (il pensiero, il linguaggio simbolico, ecc.). La differenza tra l'uomo e l'animale non starebbe più tanto nella presenza di una speciale *sostanza spirituale* (indipendente da eventuali "funzioni" o "caratteri"), bensì nel fatto che l'uomo avrebbe speciali *funzioni* "superiori" non presenti in nessun altro animale. Mentre nella posizione sostanzialista l'anima è dimostrata *prima* delle funzioni operative che rivelano la funzione (*operari sequitur esse*), nella funzionalista è la presenza della capacità di avere le funzioni superiori che certifica la presenza dell'anima. Detto altrimenti: non è più che ci sono le funzioni superiori *perché* c'è l'anima (sostanziale), ma c'è l'anima (funzionale) *perché* ci sono le funzioni superiori, scomparse le quali non si può più dire che l'anima persista.

Lungi dall'integrare il precedente, questo nuovo argomento diverge da esso perché sottintende una diversa concezione dell'anima. Contro questa nuova posizione viene avanzata l'obiezione che mette in campo i *casi marginali*, ossia di quelle "situazioni limite" in cui il soggetto biologicamente umano non possiede le funzioni "superiori" richieste. Può darsi che questi siano casi rari e poco frequenti, ma la forza di una teoria si decide proprio nelle situazioni limite: che dire ad esempio di un umano in stato vegetativo permanente che ha definitivamente perso e non potrà più riacquistare le capacità razionali, di linguaggio, ecc.? Come si fa a dire che è ancora una *persona* dotata di anima e di quei "diritti" che vengono invece negati a un animale capace di comunicare, di forme logiche, ecc.? Per questo affermazioni come la seguente diventano vuote: «gli animali, in quanto non sono persone, non hanno né possono avere diritti, mentre gli "uomini marginali", in quanto persone umane, hanno gli stessi diritti degli uomini "normali"» (*La civiltà cattolica*, 1999, I). Esse mancano di contenuto perché «la "diversità di natura" sta nel fatto che l'uomo [...] ha doti e caratteri che nessun animale possiede»: stante che i "casi marginali" non presentano i "caratteri superiori" richiesti non si vede perché a essi siano ascritti i diritti alle persone "normali" e negati ad animali non umani che manifestano funzioni ben superiori di quelle del "caso marginale". A questo punto non ci si può esimere dal ricercare quali siano le specifiche *funzioni* richieste per l'attribuzione di "diritti" o comunque per l'inclusione di un vivente tra i "pazienti morali" – ossia tra quei soggetti che sono *moralmente rilevanti* di per sé stessi.

### 3.3. *Il movimento di "liberazione animale" e le sue conseguenze*

L'accusa di specismo e l'argomento dei "casi marginali" mettono in luce le difficoltà interne alla posizione antropocentrica e costituiscono un'importante stimolo critico all'idea stessa dei "diritti umani" come diritti limitati solamente agli appartenenti alla specie umana. Tuttavia, l'obiezione principale mossa alla teoria dei "diritti umani" riguarda il criterio di *rilevanza etica* a esso presupposto che stabilisce chi appartiene o no all'*ambito morale*. Lasciando perdere i vani tentativi (ideologici) che sottolineano il riferimento all'appartenenza alla specie di per sé (ossia la presenza di una "natura umana", che rimanda all'estensione del diritto alla vita dal concepimento alla morte naturale), sicuramente la teoria dei diritti umani accetta il criterio tradizionale per cui titolari di "diritti umani" sono solo gli *agenti morali*, ossia le persone capaci di compiere azioni volontarie e consapevoli (conformi o no alla legge morale).

Si osserva che questo criterio tradizionale è troppo ristretto perché a ben vedere hanno titolo alla tutela morale tutti gli organismi capaci di provare piacere e dolore (ossia dotati della capacità di sentire: la *sentience*). Infatti, il dolore è sgradevole per chiunque – sia esso umano o non umano. Poiché uno dei principi fondamentali della moralità è il principio di *beneficenza* che ingiunge di fare il bene ed evitare o togliere il male, stante che il dolore *è male*, c'è uno stringente dovere di non provocare dolore nel mondo. Per questo rientrano nell'ambito morale non solo gli *agenti* morali, ma anche i *pazienti morali*, ossia di quegli individui che sono *moralmente rilevanti* in quanto capaci di soffrire pur non essendo capaci di agire moralmente.

A questo punto il vero problema è sapere quando si è in presenza della capacità di sentire (la *sentience*), una questione che solleva difficili problemi in parte empirici e in parte concettuali. Si tratta infatti di precisare la nozione di *dolore* e stabilire quando è presumibile dire che un organismo è capace di provare *dolore*. Al riguardo basti qui dire che non ogni "reazione" è *dolorosa*: ad esempio se batto un pugno sul tavolo, il legno o il ferro ha una reazione che può essere registrata da appositi strumenti. Ma il tavolo prova dolore? Non sembra abbia senso dire questo. La ragione è che condizione *necessaria* per poter dire che c'è *sentience* è la presenza di un *sistema nervoso centrale* sufficientemente complesso da riuscire a elaborare sensazioni *dolorose*. Quando esattamente tra i viventi si verifica questa condizione è problema che non può essere affrontato in questa sede. Qui a titolo esemplificativo credo si possa dire che l'insalata certamente non soffre, perché non ha neanche il sistema nervoso centrale; mentre il gatto sicuramente è capace di soffrire. Da questo punto di vista si può dire che l'insalata è più simile alla materia inorganica (il tavolo) verso cui non sembra ci siano doveri *diretti*, che ci sono invece verso il gatto.

Mentre è urgente chiarire quando è plausibile parlare di *sentience*, va anche detto che alcuni criticano l'idea che la capacità di provare dolore sia il criterio di rilevanza morale, affermando che esso vada invece individuato nella capacità di "avere interessi" intesa come capacità di giungere a stati di pienezza (*flourishing*). In questo senso anche una gamba d'insalata diventerebbe moralmente rilevante, e non per nulla alcuni parlano di "diritti delle piante". Non posso qui approfondire questa nuova posizione, che è profondamente diversa dalla precedente che fa riferimento alla *sentience*. Posso solo osservare che l'ulteriore estensione dell'ambito morale al di là della *sentience* comporta il riferimento a una legge morale naturale che subordina la beneficenza ad altri doveri, rimandando a forme tradizionali di «diritto naturale».

Resta il fatto che da più parti si richiede un'estensione dell'ambito morale fino a includere i "diritti animali" – dando per scontato che i doveri corrispondenti verso tali organismi non basta perché in questo modo si servono "interessi umani", ma perché sono direttamente dovuti. Ricordando che le due prospettive sono tra loro molto diverse, chi sostiene che il limite di rilevanza morale sia la *sentience* viene a proporre la "liberazione animale": dopo la liberazione nera, e la liberazione femminile, è giunto il tempo di ampliare ulteriormente la sfera dell'eguaglianza e riconoscere che tutti gli animali sono eguali.

So bene che il parallelo tra la liberazione animale e la liberazione femminile può apparire bizzarro e forse insultante. Eppure al riguardo si ricorda che qualche anno dopo la pubblicazione del libro di Mary Wollestoncraft, *A Vindication of the Rights of Women* (1794) – il primo libro sulla "liberazione femminile" – è apparso un pamphet anonimo (il cui autore è risultato poi essere un professore a Oxford) intitolato *A Vindication of the Rights of Brutes* teso a demolire le tesi femministe proponendo il seguente sillogismo:

- Se le donne hanno diritti, allora anche i bruti (gli animali) hanno diritti.
- I bruti non hanno diritti.
- Le donne non hanno diritti.

So bene che questo sillogismo oggi risulta offensivo e suscita irritazione e sdegno. Ma invece di protestare, questo dovrebbe essere stimolo di riflessione sul profondo cambiamento intervenuto nelle nostre opinioni ricevute – dal momento che solo due secoli fa il sillogismo esposto esprimeva l'opinione prevalente e comune nella classe colta inglese. A parte questo, si può osservare che il sillogismo è formalmente valido e presenta un'applicazione del *modus tollens*, in quanto la premessa minore («I bruti non hanno diritti») nega il conseguente della premessa maggiore. È comunque possibile formulare un sillogismo analogo applicando *modus ponens*, dove la premessa minore afferma l'antecedente della maggiore, avendo la seguente forma:

- Se le donne hanno diritti, allora anche i bruti (gli animali) hanno diritti.
- Le donne hanno diritti.
- Anche gli animali hanno diritti.

Col che si mostra che il movimento di "liberazione animale" risponde alla richiesta di espansione dell'etica iniziata coi diritti dell'uomo e progressivamente dilatatasi fino a includere tutte i senzienti. Le conseguenze pratiche derivanti da tale nuova posizione *etica* sono svariate: la prima è la netta condanna della cosiddetta *vivisezione* (o sperimentazione animale), dal momento che tale pratica comporta notevoli sofferenze animali. Un'altra è l'affermazione del *vegetarianesimo*, ossia l'abolizione dalla dieta di carni – che alcuni estendono al *veganesimo* che esclude l'uso di qualsiasi prodotto animale (inclusi uova e formaggio). Mentre in passato queste pratiche erano giustificate per lo più o da ragioni di carattere religioso oppure di carattere dietetico-gustativo (la repulsione "istintiva" per la carne), ora trovano un giustificazione etica. Una terza conseguenza è la condanna della caccia e dell'uso di pelli sia per indumenti pregiati (pellicce e giubbotti) sia anche per le scarpe, cinture o copricapi. Infine, si discute sulla liceità della creazione dei cosiddetti animali transgenici, dal momento che tale pratica sarebbe attuata al solo scopo di favorire gli interessi umani.

Le proposte del movimento della liberazione animale sono sicuramente controverse e aprono problemi e scenari nuovi. Non sappiamo ancora quanto tali idee saranno accolte né quale sarà il loro futuro. D'altro canto, anche l'idea dei diritti umani ha richiesto parecchio tempo per affermarsi. Gli interrogativi posti, comunque, ci portano a riflettere sulla natura stessa dell'etica, e sulla estensione dei nostri doveri morali. Un tema quest'ultimo rilevante per i temi affrontati.

# XII

## Le scelte bioetiche, il senso della vita e la socialità nel mondo secolare

### 1. *Introduzione*

Dopo alcune indicazioni di base per capire che cos'è l'etica e quali sono gli orientamenti in materia (capitoli 1-3), abbiamo esaminato alcune questioni bioetiche abbastanza specifiche e precise come quelle dell'aborto, della fecondazione assistita, ecc. fino a giungere a questioni sempre più generali come quelle della giusta allocazione delle risorse sanitarie e del ruolo dei diritti umani. L'elenco dei temi esaminati non è completo, ma l'analisi fatta dovrebbe dare almeno le indicazioni principali per riuscire a sviluppare la linea di pensiero qui accolta. Invece di continuare ad affrontare problemi bioetici specifici è opportuno tornare ad affrontare una questione diversa, che a prima vista sembra non avere attinenza specifica con la bioetica, ma che in realtà è centrale e sottesa alle diverse tematiche bioetiche. È il problema del *senso della vita* o del *significato dell'esistenza*, che rimanda a quelle che a volte sono indicate come le "questioni ultime", che un tempo rimandavano a temi propri della metafisica come l'esistenza di Dio, dell'anima immortale, ecc.

È importante, o forse anche decisivo, affrontare almeno i punti salienti su questi temi per evitare la critica spesso avanzata che l'analisi morale sopra svolta è riduttiva e, alla fine, limitante proprio perché sembra esulare e non rispondere alle "questioni ultime". Si osserva che esse sono informate a un modello ingegneristico teso a smontare e rimontare i vari pezzi di problemi concreti senza tener conto che dietro deve esserci un impulso potente e pregnante che dà alle analisi fatte quel colore e calore che le rende davvero significanti e significative. Altrimenti, se non inserite in questo progetto più ampio e dotato di senso, le analisi morali restano giochi formali o anche formalistici, ossia meri esercizi intellettuali che forse possono anche essere dotti e ben presentati ma che al fondo restano poveri se non addirittura un po' frivoli perché privi di quella linfa che proviene appunto dal dare un senso alla vita e al tutto. Per questo alcuni sottolineano l'importanza della "scelta esistenziale" che imprime quell'orientamento di fondo e generale a una vita e che determina poi chi siamo, che tipo di persona vogliamo diventare ed essere, e che poi illumina anche la vita morale entro cui acquistano rilevanza le analisi svolte nei capitoli precedenti.

Affrontare il problema del "senso della vita" diventa quindi una sorta di pietra di volta capace di tenere assieme i discorsi fatti e il metodo impiegato nel volume. A questo proposito il primo punto da considerare riguarda proprio la modalità di analisi della questione. Ancora una volta si tratta di sottoporre il problema ad analisi razionale. Qualcuno osserva che per questo tema è impresa disperata e impossibile, ma si tratta almeno di sapere dove la questione è trattabile razionalmente e dove invece non lo è. Questa nuova e maggiore consapevolezza non è da poco. Per acquisirla si deve cominciare a distinguere i vari aspetti che formano il problema del "senso della vita". Diversamente da quanto spesso si crede, anche questo tema non forma un blocco unitario, unico e non scomponibile, per cui vale il "prendere o lasciare" senz'altro dire, ma costituisce un insieme variegato di questioni che presentano molte sfaccettature. Solo distinguendole con cura si può pensare di dare a esse una risposta adeguata – *per quanto possibile*: clausola che si impone perché non sempre sul piano psicologico siamo in grado di controllare gli impulsi emotivi che si agitano dentro di noi. In ogni caso, grazie alle distinzioni tracciate avremo guadagnato quella maggiore consapevolezza della questione che può farci continuare il cammino alla ricerca di una più adeguata risposta.

## 2. *Il "senso della vita" e la scelta tra l'antropologia materialista e spiritualista*

Il primo aspetto che di solito viene sottolineato è che il problema del "senso della vita" riceve risposte diverse a seconda dell'antropologia filosofica prescelta. Si dice che chi sceglie una qualche antropologia materialista (o funzionalista) in cui la morte dell'individuo comporta la fine dell'esistenza darà una risposta diversa da chi invece sceglie una qualche antropologia spiritualista per la quale la morte dell'individuo comporta il passaggio a un nuovo tipo di esistenza che è quella dell'anima spirituale e immortale. Si osserva poi che solo ammettendo una vita ultraterrena eterna è possibile dare un senso alla propria vita e, contemporaneamente, un solido fondamento all'etica. Altrimenti, l'individuo è come smarrito e costretto a vagolare angosciato e senza orientamento negli abissi dell'esistenza finché la morte sopraggiunga a chiudere la partita. La condizione sarebbe così dolorosa e insostenibile da far credere che le antropologie materialiste vadano immediatamente rifiutate. Al di là delle eventuali buone intenzioni che possono animarle, esse si rivelerebbero fortemente inadeguate in quanto incapaci di soddisfare una delle esigenze più profonde dell'animo umano. Il "diritto al significato" e la protezione da quella che Emile Durkheim ha chiamato *anomia*, ossia la condizione di individui o di gruppi privi di un'impalcatura di significati condivisi, è fondamentale per l'esistenza perché, come osserva Peter Berger, «una società non può stare in piedi senza tutta una serie di significati condivisi dai suoi membri; un individuo non può dare un senso alla propria vita senza una simile serie di significati (sia essa conforme o difforme rispetto a quella societaria)». L'uomo, sia come singolo che come gruppo, può affrontare le più grandi difficoltà e sopportare i più terribili sacrifici, ma negare a esso «i significati mediante i quali è organizzata la vita vuol dire negargli, spesso in senso letterale, la possibilità di vivere». In altre parole, «l'uomo non vive di solo pane», ma anche di significati (più o meno condivisi), e l'esigenza di avere un "significato" o un "senso alla vita" è così forte da prevalere sulla soddisfazione delle esigenze materiali e fisiche, a volte fino al sacrificio della vita stessa.

Ove siano lasciati inevasi gli interrogativi ultimi circa il "diritto al significato" o la "domanda di senso della vita", sul piano individuale la persona si ripiega sulla ricerca spasmodica del *divertissement*, il "divertimento" indicato da Pascal, ossia il continuo stordimento per evitare di riflettere sulla cosa seria: il problema del senso della vita. Sul piano sociale, invece, si opta per il "nichilismo" ossia una prospettiva che negando la metafisica nega con essa ogni significato al mondo ammettendo che la realtà è inesorabilmente portata a svanire nel nulla. Sul piano etico si finirebbe nella cosiddetta etica della qualità della vita che non consentirebbe di avanzare richieste forti ossia proporre qualcosa per cui val la pena spendere l'esistenza. La nostra epoca, impregnata di materialismo pratico, opta per questa prospettiva ed è per questo che prevale il cosiddetto "nichilismo etico" e una forte insoddisfazione esistenziale è tanto diffusa da essere diventata una vera e propria malattia della nostra epoca. Il rimedio a questa situazione starebbe nella scelta di un'antropologia spiritualista, la quale appunto sarebbe in grado di dare la risposta adeguata al senso della vita e fondare un'etica della sacralità della vita. Ciò potrebbe anche richiedere in questa vita terrena maggiori sacrifici che, comunque, sarebbero sopportabili con letizia perché si riuscirebbe a dare un senso a tutte le cose.

La formulazione data dalla prospettiva spiritualista è generale e merita una risposta altrettanto generale, rimandando a breve l'analisi delle formulazioni più specifiche. Ammesso e non concesso che solo la scelta di un'antropologia spiritualista fornisca la risposta soddisfacente alle domande di senso, il problema è che le ragioni di questa scelta non possono dipendere solamente dalla soddisfazione dell'esigenza in questione. Non si può dire: *perché* soddisfa la profonda esigenza di senso, è corretta la scelta dell'antropologia spiritualista che prevede la vita ultraterrena. Da un'esigenza psicologica non si può (logicamente, razionalmente) inferire l'esistenza di una realtà. Per riprendere un celebre esempio, per quanto intensa sia l'esigenza di avere cento euro nel portafoglio, questa non basta a far sì che essi siano nel luogo desiderato.

Si deve invece dire: è *perché* ci sono solidi argomenti a sostegno dell'esistenza dell'anima immortale e della vita ultraterrena (indipendenti dall'esigenza psicologica) che l'antropologia spiritualista è corretta e va scelta, opzione che poi avrebbe anche l'ulteriore vantaggio di riuscire a dare la risposata adeguata alla domanda di senso, un corollario questo che impreziosisce il discorso e costituisce una sorta di prova del nove della sua correttezza. Per questo in passato i libri di morale partivano col trattato di metafisica e dimostravano le "verità metafisiche": esistenza di Dio, immortalità dell'anima, ecc. Per questo, diversamente da quanto avviene ora, in cui l'etica di Immanuel Kant viene vista come il succedaneo di quella tomista, il pensiero di Kant veniva bollato come *il veleno kantiano*, secondo quanto indicava il titolo di un libro del gesuita e filosofo Guido Mattiussi (1914): Kant, infatti, nega la metafisica.

Non appena si riformula il discorso in termini corretti e si richiedono gli argomenti a sostegno della posizione metafisica, la prospettiva spiritualista si sgretola. Infatti, Hume e Kant assieme a tanti altri sembrano aver vinto la battaglia sulla metafisica. Come ha osservato in un importante libro Eugenio Lecaldano[1], «non vi sono basi per essere sicuri che Dio esiste». Sarà perché viviamo in un mondo secolarizzato o altro, ma gli argomenti prodotti per dimostrare l'esistenza di Dio, dell'immortalità dell'anima e di una metafisica appaiono fragili e non cogenti. L'idea stessa di una realtà immateriale di carattere trascendente appare inconcepibile e inesprimibile, al punto che i fautori della prospettiva la sostengono con vaghe metafore o riconoscendone ineffabilità. Senza qui entrare nei dettagli delle questioni metafisiche, a conferma che gli argomenti a sostegno della metafisica siano inconsistenti e non-razionali sta il fatto che anche chi crede nell'immortalità dell'anima riconosce che tale credenza è questione di fede e non di analisi razionale.

In assenza di una solida posizione metafisica, l'argomento generale sopra indicato che fa leva sull'esigenza (psicologica) di senso si dissolve. È fin troppo facile dire che la prospettiva di una vita ultraterrena è solo una pia illusione accolta per ragioni diverse: o per consolare animi fiacchi, o per tradizione ricevuta, oppure per accaparrarsi la dotazione di "carica di senso" propria degli umani per indirizzare l'attenzione umana in specifiche direzioni, o per altre ragioni ancora. Resta che diventa una questione psicologia riguardante, se mai, la pacificazione di conflitti interiori che potrebbe a volte essere facilitata dall'aiuto di un qualche bravo professionista. Come ha osservato sempre Lecaldano riprendendo la posizione di Sigmund Freud, la religione infatti «si presenta come una sorta di "nevrosi ossessiva universale"».

---

[1] E. LECALDANO, *Un'etica senza Dio*, Laterza, Roma-Bari 2006.

Si potrà poi discutere sul futuro della religione, e osservare con David Hume che «le prime idee della religione sorsero non già dalla contemplazione delle opere della natura, ma [...] dalle incessanti speranze e timori che agitavano la mente umana». Si potrà anche osservare che, per via di questo forte ancoraggio alle passioni umane, le religioni «sono difficilmente attaccabili dal ragionamento» (Lecaldano), per cui non è prevedibile la fine della religione: temi di grande interesse che non possono essere qui esaminati.

Un'ultima osservazione, tuttavia, è d'obbligo sulla tesi a volte ricorrente secondo cui sarebbe fortunato e invidiabile chi, avendo una fede religiosa, riesce a credere nell'immortalità dell'anima, quasi che tale credenza lo avvantaggi nel cammino dell'esistenza e nella vita morale fornendogli come "una marcia in più". In assenza di solidi argomenti a dimostrazione dell'immortalità, non si capisce proprio come si possa dire che è apprezzabile chi investe in illusioni, fantasie e miraggi di vario genere sulla scorta di pressanti desideri. Si potrà riconoscere che vive anche contento, ma pur sempre in una sorta di "bolla anestetica" che resta pur sempre illusoria: meglio è evitare il sogno e conoscere la realtà, anche se a volte è dura e meno piacevole. Inoltre, dal punto di vista etico, come osserva sempre Lecaldano, «la credenza nella vita futura, lungi dal rappresentare una marcia in più per il credente, è piuttosto ciò che lo allontana irreparabilmente dalla vita morale», in quanto ciò alimenta personalità che informano la condotta alla «paura delle sanzioni» e alla «ricerca dei premi» precludendosi la motivazione morale e disinteressata.

Esaminata e confutata la formulazione generale dell'argomento, passiamo ora a considerare alcune formulazioni più specifiche della questione concernente il "senso della vita".

## 3. *Il "senso della vita" e i rapporti tra etica e religione*

Abbiamo visto che i problemi della domanda di senso non riguardano solo il piano del singolo individuo ma coinvolgono anche il piano sociale al punto che una società non può reggersi senza un insieme di significati condivisi. Come l'individuo ha bisogno di dare una risposta alla domanda di senso per vivere in modo soddisfacente, così una società ha bisogno di analoga risposta alla domanda di senso per reggersi, risposta che prende corpo nella moralità, la quale appunto imprime un senso alla vita sociale. Di qui la tesi ricorrente che senza Dio, la metafisica e il mondo ultraterreno la moralità si dissolverebbe, provocando la disgregazione della vita sociale. Possiamo quindi esaminare questa formulazione più specifica della tesi generale sopra discussa.

L'idea sopra delineata è stata ben sintetizzata dal grande romanziere russo Fedor Dostoevskij nella celebre frase: «*se Dio non esiste, tutto è permesso*», ossia senza la metafisica, l'eterno e l'assoluto non ci sono più né divieti né obblighi e la morale si dissolve. Chiamo "tesi di Dostoevskij" l'idea diffusa nel senso comune secondo la quale senza religione non c'è morale, idea che viene espressa anche in altri modi. Un filosofo contemporaneo, Richard Taylor, l'ha riproposta osservando che «il concetto di dovere morale [diventa] incomprensibile quando separato e avulso dall'idea di Dio. Rimangono le parole per indicarlo, ma il loro significato è svanito».

### 3.a. *Prima precisazione della nozione di "religione" e due interpretazioni della tesi di Dostoevskij*

Per esaminare la plausibilità della tesi di Dostoevskij è necessario prima di tutto chiarire che con "religione" (e "religioso") non si intende una qualsiasi risposta circa il significato *ultimo* della realtà e dell'esistenza. Preciso questo perché oggi, forse come corollario al discorso che le tesi metafisiche sono "di fede" e non-razionali, alcuni autori sostengono che ogni uomo ha il "senso religioso" perché le risposte circa il significato *ultimo* sono date inevitabilmente da tutti in quanto sono necessariamente connesse al vivere umano. Così don Luigi Giussani ha scritto che «per ciò stesso che uno vive cinque minuti afferma l'esistenza di un *qualcosa* per cui ultimamente val la pena vivere in quei cinque minuti; per ciò stesso che uno prolunga la sua esistenza, afferma l'esistenza di un *quid* che sia ultimamente il senso per cui vive. Il contenuto del senso religioso è una implicazione inevitabile». E in questa linea il teologo americano Paul Tillich ha sostenuto che la religione è «l'interesse, l'impegno ultimativo» (*ultimate concern*).

Questa prospettiva è inadeguata perché, se fosse così, allora l'ateismo sarebbe impossibile e anche l'ateo più incallito sarebbe permeato – volente o nolente – di senso religioso: saremmo tutti necessariamente *religiosi*, e non potremmo più distinguere tra un Casanova e un san Francesco. Dire questo, però, è come dire che tutti i diversi colori e tutti i suoni non sono altro che una variazione del rosso (o del giallo), il che è assurdo: ci sono colori diversi e a loro volta i suoni sono diversi dai colori. Analogamente, c'è una distinzione tra l'ateismo e la religiosità, per cui la nozione di "religione" deve includere qualcosa di più dell'impegno ultimativo proprio del vivere.

Questo elemento aggiuntivo è la credenza nell'esistenza di un ente *trascendente* la realtà naturale e la credenza nell'esistenza di un mondo spirituale, eterno e immortale. Anche qui: le realtà culturali sono, in un senso, trascendenti le realtà materiali e quindi si può dire che siano "spirituali" in quanto non hanno peso né occupano uno spazio: il significato di una parola, ad esempio, non è qualcosa di materiale, e ha un tipo di realtà diverso da quello di una sedia. Ma anche le realtà culturali sono "fisiche" in quanto esistono in un tempo, a certe condizioni e veicolate e supportate da strutture materiali. Invece, la realtà trascendente e spirituale che sta alla base della religione è "spirituale" in altro modo in quanto riguarda un mondo del tutto speciale che prescinde non solo dalle coordinate spazio-temporali proprie della materia, ma anche da quelle della dimensione culturale. Si presume che questa "sostanza spirituale" sia di natura radicalmente diversa dalla "sostanza materiale" e tale da essere più reale della materia stessa, al punto che quest'ultima dipenderebbe da quella. Chi crede che esista un ente trascendente o una realtà metafisica del tipo sopra delineato è "religioso", mentre chi non accetta questo genere speciale di realtà spirituale non lo è. Ci sono poi due modi di sostenere quest'ultima posizione: ci si può limitare a dire che non è dimostrabile né l'esistenza né l'inesistenza di Dio, per cui al riguardo si deve solo sospendere il giudizio (agnosticismo), oppure si può sostenere che è possibile dimostrare la non esistenza stessa di Dio (ateismo).

Oltre a comportare un insieme di credenze sull'ente trascendente, una "religione" è poi anche un sistema di culto della divinità e un insieme di norme che regolano la vita sociale dei fedeli. Pertanto, ciascuna religione comporta una corrispondente etica, e di fatto c'è un'etica cattolica, un'etica cristiana riformata che risponde alle richieste delle principali confessioni (luterana, calvinista, anglicana, metodista, ecc.), un'etica islamica, induista, ecc. È quindi senza dubbio vero che senza la religione islamica non si avrebbe l'etica islamica e via dicendo. Ma la tesi di Dostoevskij afferma qualcosa di più forte e pregnante, ossia che senza la religione come credenza in un ente trascendente – a prescindere se esso sia quello dell'ebraismo, del cristianesimo o dell'Islam – non è possibile l'etica in quanto tale. Questo significa dire che sarebbe un'assurdità, una contraddizione in termini, parlare di "etica laica" o di "etica secolare", perché privata della dimensione trascendente l'etica svanirebbe. Così precisata la tesi è impegnativa e robusta, ma anche abbastanza chiara.

Non altrettanto chiara, invece, è la ragione per cui la metafisica sarebbe condizione logicamente necessaria della moralità. Perché se Dio non esistesse, allora tutto sarebbe permesso? Riproponendo la domanda osservo che la risposta può essere duplice: 1) si può dire che Dio è necessario perché senza la paura del castigo nell'Inferno o l'attesa del premio nel Paradiso le persone non sono *motivate* a seguire la legge morale; 2) oppure si può dire che Dio è necessario perché senza il piano metafisico le persone non riescono a *conoscere* quali sono le norme e valori morali da proporre. La tesi di Dostoevskij può ricevere quindi due interpretazioni diverse che vanno esaminate separatamente.

### 3.b. *L'interpretazione motivazionale della tesi di Dostoevskij*

Intesa in senso *motivazionale* la tesi di Dostoevskij afferma che senza religione non c'è morale perché le persone non avrebbero la *motivazione psicologica* che spinge a rispettare le norme e i valori etici. Infatti, se non ci fosse una solida credenza in una vita ultraterrena verrebbe meno la paura della sanzione eterna (l'Inferno) o l'attesa del premio perpetuo (Paradiso) dopo la morte. Le persone non avrebbero stimoli a seguire la norma morale – soprattutto quando ciò richiede positivi sacrifici o comunque la rinuncia a possibili vantaggi. Inoltre, l'esperienza insegna che non sempre il giusto è ricompensato in questa vita. Anzi a volte è perseguitato proprio per la sua giustizia, come insegna l'esempio biblico di Giobbe. Sarebbe necessaria la vita ultraterrena per riequilibrare eventuali carenze presenti in questa vita. Senza questa possibilità di riequilibrio – si conclude – la moralità è disarmata ed è come svigorita: è per questo che la religione è indispensabile per l'etica. Quest'idea è stata tanto diffusa che nel XVII l'ateo era guardato con diffidenza come persona inaffidabile e socialmente pericolosa perché, non avendo il timore dell'Inferno, non avrebbe avuto la motivazione richiesta per mantenere i patti e rispettare le norme morali.

Si potrebbe osservare che il tipo di motivazione proposta nulla ha a che fare con la moralità, e anzi è immorale. L'etica presuppone una motivazione disinteressata: l'agente morale fa la cosa eticamente giusta perché è giusta senz'altri calcoli, come il ballerino fa il movimento giusto perché quello è il modo corretto previsto dalla danza, punto e basta. Senza insistere su questo punto, si può osservare che l'interpretazione motivazionale della tesi di Dostoevskij sarebbe accettabile solo se la credenza in Dio e nella vita ultraterrena davvero costituisce un incentivo efficace che garantisce il rispetto delle norme morali. Quest'aspetto, tuttavia, è a dire poco discutibile, perché non sembra che le rappresentazioni dell'inferno abbiano efficacemente contribuito a far superare le tentazioni. Né sembra che le persone religiose siano moralmente migliori di quelle non religiose.

D'altra parte, c'è ormai un gran numero di persone, da David Hume, John Stuart Mill, Henry Sidgwick, a Giovanni Vailati, John Dewey, e moltissimi altri, che hanno vissuto una vita moralmente esemplare senza alcuna credenza in una vita ultraterrena. Di fronte a questi dati fattuali, l'interpretazione motivazionale della tesi di Dostoevskij sembra vacillare: è possibile vivere moralmente anche senza la paura dell'Inferno o la speranza del Paradiso. Anzi, si può sostenere che la persona matura che ha acquisito l'etica critica è quella che si comporta moralmente senza avere ulteriori aspettative, che sembrano essere una sorta di grucce o stampelle che mal si adattano alla persona che sa camminare da sola nell'esistenza. La moralità motiva attraverso pressioni psicologico-sociali che dipendono dal tipo di società e dalle esigenze presenti in essa, a prescindere dalla credenza nella vita ultraterrena.

### 3.c. *L'interpretazione teorica della tesi di Dostoevskij*

Intesa in senso *teorico* la tesi di Dostoevkij afferma che se Dio non esiste, allora tutto è permesso perché l'uomo non riuscirebbe più a *conoscere* la norma morale e il suo contenuto. Qui non si tratta più di avere l'Inferno e il Paradiso che motivano ad agire per paura o speranza della ricompensa conforme alla condotta terrena, bensì di sapere qual è la norma morale da seguire. Diventa così chiaro che questa interpretazione rimanda al problema classico che è stato formulato da una domanda posta da Platone nell'*Eutifrone*: «il giusto è giusto perché voluto da Dio o è voluto da Dio perché è giusto?».

Chi risponde che il giusto è tale perché voluto dagli dei assume una posizione *volontarista*, che è difettosa e inaccettabile perché preclude la giustificazione razionale: se un precetto è giusto solamente perché è comandato, è a priori esclusa la possibilità di richiedere ulteriori ragioni a giustificazione del comando, aprendo la strada a forme di dogmatismo che possono sconfinare nel fanatismo e nel fondamentalismo. Si agisce solo perché così è stato comandato, senza saperne le ragioni. L'inadeguatezza diventa palese ove ci si chiedesse se non si dia il caso che il comando di Dio risulti essere ingiusto e debba essere disubbidito. Di fatto, in alcuni testi sacri sembra che Dio abbia comandato atti che sono moralmente ingiusti.

Più adeguata è, quindi, l'altra risposta, ossia che Dio comanda qualcosa perché ciò è giusto: la giustizia può essere *conosciuta* indipendentemente dalla religione e dalla credenza in un dio trascendente. Da questo punto di vista, la situazione è analoga a quella che si ha in matematica, dove 2 + 2 = 4 prescinde dalla volontà di Dio, ma, se mai, Dio lo vuole perché è così. La conoscenza dei principi morali non richiede affatto la credenza in un ente trascendente, per cui nella moralità ci si può giungere a conoscere ciò che è giusto ragionando *etsi deus non daretur* (come se Dio non esistesse). Anzi, questo modo di impostare il discorso è quello corretto in quanto favorisce la formazione dell'atteggiamento critico che sta alla base della moralità[2].

---

[2] Oltre al sopra citato libro di Eugenio Lecaldano, su tale tema si veda anche quanto sostenuto nel volume di W.K. FRANKENA, *Etica. Un'introduzione alla filosofia morale*,

### 3.d. *La secolarizzazione secondaria e l'affiorare dell'etica laica*

L'opinione ricevuta dalla tradizione afferma che senza la religione non si dà etica, ma l'analisi fatta ha mostrato che la religione non è richiesta né per assicurare la motivazione necessaria per il rispetto delle norme morali né per consentire la loro conoscenza. Si deve quindi concludere che è vero l'esatto contrario di quanto asserito dalla opinione ricevuta. La religione può essere d'intralcio alla formazione di personalità morali, per cui l'etica è solo quella che prescinde dalla religione.

Siamo in un periodo di transizione storica tra due epoche e quindi questa tesi non appare ancora con chiarezza. Lungi dall'essere in fase di decadenza per la dissoluzione dell'etica, siamo in una fase in cui viene meno la vetusta moralità religiosa basata sulle pretese di un mondo metafisico (controllato dai pochi adepti capaci di conoscerlo) e sta nascendo una nuova etica secolare che mette al centro dell'attenzione la qualità della vita degli individui. Se vale l'idea che la moralità è sul piano sociale l'analogo della risposta alla domanda di senso che l'individuo riceve, allora la nascita di una nuova etica equivale a un nuovo orientamento del vivere sociale. Prima la società era orientata in base al rispetto dovuto alla scala dell'essere e all'ordine previsto da questa, mentre ora il valore diventa l'eguaglianza degli individui e il massimo di libertà possibile per consentire l'autodeterminazione. Come queste direttrici generali possano essere articolate è compito che non può essere svolto in questa sede. Qui posso solo osservare che la nascita della nuova etica laica e secolare è un processo epocale di dimensioni ancora maggiori della nascita di una nuova religione, perché comporta l'istituzione di nuovi parametri sociali. Come sempre capita nelle situazioni nascenti, le difficoltà non mancano e l'ottimismo irenico è fuori luogo. Ma è altrettanto sbagliato i toni apocalittici delle moderne Cassandre che prevedono solo rovina e disastri.

Se sul piano sociale è possibile avere una moralità secolare capa-

---

Edizioni di Comunità, Torino 1998². Altre interessanti osservazioni si trovano nel volume di L. LOMBARDI VALLAURI, *Nera luce. Saggio su cattolicesimo e apofatismo*, Le Lettere, Firenze 2001.

ce di dare una risposta alla domanda di senso circa la vita sociale, allora ci sono buone ragioni per ritenere che si possa trovarle anche per dare una risposta alla domanda di senso sul piano individuale.

## 4. *Il senso della vita e il problema della caducità della vita*

Un'altra formulazione specifica della tesi generale che è necessaria la credenza nell'immortalità perché senza di essa non si riesce a dare una risposta soddisfacente alla domanda di senso, è quella che fa riferimento alla caducità della vita e alla sua limitatezza. Perché vivere quando poi tutto passa? Perché stare a sopportare tante fatiche e tanti disagi o cocenti delusioni? Può darsi che ci siano anche dei successi e delle soddisfazioni, ma perché darsi tanta pena? Non avevano ragione i Sette Savi quando dicevano che «meglio non nascere piuttosto che nascere e fortunato colui che muore appena nato»? Non è questo del senso della vita il problema principale dell'esistenza? Non è proprio quando rileviamo la fragilità dell'esistenza che la religione si rivela indispensabile per dare un senso alla nostra vita?

Questa è una tesi ricorrente in vari autori, tra cui Albert Camus che più di altri ha sottolineato che «non c'è che un problema filosofico veramente serio: quello del suicidio. Giudicare che la vita valga o non valga la pena di essere vissuta è rispondere alla questione fondamentale della filosofia. Tutto il resto – se il mondo abbia tre dimensioni, l'intelletto nove o dodici categorie – viene dopo. Questi sono dei giochi: prima bisogna rispondere». In questa prospettiva il vero e urgente problema pratico è dare un senso alla vita, sapere perché vale la pena vivere a dispetto della morte. La morte, l'invecchiamento e la fine della vita sembra essere lo scacco finale che toglie senso a tutto quanto di positivo sembra esserci nella vita e alla vita stessa. In questa linea Jean Paul Sartre ha sottolineato che – venuta meno l'eternità – non c'è una grande differenza tra il vivere pochi giorni o molti anni. Ma questa stessa conclusione è difesa anche dal teologo lovaniense Jacques Leclercq, per il quale la lunghezza della vita è irrilevante proprio perché c'è l'eternità. Per questo Leclercq si lamentava per l'oblio in cui è caduta quella tradizione cristiana che

> ci ricorda che l'uomo è sulla terra per meritare il cielo, che non è fatto per vivere sempre quaggiù, ma per vivervi un tempo limitato e compiervi la sua opera di cristiano, che perciò noi siamo, in una certa maniera, sulla terra per morire e per andare al cielo e che il problema principale, il solo sotto certi aspetti, è di andarvi il meglio possibile. Mi sembra che normalmente si tratta del problema della vita come se non si dovesse morire. Ma invece moriamo tutti; non c'è il problema del non morire e poco importa vivere qualche anno più o qualche anno meno. Ciò che importa è di vivere e di morire bene.

Potrebbe essere interessante cercare di capire come mai, pur partendo da premesse radicalmente opposte, Sartre e Leclercq giungano a una conclusione simile e in netto contrasto con la tesi ricevuta secondo cui solo l'immortalità riuscirebbe a dare una risposta adeguata alla domanda di senso. Più importante qui è esaminare la tesi iniziale, in cui invece nella tesi ricevuta si insiste nel richiedere l'immortalità come efficace antidoto all'ineludibile caducità e finitudine della vita, senza la quale tutto cadrebbe nel nulla e nel vuoto, annullando ogni senso. Avrebbe ragione William Shakespeare rilevando che «la vita è una storia, raccontata da un idiota, piena di suoni e di furia che non significa nulla» (*Enrico IV*).

Nel momento in cui ci chiediamo perché l'immortalità è così necessaria pur in presenza del flusso del divenire storico, diventa chiaro che l'appello all'eternità è una forma di negazione della contingenza propria dell'esistenza terrena. È come se si dicesse: «Non preoccuparti, amico, le tribolazioni terrene sono solo apparenza e in realtà non moriamo mai! Anzi, quanto più sarai tribolato qui, tanto più starai bene in Paradiso: forza e coraggio, che poi starai meglio e sempre giovane!». Se ci si riesce a convincere che così è, e la convinzione si solidifica al punto da ritenere che davvero esista un mondo metafisico di tal fatta, allora l'illusione può anche farci star bene. Se poi qualche artista riesce a rappresentare il modo di essere della vita futura, come ha fatto Dante ne *La divina commedia*, o fanno le rappresentazioni molto concrete del Paradiso proposte dall'Islam o da altre religioni, queste grandi narrazioni facilitano il compito in quanto rendono familiare il mondo ultraterreno. Pur riconoscendo questo, è ingenuo assumere l'immortalità come antidoto alla caducità della vita, perché è alla fine un modo di negare e sfuggire alla realtà che impone invece i limiti della finitudine: limiti che, piaccia o no, per realismo devono essere riconosciuti, non evitati.

## 5. *Perché la risposta alla domanda di senso della vita non è più monopolio della religione: come la scienza viene a erodere la religiosità naturale*

Abbandonata l'idea ingenua e astratta di una vita di perenne giovinezza nell'al di là come risposta alla domanda di senso, si può riformulare in altro modo la tesi della necessità della religione per dare una risposta al problema del senso della vita. Per chiarire questa nuova formulazione è indispensabile in via preliminare rendere più precisa e fine la nozione di "religione", distinguendo almeno due accezioni diverse.

Da una parte "religione" indica gli atteggiamenti e le istituzioni che fanno riferimento alle grandi fedi rivelate, ossia quei complessi sistemi che in Occidente sono l'ebraismo, il cristianesimo e l'Islam. Questo è l'uso più comune del termine, che indica la "religione rivelata", ossia l'insieme di credenze, sistemi di culto e norme di vita morale dipendenti da una Rivelazione fatta *in illo tempore* dalla divinità e raccolta nei libri sacri. Le divergenze tra le religioni, e anche le guerre di religione, riguardano quest'accezione del termine.

Dall'altra parte, invece, "religione" indica lo speciale atteggiamento concernente il senso del sacro che nasce dalla percezione che c'è una parte di mondo in cui si esperisce di qualcosa di fascinoso e tremendo promanante dal mistero che avvolge ampie porzioni della realtà e che non sono soggette al controllo umano. Questa è l'area del sacro che si oppone al profano ossia l'ambito del reale soggetto al controllo e al dominio umano. Il senso del sacro sta quindi alla base della *religione naturale*, la quale prescinde dalle diverse Rivelazioni della divinità ed è appunto "*naturale*" in quanto si suppone che, almeno in qualche misura, l'esperienza del sacro sia insita in, e comune, a tutti gli uomini. Anzi, alcuni sottolineano che essa stia alla base dell'umanità dell'uomo, il quale appunto sarebbe *homo religiosus*.

Il termine "religione" può quindi indicare sia la "religione naturale" che la "religione rivelata", dove la prima costituisce lo sfondo o la base su cui poggiano le varie religioni rivelate o fedi religiose. Per questo a volte si parla di "teologia naturale" o anche di "teologia razionale": essendo sempre stato presente dai primordi dell'umanità si dà per scontato che il senso del sacro sia un elemento "razionale" o "naturale", comune a tutti gli umani. D'altro canto, la distinzione tra i due sensi di "religione" è importante perché le fedi religiose presuppongono la religiosità naturale, senza la quale crollano anche le prime.

Le distinzioni fatte sono cruciali perché quando si dice che solo la religione è in grado di dare una risposta al "senso della vita", il riferimento è alla religiosità naturale che si suppone essere comune a tutti gli umani. Altrimenti, visto che la fede religiosa, proprio perché rivelata, è tale da essere limitata ai soli fedeli beneficati dalla divinità, si creerebbe una disuguaglianza tra gli uomini. Diventa quindi urgente individuare quali sono i tratti salienti della religiosità naturale che sono rilevanti per la domanda di senso.

### 5.a. *Le caratteristiche della religiosità naturale e la domanda di senso della vita*

L'assunto di fondo della religione naturale è che l'universo è stato creato e ordinato da Dio per uno scopo buono. Possiamo quindi dire che la religiosità naturale riesce a dare una risposta pregnante alla domanda di senso della vita perché dà per scontato i seguenti assunti:

a. il mondo in generale è buono e la vita in particolare è sempre «satura d'essere», come ha efficacemente indicato Mircea Eliade;

b. il mondo e la vita stessa sono ordinati secondo un grande disegno cosmico che è provvidenziale e buono,

c. trovando nel corso della vita terrena il proprio posto in questo disegno più generale, la persona trova il senso della vita,

d. posto che sta nella direzione impressa dal progetto: la vita ha così un *senso*, ossia una direzione specifica.

Gli assunti indicati ci consentono di formulare la tesi in modo preciso. Infatti, si può osservare che solo la religione riesce a fornire una risposta al problema del senso della vita non tanto perché prospetta in modo ingenuo la vita perpetua nell'al di là, ma perché pur riconoscendo la caducità della vita individuale viene a individuare il senso della vita nel progetto complessivo proprio della vita stessa. In questo la formulazione della tesi sembra quasi avvantaggiarsi dell'ambiguità dei diversi significati del termine "senso", sfruttandoli a sostegno dell'idea sostenuta. Infatti, lessicalmente la parola "senso" ha almeno i seguenti significati:

1. "la facoltà di ricevere impressioni da stimoli esterni o interni";
2. la coscienza o la consapevolezza in genere, che può specificarsi nell'uso di ciò che riguarda "l'avvertimento di sensazioni interne, specialmente se non ben definite", come quando si parla di "senso di vuoto o di fame";
3. lo stato d'animo o l'atteggiamento psichico, che porta all'uso circa la speciale «capacità di sentire in quanto presuppone il discernimento» tra aspetti del reale, come quando si parla di «senso morale» o di «senso estetico», ecc.;
4. il contenuto o il valore comunicativo di una parola o di una frase ossia ciò che essa vuol dire o indica;
5. la direzione di un movimento.

Quando si parla di "senso della vita" si gioca sull'ambiguità dei vari significati alludendo un po' a tutte queste diverse accezioni. Dapprima il "senso della vita" sembra essere dato dalla facoltà di ricevere stimoli dalla vita stessa, come se questa ci indicasse una direzione da seguire. Allo stesso tempo può indicare il contenuto o significato che la vita racchiuderebbe in sé, o anche lo speciale discernimento proprio che la vita comporterebbe. Ma anche potrebbe essere la coscienza o l'avvertimento non ben definito che la vita stessa trasmetterebbe una quale direzione, e via dicendo.

L'idea di fondo è che il senso della vita è la percezione di un'unitarietà dell'esistenza sottostante al flusso delle svariate vicissitudini, unitarietà che dipende dal sentirsi inseriti in un più grande disegno. Il vedersi e sentirsi come un tassello di un più ampio mosaico favorisce l'idea che l'intera esistenza sia ordinata a uno scopo preciso, un aspetto che accresce il senso di identità e di unità di sé, cosicché quel che facciamo ci sembra l'impegno per la nobile causa per la quale vale la pena spendersi. Le avversità possono poi anche essere molte e gravi, e la vita è finita e caduca, ma il sentirsi inseriti in un piano più generale dà alla persona grande sicurezza perché non si sente mai sola: non si è mai né spaesati o disorientati, perché il disegno complessivo offre sempre le coordinate di riferimento e ci mette in relazione intrinseca ed essenziale ad altri, per cui si instaura un senso di familiarità con gli altri e col mondo che è molto rassicurante.

È per questo che le religioni avanzano la pretesa di esser le sole a riuscire a dare una risposta soddisfacente alla domanda di senso della vita. In effetti le varie religioni rivelate offrono risposte diverse arricchendo il menù di particolari preziosi. Resta tuttavia che l'impianto generale della risposta in materia è fornito dalla religiosità naturale, la quale assicura l'atteggiamento di fondo sopra delineato circa la bontà del creato e il disegno provvidenziale. Senza questa base comune, le risposte delle diverse fedi religiose appaiono come prese di posizione fideistiche e un po' posticce. Ecco perché era importante distinguere i due significati di "religione": più che alle varie religioni rivelate, è alla religione naturale che dobbiamo rivolgere l'attenzione, per sapere se davvero essa riesce a dare la risposta al problema del senso della vita, e soprattutto perché sì o perché no.

### 5.b. *La critica della religiosità naturale in base a esperienze vissute*

Se il nucleo della risposta alla domanda di senso sta nel sentirsi partecipe di un grande disegno che al fondo è buono, allora a volte capita che l'incantesimo sia scalzato da esperienze tragiche come quella di catastrofi personali o sociali che mettono in crisi l'idea stessa che il mondo sia retto da un disegno provvidenziale e buono. Quando muore un figlio o il partner della vita, o quando accadono eventi catastrofici come lo tsunami, terremoti o alluvioni, si fa fatica a dire che al fondo della realtà ci sia un disegno benevolo. A volte la frattura che provoca il salto gestaltico dipende da fatti che visti dall'esterno potrebbero essere relativamente banali: il suocero che si vede negata dalla nuora la richiesta di dare all'unico nipote il proprio nome consentendogli una forma di sopravvivenza, una mancata promozione o ammissione a un concorso, un voto ingiusto ricevuto all'esame, il tradimento di un amico che pensavamo sincero, e via dicendo con eventi diversissimi. Lo sguardo attento delle vicende umane ci mostra quanto delicata e tenue sia la pianticella del "senso della vita", esposta alle intemperie più diverse.

La replica religiosa alle difficoltà ricordate è che la nostra visione delle cose è limitata e che i disegni della provvidenza sono *misteriosi* e che all'uomo non è dato conoscerli: è la nostra limitata visione che ci impedisce di scorgere la bontà nascosta in quella che ci appare come una dura avversità. Ma il ricorso al "mistero" per spiegare un evento infausto equivale a riconoscere che il presunto disegno non è conoscibile ossia che non c'è affatto alcun senso. L'appello al "mistero" risulta una parola vuota di contenuto, che può essere accettata solo perché le persone hanno una forte esigenza psicologica di essere rassicurati.

### 5.c. *La critica della religiosità naturale da parte della scienza*

Se è vero che la religione naturale fornisce l'impianto o atteggiamento di fondo per dare una risposta alla domanda di senso, allora questa base viene ora messa in crisi dalla diffusione della scienza moderna. È importante chiarire bene in che modo essa eserciti la sua influenza erosiva al riguardo.

#### 5.c.1. *Lo scontro tra religione e scienza a cavallo tra il XIX e XX secolo*

Nel corso del XIX secolo numerose scoperte scientifiche erano in netto contrasto con molte tesi religiose tanto che alla fine del secolo sembrava fosse in corso quella che Andrew Dickson White, il primo presidente di una delle più prestigiose università statunitensi, quella di Cornell (Ithaca, capitale dello stato di New York) ha chiamato *La guerra tra la scienza e la teologia cristiana*. Ancora nei primi decenni del XX secolo lo scontro aperto era vivace, creando notevole imbarazzo sociale. Per ovviare alla difficoltà e placare gli animi si è osservato che la guerra culturale era solo apparente, perché scienza e religione in realtà trattano campi diversi e conciliabili. Infatti, la scienza si limiterebbe a spiegare *come* stanno le cose, senza affatto pretendere di individuare il *perché*, ossia lo scopo (o il fine) per cui ci sono: conoscenza quest'ultima che è propria della religione o della filosofia intesa come metafisica.

Si è osservato che tra i due ambiti non c'è scontro o conflitto, né tantomeno guerra, perché essi sono ambiti separati e relativamente indipendenti. Il progresso delle conoscenze scientifiche circa i corpi celesti può spiegare *come* essi si muovono nel cielo ma non ci dice, né potrà mai dirci, *perché* essi ci sono e qual è il loro scopo. Per far questo, infatti, si deve considerare il mondo come una totalità assumendo un punto di vista diverso da quello scientifico, dal momento che la scienza si limita allo studio di specifiche parti di mondo. Una scienza nasce quando si ritaglia il proprio campo specifico da studiare, escludendo in partenza di considerare il mondo come un tutto, punto di vista che è proprio della religione o della metafisica. A volte, per rafforzare la netta separazione tra scienza e religione ci si è appellati anche alla Grande Divisione, ossia la distinzione tra *essere* e *dover essere* (o *valore*). La scienza *descrive* mentre l'etica *prescrive*, per cui da una serie di descrizioni non si può derivare una prescrizione o una valutazione, per la quale bisognerebbe fare riferimento a un punto di vista più ampio e generale, quello religioso o filosofico appunto. Ecco perché se ciascuna disciplina rimane nel proprio ambito, si evita il conflitto o il contrasto.

Non è il caso di discutere se la distinzione tra il *come* e il *perché* sia davvero teoricamente sostenibile. Basta osservare che storicamente essa ha funzionato abbastanza bene attenuando il conflitto aperto tra scienza e religione. Tuttavia, questa pace ha non ha bloccato l'azione erosiva della scienza nei confronti della religiosità naturale, aspetto che per qualche decennio è parso marginale ma che ora sta emergendo con forza.

### 5.c.2. *Perché la scienza sta erodendo la religiosità naturale*

Se a cavallo tra Ottocento e Novecento il motivo della guerra aperta tra scienza e religione era dato da specifiche scoperte scientifiche, oggi – salvo alcune eccezioni, come ad esempio la questione delle cellule staminali embrionali – il conflitto non è più esplicito e su temi specifici, ma è sotterraneo e riguarda più l'atteggiamento verso il mondo. Ci sono due fattori potenti da considerare al riguardo.

Il primo è che la diffusione delle conoscenze alimenta inesorabilmente ciò che Max Weber ha chiamato il "disincanto del mondo", ossia l'atteggiamento che spoglia i fenomeni naturali dell'aura di mistero che alleggiava intorno a essi. Nel capitolo 2, nota 2, già si è ricordato come il progresso delle conoscenza circa le comete ha profondamente cambiato l'atteggiamento verso questi corpi celesti. Qualcosa di analogo è ora in corso circa il mondo biologico, dal momento che le nuove conoscenze circa la generazione, la nascita e la morte fanno sì che il disincanto del mondo si estenda anche a questo ambito della realtà.

Il secondo fattore è ancora più importante del primo e sta nel fatto che, sin dalla sua nascita, la scienza moderna ha spazzato via l'idea che l'universo abbia scopi intrinseci, osservando che la ricerca degli scopi in natura è frutto di un inadeguato antropomorfismo. Qui sta la vera novità della scienza moderna. Per questo W.T. Stace, un filosofo americano della metà del secolo scorso, ha osservato che quella scientifica «è stata la più grande rivoluzione avvenuta nella storia umana, di gran lunga più importante di qualunque rivoluzione politica i cui lampi e tuoni si siano sparsi per tutto il mondo». Prima di Galileo, infatti era ovvio e scontato per l'uomo occidentale credere fermamente che il mondo avesse uno scopo e manifestasse un disegno cosmico. Ora quest'idea appare assurda.

Qui la scienza viene a minare alla radice la religiosità naturale. Escludendo le cause finali, considerate vestali infeconde incapaci di produrre conoscenza, il metodo stesso della scienza moderna abolisce l'idea di un governo del mondo da parte di una mente sovrumana, idea che è precedente il cristianesimo e le altre religioni rivelate. Come è stato sottolineato sempre da Stace,

> è questo che ha ucciso la religione. La religione avrebbe potuto sopravvivere alla scoperta che il Sole, non la Terra, è al centro; che gli uomini discendono da antenati scimmieschi; che la terra ha centinaia di milioni di anni. Queste scoperte possono rendere obsoleti alcuni dettagli dei dogmi più antichi, costringendo una loro riformulazione che li renda più comprensibili. Ma esse non intaccano l'essenza della visione religiosa stessa, che è la fede che ci sia un progetto e uno scopo nel mondo, che il mondo è un ordine morale, che alla fine tutte le cose sono per il meglio. Questa fede può esprimersi in diversi dogmi intellettuali, che sono quelli del cristianesimo, dell'islamismo o dell'induismo. Ciascuno di questi dogmi ed anche tutti insieme potrebbero anche essere abbandonati e distrutti senza che ciò distrugga l'essenza dello spirito religioso. Ma quello spirito non può sopravvivere alla di-

> struzione della credenza in un progetto e in uno scopo del mondo, perché questo è il vero cuore dello spirito religioso. La religione può esser compatibile con qualsiasi sorta di astronomia, geologia, biologia, fisica. Ma non può essere compatibile con un universo senza scopo e senza senso. Se lo schema delle cose è senza scopo e senza senso, allora anche la vita dell'uomo è senza scopo e senza senso. Ogni cosa diventa futile, e ogni sforzo alla fine privo di valore. Un uomo può, naturalmente, ancora ricercare scopi disconnessi – denaro, fama, arte, scienza – e può trarre piacere da questi. Ma la vita è vuota al centro. Di qui lo spirito insoddisfatto, disilluso, irrequieto, dell'uomo moderno.

Abbiamo così individuato una potente ragione per spiegare come mai oggi le persone sono sempre meno propense a scorgere negli eventi terreni un disegno provvido. La scienza si è diffusa e il *metodo scientifico* stesso attacca quest'assunto del disegno, facendo crollare un pilastro della religiosità naturale che sorregge le varie religioni rivelate. Questo punto è colto anche da Benedetto XVI quando osserva che oggi «il metodo [scientifico] come tale esclude il problema Dio, facendolo apparire come problema ascientifico o pre-scientifico» e propone di allargare gli orizzonti della razionalità in modo tale da riuscire a far scienza «secondo una ragione aperta al trascendente, a Dio». Tralasciando questi auspici, si può osservare che le parole di Benedetto XVI confermano che l'antico conflitto tra scienza e religione continua a livello sotterraneo e più silenzioso in quanto il metodo stesso della scienza viene a intaccare i cardini della religiosità naturale che fornisce l'impianto di base per dare una risposta religiosa alla domanda di senso della vita.

### 5.d. *Conclusione sulla religione e la domanda di senso*

Dovendo approfondire le modalità con cui la scienza attacca la religiosità naturale si può osservare che già l'esclusione del disegno provvidenziale comporta la negazione diretta dell'assunto b) sopra individuato (p. 418) della religiosità naturale, recando un colpo mortale all'intera prospettiva. Ma la situazione è anche più grave perché la critica al finalismo dipende da un altro assunto ancora più profondo che sta alla base del metodo scientifico, ossia che l'idea che il mondo da studiare non sia né buono né cattivo. Infatti, il metodo scientifico presuppone il *principio di indifferenza della natura*, per il quale la natura è indifferente: né buona né cattiva. Al contrario, nella religiosità naturale il mondo e la vita in particolare è sicuramente buona, come esplicitato dall'assunto a) sopra riportato (cfr. p. 418).

È qui che la scienza, sia pure indirettamente, viene ad avere una valenza etica. Se la natura è di per sé indifferente, allora bene e male non possono essere insiti nella natura. Buono e cattivo nascono dalle sensazioni che soggetti senzienti hanno nei confronti degli eventi. Assodato questo, il senso degli eventi che accadono nel mondo dipende dai nostri atteggiamenti verso di essi, e non è intrinseco in essi. Per cogliere quest'aspetto basta riflettere sul seguente esperimento mentale: supponiamo che non esistano né uomini né animali né altri esseri senzienti o intelligenti nell'universo: stante questa situazione, potremmo dire che il mondo ha senso ed è buono, oppure non avrebbe neanche senso questa domanda? La mia risposta è che in tale situazione la domanda non avrebbe senso: privato delle reazioni di esseri intelligenti o senzienti il mondo diventerebbe privo di senso, il che equivale a dire che non c'è alcun senso intrinseco all'universo.

Per questo ho sostenuto che siamo agli albori della nascita dell'etica, la quale presterà sempre maggiore attenzione a tutti i senzienti. Le difficoltà proprie di questa fase di transizione si riflettono anche sul problema del "senso della vita": se crolla l'idea del disegno cosmico, diventa anche difficile individuare il "senso della vita" nella percezione che la vita abbia in sé un sugo inteso come direzione propria della vita, sugo che la persona trova sentendosi parte di questo grande disegno e allineandosi alla direzione indicata.

## 6. *Il senso* della *vita o il senso* nella *vita?*

C'è un'ultima osservazione da fare circa il problema del senso della vita. Abbiamo visto come secondo l'opinione diffusa se viene meno l'idea che l'universo e la vita hanno uno scopo, allora anche la nostra vita diventa priva di senso. Poiché la scienza moderna ha eroso l'idea che l'universo abbia uno scopo (lo spirito religioso), essa sarebbe la principale responsabile della situazione di smarrimento o anche di disperazione tipica dell'uomo moderno. Questo perché sarebbe diventato impossibile trovare un senso alla vita.

Questa tesi, tuttavia, non distingue tra due diversi significati di "scopo". Nel suo significato primario e fondamentale il termine "scopo" è attribuito alle persone e alle loro azioni. Se chiediamo a Luigi: «per quale scopo hai fatto questo?», crediamo che l'interlocutore possa darci una risposta rivelando che cosa intendesse conseguire. Chiamo questo l'uso *intenzionale* di "scopo". Le persone di fatto hanno degli scopi e cercano di conseguirli. A volte ci riescono e altre no; e a volte tali scopi sono buoni e nobili, altre sono cattivi e abietti. Ma il punto importante è che una caratteristica dell'uomo è proprio quella di porsi tali scopi. La sua vita ha senso nella misura in cui l'individuo si prefigge degli scopi e riesce a perseguirli.

Nell'altro significato, invece, il termine "scopo" è attribuito agli artefatti costruiti dall'uomo. Ci si chiede così, ad esempio, quale sia lo scopo di una matita o di un coltello, o anche della particolare sagomatura di dato oggetto. Chiamo *strumentale* quest'uso di "scopo", che indica la caratteristica funzionale dell'oggetto in questione. A volte, quest'uso del termine "scopo" in senso *strumentale* viene esteso anche ai fenomeni naturali, cosicché si dice ad esempio che lo scopo della funzione clorofilliana è quello di dare l'alimentazione alle piante o che una data specie esiste allo scopo di favorire la sopravvivenza di un'altra nel più ampio processo evolutivo. (Quale sia lo scopo delle zanzare, tuttavia, è per me questione oscura e di difficile soluzione!).

Si ritiene comunque che il caso dell'uomo sia radicalmente diverso, perché la persona è l'essere che esiste di per sé: pone e stabilisce gli scopi (in senso intenzionale), ma non ha alcuno scopo in senso strumentale. Anzi, un'eventuale attribuzione di scopi strumentali è ritenuta contraria alla dignità della persona, che sarebbe così declassata al rango di "cosa" o di "oggetto prodotto": se chiedessimo a una guardia o a un cameriere: «Qual è il tuo scopo?», tale domanda suonerebbe come un esplicito insulto.

Tracciata questa distinzione dei due sensi di "scopo", si può osservare subito che la scienza non ha affatto svuotato la vita umana di scopi nell'accezione intenzionale del termine (la prima). Gli uomini, infatti, continuano a porsi degli obiettivi, e la scienza non nega affatto questa realtà. Si può anzi osservare che essa sembra ampliare la possibilità di realizzazione degli scopi delle persone: di fatto le nostre vite sono molto più ricche di desideri e di scopi di quanto non fosse in passato, e questo anche perché l'aumento delle conoscenze consente un maggiore controllo del mondo e quindi anche l'affermazione di nuovi scopi.

Ma la scienza non ha neanche danneggiato il senso strumentale di scopo quando applicato agli artefatti, dal momento che è perfettamente legittimo dire che le automobili hanno una data forma allo scopo di diminuire l'attrito dell'aria. L'unico apporto dato dalla scienza è l'aver sottolineato che l'estensione di tale uso strumentale agli eventi naturali è metaforica e avviene sulla scorta di una visione antropomorfica che illegittimamente ascrive "intenzioni" o "scopi" alla natura.

Assodato questo, in che senso si può dire che la scienza moderna è venuta a distruggere il senso della vita, costringendo la gente a precipitare nel baratro del cosiddetto nichilismo? Per sostenere questo si deve presupporre che sia corretto applicare "scopo" in senso strumentale alle persone: forse, in realtà, questo è l'assunto implicito alla visione tradizionale che ritrova il senso della vita nel ruolo predeterminato assegnato a ciascuna persona. Riuscire ad accettare questo ruolo e sentirsi un tassello nel grande disegno del mondo può essere un potentissimo antidoto contro la sgradevole sensazione di anomia che spesso assale l'uomo moderno, favorendo l'accettazione del proprio posto nella vita – qualunque esso sia. Ci sono pochi (fortunati) che stanno al vertice, e ci sono molti che fanno parte della base della piramide, ma tutti hanno un loro specifico ruolo secondo un grandioso progetto provvidenziale, ed è la consapevolezza di essere stati posti in tale posizione e di aver ricevuto tale posto che basta per fornire il "senso della vita".

Giunti a questo punto, però, si può anche impostare la questione in modo diverso. Si può osservare che proprio in quanto animale intenzionale che pone scopi, l'uomo è dotato di una "carica di senso". Una volta che gli obiettivi sono posti ci sono potenti ragioni psicologiche che portano a rafforzare il progetto derivante dagli scopi. Infatti, l'uomo si trova a disagio quando è isolato e sta bene quando sta nel gruppo – amando le cose amate da chi gli è vicino. La sua natura sociale lo porta quindi a imitare quel che fanno gli altri. Possiamo quindi dire che il "senso della vita" è una costruzione sociale, derivante dall'interazione tra persone capaci di scegliere e di porsi degli obiettivi, cioè di appassionarsi a qualcosa e di impegnarsi per conseguire lo scopo.

Questo significa che, invece di andare alla ricerca del senso *della* vita – espressione che presuppone che tale senso sia intrinseco alla vita stessa, indipendentemente dalle esigenze e dai desideri umani – è più corretto cercare il senso *nella* vita: la vita di per sé non rivela alcuno scopo intenzionale, ma in essa ci sono scopi perché essi sono creati dalle persone. Alcuni di questi scopi possono avere una base biologica, come quelli dell'autoconservazione e della riproduzione. Ma in generale il senso della vita dipende dagli individui che si prefiggono obiettivi rafforzati poi dai contesti sociali.

La capacità psicologica di dare un senso alla vita è una pianticella delicata che cresce e muore in vari modi: a volte cambia repentinamente, come nel caso delle esperienze Gestaltiche. Di colpo, la persona trova o perde il senso della vita. L'esperienza di Paolo di Tarso e di tante conversioni è del primo tipo, ma altrettanto innumerevoli sono le persone che dopo una cocente delusione perdono il senso dell'esistenza. Altre volte, il senso della vita viene individuato pian piano con un impegno costante, o scema in maniera altrettanto impercettibile; altre volte ancora assume aspetti variegati e ondulatori. Ma in ogni caso il senso da dare alla vita è una costruzione psicologica e sociale. Dopo i primi momenti di sgomento, può darsi che la capacità di dare un senso alla vita senza ricorrere a scopi intenzionali porti ad atteggiamenti più compassionevoli verso le persone e tutti i senzienti che non le grandi costruzioni metafisiche del passato.

### *7. Etica e diritto nel mondo secolare caratterizzato dalla Rivoluzione biomedica*

Abbiamo visto che anche senza Dio è possibile dare una risposta al problema del senso nella vita e avere un'etica capace di fornire ideali per favorire l'autorealizzazione e far crescere la società. Anzi, è facile che tra qualche tempo i codici normativi oggi diffusi informati alle religioni saranno considerati come premorali ove messi a confronto con l'etica secolare nascente che si sta affermando (in Occidente). Lungi dall'essere il vertice insuperabile della civiltà, come a volte i fautori affermano, i codici di etica religiosa saranno riconosciuti come abbozzi iniziali e incompleti di tavole dei valori più adeguate alle nuove circostanze storiche. Ai profeti di sventura che insistono nel sottolineare che la nuova etica senza assoluti non riuscirebbe ad offrire valori forti e condivisi capaci di far fiorire individui e società, si può replicare che questa lamentela non fa altro che ripetere la solita solfa che si dice sui giovani: anche negli anni '30 e poi ancora nei '50 del secolo scorso alcuni psicologi rilevavano che quella di allora era una «*gioventù svincolata*, in quanto non disposta a stabilire vincoli autentici né con gli esseri umani né con una professione né con una concezione del mondo. Le amicizie non hanno più un ruolo decisivo e si tende a una vita sociale lassa e occasionale, esente da obblighi». Come quella "gioventù svincolata" di allora è riuscita a far crescere un poco la libertà e l'uguaglianza sul piano sociale, così non abbiamo ragione di credere che – sia pure tra mille ostacoli e difficoltà – processo analogo si estenda anche sul piano biomedico. Contrariamente a quanto annunciato da chi prospetta solo disastri e brutture, si può dire che, forse, nella nostra epoca si comincia a gettare le basi per la nascita dell'etica come istituzione della vita autonoma tesa a favorire la libertà individuale e un adeguato livello di benessere.

Nelle nuove condizioni storiche caratterizzate da grande mobilità e veloci comunicazioni, l'ampliamento della libertà consente nuove forme di aggregazione sociale elettiva diverse da quelle tradizionali. C'è quindi almeno un forte valore comune e condiviso che costituisce il collante della nostra società, e cioè il rispetto della libertà e autodeterminazione. Questo forte valore, tuttavia, quasi paradossalmente, diventa invisibile ed impercettibile proprio perché comporta il riconoscimento di numerosi e svariati piani di vita individuali, riconoscimento che sta alla base del pluralismo etico. Ad accentuare questa impercettibilità dei nuovi valori positivi sta il fatto che il pubblico sembra più attento e sensibile al contrasto paradigmatico tra l'etica tradizionale della sacralità e l'etica nuova della qualità che non la positività dei nuovi valori. In questa fase di transizione in cui la situazione è ancora segnatamente chiaroscurale lo scontro tra paradigmi è tanto vivace da rendere difficile capire quale sia il tramonto e quale l'alba. Inoltre, la presenza del contrasto paradigmatico accentua ulteriormente il pluralismo etico, arricchito non solo della varietà dei piani di vita previsti dalla nuova etica secolare ma anche dalla persistenza di quelli propri dell'etica della sacralità della vita.

In questa situazione ancora molto magmatica non è facile orientarsi e capire le direzioni di sviluppo. In questo libro ho cercato di tracciare una mappa delle varie posizioni e di individuare alcuni punti fermi per legittimare sul piano teorico la nuova etica nascente. Senza una precisa legittimazione teorica la nuova prospettiva potrebbe anche declinare: dopo l'iniziale fase di entusiasmo potrebbe cedere il passo alle opinioni tradizionali ed essere da queste sommersa. Per questo diventa importante precisare e giustificare la posizione. Sottolineo l'importanza del lavoro teorico in etica perché oggi, invece, molti ritengono che per affermare e sostenere i nuovi stili di vita sia sufficiente, e forse anche più opportuno, fare ricorso al diritto e alla politica. Osservano che l'etica è priva di efficacia perché "disarmata", mancando della forza richiesta per imporre concretamente le nuove prospettive e i nuovi valori.

È vero che l'etica è priva di solidi mezzi di imposizione. Si può dire che è analoga alla segnaletica orizzontale nella circolazione del traffico: per un verso può essere facilmente trascurata non ponendo alcuna barriera fisica, ma per un altro canalizza e orienta il traffico creando l'ordine da seguire. Il diritto e la politica sono sicuramente strumenti validi per regolare i comportamenti, come quando il traffico è canalizzato da muretti solidi. Il problema è che la costruzione dei flussi canalizzati richiede una precedente direzione e orientamento, aspetti questi che sono forniti dall'etica. Ecco perché l'elaborazione etica diventa essenziale. Essa crea l'humus su cui poi cresce il diritto e le scelte politiche. Da questo punto di vista la nascita della bioetica come nuova etica senza assoluti costituisce una svolta di civiltà. Per questo il nuovo ruolo assunto dall'etica è il segnale che nel nostro tempo sta avvenendo un cambiamento epocale.

Va comunque riconosciuto che il diritto ha oggi molto di positivo anche perché ormai incorpora molti dei nuovi valori propri dell'etica nascente. In un senso, in campo giuridico il salto paradigmatico corrispondente a quello oggi in corso circa l'etica e la bioetica è già avvenuto con l'avvento della Rivoluzione industriale, dello Stato moderno e della modernità. Allora questo salto paradigmatico riguardava la vita sociale, mentre oggi si tratta di ampliare lo sguardo anche all'ambito biomedico che in passato era al di fuori del controllo umano. È come se in pochi anni fosse emerso un nuovo continente da regolare: è qui che il diritto abbisogna di un supplemento di riflessione derivante dall'etica.

Per cogliere in che senso si può dire che in campo giuridico il salto paradigmatico sia già avvenuto è opportuno vedere i presupposti che stanno alla base degli schemi di regolazione sociale. Mentre le società pre-industriali erano regolate secondo il principio d'ordine per cui "*tutto è regolato (obbligatorio o vietato), a meno che ci sia una buona ragione per permetterlo*", oggi prevale il principio liberale che parte dall'assunto opposto, ossia che "*tutto è permesso, a meno che ci sia una buona ragione per vietarlo o renderlo obbligatorio*"[1]. Sotteso al principio liberale sta già il primato dell'autonomia e dell'autodeterminazione per cui il valore centrale è l'autorealizzazione come previsto dall'etica della qualità della vita. Per questo oggi si invoca il cosiddetto "diritto *leggero*" ossia il diritto che consente a ciascuno di vivere conformemente alle proprie visioni della vita almeno fintanto che ciò non rechi un danno diretto, positivo e sostanziale a terzi. Ad esempio, la decisione di un testimone di Geova di rifiutare la trasfusione di sangue (o di uno Stato Vegetativo di rifiutare la nutrizione artificiale) e la conseguente inevitabile accettazione della morte potrebbe urtare la sensibilità di un vitalista convinto, ma questo eventuale disagio o anche stato di profonda angoscia non costituisce "danno" per il vitalista, perché le conseguenze della scelta in questione riguardano solo l'interes-

---

[3] Le conseguenze di questo cambiamento a favore del principio liberale sono visibili anche sul piano educativo: un tempo la vita familiare era precisamente regolata e toccava ai figli trovare una buona ragione per giustificare l'eventuale permesso visto come eccezione la cui concessione era frutto di un atto meramente discrezionale e magnanime da parte del genitore. Oggi, invece, la situazione è capovolta, perché i figli ritengono che tocchi al genitore fornire ragioni valide per giustificare eventuali divieti/obblighi restrittivi della loro libertà. Questa inversione dell'onere della prova è una conseguenza del nuovo clima morale.

sato. In questo senso vale l'antico brocardo: *volenti non fit iniuria* (non si fa torto a chi vuole e acconsente). So bene che l'esempio indicato è controverso e che in una fase storica in cui le trasformazioni sono rapidissime e sollevano opposizioni altrettanto vivaci per cui la vita sociale e morale si muove a velocità diverse la nozione di "danno" va ulteriormente precisata, ma questo è un compito che non può essere svolto in questa sede.

L'esempio era solo teso ad illustrare in che senso il diritto già incorpora molti assunti della nuova etica della qualità della vita, che abbisognano di essere meglio esplicitati. Nelle attuali società occidentali, se si vuole mantenere la pace interna e favorire la cooperazione sociale, è opportuno sostenere il diritto *leggero* sulle questioni bioetiche. In Europa ci sono voluti secoli e terribili guerre per riconoscere la libertà di religione e il diritto delle persone di seguire la propria coscienza circa le posizioni *religiose e sociali*, ed oggi questo dibattito si amplia e coinvolge anche le posizioni concernenti l'ambito bioetico, con i problemi che toccano direttamente la vita e la morte. L'augurio è che – forti dell'esperienza passata – la soluzione delle controversie per l'affermazione della libertà di coscienza avvenga in modo più pacifico di quanto non sia stato nei secoli scorsi: questa è la sfida che si pone per il futuro.

# Bibliografia

Indichiamo qui i testi di maggiore rilevo per una disamina dei vari problemi trattati dividendo per comodità in quattro grandi gruppi: problemi generali, inizio e fine vita umana, e questione animale.

*Per la parte di problemi di carattere generale*


S. Franco (S.J.), *Risposte popolari alle obiezioni più comuni contro la religione*, Terza edizione, Tipografia Giulio Speirani e Figli, Torino 1861

D. Neri, *Le libertà dell'uomo*, Editori Riuniti 1980

G. Pontara, *Filosofia pratica*, il Saggiatore, Milano 1988

P. Singer, *Etica pratica*, Liguori, Napoli 1989

T. H., jr, Engelhardt, *Manuale di bioetica*, il Saggiatore, Milano 1991

R. Dworkin, *Il dominio della vita. Aborto, eutanasia e libertà individuale*, Edizioni di Comunità, Milano 1994

Giovanni Paolo II, *Enciclica Evangelium Vitae*, Libreria Editrice Vaticana, Città del Vaticano 1995

E. Lecaldano, *Etica*, Utet, Torino 1995

S. Bartolommei, *Etica e natura. Una "rivoluzione copernicana" in etica?*, Laterza, Roma-Bari 1995

M. Charlesworth, *L'etica della vita. I dilemmi della bioetica in una società liberale*, Donzelli, Roma 1996

P. Singer, *Ripensare la vita. La vecchia morale non serve più*, il Saggiatore, Milano 1996.

Gruppo di lavoro sui problemi etici posti dalla scienza della Tavola Valdese (a cura di), *Bioetica, aborto, eutanasia*, Claudiana, Torino 1998

G. Pontara, *Breviario per un'etica quotidiana. Bene individuale, utilità collettiva*, Pratiche Editrice, Milano 1998

U. Scarpelli, *Bioetica laica*, Baldini Castoldi Dalai, Milano 1998

T.L. Beauchamp-J.F. Childress, *Principi di etica biomedica*, Le Lettere, Firenze 1999

E. Lecaldano, *Bioetica. Le scelte morali,* Laterza, Roma Bari 1999

D. Neri, *Filosofia morale. Manuale introduttivo*, Guerini e Associati, Milano 1999

A. Pessina, *Bioetica. L'uomo sperimentale*, Bruno Mondadori, Milano 1999

G. Pons, *Progresso scientifico e bioetica*, Claudiana, Torino, 1999

E. Sgreccia, *Manuale di bioetica. Fondamenti ed etica biomedica. Nuova edi-*

*zione ampliata e aggiornata*, Vol. I, Vita e Pensiero, Milano 1999
C. BOTTI, *Bioetica ed etica delle donne. Relazioni, affetti e potere*, Zadig, Milano 2000
M.L. Di Pietro-E. SGRECCIA, *Bioetica e formazione*, Vita e Pensiero, Milano 2000
E. LECALDANO, *Saggi di storia e teoria dell'etica*, Bibliotheca, Gaeta 2000
D. TETTAMANZI, *Nuova bioetica cristiana*, Piemme, Casale Monferrato 2000
P. SINGER, *La vita come si dovrebbe*, il Saggiatore, Milano 2001
E. LECALDANO, *Dizionario di bioetica*, Laterza, Roma-Bari 2002
G. PIANA, *Bioetica. Alla ricerca di nuovi modelli*, Garzanti, Milano 2002
L. CICCONE, *Bioetica. Storia, principi, questioni*, Edizioni Ares, Milano 2003
PONTIFICIO CONSIGLIO PER LA FAMIGLIA (a cura di), *Lexicon. Termini ambigui e discussi su famiglia, vita e questioni etiche*, Edizioni Dehoniane, Bologna 2003
G. FORNERO, *Bioetica laica e bioetica cattolica*, Bruno Mondadori, Milano 2005
F. RUFO (a cura di), *Bioetica e società complessa. Una prospettiva laica*, Ediesse, Roma 2005
C. VIAFORA, *Introduzione alla bioetica*, Franco Angeli, Milano 2006
L. KASS, *Le sfide della bioetica. La vita, la libertà e la difesa della dignità umana,* Lindau, Torino 2007
G. FORNERO, *Laicità forte e laicità debole. Il contributo della bioetica al dibattito sulla laicità*, Bruno Mondadori, Milano 2008
S. POLLO, *La morale della natura*, Laterza, Roma-Bari 2008
S. RODOTÀ, *Perché laico*, Laterza, Roma-Bari 2009
G. BALDINI (a cura di), *Diritto comune europeo per la bioetica*, Firenze University Press, Firenze 2010
M. BALISTRERI, *Etica e romanzi. Paradigmi del soggetto morale*, Le Lettere, Firenze 2010
E. LECALDANO, *Prima lezione di filosofia morale*, Laterza, Roma-Bari 2010
A. PESSINA, (a cura di), *Paradoxa. Etica della condizione umana*, Vita e Pensiero, Milano 2010
S. RODOTÀ-P. ZATTI (a cura di), *Trattato di biodiritto*, Vol. I: S. RODOTÀ-M. TALLACCHINI (a cura di), *Ambito e fonti del biodiritto*, Giuffrè, Milano 2010

*Sull'inizio vita*
CONGREGAZIONE PER LA DOTTRINA DELLA FEDE, *Il rispetto della vita umana nascente e la dignità della procreazione,* Elle Di Ci, Torino 1987
E. SGRECCIA, (a cura di), *Il dono della vita,* Vita e pensiero, Milano 1987
G. FERRANDO, (a cura di), *La fecondazione artificiale tra etica e diritto*, Cedam, Padova 1989
M. MORI (a cura di), *Quale statuto per l'embrione umano. Problemi e prospettive*, Bibliotechne, Milano 1991
CENTRO DI BIOETICA E DIRITTI UMANI-UNIVERSITÀ DEGLI STUDI DI LECCE, *I diritti del nascituro e la procreazione artificiale*, Libreria Editrice Vaticana, Città del Vaticano 1995

G. PONTARA, *Etica e generazioni future. Una introduzione critica ai problemi filosofici*, Laterza, Roma-Bari 1995
G. CONCETTI, *L'embrione uno di noi*, Edizioni Vivere In, Roma 1997
J. HARRIS, *Wonderwoman e superman: manipolazione genetica e futuro dell'uomo,* Baldini Castoldi Dalai, Milano 1997
N. FORD, *Quando comincio io? Il concepimento nella storia, nella filosofia, nella scienza,* Baldini Castoldi Dalai, Milano 1997
CONGREGAZIONE PER LA DOTTRINA DELLA FEDE, *Dichiarazione sull'aborto procurato* (1974), Libreria Editrice Vaticana, Città del Vaticano 1998
PONTIFICIA ACADEMIA PRO VITA, *Identity and Statute of Human Embryo. Proceedings of Third Assembly of the Pontifical Academy for Life*, edited by J. De Dios Vial Correa and Elio Sgreccia, Libreria Editrice Vaticana, Città del Vaticano 1998
M.L. DI PIETRO-E. SGRECCIA, *Procreazione assistita e fecondazione artificiale tra scienza, bioetica e diritto*, La Scuola, Brescia 1999.
G. FERRANDO, *Libertà, responsabilità e procreazione*, Cedam, Padova 1999
C. MAGNANI, *La procreazione artificiale come libertà costituzionale*, QuattroVenti, Urbino 1999
M. SOLDANO, *Genitori oggi con la procreazione assistita. Italia ed Europa a confronto tra politica, diritti, scienza e coscienza*, Mediamed, Milano 1999
M. MENGARELLI FLAMIGNI, *I bambini nel cassetto. Le molte facce della procreazione: uno sguardo socio-culturale sulla fertilità e sulla infertilità*, Franco Angeli, Milano 2001
D. NERI, *La bioetica in laboratorio*, Laterza, Roma-Bari 2001
J. HABERMAS, *Il futuro della natura umana. I rischi di una genetica liberale*, Einaudi, Torino 2002
C. SHALEV, *Nascere per contratto*, Giuffrè, Milano 2002
S. POLLO, *Scegliere chi nasce. L'etica della riproduzione umana tra libertà e responsabilità*, Guerini e Associati, Milano 2003
A. SERRA, *L'uomo-embrione. Il grande misconosciuto*, Cantagalli, Siena 2003
M. BALISTRERI-A. FERRARI (a cura di), *La ricerca sulle cellule staminali di origine embrionale in Europa*, Zadig, Milano 2004
M. BALISTRERI, *Etica e clonazione umana*, Guerini e Associati, Milano 2004
M. MENGARELLI FLAMIGNI, *Cellule o bambini? Perché la legge sulla Procreazione Assistita fa discutere*, Franco Angeli, Milano 2004
PONTIFICIO CONSIGLIO PER LA FAMIGLIA (a cura di), *Enchiridion della famiglia. Documenti magisteriali e pastorali su famiglia e vita 1965-2004,* Edizioni Dehoniane, Bologna 2004
PONTIFICIO CONSIGLIO PER LA FAMIGLIA (a cura di), *Famiglia e questioni etiche*, 2 voll., Edizioni Dehoniane, Bologna 2004
M. WARNOCK, *Fare bambini. Esiste un diritto ad avere figli?*, Einaudi, Torino 2004
V. FRANCO, *Bioetica e procreazione assistita. Le politiche della vita tra libertà e responsabilità*, Donzelli, Roma 2005
G.M. CARBONE, *L'embrione umano: qualcosa o qualcuno?*, Edizioni Studio

Domenicano, Bologna 2005
COSTA G., *Scelte procreative e responsabilità. Genetica, giustizia, obblighi verso le generazioni future*, Firenze University Press, Firenze 2005
PONTIFICIA ACADEMIA PRO VITA, *La dignità della procreazione umana e le tecnologie riproduttive. Aspetti antropologici ed etici. Atti della decima assemblea generale della Pontificia Accademia per la Vita*, edito da J. De Dios Vial Correa e Elio Sgreccia, Libreria Editrice Vaticana, Città del Vaticano 2005
F. BACCHINI, *Persone potenziali e libertà. Il fantasma dell'embrione, l'ombra dell'eugenetica*, Baldini Castoldi Dalai, Milano 2006
G. BALDINI, *Libertà procreativa e fecondazione artificiale. Riflessioni a margine delle prime applicazioni giurisprudenziali*, Edizioni Scientifiche Italiane, Napoli 2006
PONTIFICIO CONSIGLIO PER LA FAMIGLIA, *Famiglia e procreazione umana*, Libreria Editrice Vaticana, Città del Vaticano 2006
G. BALDINI-M. SOLDANO (a cura di), *Tecnologie riproduttive e tecnica della persona. Verso un comune diritto europeo per la bioetica*, Firenze University Press, Firenze 2007
M. REICHLIN, *Aborto. La morale oltre il diritto*, Carocci, Roma 2007
C. BOTTI, Caterina, *Madri cattive. Una riflessione su bioetica e gravidanza*, il Saggiatore, Milano 2007
E. BONCINELLI, *L'etica della vita. Siamo uomini o embrioni?*, Rizzoli, Milano 2008
M.J. SANDEL, *Contro la perfezione*, Vita e Pensiero, Milano 2008
E. DOLCINI, *Fecondazione assistita e diritto penale*, Giuffrè, Milano 2009
C. FLAMIGNI, *La questione dell'embrione. Le discussioni, le polemiche, i litigi sull'inizio della vita personale*, Baldini Castoldi Dalai, Milano 2010

*Sul fine vita*
D. LAMB, *I confini della vita. Morte cerebrale ed etica dei trapianti*, il Mulino, Bologna 1987
J. RACHELS, *La fine della vita: la moralità dell'eutanasia*, Edizioni Sonda, Milano 1989
D. NERI, *Eutanasia. Valori, scelte morali, dignità delle persone*, Laterza, Roma-Bari 1995
G. BERLINGUER-V. GARRAFA, *La merce finale. Saggio sulla compravendita di parti del corpo umano*, Baldini Castoldi Dalai, Milano 1996
C. VIAFORA (a cura di), *Quando morire? Bioetica e diritto nel dibattito sull'eutanasia*, Gregoriana Libreria Editrice, Padova 1996
D. LAMB, *L'etica delle frontiere della vita: eutanasia e accanimento terapeutico*, il Mulino, Bologna 1998
B. MORCAVALLO, *Morte e persona. Un dialogo fra etica medica, bioetica e filosofia morale*, Guida, Napoli 1999
R. DWORKIN-R.G. FREY-S. BOK, *Eutanasia e suicidio assistito. Pro e contro*, Edizioni di Comunità, Torino 2001

P. BECCHI, *La morte nell'età della tecnica. Lineamenti di tanatologia etica e giuridica*, Compagnia dei librai, Genova 2002

G. FRANZONI, *La morte condivisa. Nuovi contesti per l'eutanasia*, EDUP, Roma 2002

S. PISU ET AL., *L'eutanasia e il valore della vita*, Edizioni CUSL, Cagliari 2002

P. RICCA (a cura di), *Eutanasia. La legge olandese e commenti*, Claudiana, Torino 2002

M. REICHLIN, *L'etica e la buona morte*, Edizioni di Comunità, Torino 2002

L. DE CHIRICO (a cura di), *Eutanasia*, supplemento n. 1 a «Studi di teologia», pubblicata dall'Istituto di formazione evangelica e documentazione, Padova 2003

M.L. DI PIETRO-J. NORIEGA (a cura di), *Né eutanasia né accanimento terapeutico. La cura del malato in stato vegetativo permanente*, Lateran University Press, Roma 2003

M. BARCARO-P. BECCHI, *Questioni mortali: l'attuale dibattito sulla morte cerebrale e sul problema dei trapianti*, Edizioni Scientifiche Italiane, Napoli 2004

J. POHIER, *La morte opportuna. I diritti dei viventi sulla fine della loro vita*, Avverbi, Roma 2004

G. RICCIONI, *Il dibattito sull'eutanasia. Prospettive bibliche*, Edizioni GBU, Chieti-Roma 2004

M. GALLETTI, *Decidere per chi non può. Approcci filosofici all'eutanasia non volontaria*, Firenze University Press, Firenze 2005

J-Y. GOFFI, *Pensare l'eutanasia*, Einaudi, Torino 2006

P. WELBY, *Lasciatemi morire*, Rizzoli, Milano 2006

C.A. DEFANTI, *Soglie. Medicina e fine della vita*, Bollati Boringhieri, Torino 2007

H. KUNG, *La dignità della morte. Tesi sull'eutanasia*, Datanews, Roma 2007

A. PANNITTERI, *Vite sospese. Eutanasia, un diritto?*, Aliberti, Reggio Emilia 2007

A. PESSINA, *Eutanasia. Della morte e di altre cose*, Cantagalli, Siena 2007

M. RICCIO-G. MILANO, *Storia di una morte opportuna. Il diario del medico che ha fatto la volontà di Welby*, Sironi, Milano 2008

B. ENGLARO-E. NAVE, *Eluana. La libertà e la vita*, Rizzoli, Milano 2008

M. MORI, *Il caso Eluana Englaro. La «Porta Pia» del vitalismo ippocratico ovvero perché è moralmente giusto sospendere ogni intervento*, Pendragon, Bologna 2008

B. ENGLARO-A. PANNITTERI, *La vita senza limiti. La morte di Eluana in uno Stato di diritto*, Rizzoli, Milano 2009

P. FLORES D'ARCAIS, *A chi appartiene la tua vita? Una riflessione filosofica su etica, testamento biologico, eutanasia e diritti civili nell'epoca oscurantista di Ratzinger e Berlusconi*, Ponte alle Grazie, Firenze 2009

M. SOZZI, *Reinventare la morte. Introduzione alla tanatologia*, Laterza, Roma-Bari 2009

A. DE MONTE-C. GORI (con E. NAVE), *Gli ultimi giorni di Eluana*, Biblioteca dell'Immagine, Pordenone 2010

D. NERI (a cura di), *Autodeterminazione e testamento biologico*, Le Lettere, Firenze 2010
G. COSMACINI, *Testamento biologico. Idee ed esperienze per una morte giusta*, il Mulino, Bologna 2010

*Sulla questione animale*
P. SINGER, *Animal liberation*, Pimlico, London 1975 (trad. it.: E. FERRERI, *Liberazione animale*, Net, Milano 2003)
T. REGAN-P. SINGER (a cura di), *Diritti animali e obblighi umani: un'antologia*, Edizioni Gruppo Abele, Torino 1987
T. REGAN, *I diritti animali*, Garzanti, Milano 1990
J. RACHELS, *Creati dagli animali. Implicazioni morali del darwinismo*, Edizioni di Comunità, Milano 1996
P. CAVALIERI, *La questione animale. Per una teoria allargata dei diritti umani*, Bollati Boringhieri, Torino 1999.
A. MANNUCCI-M TALLACCHINI (a cura di), *Per un codice degli animali*, Giuffrè, Milano 2001
V. POCAR, *Gli animali non umani. Per una sociologia dei diritti*, Laterza, Roma-Bari 2005
T. REGAN, *Gabbie vuote. La sfida dei diritti animali*, Sonda edizioni, Torino 2005
F. De WAAL, *Primati e filosofi*, Garzanti, Milano 2008

## Etica Pratica e Bioetica

1. Maurizio Mori, *Manuale di bioetica. Verso una civiltà biomedica secolarizzata.*
2. Maurizio Balistreri, *Etica e romanzi paradigmi del soggetto morale.*
3. *Autodeterminazione e testamento biologico. Perché l'autodeterminazione valga su tutta la vita e anche dopo.* A cura di Demetrio Neri.
4. Alberto Giubilini, *La morale al tempo della bioetica. Una difesa dell'autonomia di scelta.*
5. Hugo Tristram Engelhardt jr., *Viaggi in Italia. Saggi di bioetica.* A cura di Rodolfo Rini e Maurizio Mori.
6. *Manuale di etica ambientale.* A cura di Piergiorgio Donatelli.
7. Giovanni Fornero - Maurizio Mori, *Laici e cattolici in bioetica: storia e teoria di un confronto.*
8. Alessio Vaccari, *Le etiche della virtù. La riflessione contemporanea a partire da Hume.*
9. *Le etiche della diversità culturale.* A cura di Caterina Botti.
10. Maurizio Mori, *Manuale di bioetica. Verso una civiltà biomedica secolarizzata.* Nuova edizione ampliata.

Finito di stampare
nel mese di ottobre 2026
presso Rotomail Italia S.p.A. – Vignate (MI)